信息检索与利用

张树忠　黄继东　主　编
苏秋侠　柳宏坤　副主编

东南大学出版社
·南京·

内容提要

　　本书综合分析了国内外高等学校信息素养教育现状,结合我国高等学校学科设置向多学科、综合化发展的趋势,学科间横向联系越来越广泛,在充分吸收国内外信息检索研究成果基础上,系统介绍了信息检索的基础知识,详细阐述了各种出版类型文献的特点及最新数据库和网络资源的检索方法。跟踪信息检索发展趋势和信息检索热点,特别注重检索实践、知识巩固和实践性环节,增加了信息分析、竞争情报的知识与方法,提供了各学科检索和完整的检索实例。

　　本书可作为高等院校各专业本科生、研究生信息检索与利用通用教材,可供图书情报工作者、科技工作者、信息管理工作者参考,也可作为人们提升信息素养、增长检索技能的读本。

图书在版编目(CIP)数据

信息检索与利用/张树忠,黄继东主编. —南京:东南
大学出版社,2012.1
　　ISBN 978-7-5641-3148-7

　Ⅰ.①信…　Ⅱ.①张…②黄…　Ⅲ.①信息检索—高
等学校　Ⅳ.①G252.7

　　中国版本图书馆 CIP 数据核字(2011)第 249742 号

东南大学出版社出版发行
(南京四牌楼 2 号　邮编 210096)
出版人:江建中
网　　址:http://www.seupress.com
电子邮件:press@seupress.com
全国各地新华书店经销　南京玉河印刷厂印刷
开本:787 mm×1092 mm　1/16　印张:19.25　字数:497 千字
2012 年 1 月第 1 版　2012 年 1 月第 1 次印刷
ISBN 978-7-5641-3148-7
定价:37.00 元
本社图书若有印装质量问题,请直接与读者服务部联系。电话(传真):025-83793928

前　言

随着信息社会发展进程的不断加快,信息已经成为我们生活中不可或缺的元素,时时刻刻对我们的行为产生影响。不会合理利用信息将越来越难以适应现代社会的发展。在当今信息环境下,一方面人们面临信息量呈几何级数增长,信息获取渠道呈多样化发展的趋势;另一方面,如何从浩如烟海的信息中快速、准确地获取有价值的信息,成为信息环境与个体信息需求之间的主要矛盾。信息素养教育是当代高等学校人才培养计划的重要组成部分,此项教育主要是通过信息检索课程进行。

1984年国家教委(教育部前身)发布正式文件,将"文献检索与利用"列为全国高等院校本科生的必修或选修课程,大部分高等院校已将信息检索作为公共基础课程,目的是培养学生的信息意识,提高获取、分析、评价与利用信息的能力,进而提高创新能力。多年来,各高校根据本校专业设置,出版了数百种教材,为我国高等学校人才信息素养教育作出了应有的贡献。扬州大学与国内其他高校一样,非常重视信息检索课程的建设,先后参加编写了文、理、工、农、医等学科的文献检索教材。在长期的课程建设与教学实践过程中,我们深深感到,随着现代学科间的不断交叉、融合,各种教材的编写体例与教学要求存在一定的差异,严重影响了该课程建设的规范化。随着高等教育的快速发展,呈多学科综合化发展趋势,原有的分学科教材体系已不能适应高校学科发展的需要。为了适应高等学校学科建设的发展,规范信息检索课程的建设,我们尝试对原有的分学科教材体系进行改革,根据现代高校学科发展的特点,遵循现代信息技术发展的规律,编写了这部适合文、理、工、农、医各学科通用的信息检索教材。

本书凝结了作者从事信息检索教学、实践与研究的经验,主要特点包括:①适用学科范围广,可作为人文社会科学、自然科学各专业通用教材。②内容新颖,引入信息素养理论、信息分析理论和竞争情报理论,反映最新信息检索与利用的理论研究成果和最新的数据库及网络资源。不仅培养学生获取信息的能力,特别加强了学生对信息分析、信息综合应用能力的培养。③针对性强。不仅系统介绍了信息检索的基础知识,跟踪信息检索发展趋势和信息检索热点,特别注重检索实践、知识巩固和实践性环节,增加了信息分析、竞争情报的知识与方法,提供了各学科检索和完整的检索实例。

全书分为四部分:第一部分基础理论(第1、2章),第1章由柳宏坤编写,第2章由张树忠、欧朝静编写;第二部分检索系统(第3、4、5、6、7、8章),第3章由苏秋侠编写,第4、8章由王晶编写,第5章由黄继东编写,第6章由黄继东、徐晓冬编写,第7章由徐晓冬编写;第三部分学科检索(第9、10、11、12章),第9章由柳宏坤、周美华编写,第10章由苏秋侠编写,第

11 章由周美华编写,第 12 章由欧朝静编写;第四部分信息分析(第 13 章、附录),第 13 章由张树忠编写,附录由黄继东编写。

　　本书在编写过程中,由张树忠、黄继东对内容、结构和写作大纲进行了设计,得到了扬州大学图书馆领导和同仁的指导与帮助,并提出许多建设性意见;张树忠、黄继东、苏秋侠、柳宏坤最终对全书进行修改、定稿,本书在编写过程中参考了大量的国内外文献,在此向他们表示由衷的感谢。

　　该教材的编写虽经努力,疏漏、不足之处在所难免,敬请读者和专家提出宝贵的批评和建议。

编者

2011 年 9 月于扬州

目 录

第1章 绪 论

在人类社会的演变和发展过程中,信息一直在积极地发挥着重要作用。我们随时随地都在自觉不自觉地接受、传递、存储和利用各种信息。人类已经进入信息化社会,信息已经成为与物质、能源并列的现代社会三大支柱之一。信息生产和利用的规模,直接或间接地反映一个国家(地区)的科技水平、经济发达程度和社会生活质量。信息社会对人才培养的标准有了更高的要求,信息素养教育成为现代教育的重要组成部分。为了提高大学生的全面素质以适应信息社会的要求,许多国家将信息素养(information literacy)教育作为培养新世纪人才的重要内容,培养学生的信息意识、信息检索能力、信息吸收能力和信息整合能力,最终提高学生的信息利用能力和知识创新能力。

1.1 信息社会与信息素养

1.1.1 信息社会

1. 信息社会

信息社会也称为信息化社会,是以知识和信息为基础从而促进社会高速发展的一种社会形态,它以现代信息技术的出现和发展为技术特征,以信息经济发展为社会进步的基石。信息化是指充分引进和使用信息技术,注重信息的生成、加工、存储、利用等环节,应用最先进的信息技术,以实现全社会的现代化,提高人的素质水平、工作效率及生活品质,实现全人类的共同进步和发展。在信息社会,信息、物质、能源被称为现代社会的三大支柱,随着全球经济一体化的加快,信息化水平已成为衡量一个国家或地区的国际竞争力、现代化程度、综合国力和经济成长能力的重要指标,是促进社会生产力发展的重要因素。

信息社会的主要特征:

(1) 经济领域的特征

① 劳动力结构出现根本性的变化,信息产业的从业人数超过其他产业的从业人数并占有绝对优势;

② 在 GDP 中信息产业比重越来越大,占绝对优势;

③ 能源消耗小,污染得以控制;

④ 知识成为社会发展的巨大资源。

(2) 社会、文化、生活领域的特征

① 社会生活的计算机化、自动化;

② 拥有覆盖面极广的远程快速通信网络系统以及各类存取快捷、方便的远程数据中心;

③ 生活模式、文化模式多样化、个性化加强；

④ 可供个人自由支配的时间和活动空间都有较大幅度的增加。

（3）社会观念领域的特征

① 尊重知识成为社会崇尚的价值观；

② 社会生活中人们具有更加积极的创造未来的意识倾向。

2. 信息环境

所谓信息环境，指的是一个社会中由个人或群体接触可能的信息及其传播活动的总体所构成的环境。构成信息环境的基本要素是具有特定含义的语言、文字、声音、图画、影像等信息符号；一系列信息符号按照一定的结构相互组合便构成具有完整意义的信息，大部分信息传达的并不仅仅是信息或知识，而且包含着特定的观念和价值，它们不仅仅是告知性的，而且是指示性的，因而对人的行为具有制约作用；当某类信息的传播达到一定规模时，便形成该时期和该社会信息环境的特色和潮流。因此，信息环境具有社会控制的功能，是制约人的行为的重要因素。

（1）当前信息环境存在的问题

随着人类社会的不断进步与发展，信息资源无限膨胀，信息技术发展日新月异，社会信息化程度不断提高，社会信息流动总量已大大超出了人们的信息处理能力，信息环境问题已日益突出，成为全球性问题。

当代信息环境存在的主要问题。

① 信息超载严重

信息超载又称信息泛滥或信息爆炸，是指在信息时代，伴随着科学技术的迅速发展，出现的信息爆炸、信息平庸化以及噪音化趋势，人们难以根据自己的需要和当前的信息能力选择并消化自己所需要的信息。

实质上信息超载表现为一种矛盾。一方面，信息量在迅速增加，而信息质量在下降：信息过多重复，令人费解，呈现无关性和不适应性，且过于复杂，信道拥挤，伪信息（无用信息、劣质信息与有害信息等）纷杂。另一方面，人们获取和利用信息的能力虽有一定提高，但还远远不能跟上信息增长和复杂化的需要，人们经常处在信息压力下，并可能会导致种种信息病的出现——信息焦虑症、信息消化不良症、信息紧张症、信息孤独症等。

② 信息失衡明显

信息失衡是指由于经济水平、科技水平和其他多种相关因素的影响，不同国家、不同地区以及不同阶层的人群在信息占有水平及利用程度上存在极大的差异。当今世界，由于信息资源分布不均，已经出现了信息富国和信息穷国、信息富人与信息穷人的两极分化，而且这种分化还会因"马太效应"的作用而进一步加大。

③ 信息污染成灾

信息污染是指社会信息流中充斥或伴随着许多不利于人们健康有效地进行工作、学习、生活的不良信息，危害人类信息环境，影响人们对有效信息予以及时而正常吸收利用的现象。主要包括陈旧信息（过时信息）、重复信息、干扰信息（噪声信息）、虚假信息、错误信息、有害信息等。

④ 信息障碍加剧

信息障碍是指在信息交流过程中，一方面由于各种原因，阻碍了信息的正常流通；另一

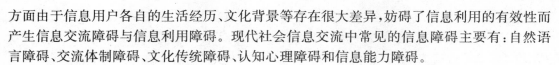

方面由于信息用户各自的生活经历、文化背景等存在很大差异,妨碍了信息利用的有效性而产生信息交流障碍与信息利用障碍。现代社会信息交流中常见的信息障碍主要有:自然语言障碍、交流体制障碍、文化传统障碍、认知心理障碍和信息能力障碍。

⑤ 信息犯罪增多

信息犯罪是信息社会中一种新的犯罪类型,它一般是指运用信息技术故意实施的严重危害社会、危害公民合法权益并应负刑事责任的行为。信息犯罪是有意识的、破坏性的,甚至是反社会的活动,具有智能性、隐匿性、跨国性、严重性、社会危害性等特点。随着Internet 的广泛使用,信息犯罪活动也在不断增多。

(2) 信息环境治理的对策和措施

面对信息环境这样严峻的现实,国内外众多有识之士对信息环境问题的治理与社会控制展开了积极的研究,并提出了各种解决问题的对策和措施,归纳起来主要有以下几点。

① 对现代信息环境从政策与法规方面予以调节和控制。通过对信息政策与信息法规的制定与不断完善,对信息环境中出现的各种问题进行引导、协调、控制和管理,引导信息环境变动的方向,调控由于信息环境变动而引起的各种矛盾,对信息产业的各个环节进行科学而严格的管理。

② 宣传并教育人们树立正确的信息伦理及信息道德观念。加强宣传与教育,促使人们在信息开发、信息传播、信息管理和信息利用等方面自觉遵守正确的伦理要求、伦理规则,认识和理解与信息技术相关的文化、伦理和社会等问题,负责任地使用信息技术。

③ 强化技术手段以保障信息安全及净化信息环境。借助高新技术,如各种加密技术、认证技术、防病毒技术、防火墙技术、过滤技术等,使信息环境问题得以有效的预防和治理。

④ 鼓励人们积极创作,丰富人类精神财富资源。大力推进先进文化的传播,净化信息环境,努力消除不文明、不健康、不利于人们接受有益信息或降低人们信息利用效果的任何信息垃圾,消除信息污染。

⑤ 加强信息教育,提高信息素养,促进人的素质全面提升。改善信息用户素质,提高人们信息检索、获取、辨别及利用的意识、技能及相关的道德观念,是应对现代信息环境、防范与治理信息污染的重要内容。

1.1.2　信息素养

1. 信息素养的定义

信息素养(information literacy)也称信息素质,是指人们自觉获取、处理、传播、认识和利用信息的综合行为能力,是人们适应信息社会的要求、寻求生存和发展空间的基本保障能力。信息素养的基础是收集、获取信息的能力,信息素养的核心是加工、利用信息的能力。信息素养作为人们终身学习和知识创新的基础技能,已受到世界各国教育界、信息产业界乃至社会各界的关注。

"信息素养"一词最早出现于 1974 年,美国信息产业协会主席保罗·泽考斯基(Paul Zurkowski)在向美国图书馆与情报科学委员会提交的一份报告中明确提出了信息素养的概念,并将其定义为"利用大量的信息工具及主要信息源使问题得到解答的技术和技能"。

1989 年,美国图书馆协会在一份《关于信息素养的总结报告》中,将信息素养界定为针对信息的四种能力:确认、评估、查询、使用。并指出:"具备较高信息素养的人,是一个有能力觉察信息需求的时机并且有能力检索、评价以及高效利用所需信息的人,是一个知道如何学习的人,他们知道如何学习的原因在于他们掌握了知识组织机理,知道如何发现信息以及利用信息,他们有能力成为终身学习的人,是有能力为所有的任务与决策提供信息支持的人。"

1998年,美国图书馆协会和教育传播与技术协会在其出版的《信息能力·创造学习的伙伴》一书中提出,具有信息素养的学生必须具有的能力是:能够有效地、高效地获取信息;能够熟练地、批判地评价信息;能够精确地、创造地使用信息。书中还具体地制定了信息素养、独立学习、社会责任三个方面的九大信息素养标准。

2000年1月18日,美国大学与研究图书馆协会(ACRL)在得克萨斯州的圣安东尼召开会议,会上审议并通过了《高等教育信息素养能力标准》(information literacy competency standards for higher education)。指出信息素养是个人"能认识到何时需要信息,和有效地搜索、评估和使用所需信息的能力"。该标准分为三个板块:标准、执行指标和学习效果,有5大标准22项执行指标和87个表现效果。5大标准是:

标准一——有信息素养的学生有能力决定所需信息的性质和范围;

标准二——有信息素养的学生可以有效地获得需要的信息;

标准三——有信息素养的学生评估信息和它的出处,然后把挑选的信息融合到他(她)们的知识库和价值体系;

标准四——不管个人还是作为一个团体的成员,有信息素养的学生能够有效地利用信息来实现特定的目的;

标准五——有信息素养的学生熟悉许多与信息使用有关的经济、法律和社会问题,并能合理合法地获取信息。

目前,《高等教育信息素养能力标准》已在美国和墨西哥、澳大利亚、欧洲、南非等国家和地区得到广泛应用。

2. 信息素养的内涵

信息素养是一种个人能力素养,同时又是一种个人基本素养。一般而言,信息素养由信息意识、信息能力、信息道德三个方面内容构成,是一个不可分割的统一整体,在其中信息意识是先导,信息能力是核心,信息道德是保证。其具体表现为对信息源内容的了解程度,通过信息解决问题的基本意愿,信息获取方法的掌握程度,知道在何时、通过何种信息源解决相关问题,具备评价和分析信息的能力,具有良好的信息道德,合理合法地利用信息的意识等。

(1) 信息意识

信息意识,是人们对信息的感知和需求的主观反映,一般包括对信息的感知程度、对信息的情感、信息行为的实施倾向三个方面。信息感知是人们对信息、信息环境和信息活动的了解,以及对信息知识的掌握和评价;信息情感是指人们在社会实践和信息活动中逐渐形成的对信息的某种持久地、稳定地反映信息本质需求关系的内心体验;信息行为倾向是指人们在信息行为中表现出来的行为趋势,是信息行为的心理准备状态,是驱使人们采取信息行为的动力。信息意识的强弱表现为对信息的感受力的大小,并直接影响到信息主体的信息行为与行为效果。信息意识强的人,必然思想上高度重视信息的获取与利用,善于随时从浩如烟海的信息中找寻对自己有用的信息,因而往往能够占得先机,获得优势;信息意识淡薄的人,忽视信息的获取与利用,常使成功的机会与自己擦肩而过,导致错失良机而陷入被动。同时信息意识还表现为对信息的持久注意力,对信息价值的判断力和洞察力。信息意识强的人能在错综复杂、混乱无序的众多信息表象中,去粗取精、去伪存真,识别、选择、利用正确的信息。

影响信息意识形成的因素:①社会因素。社会因素是影响信息意识的主要因素之一。社会环境尤其是文化环境,包括思想意识形态、民族心理、行为方式等对个体信息意识的生成和发展影响巨大。社会环境因素是随社会的发展变化而动态变化的,不断变化的社会环境因素,会刺激信息需求主体产生内在的强烈的信息需求以适应社会环境的变化,从而促进其信息意识的形成和发展。②心理因素。信息意识是人的一种主观意识,是人们对于信息需求的内心愿望的反映。信息意识通常首先表现为信息需求者对信息的主观需求,特殊的敏感的感受力、对信息的持久注意力、对信息价值的判断力和洞察力等。信息意识受心理因素的影响,是信息需求者心理的反映。从心理学的角度分析,心理影响着人们的情绪,而人的情绪又与人的心理相呼应,形成心理影响意识,意识影响行为的关联关系。③个体素质因素。人们对信息的认知能力是个体素质的直接反映。个体素质是信息素质的基础,个体素质包括个人的思维模式、知识结构、教育背景、职业能力、兴趣爱好、生活方式等,另外个人的智能开发愿望、创新意识、潜力发挥等个体意向和思想情绪都影响着个体信息意识的形成与发展,并直接反映在其信息行为中,个体素质是信息意识的主导。

从信息意识的内涵和影响因素的分析可以看出,通过信息意识教育,可在信息需求者个体形成良好的刺激,使个体具备对信息的敏锐观察力,具备获取、加工、利用信息的自觉性,并能分析、评价信息来源,认识信息的价值,正确对待信息等。信息意识的培育:①信息教育。教育是促进个体信息意识形成的主要手段,要充分提高人们的信息意识,要使人们将对信息的获取、加工、处理、利用,作为学习、生产、工作的第一需要,要在瞬息万变的大千世界中及时、准确地捕捉到有用的信息并加以开发利用,就必须通过信息教育充分地认识信息。信息教育是通过传授信息知识、信息技术,把利用信息的知识与能力,特别是利用现代化信息的技术方法和技能传授给信息需求者,并促进其不断地自我学习和自我提高,提高其对信息的自觉利用能力。信息素养教育是每个人终身教育的重要内容。信息教育包括信息价值意识教育、信息获取与传播意识教育、信息安全意识教育、信息经济意识教育等。②信息的需求培育。受目的、动力等方面因素的影响,人们的信息需求各不相同。有些人对信息的需求量大,有些人对信息需求量小。通常情况下,对信息需求量大的个体,随着时间的推移,其信息需求量将愈来愈高出平均水平;而信息需求量较小的个体,随着时间的推移,信息需求量愈来愈低于平均水平。这就是信息需求中的"马太效应"。可以这样理解,信息需求量较大的个体,从获取和利用信息中受益,刺激其进一步通过利用信息获益的积极性。相反,信息需求量较小的个体,往往难以通过信息获得较明显的利益,使其进一步通过利用信息获益的愿望缺失。因此,信息的需求也和人们认知事物、学习知识一样,是人的一种潜在的动机,需要经过个体的努力探索,更要接受外界的引导、培育。培养信息需求,正是通过刺激、引导和培养大众对信息的认知内驱力,使利用信息成为一种自觉行为。

（2）信息能力

在人类对信息的接受、理解、分析、处理等过程中,不同个体间会出现差异,这是由于个人信息能力不同而产生的。一般而言,信息能力可以概括为信息获取能力、信息理解能力、信息处理能力以及信息传播能力等几个方面。

① 信息获取能力。在信息社会中,信息资源的存在方式多样,有以综合信息资源库方式存在的,有以专题信息资源库形式存在的,信息搜索、查询系统层出不穷,方式各异。充分了解信息资源库的内容,熟练使用与操作信息检索系统已经成为人们工作与生活中最普通的事情之一。因此,信息资源的获取能力是信息能力的基础。可以说,信息素养中最基本的要求就是信息资源的获取能力。信息资源获取能力包括对信息资源库内容的认知程度、正确使用检索平台、分析处理检索结果等。

② 信息理解能力。利用信息首先要理解信息,面对大量的信息资源,充分认识与理解其内容是利用信息的重要前提。信息理解能力通常是指信息识别与认识能力及对信息的评价判断能力。信息识别与认识能力就是要求能够正确地识别与理解所掌握的信息的含义,知道它们反映了什么客观规律与现象。对信息的评价判断能力就是要能正确地判断与估计所掌握的信息的价值,并有对得到的信息进行统计分析的能力,从而对信息的意义与可靠性产生整体性认识。

③ 信息处理能力。通常我们所获取的信息都是他人的研究成果或者是没有经过加工、分析的数据,信息处理能力就是要能够分析、加工已获取的信息,并将其转化为能为己所用的信息的能力,可概括为三个方面:一是信息分类能力,能对各种各样的信息进行综合分析,根据自身需要进行分类,充分了解各种信息的组织方式,能够以方便的形式排列次序,以便存取处理;二是信息重组能力,能够对所获取的信息按照需要重新组合,了解这些信息是否正确反映了自然与社会现实,它们的时效性如何,避免传播谬误的、过时的信息;三是信息选择能力,能够在浩瀚的信息资源的海洋中选择适合自己需要的信息。

④ 信息传播能力。信息传播能力是利用各种信息传播工具与手段开展信息传输、扩散活动的能力。在信息传播活动中,要注意遵守知识产权保护的相关法律法规,保护知识产权人的合法权益。

(3) 信息道德

信息道德是指在信息的采集、加工、存储、传播和利用等信息活动各个环节中,用来规范其间产生的各种社会关系的道德意识、道德规范和道德行为的总和。它通过社会舆论、传统习俗等,使人们形成一定的观念、价值观和习惯,从而使人们自觉地通过自己的判断,规范自己的信息行为。

信息道德包括主观和客观两方面:前者指人类个体在信息活动中以心理活动形式表现出来的道德观念、情感、行为和品质,如对信息劳动的价值认同、对非法窃取他人信息成果的鄙视等,即个人信息道德;后者指社会信息活动中人与人之间的关系以及反映这种关系的行为准则与规范,如扬善抑恶、权利义务、契约精神等,即社会信息道德。

信息道德可分为信息道德意识、信息道德关系、信息道德活动3个层次。

信息道德意识是信息道德的第一层次,包括与信息相关的道德观念、道德情感、道德意志、道德信念、道德理想等,是信息道德行为的深层心理动因。信息道德意识集中地体现在信息道德原则、规范和范畴之中。

信息道德关系是信息道德的第二个层次,包括个人与个人的关系、个人与组织的关系、组织与组织的关系。这种关系是建立在一定的权利和义务的基础之上,并以一定的信息道德规范形式表现出来的。如网络条件下的资源共享,网络成员既有共享网上信息资源的权利,也要承担相应的义务,遵循网络的管理规则,成员之间的关系是通过大家认同的信息道德规范和准则维系的。信息道德关系是一种特殊的社会关系,是被经济关系和其他社会关系所决定、所派生出的人与人之间的信息关系。

信息道德活动是信息道德的第三层次,包括信息道德行为、信息道德评价、信息道德教育和信息道德修养等。这是信息道德的一个十分活跃的层次。信息道德行为即人们在信息交流中所采取的有意识的、经过选择的行动;根据一定的信息道德规范对人们的信息行为进行善恶判断即为信息道德评价;按一定的信息道德理想对人的品质和性格进行陶冶就是信息道德教育;信息道德修养则是人们对自己的信息意识和信息行为的自我解剖、自我改造。信息道德活动主要体现在信息道德实践中。

信息道德功能是多方面的,它引导人们对自己信息行为的认识,启示人们科学地洞察和认识信息时代社会道德生活的特征和规律,从而正确地选择自己的信息行为,设计自己的信息生活;调节信息活动中的各种关系,指导和纠正个人的信息行为,同时也可以指导和纠正团体的信息行为,使其符合信息社会基本的价值规范和道德准则,从而使社会信息活动中个人与他人、个人与社会的关系变得和谐与完善,使存在的符合应有的;对人们的信息意识的形成、信息行为的发生有很多教育功能,通过舆论、习惯、传统,特别是良心,培养人们良好的信息道德意识、品质和行为,从而提高人们信息活动的精神境界和道德水平。最终对个人和组织等信息行为主体的各种信息行为产生约束或激励,从而发挥其对信息管理顺利进行的规范作用。

1.1.3 信息教育

1. 信息教育的概念

信息教育指学习、利用信息技术,培养信息素养,促进教与学优化的理论与实践。信息教育是以培养和提高人才的信息素养和创造性思维能力为目标,也就是培养个体能够认识到何时需要信息,能够检索、评估和有效地利用信息的综合能力。

信息技术的发展必然产生教育的信息化,信息教育是教育信息化的必然结果,而教育信息化的动力则是信息经济的发展和社会生活的信息化。教育信息化的具体表现首先是教育技术的信息化。信息技术在教学中被广泛运用,许多教学实验和知识传授通过多媒体技术和计算机辅助教学来进行。虚拟现实技术的引入和教学软件的普遍使用,使教学活动变得生动、形象、直观,而且更易于让学生理解。其次是教学内容的信息化。在教学内容中增加信息科学技术内容,注重信息专业建设,运用信息技术向其他专业横向交叉渗透,改造传统专业,开展跨学科教育等。再次是注重人才信息能力的培养,强化信息环境建设。

2. 信息教育的内容

作为一种现象,信息教育包括完整的经验,学生需要以多种方法掌握信息素养,需要在实际问题中真正掌握信息素养,利用信息素养技能解决问题,理解在具体的情况下需要什么信息。对这些信息素养的培养,构成了信息教育的主要内容。

(1) 信息素养教育

信息素养教育是信息教育的中心,信息素养教育包括:了解信息社会的本质;获得正当地利用信息的意识和道德;能够应用信息处理过程确定所需要的信息、检索和访问这些信息、评价信息以及对这些信息进行综合、利用;形成比较高级的交流技能,包括与同事和信息专家进行交流的技能;形成可靠的关于信息资源的知识,包括信息网络资源,以及信息检索和利用的策略;利用适当的工具或软件对检索到的信息进行有效的管理;熟悉相关的信息载体。

（2）信息技术与技能教育

信息技术与技能是进行信息访问和交流的核心,是信息教育关注的焦点,而信息资源的知识和检索能力、信息处理能力、信息控制能力、知识构建能力、知识扩展能力等则是信息教育的重要方面。

（3）信息问题解决能力教育

未来社会是个充满了变化的社会,为了适应这样的社会,必须学会理性地思考,学会创造性地考虑问题、处理和检索信息,并且有效地进行交流。信息问题解决能力的培养要求信息教育要从孤立的信息技能教学向综合的信息技能教学转变,培养学生能够灵活地、创造性地、有目的地使用信息工具,使他们能够认识到完成任务需要利用信息工具,并将信息工具作为完成任务的一个部分。当独立的信息技能综合到这种信息问题求解过程中去的时候,这些独立的信息技能也便具有新的更为丰富的意义,学生也便逐渐形成了真正的信息素养,信息问题的解决能力得到提高。

3. 信息教育与素质教育

所谓素质教育就是要按照社会和人的发展需要,遵循教育规律,以全面提高受教育者的素质为目标,挖掘和发挥受教育者的身心潜能,使其在德、智、体、美、劳诸方面全面地、和谐地发展。素质教育的精神实质就是以人为核心,以人的全面、主动发展为目的。信息教育对于素质教育具有非常重要的作用:

（1）信息教育是素质教育的重要组成部分

当今的社会是信息社会,需要什么样的人才,人才应具有什么样的知识结构和能力素质? 为了给人们提供最佳的学习和发展机会,使其成为出色的终身学习者和未来劳动者,就必须使其成为一个具备信息素养的人。信息处理能力是信息社会成员应具备的与读、写、算同等重要的生存能力之一,不具备信息处理能力的人将成为信息社会的新文盲。而遵守信息伦理道德与法律法规也是信息社会成员应具备的基本素质。这是信息教育的内容,也是素质教育的重要组成部分。

（2）信息教育是实施素质教育的切入点

信息教育的主要目的在于培养学生的信息处理能力,以适应信息社会的要求。信息教育的内容应包含:满足信息社会发展对人才的要求;符合素质教育的要求,为终身教育奠定基础;使信息技术成为学习工具,并能够有效地利用各种信息资源;体现学生的主体性、主动性与认知发展水平;加强与学生的学习生活和社会生活的联系。

（3）信息教育是人的素质可持续发展的基础

人的素质是在不断发展的,而学习则是素质不断发展的不竭源泉。素质教育应贯穿于各级各类学校教育,贯穿于学校教育、家庭教育和社会教育等各个方面。未来的社会将是学习化的社会,终身教育必将充分得以实施,以信息技术为核心的现代远程教育将成为终身教育的主要方式。信息教育的开展使社会成员具备利用各种信息技术和各类信息资源进行学习的能力,有利于人的素质的不断发展。信息教育是人的素质可持续发展的基础。

1.2 信息、知识、文献、情报

1.2.1 信息

信息无处不在，无时不有，无人不用，今天它已成为使用频率最高的词汇之一。对信息的利用越广泛，对信息的研究越深入，人们对信息的认识和理解也就越多样化、越深刻。

1. 信息的定义

信息（information）是被反映事物属性的再现，是物质的存在方式、表现形态及运动规律的反映形式和表现特征。信息不是事物本身，而是由事物发出的消息、指令、数据等所包含的内容。信息是事物所具有的一种普遍属性，它与物质同在，存在于整个自然界和人类社会。

不同的学科，从不同的角度对信息这个概念有不同的解释：

在经济学家眼中，信息是与物质、能量相并列的客观世界的三大要素之一，是为管理和决策提供依据的有效数据。

对心理学家而言，信息是存在于意识之外的东西，它存在于自然界、印刷品、硬盘以及空气之中。

在新闻界，信息被普遍认为是对事物运动状态的陈述，是物与物、物与人、人与人之间的特征传输。而新闻则是信息的一种，是具有新闻价值的信息。

哲学家们从产生信息的客体来定义信息，认为信息是事物本质、特征、运动规律的反映。

信息论的创始人申农从通信系统理论的角度把信息定义为用来减少随机不确定性（uncertainty）的东西。

控制论专家 N. 维纳认为"信息既不是物质，又不是能量，信息就是信息"。

2. 信息的类型

信息广泛存在于自然界、生物界和人类社会。信息是多种多样、多方面、多层次的，信息的类型亦可根据不同的角度来分。了解信息的类型不仅有助于我们加深对信息内涵及其特征的认识，也有助于丰富信息检索的知识。

（1）从产生信息的客体的性质来分

可分为自然信息（瞬时发生的声、光、热、电，形形色色的天气变化，缓慢的地壳运动，天体演化……）、生物信息（生物为繁衍生存而表现出来的各种形态和行为，如遗传信息、生物体内信息交流、动物种群内的信息交流）、机器信息（自动控制系统）和（人类）社会信息。一切存在都在进行着某种形式的表达，只不过人类的表达要丰富得多，因为他们的存在内容更丰富。社会信息就是指人与人之间交流的信息，既包括通过手势、身体、眼神所传达的非语义信息，也包括用语言、文字、图表等语义信息所传达的一切对人类社会运动变化状态的描述。按照人类活动领域，社会信息又可分为科技信息、经济信息、政治信息、军事信息、文化信息等。

（2）以信息所依附的载体为依据

可分为文献信息、口头信息、实物信息。

① 文献信息，就是文献所表达的以文字、符号、声像信息为编码的人类精神信息，也是

经人们筛选、归纳和整理后记录下来的信息(recorded information),它与人工符号本身没有必然的联系,但要通过符号系统实现其传递。文献信息也是一种相对固化的信息,一经"定格"在某种载体上就不能随外界的变化而变化。这种性质的优点是易识别、易保存、易传播,使人类精神信息能传于异地,留于异时,缺点是不能随外界的变化而变化,固态化是文献信息老化的原因。

② 口头信息指存在于人脑记忆中,通过交谈、讨论、报告等方式交流传播的信息。它反映了人们的思考、见解、看法和观点,是推动研究的最初起源。口头信息具有出现早、传递快、偶发性强的特点,但缺乏完整性和系统性,大部分转瞬即逝,一部分通过文献保存,一部分留存在人类的记忆中,代代相传而称为口述回忆或口碑资料(oral tradition)。作为信息留存的一种形式,口头信息无时不在,无处不有,承载着人类的知识、经验和史实,是一种需要重视和开发的极为丰富的资源。

③ 实物信息指由实物本身存储和表现的信息。实物,包括自然实物和人工实物,它直观性、客观性、实用性强,内含大量的科技文化信息。

（3）信息的其他分类方法

如以信息的记录符号为依据,可分为语音信息、图像信息、文字信息、数据信息等;以信息的运动状态为依据,可分为连续信息、离散信息;以信息的加工层次而论,可分为初始信息(或"感知信息""原生信息")和再生信息(或"二次信息""三次信息"),后者是对初始信息进行加工并输出其结果的形式,也是信息检索的主要对象。

3. 信息的特征

（1）普遍性与客观性

世间一切事物都在运动中,都有一定的运动状态和状态方式的改变,因而一切事物随时都在产生信息,即信息的产生源于事物,是事物的普遍属性,是客观存在的,它可以被感知、处理、存储、传递和利用。

（2）依附性与转换性

信息本身是抽象的,它们只有依附在具体的物质载体上,才能体现其客观性和传递性。由于物质载体的多样性决定了其表现形式的多样性,使信息可以从一种载体形态转换成另一种载体形态。同一信息可用多种不同的载体来表现,不同的信息也可以用同一载体来表现。

（3）传递性与共享性

从信息的客观存在到人们对信息的主观认识,是通过信息的传递来实现的。信息可以为人类所享用,这种共享性是相对于物质产品的交换而言的,也是信息交流与物质交流的本质区别。

（4）认知性与创造性

信息可以被人类解读、认识、感知,不同的人对相同的信息的理解和感知程度也是有差异的,被感知和解读的信息如果是初始信息,就可以创造出再生信息;被感知和解读的信息如果是再生信息,就可能创造出新的再生信息。

（5）可塑性与时效性

信息在流通和使用过程中,人们借助先进的技术可进行综合、分析和加工处理,也可以把信息从一种形式变换成另一种形式,从而方便选择和利用。在信息加工过程中信息量可增可减,也可根据检索需要选择不同的信息形式。而由于事物是在不断变化着的,那么表征事物存在方式和运动状态的信息也必然会随之改变。如果不能及时地利用最新信息,信息就会贬值甚至毫无价值,这就是信息的时效性。

(6) 抽象性与审美性

宇宙的纷繁复杂造成运动变化的多样性和抽象性,人类对艺术的不懈追求,对真善美的永恒探索使得审美能力不断提升。这两个方面同样渗透到信息世界中,并反映在社会生活中。

(7) 可开发性与可增值性

信息作为客观事物的一种反映,由于客观事物的复杂性和事物之间相互关联性的特点,反映事物本质的和非本质的信息往往交织在一起;又由于在一定的历史阶段人们的认识总是会存在一定的局限性,因此,信息是可以开发的,并且是需要开发的,通过开发可以引申、推导、繁衍出更多的再生信息,从而使信息增值。

1.2.2 知识

1. 知识的定义

知识(knowledge)是人类对客观世界的正确认识,是社会生产实践和科学研究的概括和总结。知识来源于信息,人类在认识世界和改造世界的过程中,通过接收客观事物的信息,经过大脑的思维加工,把感性认识和经验总结提炼为知识。后人利用前人积累的知识来指导生产实践和科学研究,获得新成果,创造新知识,推动社会科学技术发展。可以说信息是知识的原料,知识是经过加工、整合过的系统化的信息,是人类认识世界的成果和结晶。

信息转化成为知识的关键在于信息接收者对信息的理解能力,而对信息的理解能力取决于接收者的信息和知识准备。信息只有与接收者的个人经验、知识准备结合才能转化为知识。所以,知识的获取只能通过学习和生产实践才能实现。

2. 知识的分类

(1) 世界经合组织(OECD)将知识分为四大类

① know-what:知道是什么的知识,它是指关于事实方面的知识,例如中国的国土面积是多少,海湾战争是什么时候爆发的,这类知识通常被近似地称为信息。在一些复杂的领域,专家们需要掌握许多此类知识才能完成他们的工作,如律师和医生。

② know-why:知道为什么的知识,这是指自然原理和规律方面的科学理论,是多数产业中技术与工艺进步的支撑力量。这类知识是由专门研究机构如实验室和大学来创造的。为了获得这类知识,企业必须不断补充经过良好的科学训练的劳动力,并与科研机构和大学建立联系。

③ know-how:知道怎么做的知识,它是指做某些事情的技艺和能力,其典型例子有保存于其内部的企业发展的诀窍或专业技术。掌握这类知识往往是企业发展和保持其优势的诀窍,产业网络的形成使得各个企业可以分享这类知识。

④ know-who:知道是谁的知识,它涉及谁知道和谁知道如何做某些事的信息,这在社会高度分工的经济中显得尤为重要。这类知识比任何其他种类的知识都更隐蔽,它隐藏在企业内部。

(2) 知识按表述方法可分为两类

① 显性知识:是指可以通过正常的语言方式传播的知识,典型显性知识主要是指以专

利、科学发明和特殊技术等形式存在的知识,存在于书本、计算机数据库、CDROM 等中。显性知识是可以表述的,有载体的。在 OECD 的知识四分类中,know-what 和 know-why 是显性知识。

② 隐性知识:或称为"隐含经验类"(tacit knowledge),往往是个人或组织经过长期积累而拥有的知识,通常不易用言语表达,也不可能传播给别人或传播起来非常困难。隐性知识的特点是不易被认识到、不易衡量其价值、不易被其他人所理解和掌握。在 OECD 的知识分类中,know-how 和 know-who 是隐性知识。

3. 知识的属性

① 意识性:知识是一种观念形态的东西,只有大脑才能产生它、识别它、利用它。知识通常以概念、判断、推理、假说、预见等思维形式和范畴体系表现自身的存在。

② 信息性:信息是产生知识的原料,知识是被理解和认识并经大脑重新组织和系列化了的信息,信息提炼为知识的过程是思维。

③ 实践性:社会实践是一切知识产生的基础和检验的标准,科学知识对实践有重大指导作用。

④ 规律性:人们对实践的认识是一个无限的过程,人们获得的知识在一定层面上揭示事物及其运动过程的规律性。

⑤ 继承性:每一次新知识的产生既是原有知识的深化与发展,又是更新的知识产生的基础和前提。知识被记录或被物化为劳动产品后,可以世代相传利用。

⑥ 渗透性:随着知识门类的增多,各种知识相互渗透,形成许多新的知识门类,形成科学知识的网状结构体系。

⑦ 隐蔽性:需要进行归纳、总结、提炼才能得到知识。

⑧ 倍增性:知识经过传播不会减少,反而会产生倍增效应。一个苹果两人分享,一人只有半个,一条知识两人分享,就至少有两条。

1.2.3 文献

1. 文献的定义

我国国家标准《文献著录总则》〔GB 3792.1—1983〕将文献(document)定义为:"文献是记录有知识的一切载体。"文献是用文字、图形、符号、音频、视频等技术手段记录人类知识的一种载体,或称其为固化在一定物质载体上知识。

文献不仅是知识的记录,还可能是信息的记录。知识属于已为人们所认识的领域,是对信息的理解和总结。但是迄今为止还有许许多多的信息尚未被我们所认识,未知世界还很辽阔,有待我们去探索,这些尚不属于人类的知识范畴而被记录下来的未知信息,依然也是文献。例如:自然界的一些罕见的自然现象,被人们拍摄成照片、图像等记录下来,虽然人们一时还无法认识理解这些信息,但这些照片、图像只要以某种方式记录到载体上,那就也是文献。所以,"文献"也可以理解为"记录有信息与知识的一切载体"。

"文献"一词在中国最早见于孔子的《论语·八佾》篇中:"夏礼,吾能言之,杞不足徵也;殷礼,吾能言之,宋不足徵也。文献不足故也。足,则吾能徵之矣。"其含义几千年来随着历史的变迁也几经变化:汉代郑玄解释为文章和贤才;宋代朱熹释之为典籍和贤人;宋末元初的马端临理解为书本记载的文字资料和口耳相传的言论资料;近现代的一些工具书又将其解释为"具有历史价值的图书文物资料"和"与某一学科有关的重要图书资料"。

国际标准化组织《文献情报术语国际标准》(ISO/DIS217)对文献的解释是:"在存储、检索、利用或传递记录信息的过程中,可作为一个单元处理的,在载体内、载体上或依附载体而存贮有信息或数据的载体。"

文献由知识信息内容、载体材料和记录方式三要素构成。知识信息内容是文献的灵魂所在,文献是存储知识信息的物质形态和内涵价值的总体概述,知识信息内容体现的是文献的价值属性;载体材料是文献内容所寄附的外壳,是可供记录知识或信息的物质材料,其材质随着人类科学技术的发展不断演进,如龟甲兽骨、竹木、帛、金石、泥陶、纸张、胶片、胶卷、磁带、磁盘、光盘等;记录方式,指将知识信息内容通过特定的人工记录方式,使其附着于一定的载体材料上,如写画、雕刻、印刷、摄制、录音等,可以是手工记录、机械记录、光记录、电记录、声记录和磁记录等。

知识信息内容是文献的内涵价值,载体材料是文献的外在物质表现形式,记录方式是将表达文献内容附着到物质载体之上的方法和过程。三个要素不可分割,缺少其中的任何一个都不能形成文献。

2. 文献的属性

① 知识信息性:这是文献的本质属性,知识信息是文献的实质内容,没有任何知识或信息的纸张、胶卷、磁带等物质载体不能称之为文献,离开知识信息,文献便不复存在。传递信息、记录知识是文献的基本功能。人类的知识财富正是借助文献才得以保存和传播。

② 物质实体性:物质载体是文献的存在形式,人们头脑中的知识无论多么丰富,只要没有记录在一定的物质载体上,就不能称其为文献。文献所表达的知识信息内容必须借助一定的信息符号、依附一定的物质载体,才能长时期保存和传递。

③ 人工记录性:文献所蕴藏的知识信息是通过人们用各种方式将其记录在物质载体上的,而不是天然荷载于物质实体上的。

④ 动态发展性:文献并非处于静止状态,而是按新陈代谢的规律运动着。随着人类记录水平的提高、信息交流的频繁,文献的数量日趋庞大,形式日益多样。与此同时,文献的老化速度也在加快,生命周期日益缩短,形成了有规律的运动。

3. 文献的功能

① 存储知识信息:文献是知识信息的物质存在形式,是积累和保存知识信息的工具,人类所有的知识成果都只有记录于文献才能保存和流传。文献的产生是人类文明史上的重要里程碑,人们正是通过文献了解信息,通过文献得悉某一成果或创造发明的诞生。

② 传递知识信息:文献能帮助人们克服时间和空间上的障碍,传递和交流人类已有的知识经验,促进知识信息的增加和融合,沟通人们思想感情,成为人类知识信息交流的重要途径。

③ 教育和娱乐功能:通过阅读文献,人们可获取科学文化知识,掌握专业技能,提高认识水平和基本素质,还可以娱乐消遣,陶冶情操,丰富精神生活,提高创造能力。

1.2.4 情报

1. 情报的定义

情报(intelligence)是在特定时间、特定状态下,对特定的人提供的有用知识和信息。其一部分在知识之内,另一部分在知识之外、信息之内。情报自产生开始就有非常鲜明的定向性。

"情报"一词在我国最初的含义与军事有关,带有相当的神秘色彩,其典型的定义是:"战时关于敌情之报告,曰情报。"在日本人森欧外翻译德国克劳塞维茨的《战争论》中,第一次出现"情报"一词指"有关敌方或敌国的全部知识"。这些情报定义具有明显的战争年代的特征。

在现代,学术界对于情报的理解存在认识上的共性。其一,情报来自知识、信息,来自于对知识、信息的加工处理;其二,情报不等同于广义的知识和信息,而只是"作为交流对象的有用知识、信息"。现代情报的概念,已经延伸至"特定性"情报、"决策性"情报、"竞争性"情报等,进入了社会各阶层、各领域。

情报与信息是既有联系又有区别的。说它们有联系,是指有一部分信息可以转化为情报。说它们有区别,是说情报概念有其明确的内涵和外延,同信息概念是完全不同的。两者的区别主要表现在:

第一,情报是人类社会特有的、普遍存在的社会现象;信息不仅存在于人类社会,还存在于自然界和生物界。两者不是范围大小量的区别,而是质的区别,这种区别是由情报质的规定性决定的。报纸发表一则新闻,电台广播一条消息,称它们为人类信息估计不会遭到反对,但它们仅仅就是信息而已。可是,当某情报需求者从特定需求出发,把这则新闻和这条消息收集起来,了解其意义,这则新闻和这条消息就转化成情报了。

第二,情报同信息的发生过程不同。信息发生的一端是信息的生产或传播的一端,信息的运行轨迹是开放性的路线。情报发生的起点是某特定情报需求者,是不生产任何信息或传播任何信息的一端,只是用"特定需求"这张网去打捞相应的、现成的人类信息。这样看来,情报运行的路线是封闭性的,情报发生的一端或称起点,同时也就是情报运动的终点,或称情报的归宿。

第三,情报与信息有不同的价值评估标准。一条人类信息有无价值,主要看其是否客观、真实。情报的价值评估标准就不这样简单了。它不单要看情报内容是否客观、真实,更要看其满足特定需求的程度。所以,信息的价值是客观的、不以人们的意志为转够的;情报的价值一方面取决于情报内容的客观、真实,另一方面也是更主要的方面取决于特定需求的主体。在这里,特定需求的主体起决定作用,情报的主观性明显可见。

第四,传递性或传播性在情报和信息中的地位不同。信息总伴随着传递或传播,或者可以说就是为着传递或传播,所以,传递或传播是信息的本质属性。情报虽然有时也伴随传递或传播,但不是本质属性。情报不是为了传播而传播,甚至有时不可以传播,如内容机密的军事情报或政治情报等。

2. 情报的属性

① 信息性:情报必须具有实质内容,凡人们需要的各种知识或信息,如事实、数据、图像、信息、消息等,都可成为情报内容。没有内容的情报是不可能存在的。

② 动态性:无论多么重要的成果,人们不知道其存在就不能成为情报。情报处于运动状态中,用户主动搜集情报,情报机构采用先进载体和手段主动研究、传递情报,促使更多的静态知识(信息)成为动态情报。

③ 效用性:人们利用情报是为了获得实际效益,在多数情况下是为了竞争,同一情报因时间、地区、对象不同,呈现出的效益也不同。情报针对性越强,越能促进人们达到目的,其

效用越高。

④ 社会性：情报来源于人类社会的认识活动，存储于社会系统，并为社会利用广泛地选择利用。

⑤ 语言性：情报必须通过自然语言和人工语言进行表达和传播，正是由于情报的语言性才能使它能够记录在各种载体上。

⑥ 可塑性：在情报加工过程中，既可概括归纳使之精炼浓缩，又可补充综合使之系统全面。

⑦ 时间性：特定情报只有在合适的时间内传递和利用才能产生效用，随着时间的推移，情报的效用性也会随之降低。

3. 情报的类型

从不同的角度，可以将情报区分为多种不同的类型。

① 按情报的应用范围分，一般可分为科学情报（包括自然科学和社会科学）、经济情报、技术情报、军事情报、政治情报等。其中，科学技术情报在各个方面都有着重要的影响。

② 按情报的内容及其所起作用，一般又可分为战略性情报和战术性情报两大类。战略性情报通常是指对解决全局或某一特定领域中（如制定能源政策、城市发展规划等）一些带有方向性、政策性问题所需要的有用知识，其中包括科学依据、证据和方案的内容。战略性情报的形成需要经过高度的逻辑思维过程并具有较明显的预测性质。战术性情报，则是指对解决局部或某一学科领域中的一些具体问题所提供的情报。战略性情报与战术性情报是相互作用、密切关联的，战术性情报是构成战略性情报的基础，战略性情报则可以为战术性情报指明方向，二者是相辅相成的。

1.2.5 信息、知识、文献、情报之间的关系

① 信息的概念十分广泛，既存在于人类社会的思维活动中，也存在于自然界，其中被人们认识并系列化了的那部分信息转化为知识，在人们的实践活动中有使用价值的那部分信息成为情报的一部分。

② 知识仅存在于人类社会，是人脑意识的产物，信息是产生知识的原料，信息在转化为知识时经过人脑的判断、推理、综合，同时转换了载体，其中在人们实践活动中有使用价值的那部分知识成为情报的一部分。

③ 情报属于人工信息的范畴，信息与知识都是它的来源。符合人们特定需要的信息和知识一旦成为情报之后，便具备了动态性、效用性、时间性等特征。

由此可见，信息的范畴比知识、情报大，知识只是信息的一部分，情报则是从信息与知识两方面获取的。

④ 文献是最主要也是最广泛的一种情报源，是我们获取信息或知识的主要途径之一。

信息、知识、文献、情报之间的关系见图1-1。

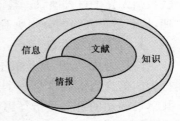

图1-1 信息、知识、情报、文献之间的关系

1.3 信息资源

1.3.1 信息资源概述

1. 信息资源的概念

信息资源是经过人类筛选、组织、加工并可以存取,能够满足人类需求的各种信息的集合。

信息是普遍存在的,但信息并非全都是资源,只有满足一定条件的信息才能称之为信息资源。信息资源是信息的一部分,是信息海洋中与人类需求相关的那部分信息;信息资源是可利用的信息,是当前生产力水平和研究水平下人类开发与组织的信息;信息资源是通过人类的参与而获取的信息,人类的参与在信息资源形成过程中具有重要的作用。

2. 信息资源的特征

① 智能性:信息资源是人类所开发与组织的信息,是人类脑力劳动或者说认知过程的产物,人类的智能决定着特定时期或特定个人的信息资源的量与质,智能性也可以说是信息资源的丰富度与凝聚度的集中体现。信息资源的智能性要求人类必须将自身素质的提高和智力开发放在第一位,必须确立教育与科研的优先地位。

② 有限性:信息资源只是信息中极有限的一部分,比之人类的信息需求,它永远是有限的,从某种意义上说,信息资源的有限性是由人类智能的有限性决定的。有限性要求人类必须从全局出发合理布局和共同利用信息资源,最大限度地实现信息资源共享,从而促进人类与社会的进步、发展。

③ 不均衡性:由于人们的认识能力、知识储备和信息环境等多方面的条件不尽相同,他们所掌握的信息资源也多寡不等;同时,由于社会发展程度不同,对信息资源的开发程度不同,地球上不同区域信息资源的分布也不均衡。这就是所谓的信息领域的"马太效应"。信息资源的不均衡性要求有关信息政策、法律法规和规划等必须考虑导向性、公平性和有效利用的问题。

④ 整体性:信息资源作为整体是对一个国家、一个地区或一个组织的政治、经济、文化、技术等的全面反映,信息资源的每一个要素只能反映某一方面的内容,如果割裂它们之间的联系则无异于盲人摸象。整体性要求对所有的信息资源和信息管理机构实行集中统一的管理,从而避免人为的分割所造成的信息资源的重复和浪费。

3. 信息资源共享

信息资源共享,究其根本是消费者群体对信息资源的一种积极的、经济的共同利用行为。信息资源共享是一个发展的概念。美国图书馆学家肯特(Allen Kent)认为:"资源共享最确切的意义是指互惠(reciprocity),意即一种每个成员都拥有一些可以贡献给其他成员的有用事物,并且每个成员都愿意和能够在其他成员需要时提供这些事物的伙伴关系。"

图书馆信息资源共享是指图书馆在自愿、平等互惠的基础上,通过建立图书馆与图书馆之间、图书馆与其他相关机构之间的各种合作、协作、协调关系,利用各种技术、方法和途径,共同揭示、共同建设和共同利用信息资源,最大限度地满足用户信息资源需求的全部活动。

　　信息资源共享的最终目标：任何用户（any user）在任何时候（any time）、任何地点（any where）均可获得任何图书馆（any library）拥有的任何信息资源（any information resource）。

　　我国已建成或正在建设各级各类信息资源共享系统，如：

　　中国高等教育文献保障系统（china academic library ＆ information system，简称 CALIS），把国家的投资、现代图书馆理念、先进的技术手段、高校丰富的文献资源和人力资源整合起来，建设以中国高等教育数字图书馆为核心的教育文献联合保障体系，实现信息资源共建、共知、共享，以发挥最大的社会效益和经济效益，为中国的高等教育服务。

　　JALIS 指江苏省高等教育文献保障系统，是 1997 年江苏省实行的一种信息保障系统，是在教育厅领导下的重点项目之一。通过 JALIS 的建设，使全省高校图书馆系统形成结构优化、布局合理、配置精当的文献收藏系统，建成江苏省高校联合目录数据库和一批具有特色的专题文献数据库，并与引进国内外光盘数据库相结合，建成全省较为完整的、多层次服务的体系框架，实现文献资源的共知、共建、共享；借助于虚拟馆藏，获得世界范围内的最新信息，形成江苏高等教育文献信息的保障网络，从而保证江苏省高等教育现代化建设目标的顺利实现，并为江苏省的经济发展和社会进步作出积极的贡献。

　　文化部、财政部在"十二五"时期已启动实施数字图书馆推广工程，2012 年全国所有省级数字图书馆和部分市级数字图书馆的硬件平台搭建工作将完成，2013—2015 年则进入全面推广阶段。数字图书馆推广工程将整合国家图书馆及全国公共图书馆的优秀数字资源，构建覆盖全国、互联互通、共建共享的超大型数字图书馆。

1.3.2　文献信息资源类型

　　信息有文献信息、口头信息、实物信息，而文献信息是最重要的信息资源，文献信息资源则是信息检索的对象。根据不同的标准，可以将文献信息资源分成多种类型。

1. 按文献信息资源的载体形式分类

（1）手写型文献

指在印刷术发明之前以手写记录的文献。如：羊皮书、甲骨文、碑铭、竹简等。

（2）印刷型文献

以纸张作为载体，以印刷作为记录手段而产生的文献。优点：便于携带、传递与阅览。缺点：卷帙繁多，笨重易污，存储内容密度低，占据空间大。

（3）缩微型文献

采用感光材料作为存储知识信息的物质载体，以缩微照相技术为记录手段而产生的文献。优点：体积小，质量轻，存储量大；成本低，保存期长，不易散乱；易于检索、复制、放大；易于转换成其他类型的文献。缺点：必须借助缩微放大机才能阅读，阅读时眼睛容易疲劳，影响了使用。

（4）声像（视听）型文献

采用感光材料或磁性材料作为载体，以光学感光或电磁转换作为记录手段，利用专门的装置记录并显示声音、图像而产生的文献。与纸质文献相比，声像（视听）文献除了能够如实记录、存储声音、图像信息外，还能超越时空反复播放，并使信息接受者多通道地摄入信息，有助于理解知识、加深印象，获得长久记忆。声像型文献还可以按照自己的意愿和需要展示信息内容,例如:快播慢播、放大缩小、选择播放等,从而提高利用的效率。

（5）电子（数字）型文献

采用电子、数字等高科技手段,将知识信息存储在磁盘、磁带或光盘等存储设备中通过计算机对电子（数字）格式的信息进行存取、处理、传播。电子（数字）文献内容丰富,类型多。既有原生的电子（数字）文献,也有将其他类型的文献（如纸质文献）通过技术手段转换而成的电子（数字）文献,这样的转换过程也称之为文献的"数字化"。

2. 按文献信息资源的加工程度分类

（1）零次文献（zeroth literature）

零次文献也称灰色文献,是指处在原始形式的非正式出版物或非正式渠道交流的知识信息,未公开于社会,只为某一个人或某一团体所用。如文章草稿、私人笔记、会议记录等。零次文献的优点是传递速度快、针对性强、反馈快、真实、直观。缺点是传播面窄,稍纵即逝,难以积累和管理。

（2）一次文献（primary literature）

一次文献也称之为原始文献,是作者以生产与科研工作的成果为基本素材而创作、撰写形成的文献,并通过正式渠道对外公开和交流。无论它以何种手段记录、何种载体存储,也不论是否参考、引用了他人的资料,均为一次文献。如期刊论文、科技报告、会议论文、专著、专利说明书等。

一次文献内容比较新颖、详细、具体,是最主要的文献信息源和检索对象,具有创造性、原始性和多样性的特点。

（3）二次文献（secondary literature）

二次文献又称检索性文献,是通过对一次文献的外部特征（如题名、作者、出版者等）和内容特征（如主题、分类等）进行分析、提炼、加工、整理而形成的工具性文献。一般包括目录、题录、文摘、索引等,各种书目数据库、文摘数据库也属于二次文献。

二次文献是对文献信息资源的报道和检索,其目的是使文献信息流有序化,更易被检索利用,具有集中性、系统性和工具性的特点。

（4）三次文献（tertiary literature）

三次文献又称参考性文献,是对一、二次文献按知识门类或专题进行综合加工的产物,是围绕某一课题,利用二次文献全面搜集一次文献,并进行选择、分析、研究、综合、概括和评价而生成的新的文献。三次文献仅仅是对一次文献内容的提炼概括,并不增加新的知识信息,这是与一次文献最本质的区别。

三次文献可分为综述研究类和参考工具类两种。综述研究类是系统阐述某个领域的内容、意义、历史、现状和发展趋势的综述性学科总结,如动态综述、学科总结、专题述评、进展报告等。参考工具类是把大量的定理、数据、公式、方法等知识进行浓缩和概括,编写成便于查阅的参考工具书,如年鉴、手册、大全、词典、百科全书等。

三次文献源于一次文献而高于一次文献,属于再生性文献,具有系统性好、综合性强、内容比较成熟、针对性强的特点,常常附有大量的参考信息,有时可作为信息检索的起点。

零次文献是一次文献的素材,一次文献是二次、三次文献的来源和基础,二次、三次文献是对一次文献进行组织、加工、综合的产物,它们编写的目的明确,专指性、系统性强,是信息检索的主要工具。

3. 按照文献信息资源的出版形式分类

（1）图书（book）

图书是指对某一领域的知识进行系统阐述或对已有研究成果、技术、经验等进行归纳、概括的出版物。图书的内容比较系统、全面、成熟、可靠，但传统印刷型图书的出版周期长，传递信息速度慢，信息容量小。现代电子图书（包括"电纸书"）的出现可弥补这一缺陷。

图书按功用性质可分为阅读性图书和工具书两大类。阅读性图书包括教科书（textbook）、专著（monograph）、文集（anthology）等，能提供系统、完整的知识。工具书（reference book）包括词典（dictionary）、百科全书（encyclopedia）、手册（handbook）、年鉴（yearbook）等，提供经过验证、浓缩的知识，是信息检索的工具。

图书的外表特征有：书名（或题名）、著者（或责任者）、出版地、出版者、出版时间、版次、总页数、ISBN、价格等。

（2）期刊（periodical、journal、serial）、报纸（paper、newspaper）

期刊俗称杂志（magazine），是指有固定名称、版式和连续的编号，定期或不定期长期出版的连续性出版物。目前在互联网上也发行有大量的电子期刊，也有光盘版的。期刊的特点是内容新颖、信息量大、出版周期短、传递信息快、传播面广、时效性强，能及时反映国内外各学科领域的发展动态，是传播科技情报的重要工具。据统计，科技人员所获取的信息有70％以上来源于期刊，所以它在文献信息资源中占有非常突出的地位，是十分重要的和主要的信息资源和检索对象。

期刊的类型：按报道内容的学科范围可分为综合性期刊和专业性期刊；按期刊的内容性质可分为学术性期刊、资料性期刊、快报性期刊、消息性期刊、综论性期刊、科普性期刊。

期刊的外表特征有：期刊名、出版者、出版地、出版日期、期卷号、国际标准刊号（ISSN）、国内统一刊号（CN）、邮发代号、价格等。

报纸也是一种连续出版物。报纸具有固定名称，是出版周期最短的定期连续出版物，通常以报道新闻为主，也对一些重大问题发表评论。报纸的基本特点是内容新颖、出版快捷、涉及面广、读者最多。

（3）专利文献（patent literature）

专利文献是实行专利制度的国家，在接受申请和审批专利过程中形成的有关出版物的总称。广义的专利文献包括专利说明书、专利公报、专利分类表、专利检索工具以及与之相关的法律性文件。狭义的专利文献仅指专利说明书。

（4）标准文献（standard literature）

标准文献是一种规范性的技术文件，它是在生产或科学研究活动中对产品、工程或其他技术项目的质量、检验方法及技术要求所做的统一规定，供人们遵守和使用。

技术标准按使用范围可分为国际标准、区域标准、国家标准、专业（行业）标准、地方标准和企业标准六种类型。每一种技术标准都有统一的代号和编号。

（5）学位论文（thesis、dissertation）

学位论文是指高等学校或研究机构的学生为取得某种学位，在导师的指导下撰写并提交的学术论文，它伴随着学位制度的实施而产生。与学位相对应，学位论文分为学士论文、硕士论文、博士论文，其研究水平差异较大。其中的博士论文和部分优秀的硕士论文论述详细、系统、专深，研究水平较高，参考价值较大。

（6）会议文献（conference literature）

会议文献是指各种学术会议上交流的学术论文。其特点是内容新颖,专业性和针对性强,传递信息迅速,能及时反映科学技术的新发现、新成果、新成就以及学科的发展趋势。

（7）科技报告（sci-tech report）

科技报告也称技术报告、研究报告,是围绕某个课题从事研究取得的最终成果所撰写的正式报告,或者是取得阶段性进展的真实记录,以及在研究过程中每一个阶段的进展情况的实际记录。如科技报告书、技术备忘录、札记、通报等。科技报告内容专深、可靠、尖端、新颖。

（8）政府出版物（government publication）

政府出版物是指各国政府部门及其所属机构出版的文献,又称官方出版物。分为行政性的和科技性的两大类。行政性文献主要涉及政治、法律等方面,包括政府法令、方针政策、规章制度、决议、指示、统计资料等;科技性文献主要是政府部门的研究报告、科技档案等。

（9）产品资料（product literature）

产品资料是厂商为推销产品而印发的介绍产品情况的文献,包括产品样本、产品说明书、产品目录、厂商介绍等。其内容主要是对产品的规格、性能、特点、构造、用途、使用方法等的介绍和说明。

（10）科技档案

科技档案指生产建设、科学技术部门和企业、事业单位针对具体的工程或项目形成的技术文件、设计图纸、图表、照片、原始记录的原本以及复制件。包括任务书、协议书、技术经济指标和审批文件、研究计划、研究方案、试验项目、试验记录等。它是生产领域、科学实践中用以积累经验、吸取教训和提高质量的重要文献。科技档案具有保密性,通常限定使用范围。

1.3.3 文献信息资源特点

1. 载体形式多样

随着科学技术的发展,现代文献信息的生产突破了传统纸张印刷方式。现代计算机技术与不断发现并广泛应用的新的存储载体材料,使文献信息的缩微化、电子化、数字化已经成为一个主流的发展趋势。电子（数字）信息容量大、体积小,能存储音像图文信息,检索方便快捷,可共享性高,易于复制和保存,消耗资源少,对环境污染小,具有很大的发展前景。目前,形成了以印刷型、磁记录型、光电（半导体）记录型和网络型四种文献信息资源并存的格局,而光电（半导体）记录型和网络型文献信息资源的数量正日益扩大。现代信息技术的发展,加速了文献信息的转换,丰富了文献信息资源的载体形式。

2. 网络化传递

在网络环境下,文献信息的传递和反馈快速灵敏,具有动态性和实时性等特点。文献信息在网络中的流动非常迅速,电子流取代了纸张和物流,加上无线电和卫星通信技术的不断升级完善并充分运用,任何文献信息资源一旦上传到网络,瞬时就能传递到世界各地的任何一个角落。通过网络传递的文献信息容易检索,方便加工利用。因此,通过网络传递文献信息资源已成为最受欢迎的传递方式。

3. 数量急剧增长

我们已经进入信息爆炸时代,文献信息量急剧增长。全球各种传统载体的文献仍在不断增加的同时,由于计算机技术的不断普及和网络技术的高速发展,使得各种信息量猛增,各式电子出版物及网络文献信息资源也层出不穷,令人应接不暇。网络文献信息资源数量巨大,增长迅速。据不完全统计,目前国际互联网已拥有 186 个国家的 50 000 多个注册网络,500 多万台计算机,2 500 多个数据库,8 亿多个主页,而且正在以每年高于 25% 的速度激增。网络上每天发布的新信息有 15 万件,提供的网络信息总量在 20TB 以上。

文献信息量的急剧增长带来的负面影响就是"信息污染",在文献信息的选择、收集、整理、保存、传递诸方面带来很大的困难,面临许多新的课题。

4. 更新速度加快

现代科学技术发展日新月异,每时每刻都有新的发现、发明和创造,文献信息资源也随之出现新陈代谢加快、老化加剧、使用寿命缩短的趋势。信息学家贝纳尔·保尔登和凯布勒先后提出了信息老化的半生期(half-live)的概念,用半生期解释某学科信息的老化及使用寿命,即"某学科现时利用的全部信息中的一半,是在多长一段时间内发表的"。以科技信息资源为例,其总体的半生期已从 19 世纪的 50 年左右缩短到现在只有 5~10 年的时间。而以信息技术为代表的新科技信息,则更替的时间更短,有的甚至刚刚出版发行就被更新颖、更有价值的内容所取代。各类信息的时效是不一样的:科技图书 10~20 年,期刊论文 3~5 年,科技报告 10 年,学位论文 5~7 年,标准信息 5 年,产品样本 5 年。西方发达国家认为,大部分科技信息的使用寿命一般为 5~7 年,甚至更短。国际教育发展委员会主席埃德加·富尔说:"我们再也不能刻苦地、一劳永逸地获取知识了,而需要终身学习如何去建立一个不断演进的知识体系——学会生存。"

5. 分布差距拉大

随着社会信息化的进程,由于现在的政治、经济、科技、教育和观念等原因,人们获取、占有文献信息资源的能力和数量存在巨大差异,引起更加严重的文献信息资源分布不均衡的现象,出现了信息富人和信息穷人,导致了信息时代的一种新的社会分化,即信息分化。

信息分化是由于人们的认识能力、知识储备和信息环境等多方面的条件不尽相同,所掌握的信息资源也多寡不等;同时由于社会发展程度不同,对信息资源的开发程度也不同,世界上不同区域信息资源的分布也就不均衡。简而言之,是指信息富有者和信息贫困者之间的两极分化趋势,也是指在分配和有效使用信息资源方面两类或更多人群之间的实质性不对称、不均衡,是有效知识、信息资源占有和利用方面的差异,这种差异有日渐扩大的迹象和趋势。信息分化不仅存在于不同的国家(地区)之间,也存在于同一国家内部地区之间、城乡之间、不同阶层之间等。

信息资源分布不均衡,信息分化是当代信息社会中愈演愈烈的世界性问题,中国作为发展中国家,同样也面临着这个问题,必须引起高度重视。

思考题

1. 信息社会的主要特征有哪些?
2. 当代信息环境存在的主要问题有哪些?
3. 什么是信息素养,其内涵包括哪些内容?
4. 如何提高我们的信息素养?

5. 信息教育的概念与内容。

6. 论述信息教育与素质教育。

7. 文献信息资源的类型有哪些？

8. 什么是信息、知识、文献、情报？它们各自有哪些属性？

9. 信息有哪些类型？

10. 什么是信息资源？信息资源的类型有哪些？

11. 文献信息资源的类型、特点。

第2章 信息检索基础

2.1 信息组织与存储

信息的组织与存储是信息检索的基础。信息检索的基本原理是：通过对大量的、分散无序的信息进行搜集、加工、组织、存储，建立各种各样的检索系统，并通过一定的方法和手段使存储与检索这两个过程所采用的特征标识达到一致，以便有效地获得和利用信息。其中组织与存储是为了检索，而检索又必须先进行组织与存储。

2.1.1 信息组织

信息组织即信息的有序化与优质化，也就是利用一定的科学规则和方法，通过对信息外在特征和内容特征的表征和排序，实现无序信息流向有序信息流的转换，从而使信息集合达到科学组合，实现有效流通，促进用户对信息的有效获取和利用。具体而言，是指为控制信息的流速和流向、数据和质量等，把传递中的杂乱无序的信息整理为系统有序状态的活动。

信息组织是信息管理的重要环节和基本工作，是信息资源开发利用的主要手段，是信息传播、检索的前期准备。它具有整序信息、科学分流、促进选择、保证利用的功能和作用。

1. 信息组织的目的

信息组织的目的可以概括为"实现无序信息向有序信息的转换"。具体地说，信息组织的目的应包括：

① 减少社会信息流的混乱程度；
② 提高信息产品的质量和价值；
③ 建立信息产品与用户的联系；
④ 节省社会信息活动的总成本。

2. 信息组织的要求

（1）信息特征有序化

一是要将内容或外在特征相同或者相关的信息集中在一起，把无关的信息区别开来；二是集中在一起的信息要有系统、有条理，按一定标识呈现某种秩序，并能表达某种意义；三是相关信息单元之间的关系要明确化，并能产生某种关联性，或者能给人某种新的启示。

（2）信息流向明确化

现代管理科学的基本原理表明，信息作用力的大小取决于信息流动的方向。信息整序要做到信息流向明确化。首先，要认真研究用户的信息需求和信息行为，按照不同用户的信息活动特征确定信息的传递方向；其次，要注意根据信息环境的发展变化不断调整信息流动的方向，尽量形成信息合力。

（3）信息流速适度化

信息流速的不断加快使人们感受到巨大的信息压力,眼花缭乱的信息流可能会降低决策的效率。同时,人们面对的决策问题在不断地发展变化,信息需要也在不断地更新。为此必须适当控制信息流动速度,把握信息传递时机,提高信息的效用。

（4）信息质量最优化

信息质量是信息满足明确和隐含需要能力的特征总和。信息质量的标准主要有可理解性、相关性、可靠性、真实性、及时性、先进性、适用性和可比性等。优化信息质量,才能充分满足需求者的要求。

3. 信息组织的内容

（1）信息选择

从采集到的、处于无序状态的信息流中甄别出有用的信息,剔除无用的信息。

（2）信息分析

按照一定的逻辑关系从语法、语义和语用上对选择过的信息内、外特征进行细化、挖掘、加工整理并归类的信息活动。

（3）信息描述与揭示

也称为信息资源描述,根据信息组织和检索的需要,对信息资源的主题内容、形式特征、物质形态等进行分析、选择、记录的活动。

（4）信息存贮

将经过加工整理序化后的信息按照一定的格式和顺序存贮在特定的载体中的一种信息活动。

4. 信息组织的方法

（1）信息的传统组织方法

主要有:分类组织法、主题组织法、字顺组织法、号码组织法、自然组织法、时序组织法、地序组织法。

（2）信息的现代组织方法

主要有:字段组织法、网络组织法、文件组织法、主题树组织法、超文本组织法、超媒体组织法、元数据组织法。

5. 信息组织的过程

（1）优化选择

优化选择的标准有:相关性选择、可靠性选择、先进性选择(时间和空间)和适用性选择。

优化选择的方法有:比较法、分析法、核查法、引用摘录法、专家评估法。

（2）确定标识

确定标记是指确定该信息区别于其他信息的基本特征,并以适当的形式描述,使其成为该信息的标记。

一条信息之所以有别于其他信息,主要是因为它与其他信息在外部特征和内容特征上有所不同。

2.1.2 信息存储

随着存储技术的发展,印刷存储技术、缩微存储技术、磁存储技术、半导体存储技术和光

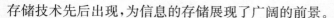

存储技术先后出现,为信息的存储展现了广阔的前景。

信息存储包括三层含义:一是将所采集的信息,按照一定的规则,记录在相应的载体上;二是将这些信息载体,按照一定的特征和内容性质组成系统有序的、可供检索的集合体;三是应用计算机等先进的技术和手段,提高信息存储的效率和信息利用水平。

1. 信息存储过程

为了促进信息的充分交流和有效利用,使用户在信息集合中快速、精确、全面地获得所需要的信息,必须首先对大量、分散、无序的信息集中起来,根据信息的外表特征和内容特征,经过整理、分类、浓缩、标引等处理,使其系统化、有序化,并按一定的技术要求建成一个具有检索功能的检索系统(如手工检索工具、计算机检索系统等)供用户检索和利用,这就是信息存储过程。

2. 检索标识

信息存储是信息检索的基础。存储的目的是为了检索,为了方便检索,必须对存储的信息做标记,这就是检索标识。

检索的基本原理是将用户的检索提问词与检索系统中文献记录的标引词进行比对,当检索提问词与标引词匹配一致时,即为命中,检索成功。

能否准确地检索出用户所需的信息,关键在于能否准确地选择检索词。这里所谓的"准确",是指用户所选择的检索词必须与检索系统中标引信息记录所用的标引词相一致。检索标识就是为沟通信息标引与信息检索而编制的人工语言,也是连接信息存储和信息检索两个过程中标引人员与检索人员双方思路的渠道,是用于标引和检索提问的约定语言。

要把信息存储和信息检索联系一致,检索标识所表达的概念应该是唯一的,表达的概念同所要表达的事物一一对应,尽量减少一词多义或多词一义的现象,使其在检索系统中具有单义性。

3. 检索语言

任何检索语言都是建立在概念逻辑上的。我们可以把相对固定的检索标识称其为检索语言,如主题、分类等。(详见第 2.3.4 节检索语言)

2.1.3　元数据

1. 元数据概念

元数据(metadata)是关于数据的组织、数据域及其关系的信息。简单地说,元数据就是关于数据的数据。元数据一词,早期主要指网络信息资源的描述数据,用于网络信息资源的组织;其后,逐步扩大到各种以电子形式存在的信息资源的描述数据。目前,元数据这一术语实际用于各种类型信息资源的描述记录。

元数据为各种形态的数字化信息单元和资源集合提供规范、一般性的描述。例如,在数据库管理系统中,模式中包含一些元数据,如关系名、关系的字段和属性、属性域等。对于文档来说,就是描述文档的属性。从信息检索的角度看,元数据可以说是电子目录,用于编目、描述存储信息的内容和特征,从而支持信息检索。

元数据的用途:信息检索和数据管理。

2. 元数据类型

根据功能可将元数据分为管理型元数据、描述型元数据、保存型元数据、技术型元数据、使用型元数据。

根据结构和语境可将元数据分为三组:第一组为全文索引;第二组为简单结构化的普通格式,如 DC、RFC1807 等;第三组为结构复杂的特殊领域内的格式,如 FGDC、GILS、TEI、EAD 等。

根据元数据的应用范围,可分为通用性元数据、专业性元数据、web 元数据、多媒体元数据。

① 通用性元数据。把那些通用性的、描述文档的一般外部属性的元数据称为通用性元数据,它对文档的一般外部属性进行描述,是有关文档的一般性信息,如都柏林核心元数据(Dublin core)和机读目录(MARC)。它是描述文档的一般外部属性,广泛适用的一种元数据。

② 专业性元数据。专业性元数据是描述文档内容中包含的主题特征的元数据。例如,生物医学领域的文章采用病理、解剖或药理主题的元数据。

③ web 元数据。随着 web 中数据的激增,交换和存取的网络资源越来越多,其用途也各异,因此需要一种元数据,能够对广泛的 web 资源进行描述。资源描述框架 RDF 就是这样一种元数据,它用 XML 作为交换语法,提供应用之间的互操作性,这种框架对 web 资源进行描述,方便信息的自动处理。它由节点及其属性/值的描述组成。节点可以是任何 web 资源,包括 URI 和 URL;属性表示节点的性质,其值可以是文本串或其他节点。

④ 多媒体元数据。对非文本对象的描述,例如图像、音频和视频。不仅可以用关键词来描述图像、音频和视频,而且需要用新的元数据形式来描述它们的丰富视听内容,例如 MPEG-7 多媒体描述标准及其定义的多媒体描述模式。

3. DC 元数据

DC 元数据即"都柏林核心(Dublin core)元数据",由 OCLC 首倡于 1994 年,因创始地在美国俄亥俄州(Ohio)首府都柏林而得名。其维护机构为 DCMI:Dublin Core Metadata Initiative。

DC 元数据规范最基本的内容是包含 15 个元素的元数据元素集合,用以描述资源对象的语义信息,它是一种常用的元数据,也可以用于 web 文档类的资源。目前已成为 IETF RFC2413、ISO15836、CEN/CWA 13874、Z39.85 和澳大利亚、丹麦、芬兰、英国等国际、国家标准。

DC 规定的 15 个元素。

① 标题(title):资源的名称。

② 创建者(creator):资源的创建者,可以是个人、组织或机构。

③ 主题(subject):资源的主题内容,它是用以描述资源主要内容的关键词,或分类号码表示的主题词。

④ 描述(description):资源内容的描述信息,可以是摘要、目录、内容图示或内容的文字说明。

⑤ 出版者(publisher):正式发布资源的实体,如个人、组织或出版机构。

⑥ 其他贡献者(contributor):除创建者之外的其他撰稿人和贡献者,如插图绘制者、编辑等。

⑦ 日期(date):资源生存周期中的一些重大日期。它是资源产生或有效使用的日期和

时间。

⑧ 类型(type)：资源所属的类别，包括种类、体裁、作品级别等描述性术语。

⑨ 格式(format)：资源的物理或数字表现，可包括媒体类型或资源容量，可用于限定资源显示或操作所需要的软件、硬件或其他设备，容量表示数据所占的空间大小等。

⑩ 标识符(identifier)：资源的唯一标识，如 URI(统一资源标识符)、URL(统一资源定位符)、DOI(数字对象标识符)、ISBN(国际标准书号)、ISSN(国际标准刊号)等。

⑪ 来源(source)：资源的来源信息。

⑫ 语言(language)：资源的语言类型，它由语种代码和国家代码组成。

⑬ 关联(relation)：与其他资源的索引关系，用标识系统来标引参考的相关资源。

⑭ 范围(coverage)：资源应用的范围，包括空间位置(地名或地理坐标)、时代(年代、日期或日期范围)或权限范围。

⑮ 权限(rights)：使用资源的权限信息，包括知识产权、著作权和各种拥有权。如果没有此项，则表明放弃上述权利。

通过上述 15 项可以看出，DC 元数据解决方案比较全面地概括了资源的主要特征，涵盖了资源的重要检索点(1、2、3 项)、辅助检索点或关联检索点(5、6、10、11、13 项)，以及有价值的描述性信息(4、7、8、9、12、14、15 项)；其次，它简洁、规范。这 15 项元数据不仅适用于电子文档，也适用于各类电子化的公务文档，以及产品、商品、藏品目录，具有很高的实用性。

目前 DC 元数据已包括由一系列扩展元素、元素修饰词、编码体系修饰词、抽象模型、应用纲要等规范组成的标准体系，成为一般性资源描述、特别是互联网语义信息描述(semantic web)的基础性规范。这套体系还在不断地发展、完善中

DC 有简单 DC 和复杂 DC 之分。简单 DC 指的是 DC 的 15 个核心元素如题名、主题等。与复杂的 MARC 格式相比，DC 只有 15 个基本元素，较为简单，而且根据 DC 的可选择原则，可以简化著录项目，只要确保最低限度的 7 个元素(题名、出版者、形式、类型、标记符、日期和主题)就可以了。复杂 DC 是在简单 DC 的基础上引进修饰词的概念，如体系修饰词(scheme)、语种修饰词(lang)、子元素修饰词(sub-element)，进一步明确元数据的特性。特别是通过体系修饰词，把 MARC 的优点和各种已有的分类法、主题词表等控制语言吸收进去。

4. 其他常用的元数据格式

常用的元数据格式主要有 7 种，其中 DC(Dublin core，都柏林核心)元数据，适用于网络资源；CDWA(categories for the description of works of art)适用于艺术品；VRA(core categories for visual resources)适用于艺术、建筑、史前古器物、民间文化等艺术类可视化资料；FGDC(federal geographic data committee)称为地理空间元数据内容标准，适用于地理空间信息；GILS(government information locator service)政府信息定位服务，适用于政府公用信息资源；EAD(encode archival description)编码档案描述，适用于档案和手稿资源，包括文本、电子文档、视频和音频；TEI(text encoding initiative)适用于对电子形式全文的编码和描述。

在诸多元数据中最热门的是都柏林核心元数据，在网络信息资源的组织中，除 DC 外，还有一系列的数据规范值得关注。例如 IAFA 模板(internet anonymous ftp archive)、web collections、CDF(channel definition format)等。

元数据对丰富的网络资源描述既有一定的格式，又具有灵活性，很好地解决了网络信息

资源的发现、控制和管理问题，随着研究和应用的进一步深入，必将使网络信息资源的组织、管理、共享更为便捷、有效。

2.2 信息检索

2.2.1 信息检索的概念

信息检索(information retrieval)一词出现于 20 世纪 50 年代。信息检索是伴随着人类社会的发展与进步而不断发展的，随着新技术的出现，信息检索不断地被赋予新的内容。

信息检索可以从广义和狭义两个角度理解。广义的信息检索是指将信息按一定方式组织和存储起来，并根据用户的需要找出相关信息的过程。其中包括存与取两个方面，"存"就是信息存储，是对信息进行收集、标引、描述、组织，并对其特征化的表达集加以整序，形成信息检索工具或检索系统的过程。"取"是信息查找，通过某种查询机制从检索工具或检索系统中查找出用户所需信息的过程。所以信息检索又称为"信息存储与检索"(information storage and retrieval)。

狭义的信息检索是指上述过程的后半部分，即从信息集合中找出满足用户需求的信息的过程，相当于我们平常所说的信息查询(information searching)。

信息检索的全过程包括信息的存储和信息的检索两个方面。信息存储是指编制检索工具和建立检索系统；信息检索即是利用这些检索工具和检索系统来查找所需的信息。

信息检索又称信息存储与检索、情报检索、文献检索、文献信息检索，它们是同一检索过程的不同称呼。从检索的对象来说，可称之为信息检索、文献检索、文献信息检索；从检索的目的来说，称之为情报检索。

信息的查找萌芽于图书馆的参考咨询工作。信息检索包括 3 个主要环节：①信息内容分析与编码，产生信息记录及检索标识；②组织存储，将全部记录按文件、数据库等形式组成有序的信息集合；③用户提问处理和检索输出。关键部分是信息提问与信息集合的匹配和选择，即对给定提问与集合中的记录进行相似性比较，根据一定的匹配标准选出有关信息。

2.2.2 信息检索的发展

1. 信息检索的发展过程

信息检索的发展大概经历了手工信息检索阶段、机械信息检索阶段、计算机信息检索阶段 3 个阶段。机械信息检索是从 20 世纪 50 年代开始的，如穿孔卡片系统。计算机信息检索阶段则依据信息技术应用程度分为：脱机批处理、联机检索、光盘检索、网络检索 4 个阶段。

（1）脱机批处理检索阶段

在利用计算机进行信息检索的早期，人们用单台计算机的输入输出装置进行检索，检索部门把用户的检索提问汇总到一起，进行批量检索，然后把检索结果通知各个用户，用户不直接接触计算机。

（2）联机检索阶段

20 世纪 60 年代末，由于计算机软硬件技术的不断提高，出现了一台主机带多个终端的联机检索系统。该系统具有分时操作功能，能够使许多相互独立的终端同时进行检索，用户

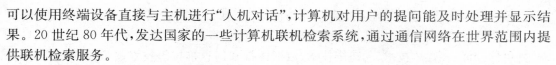

可以使用终端设备直接与主机进行"人机对话",计算机对用户的提问能及时处理并显示结果。20 世纪 80 年代,发达国家的一些计算机联机检索系统,通过通信网络在世界范围内提供联机检索服务。

联机检索服务是计算机检索走向实用化、规模化、产业化的重要标志。世界上比较著名的联机检索系统有:美国洛克希德公司的 DIALOG 系统、美国系统开发公司的 ORBIT 系统、美国医学图书馆的 MEDLINE 系统、欧洲空间组织的 ESA/IRS 系统、欧洲共同体的欧洲科技信息联机检索网络 EURONET 等。

1980 年初,中国建筑技术发展中心等单位在我国驻香港海外建筑工程公司设立了我国第一台国际联机信息检索终端,通过香港大东电报局与美国的 DIALOG 和 ORBIT 系统联机。1981 年底,北方科技情报所在北京与美国 DIALOG 系统直接联机。

目前,许多科研机构、高校图书馆都开通了国际联机检索服务,如扬州大学图书馆开通了 DIALOG、STN 系统的联机检索服务。

（3）光盘检索阶段

1984 年,美国、日本、欧洲开始利用只读光盘存储专利文献等技术资料。1985 年,世界第一个商品化的 CD-ROM 数据库——Bibliofile(美国国会图书馆机读目录)推出。随着时间的推移,光盘数据库的类型也不断丰富,除了最初的书目数据库外,又出现了文摘数据库、事实数据库、全文数据库、多媒体数据库等。我国也研制成功了中文 CD-ROM 数据库。

（4）网络检索阶段

进入 20 世纪 90 年代,随着互联网的普遍应用,图书馆、信息服务机构和数据库生产商纷纷加入到互联网上,提供各种信息服务。数据库内容几乎涉及所有领域。

互联网为我们获取信息提供了前所未有的方便,也彻底打破了信息检索的区域性和局限性。

2. 信息检索的发展趋势

（1）智能化

智能化是网络信息检索未来主要的发展方向。智能检索是基于自然语言的检索形式,机器根据用户所提供的以自然语言表述的检索要求进行分析,而后形成检索策略进行搜索。用户所需要做的仅仅是告诉计算机想做什么,至于怎样实现则无须人工干预,这意味着用户将彻底从繁琐的规则中解脱出来。近年来,智能信息检索(intelligent information retrieval)作为人工智能(AI)的一个独立研究分支得到了迅速发展。在 Internet 技术迅速普及的今天,面向 Internet 的信息获取与精化技术已成为当代计算机科学与技术领域中迫切需要研究的课题,将人工智能技术应用于这一领域是人工智能走向应用的一种新的契机与突破口。

（2）可视化

可视化(visualization)的历史可以追溯到 2 400 多年前。哲学家柏拉图指出,我们通过看来识别物体。据统计,人类获取信息有 70%～80%靠视觉,20%靠听觉,10%靠触觉。用图像(visual)取代文字帮助人们检索的优点在于:图像的表达方式生动、形象、准确、效率更高,能从多角度揭示,而纯文字的表达方式是模糊、一维的。

（3）简单化

未来家用电脑将朝着智能化、网络化、人性化和绿色环保的方向发展,操作系统的用户友好性将不断增强,如微软和苹果公司都在致力于操作系统网络化研究,以便使其中的任一应用程序都能"连接"进行"网络检索",并与网络"交互";各搜索引擎检索界面更加"傻瓜化"。使用户学习和进行网络信息检索更加容易,网上自动标引、自动文摘、自动跟踪、自动漫游、机器翻译、多媒体技术、动态链技术、数据挖掘和信息推拉等技术逐步发展和完善,会越来越方便用户及时准确地检索信息。这些硬件与软件技术的发展都有利于网络信息检索的简单化。

（4）多样化

多样化首先表现在可以检索的信息形态多样化,如文本、声音、图像、动画。目前网络信息检索的主体是文本信息,基于内容的检索技术和语音识别技术的发展,将使多媒体信息的检索变得逐渐普遍。

多样化的第二个表现是检索工具向多国化、多语种化方向发展。网络的迅速发展,使得整个世界变成了地球村,世界各地上网人数的不断增多,使得英语已无法满足所有用户的需要,语言障碍越来越明显。

多样化的第三个表现是网络检索工具的服务多元化。网络检索工具已不仅仅是单纯的检索工具,正在向其他服务范畴扩展,提供站点评论、天气预报、新闻报道、股票点评、各种黄页（如电话号码）、航班和列车时刻表、地图等多种面向大众的信息服务、免费电子信箱,以多种形式满足用户的需要。无论是在国际上还是在国内,检索工具都在朝多元化方向发展,为用户提供全方位服务。

（5）个性化

个性化指各网站注重内容的特色化和注重个性化的检索服务。网络资源的指数级膨胀,使得用户在获得自己需要的信息资源时要花费大量的时间和精力。随着互联网的飞速发展,每个人的不同信息需求将凸现于标准化、单一的"大众需求"之上,并成为各个搜索引擎或网站努力追求的对象。不同的打有消费者个人烙印的产品将成为某个消费者区别他人、感觉自我存在及独特的外在标志,个性化服务成功的实质在于提供了真正适应用户需要的产品,贯彻了以用户为中心的理念。

（6）商业化

网络检索系统拥有全世界数量众多的用户,吸引了大量的广告,为电子信息的增值服务提供了广阔的空间。网络检索系统已成为新的投资热点。网络检索系统不再仅仅是一种检索工具,而且成为一项产业,它的商业利益成为推动系统完善和扩展的主要动力,网络信息的检索与利用由公用性转向商业化。美国著名的数字媒体评估公司 Jupiter Media Metrix 日前发布研究报告称,"搜索引擎公司推出的付费添加服务是一个正在兴起的、前景光明的因特网领域,相对于目前低迷的在线广告市场来说,它的发展潜力是非常巨大的"。

2.2.3 信息检索的类型

按不同的分类方式来划分,信息检索的类型也不相同。

1. 按内容划分

按检索对象的内容分类,信息检索分为文献检索、数据检索和事实检索。

① 文献检索。是指以文献为检索对象,检索与用户信息需求相关的文献的检索过程。其检索对象是包含特定信息的各类文献。例如,查找有关"学习型组织"的文献、有关"现代企业制度的建立"的文献。

② 数据检索。是指以文献中的数据作为检索对象,查找用户所需要的数值型信息。其检索对象包括各种调查数据、统计数据、特性数据等。例如,查找某一企业的年销售额、某一国家的人口数量、某一物质的密度等。

③ 事实检索。是指以文献中的事实作为检索对象,查找用户所需要的描述型事实。其检索对象包括机构、企业、人物或其他事物的基本情况。例如,查找某一企业的地址、法人、经营范围,查找某人的生平等。

2. 按组织方式划分

按信息检索的组织方式,可分为全文检索、超文本检索和超媒体检索。

① 全文检索。是指对存储于数据库中整本书、整篇文章中的任意信息的检索。用户可以根据个人的需要从中获取有关的章节、段落等信息,还可以进行各种频率统计和内容分析。

② 超文本检索。超文本是由若干信息结点和表示信息节点之间相关性的链构成的一个具有一定逻辑结构和语义关系的非线性网络。超文本检索是对每个节点中所存信息以及信息链构成的网络中信息的检索。超文本检索强调的是中心节点之间的语义连接结构,要依靠系统提供工具作图示穿行和节点展示,提供浏览查询。

③ 超媒体检索。是对文本、图像、声音等多种媒体信息的检索,是超文本检索的补充。

3. 按检索手段划分

按检索手段(检索设备)分类,信息检索可分为手工检索、机械检索和计算机检索。机械检索和计算机检索通常称之为机器检索,简称机检。

① 手工检索。手工检索是指人们利用卡片目录、文摘、索引等检索工具,通过人工查找所需要信息的行为。这种检索方式的特点是节省费用,但检索时间较长。

② 机器检索。机器检索是指由人们借助机器(包括计算机)查找信息的行为。机器检索主要包括穿孔卡片检索、缩微检索和计算机检索。这种检索方式的特点是检索时间短、检索效率高,但费用较大、成本高。目前机检主要是指计算机检索。

机检与手检相比,其信息检索的本质没有变化,变化的只是检索手段、检索对象、信息的表示方式、存储信息的结构和匹配方法。详见表 2-1。

表 2-1　计算机检索与手工检索的区别

项　目	手工检索	计算机检索
总体特征	手工操作、大脑判断	程序、策略、机器匹配
标引及检索特点	检索点少	检索点多
检索要求	专业、外语、检索知识	专业、外语、检索知识
检索时间	慢	快
查全率、查准率	查准率高	查全率高
综合效率	较低	较高

4. 按检索的时间跨度划分

按检索的时间跨度分类,信息检索可以分为定题信息检索(SDI)、回溯检索。

2.2.4 信息检索的意义

信息检索的意义主要体现在以下几个方面。

① 充分利用和掌握有效的信息资源,有利于举一反三,扩大知识视野,学好专业知识和技能。

② 掌握科学的信息检索方法,是获取新知识的捷径,可以让学生在广阔的知识领域中不断更新知识,更好地适应社会发展的需求。

③ 掌握科学的信息检索方法,可以缩短查询信息的时间,获取更多的信息,提高工作效率,有利于就业后了解市场同类产品及销售情况,积极参与市场竞争。

④ 有利于为个人、企业提供竞争情报和相关信息,为决策作参考。

2.3 检索系统

2.3.1 检索系统的概念

检索系统是为了满足各种各样的信息需求而建立的一整套信息的收集、整理、加工、存储和检索的完整系统。它是由一定的检索设施和加工整理好并存储在相应载体上的信息集合及其他必要设备共同构成的。

检索系统是根据对信息资源中不同对象和层次揭示上的需要,由文献目录、索引、机读数据库、网络搜索引擎等信息资源检索工具构成的以不同检索需要为目标的、形式多样的、完备的系统。

2.3.2 检索系统的分类

所谓检索系统,是指图书情报档案工作者和其他学者按某种方式方法建立起来的供读者查检图书情报档案资料等信息的某种有层次的体系。它们是客观存在的设施和设备,有两大层次。

1. 宏观检索系统

我国目前主要有三大文献信息系统,即图书馆系统、情报所系统和档案馆系统,可视为宏观检索系统。

① 图书馆系统,纵横交错组成了一个全国性的图书馆网。读者查找图书情报资料,不仅要利用自己所在单位的图书馆,而且可以通过互联网络上图书馆查找信息。高校图书馆系统就是图书馆系统的一个子系统。

② 情报信息系统,是以中国科学院文献信息中心和中国科学技术信息研究所为核心的全国信息所网络,以及中国社会科学院情报信息系统。

③ 档案馆系统,是从中央到地方的各级各类档案馆组成的网络系统。

2. 微观检索系统

有手工检索系统和计算机检索系统。

(1) 手工检索系统

手工检索系统,是指传统的靠查目录卡片、工具书等来检索的系统,如图书馆目录体系、

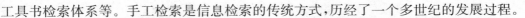
工具书检索体系等。手工检索是信息检索的传统方式,历经了一个多世纪的发展过程。

手工检索系统由手工检索设备(书本式目录、文摘、索引、卡片柜等)、检索语言、文献库等构成,以人工方式查找和提供信息。在中国,手工检索系统将与计算机检索系统长期共存,互相补充,在信息交流中发挥其应有的作用。

(2)计算机检索系统

简称机检系统,是指用电子计算机和数据库存储、检索文献信息的系统。

计算机检索系统主要由 4 个部分构成,即计算机硬件、检索软件、数据库、通信网络,数据库是其核心。而这些所有的用于信息检索的电子计算机可以联成一个庞大的网络,进行国内外的联机检索,现已发展成网络检索系统。但仅有计算机和网络还不行,还必须依赖数据库才能检索到文献信息。

① 计算机硬件主要包括:服务器、交换机、存储设备、检索终端、数据输入输出设备等。

② 检索软件是计算机检索系统的管理系统,其功能是进行信息的存储、组织、检索以及整个系统的运行和管理。检索软件的质量对检索功能和检索速度有重大影响。

③ 数据库是指至少由一种文档(file)组成,能满足特定目的或特定功能数据处理系统需要的数据集合(ISO/DIS5127)。在计算机存储设备上按一定方式存储的相互关联的数据集合,是检索系统的信息源,也是用户检索的对象。数据库可以随时按照不同的检索要求提供各种组合信息,以满足检索者的需求。一个检索系统可以有一个或多个数据库。

数据库主要由"文档—记录—字段"三个层次构成。文档是指数据库内容的组织形式。一般的说,一个数据库至少包括一个顺排文档和一个倒排文档。顺排文档是将数据库的全部记录按照记录号的大小排列而成的文献集合,它构成了数据库的主体内容。在倒排文档中,记录的特征标识作为排列依据,其后列出含有此标识的记录号,使用倒排文档可以大大提高检索的效率。记录是文档的基本单元,它是对某一实体的全部属性进行描述的结果。字段是记录的基本单元,它是对实体的具体属性进行描述的结果。

④ 通信网络是信息传递的设施,起着远距离、高速度、无差错传递信息的作用。由于现代通信技术的发展,公共数据传输技术为信息的传递提供了保障,信息检索逐渐发展成为网络检索,通过数据传输网将各个计算机连接起来。

2.3.3　检索工具

检索工具是指人们用来报道、存储和查找信息线索的工具。它是检索标识的集合体,它的基本职能一方面是揭示信息及其线索,另一方面提供一定的检索手段,使人们可以按照它的规则,从中检索出所需信息的线索。存储的广泛、全面和检索的迅速、准确是对检索工具的基本要求。

1. 检索工具的特征

检索工具应具备如下特征。

① 详细描述信息的内容特征、外表特征,用户可以根据这些线索查找所需信息。

② 每条信息记录必须有检索标识,如分类号、主题词、文献序号、代号、代码等。

③ 信息条目按一定顺序形成一个有机整体,能够提供多种检索途径,如作者索引、分类索引、主题索引等。

④ 出版形式多样,可以是图书、期刊、卡片、缩微品、磁带、光盘等,兼备对信息的揭示报道、累积存储和检索利用的功能。

2. 检索工具的类型

由于检索工具的著录特征、报道范围、载体形态和检索手段等特征的不同,检索工具有多种划分类型。

(1) 按检索手段划分

检索工具按检索手段,可分为手工检索工具、机器检索工具。其中手工检索工具又可分为检索型检索工具和参考型检索工具。

① 检索型检索工具

检索型检索工具主要向用户提供信息的线索、出处等,有目录、索引、文摘。

目录,也称书目。它是著录一批相关图书或其他类型的出版物,并按一定次序编排而成的一种检索工具。如《中国国家书目》《中国古籍善本书目》《全国中文期刊联合目录》等。

索引,是记录一批或一种图书、报刊等所载的文章篇名、著者、主题、人名、地名、名词术语等,并标明出处,按一定排检方法组织起来的一种检索工具。索引不同于目录,它是对出版物(书、报、刊等)内的文献单元、知识单元、内容事项等的揭示,并注明出处,方便进行细致深入的检索。如《全国报刊索引》《十三经索引》《全唐诗索引》等。

文摘,是以提供文献内容梗概为目的,不加评论和补充解释,简明、确切在记述文献重要内容的短文。汇集大量文献的文摘,并配上相应的文献题录,按一定的方法编排而成的检索工具,称为文摘型检索工具,简称为文摘。如《新华文摘》《化学文摘》(CA)、《食品科学与技术文摘》(FSTA)等。

② 参考型检索工具主要是提供查检资料,解决疑难,通常只供部分阅读。主要有词典、百科全书、年鉴、指南、手册等。

词典(字典),是最常用的一类参考工具书。分为语言性词典(字典)和知识性词典。如《汉语大词典》《康熙字典》《辞海》《牛津高级英汉双解词典》《经济学词典》《中国百科词典》《牛津英汉百科大辞典》等。

百科全书,是参考工具书之王。它是概述人类一切门类或某一门类知识的完备工具书,是知识的总汇。它是对人类已有知识进行汇集、浓缩并使其条理化的产物。现代百科全书的奠基人狄德罗说:百科全书旨在收集天下学问,举其概要,陈于世人面前,并传之后世。人们往往称百科全书是"没有围墙的大学""精简的图书馆""工具书之王",是人们学习和工作中必备的工具书之一。百科全书一般按条目(词条)字顺编排,另附有相应的索引,可供迅速查检。如著名的 ABC 三大百科全书:《美国大百科全书》(EA)、《新不列颠百科全书》(EB)、《科利尔百科全书》(EC)。国内出版的《中国大百科全书》《世界经济百科全书》《中国企业管理百科全书》《中国农业百科全书》等。

年鉴,按年度系统汇集一定范围内的重大事件、新进展、新知识和新资料,供读者查阅的工具书。它按年度连续出版,所收内容一般以当年为限。它可用来查阅特定领域在当年发生的事件、进展、成果、活动、会议、人物、机构、统计资料、重要文件或文献等方面的信息。如《中国年鉴》《中国经济年鉴》《中国统计年鉴》《扬州年鉴》等。

手册,是汇集经常需要查考的文献、资料、信息及有关专业知识的工具书。手册也称"指

南""便览""要览""宝鉴""必备""大全"等,如《中华人民共和国资料手册》《美国事物之最》《外贸知识手册》《建筑师设计手册》等。

名录,是提供有关专名(人名、地名、机构名等)的简明信息的工具书。如《世界名人录》《世界科学家名人录》《世界地名录》《中国地名录》《中国工商名录》等。

表谱,采用图表、谱系形式编写的工具书,大多按时间顺序编排。主要用于查检时间、历史事件、人物信息等。如《中国历史纪年表》《两千年中西历对照表》《毛泽东年谱》《白居易家谱》《历代职官表》《中国近代教育大事记》《中国地理沿革表》等。

图录,包括地图和图录两类。如《世界地图集》《中国历史地图集》《中国历史参考图谱》《美国农业地图集》《建筑装饰设计与构造图集》等。

类书,我国古代一种大型的资料性书籍,辑录各门类或某一门类的资料,并依内容或字、韵分门别类编排供寻检、征引的工具书。现存著名的类书有:唐代的《艺文类聚》《初学记》,宋代的《太平御览》《册府元龟》,明代的《永乐大典》,清代的《古今图书集成》。

政书,中国古代记述典章制度的图书,它广泛收集政治、经济、文化制度方面的材料,分门别类系统地加以组织,并详述各种制度的沿革等。由于它具有资料汇编性质,所以一般也把它作为工具书使用。政书一般分两大类,一为记述历代典章制度的通史式政书,以"十通"为代表;一为记述某一朝代典章制度的断代式政书,称为会典、会要。"十通"是《通典》《通志》《文献通考》《续通典》《续通志》《续文献通考》《清朝通典》《清朝通志》《清朝文献通考》《清朝续文献通考》等十部政书的合称。

(2)按载体形态划分

检索工具按物质载体形态可分为:书本式检索工具、卡片式检索工具、缩微式检索工具、机读式检索工具。其中书本式检索工具包括期刊式、单卷式和附录式 3 种。

(3)按收录的学科范围划分

检索工具按收录的学科范围划分可分为:综合性检索工具、专科性检索工具、专题性检索工具。

综合性检索工具,收录范围是多学科的,如维普中文科技期刊数据库、CNKI 的中国期刊全文数据库、万方中国数字化期刊群、联机检索系统 DIALOG 等。

专科性检索工具,收录范围仅限于某一学科或专业,如《化学文摘》、生物学文摘系列、《工程索引》、医学文献数据库、农业数据库、《食品科学与技术文摘》等

专题性检索工具,收录范围限于某一特定专题,如专利数据库、扬州文化数据库等。

(4)按时间范围划分

检索工具按时间范围划分可分为:预告性检索工具、现期通报性检索工具、回溯性检索工具。

2.3.4 检索语言

1. 检索语言的概念

检索语言是根据信息检索的需要创造出来的一种人工语言,是在信息检索领域中用来描述信息特征和表达信息检索提问的一种专用语言。检索语言是一种受控语言,它依据一定的规则对自然语言进行规范,将其编制成表,供信息标引以及检索时使用。信息检索语言是人们在加工、存储及检索信息时所使用的标识符号,也就是一组有规则的、能够反映出信

息内容及特征的标识符。

无论是传统的手工检索系统,还是现代的计算机检索系统,都是通过一定的检索语言组织起来的,并为检索系统提供一种统一的、标准的用于信息检索的专用语言。信息资源在存储过程中,其内容特征(分类、主题)和外部特征(如书名、刊名、题名、著者等)按照一定的语言来加以表达,检索信息的提问也必须按照同一的语言来表达,为了使检索过程快速、准确,检索用户与检索系统需要统一的标识系统,这种在信息的存储与检索过程中,共同使用、共同理解的统一的标识就是检索语言。

因使用场合的不同,检索语言也有不同的称谓。例如,在存储信息的过程中用来标引信息,就叫标引语言;用来索引信息时,则叫索引语言;在检索信息过程中又称为检索语言。

信息检索的全过程包括信息的存储和信息的检索两个方面。信息存储是指编制检索工具和建立检索系统;信息检索即是利用这些检索工具和检索系统来查找所需的信息。

当存储信息时,信息标引人员首先要对各种信息进行主题分析,即把它所包含的信息内容分析出来,使之形成若干能代表信息主题的概念,并用检索语言的语词(标识)把这些概念标示出来,然后纳入检索工具或检索系统。

当检索信息时,信息检索人员首先对检索课题进行主题分析,即把它所涉及的检索范围明确起来,使之形成若干能代表信息需要的概念,并把这些概念转换成检索语言的语词(标识),然后从检索工具或检索系统中查找用该语词标引的文献,从而找到包含所需内容的信息。

由此可见,检索语言是信息检索系统的重要组成部分,在信息检索系统中起着语言保障的作用,是连接标引人员和检索人员双方思想的桥梁,是标引人员和检索人员之间共同遵循的标准语言。实质上就是双方之间约定的共同语言。如果没有信息检索语言作为标引人员和检索人员的共同语言,就很难使标引人员对信息内容的表达(标引用语)和检索人员对相同内容的信息需要的表达(检索用语)取得一致,信息检索也就不可能顺利实现,甚至根本不能实现。

2. 检索语言的类型

目前,世界上的信息检索语言有几千种,依其划分方法的不同,其类型也不一样。按描述信息特征的不同,检索语言可分为描述信息外表特征的检索语言和描述信息内容特征的检索语言。

描述信息外表特征的检索语言包括题名(书名、篇名)、著者、出版者、号码(专利号、报告号、标准号等)和引文语言(被引用著者、被引用文献)等。

描述信息内容特征的检索语言包括分类检索语言、主题词检索语言和代码检索语言3种。

(1)分类检索语言

分类检索语言是一种按科学范畴和体系来划分事物的检索语言,按其所属的学科性质进行分类和排列,以阿拉伯数字或以拉丁字母和数字混合作为类目标识符号,以类目的从属关系来表达复杂概念及其在系统中的位置,甚至还表示概念与概念之间关系的一种检索语言。分类检索语言的具体表现形式就是分类法。

分类检索语言又分为体系分类语言、组配分类语言和混合式分类语言。

① 体系分类语言

体系分类语言是一种直接体现学科知识分类的等级制概念的标识系统,是通过对概括性信息内容特征进行分类的检索语言。

体系分类语言广泛用于图书、资料的分类和检索,它是图书情报界使用最普遍的一种检索语言,它的具体体现形式就是图书分类法。国际比较著名的分类法有《国际十进分类法》《杜威十进分类法》《美国国会图书馆图书分类法》《国际专利分类法》;国内的分类法有《中国图书馆分类法》《中国科学院图书馆图书分类法》《中国人民大学图书馆图书分类法》等,目前通用的是《中国图书馆分类法》。

体系分类语言是以学科分类为基础,概括信息的内容特征,运用概念划分的方法,按知识门类的逻辑次序,从总到分、从一般到具体、从简单到复杂,进行层层划分,从而产生许多不同级别的类目,层层隶属,形成一个严格按学科门类划分和排列的等级体系。

《中国图书馆分类法》(原称《中国图书馆图书分类法》)是新中国成立后编制出版的一部具有代表性的大型综合性分类法,是当今国内图书馆使用最广泛的分类法体系,简称《中图法》。《中图法》初版于 1975 年,1999 年出版了第四版,《中图法》第五版已于 2010 年开始在业内推广使用。

表 2-2　《中国图书馆分类法》简表

类目代码	类目名称	类目代码	类目名称
A	马克思主义、列宁主义、毛泽东思想、邓小平理论	N	自然科学总论
B	哲学、宗教	O	数理科学和化学
C	社会科学总论	P	天文学、地球科学
D	政治、法律	Q	生物科学
E	军事	R	医药、卫生
F	经济	S	农业科学
G	文化科学、教育、体育	T	工业技术
H	语言、文字	U	交通运输
I	文学	V	航空、航天
J	艺术	X	环境科学、安全科学
K	历史、地理	Z	综合性图书

例如:扬州大学图书馆文献分类采用《中图法》,读者可通过分类简表确定所需图书的类目,再到书库中相应的排架位置查找。另外,多数期刊论文的发表需确定《中图法》分类号,读者可利用简表。

读者借书时一定会发现在图书的书脊上有一个标签,上面有由字母和数字组成的号码,这号码就是索书号。索书号是确定一本书图书架位的依据。扬州大学图书馆的索书号就是由中图法的分类号和种次号两部分构成。如迈克尔·波特著的《竞争论》一书的索书号是F270/Z260＝2,它的分类号为 F270,种次号为 Z260＝2。

② 组配分类语言

组配分类语言也称为组配分类法，是为了适应现代信息资源标引和检索的需要发展起来的分类法类型。它运用概念可分析和综合的原理，将可能构成信息主题的概念分析成为单元和分面，设置若干标准单元的类表。使用时，先分析标引对象的主题，根据主题分析的结果通过相应概念类目的组配表达一个复杂的主题内容。

组配分类法又称分面分类法、分析—综合分类法。

③ 混合式分类语言

混合式分类语言也称为混合式分类法，它是介于上述两种分类法之间，既应用概念划分和概念原理，又应用概念分析和综合的原理而编制的分类法。

混合式分类法的特点是在等级分类体系的基础上又采用分面组配的方法，以达到细分主题的目的，来满足信息检索的需要。混合式分类法将体系和组配相互融合为一体，目前一些比较知名的网站如新浪、网易等都是采用的这种分类体系。

（2）主题词检索语言

主题词检索语言，是经过选择，用于表达信息内容的词语作为概念标识，并将概念标识按字顺排列组织起来的一种检索语言。经过选择的词语叫主题词，主题词表是主题词语言的体现，词表中的词语作为信息内容的标识和检索信息的依据。

根据词语的选词原则、组配方式、词语规范，主题词检索语言又可分为标题词检索语言、叙词检索语言、关键词检索语言、单元词检索语言等。

标题词是指从自然语言中选取并经过规范化处理，表示事物概念的词、词组或短语。标题词是主题语言系统中最早的一种类型，它通过主标题词和副标题词固定组配来构成检索标识，只能选用"定型"标题词进行标引和检索，反映文献主题概念必然受到限制，不适应时代发展的需要，目前已较少使用。

叙词是指以概念为基础、经过规范化和优选处理的、具有组配功能并能显示词间语义关系的动态性的词或词组。一般来讲，选做的叙词具有概念性、描述性、组配性。经过规范化处理后，还具有语义的关联性、动态性、直观性。叙词法综合了多种信息检索语言的原理和方法，具有多种优越性，适用于计算机和手工检索系统，是目前应用较广的一种语言。CA、EI 等著名检索工具都采用了叙词法进行编排。

关键词是指出现在文献标题、文摘、正文中，对表征文献主题内容具有实质意义的语词，对揭示和描述文献主题内容是重要的、关键性的语词。关键词法主要用于计算机信息加工抽词编制索引，因而称这种索引为关键词索引。网上的搜索引擎和数据库大多采用了关键词法组织信息资源，如网易、搜狐等，中国科技期刊数据库等也使用了关键词法来组织信息。但由于关键词法的词语不规范，影响了信息的查全率和查准率。

单元词又称元词，是指能够用以描述信息所论及主题的最小、最基本的词汇单位。经过规范化的能表达信息主题的元词集合构成元词语言。元词法是通过若干单元词的组配来表达复杂的主题概念的方法。元词语言多用于机械检索，适于用简单的标识和检索手段（如穿孔卡片等）来标识信息。

（3）代码检索语言

代码检索语言是对信息所描述事物的某一方面的特征，用某种代码系统加以描述和标引的语言，如化学物质的分子式、化学物质登记号、基因符号等。

2.4　信息检索的途径、方法和步骤

2.4.1　信息检索的途径

信息检索途径是由提取信息源的外部与内容特征形成的,又称为检索点或检索入口。一般分为外部特征检索途径和内容特征检索途径。

1. 外部特征检索途径

① 题名途径。是指直接利用已知信息的题名来查找信息的一种方法。题名包括正题名、副题名、并列题名和题名说明文字,一般都能揭示出信息的基本特征,是识别特定文献的一种标识。如反映学科属性的《中国经济年鉴》《古代汉语》,反映地域范围的《扬州概览》,反映时间范围的《汉书》等。

② 责任者途径。也称之为著者途径。责任者是指对文献内容进行创作、整理负有直接责任的个人和团体,如著译者、编者、执笔者等。从已知责任者名称查找信息,可系统查出该责任者的全部或大部分论著。但责任者名称多有变化,如用笔名、别名或字、号等,同姓名者亦多。因此,利用责任者途径检索信息时,亦应注意鉴别。

③ 序号途径:文献出版时所编的号码。如 ISBN、报告号、专利号、标准号、文摘号等。

2. 内容特征检索途径

① 分类途径:按照学科分类体系查找信息的方法。

② 主题途径:即所需文献的主题内容。如主题索引、关键词索引等。

③ 其他途径:依据学科特有的特征查找。如分子式索引、环系索引、子结构索引等。

除此之外,信息检索的途径还有时序、地序途径。

① 时序途径。凡是利用以时间先后编排内容的信息,如历史纪年表、人物表谱、历法、编年书目、索引等工具书刊来查找信息的,即采用时序途径。

② 地序途径。凡是利用按行政地区编排内容的文献信息,如地图、名胜辞典、地方志书等来查找资料的,如查某一地名的历史沿革,即采用地序途径。

2.4.2　信息检索的方法

信息检索的方法多种多样,分别适用于不同的检索目的和检索要求。常用的检索方法有引文法、常用法、交替法以及排除、限定和合取法。

1. 引文法

引文法,也有称为跟踪法、追溯法、扩展法。就是利用文献后所附的参考文献、相关书目、推荐文章和引文注释查找相关文献的方法。当查到一篇新发表的文献后,以文献后面所附的参考文献为线索,由近及远进行逐一追踪的查找方法。

这种由此及彼地扩大检索范围的检索方法,往往可以查到意想不到的切题文献。在检索工具不完备的条件下,广泛地利用文献综述或述评、研究报告等文献后所附的参考文献,不失为扩大检索范围的好方法。优点:不需要利用检索工具、查找方法简单。缺点:检索效率不高,漏检率较大。

2. 常用法

常用法即利用检索工具查找文献的方法。是信息时代应掌握的最基本的信息查找方法。又分为顺查法、倒查法和抽查法。

顺查法,按时间顺序由远及近。缺点:费时、工作量大。

逆查法,按时间顺序由近而远。常用于查找新课题或有新内容的老课题。缺点:不如顺查法齐全,可能漏检。

抽查法又称"选查法",有选择地抽选某一时间段。常用于对课题分析、判断后,选择某一时间段进行查找。虽省时,但可能漏检。

3. 交替法

交替法也称分段法、循环法、综合法。交替使用"引文法"和"常用法"的一种综合检索方法。不断循环,直到满足检索要求为止。优点:当检索工具书刊缺期、卷时,也能连续获得所需年限内的文献资料线索。例如,对某一时期的文献集散情况较为了解,即先利用抽查法以越过文献稀少时期。而发现某书或某篇论文的附后索引列有切题文献时,即采用引文检索法以查出所需的全部文献。交替法就是把引文法和常用法结合起来查找文献的方法,即先利用常规检索工具找出一批文献,然后利用这些文献所附的引文进行追溯查找,由此获得更多的文献。

4. 排除、限定和合取法

这实际上是将信息加工的方法融入检索中去。思维中使用排除这一概念,是指对查找对象的产生和存在的状态在实践和空间上加以外在否定。把这一方法移植到检索中就是在时间或空间上收缩检索范围。如要查《中国网络资源建设》的文章,确定 1994 年以前 internet 未进入中国,则可排除 1994 年以前的报刊资料,这就是排除法。限定法是相对于排除法而言的,指对查找对象在时间和空间上加以内在的肯定。排除的结果必然是限定,反之亦然。令人满意的答案往往不是完整地记录在某一篇文献中的,如果把不同资料中涉及所需信息的记录都截取下来,汇集到一起,再经过去粗取精,去伪存真的加工,构成一个完整的答案,这就是合取法。采用这一方法,不仅要对各类工具书触类旁通,灵活运用,还要学会分析来自各方面的庞杂的材料。

总之,信息检索方法多种多样,各有所长,应以课题需要和所处的信息环境,灵活采用。

2.4.3 信息检索的步骤

检索步骤是对查找信息全过程的程序划分,完成一个课题的检索要经过:分析检索课题、制定检索策略、试检索及调整检索策略、正式检索、索取原文等步骤,检索流程见图 2-1。

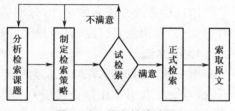

图 2-1 信息检索步骤

1. 分析检索课题

分析检索课题,明确检索目的、要求和检索的范围,这是制定检索策略的基础和前提。任何一个检索都是根据已知去查找未知,通过分析检索课题,明确的已知线索越多,查获所需信息的可能性就越大。

明确检索目的即要弄清楚检索是为什么而进行的,通常检索目的可分为 3 种。

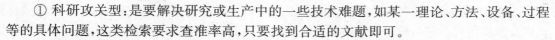

① 科研攻关型：是要解决研究或生产中的一些技术难题，如某一理论、方法、设备、过程等的具体问题，这类检索要求查准率高，只要找到合适的文献即可。

② 课题普查型：是要针对某一课题收集系统详尽的资料，这类检索要求查全率高，往往要检索若干年的文献，一般采用回溯检索的方式。

③ 研究探索型：是要密切跟踪、了解国内外某一方面的最新成果，掌握最新科研动态，这类检索要求信息的新颖、及时性强，多采用定题检索的方式。

明确检索要求与范围，主要应搞清楚检索课题所涉及的学科、专业范围，检索的主题概念是什么，能用哪些名词术语表达，所需要的信息类型是文献、还是具体的数据、事实，对检出文献的类型、语种、出版时间、地域范围等有什么具体要求，是否还有其他的已知线索。如文献名称、有关人名、机构名称、文献号码（专利号、标准号、报告号）等，将已知线索一一分析出来。

2. 制定检索策略

检索策略(information retrieval strategy)是指为实现检索目标而制订的全盘计划或方案，是对整个检索过程的谋划与指导。具体包括：

① 确定查找范围：根据第一步对检索的时间、地域、语种以及文献类型等的分析，确定一个合理的检索范围。

② 选择检索手段：一般来说利用光盘检索系统，结合检索相应的网络数据库能满足多数检索要求；没有机检条件时则选用手工检索。如果光盘检索能满足要求，则不必选用其他检索手段。

③ 选择检索系统：选择合适的检索系统主要是选择检索工具/数据库，要根据检索课题的内容范围和要求来决定。要了解检索工具/数据库的学科专业范围及各种性能参数，其内容主要包括：

检索工具/数据库的类型是否满足检索需要。

检索工具/数据库的学科专业范围是否与检索课题的学科专业相吻合。

检索工具/数据库收录的文献类型、文献存贮年限、更新周期是否符合检索需求。

检索工具/数据库描述文献的质量，包括对原文的表达程度、标引深度、专指度如何等，是否按标准化著录。

检索工具/数据库提供的检索入口是否与检索课题的已知线索相对应。

检索费用。对于联机检索，费用包括机时费、联机（脱机）打印费、通讯费、字符费等。即使是同一种数据库在不同的检索系统中，检索费用、文档结构、可检字段、检索功能等都不完全相同。

④ 确定检索途径和检索词：检索途径主要根据分析课题时确定的已知条件，以及所选定的检索工具能够提供的检索途径来决定。常用的检索途径有著者、分类、主题、文献题名、文献号、代码（如分子式、产品型号）、引文等，还有文献类型、出版时间、语种等。每种途径都必须根据已知的特定信息进行查找。

检索词也称检索点，与检索途径相对应，是检索途径的具体化。确定检索词就是将检索课题中包含的各个要素及检索要求转换成检索工具/数据库中允许使用的检索标识。即用所选定的检索工具/数据库的词表（如主题词表、分类表）把检索提问的主题概念表达出来，形成主题词或分类号等，也可以是关键词（视检索系统而定）、人物姓名、地名、文献名等。

⑤ 构造检索式：检索式是机检中用来表达检索提问的一种逻辑运算式，又称检索表达式或检索提问式。它由检索词和检索系统允许使用的各种运算符组合而成，是检索策略的具体体现。

构造检索式就是把已经确定的检索词和分析检索课题时确定的检索要求用检索系统所支持的各种运算符连接起来，形成检索式。

3. 试验性检索

在检索系统中将检索标识与系统中存贮的信息标识进行匹配，查出相关信息，并对所获结果进行分析，看其是否符合需要。如果试查结果满意，可进行正式检索；否则，要分析原因，修改、调整检索策略。调整检索策略包括修改检索式、调整检索词、重新选择检索系统等。

缩检：当检出的记录数量太多时，应采用缩检技术排除不符合需要或相关性较小的记录。可以调整检索式将检索限定在篇名和叙词字段，利用文献的外表特征进行限制检索，增加用逻辑"与""非"运算，采用位置算符，改用确切的词组，并指定词之间的位置关系，增加新的限定词，选择更专指的检索词等

扩检：当检出的记录数量太少时，则要采用扩检技术扩大检索范围。可以将检索的字段改为文摘、全文字段等，减少或取消限制条件，提高检索词的泛指度，结合使用关键词和叙词，增加同义词和其他相关词并将其与原来的检索词用逻辑"或"算符组配，改用较泛指的检索词，减少逻辑"与""非"运算，采用截词检索等。

若采用适当的扩检技术，检索结果仍不能令人满意，则考虑更换检索文档，即重新选择检索工具或数据库。

在实现上述调整中，一是从学科专业知识出发，选择泛指词、专指词及相关词，并确定组配逻辑；另一是利用计算机检索系统的功能，从文献的类型、年代、文种等外表特征入手对命中文献集合进行调整与控制，直到获得较满意的检索结果。

4. 正式检索

试检获得成功，就可以进行正式检索。在检索中，应灵活运用各种检索方法和检索途径，充分利用各种累积索引，并对各种参照款目进行认真审核与利用。

为确保检索结果的完整性，还应利用其他文献信息源进行查找，如浏览最新的核心刊物来补充检索工具或数据库中尚未报道的最新文献。

5. 索取原文

由于书目检索结果得到的只是文献线索，检索结束后，还要根据所获得的文献线索，索取原文。在索取原文过程中，要注意以下问题。

① 识别文献类型：不同类型的文献收藏地点不同，在索取原文时首先就要区别文献的类型。

② 将缩写刊名恢复全称：检索工具中在文献来源项的著录中，常常将期刊名称按一定的缩写规则进行缩写。

③ 识别不同语系文字的音译：在西文检索工具中，俄文、中文、日文等的文献作者、出版物名称通常采用音译法转换成英文进行著录。

④ 利用各种收藏目录：在索取原始文献过程中，要根据不同类型的文献查找不同的联合目录、馆藏目录、联机公共目录等，查知其原文的收藏单位，再进行借阅。

⑤ 利用文献传递服务，获取远程文章。许多大型检索系统提供文献传递服务，可以根

据检索结果,在线提出索取全文的申请,通过 E-mail、传真等方式获得原文。

2.5 信息检索技术

2.5.1 信息检索技术

信息检索技术是指利用检索系统,检索有关信息而采用的一系列技术的总称,主要包括布尔逻辑检索技术、截词检索技术、限制检索技术、位置检索技术等。

1. 布尔逻辑检索

布尔逻辑得名于 George Boole,他是 College Cork 大学的英国数学家,他在 19 世纪中叶首次定义了逻辑的代数系统。现在,布尔逻辑在电子学、计算机硬件和软件中有很多应用。

在实际检索中,检索提问涉及的概念往往不止一个,而同一个概念又往往涉及多个同义词或相关词。为了正确地表达检索提问,系统中采用布尔逻辑运算符将不同的检索词组配起来,使一些具有简单概念的检索单元通过组配成为一个具有复杂概念的检索式,用以表达用户的信息检索要求。

所谓布尔逻辑检索(Boolean logical)是用布尔逻辑算符将检索词、短语或代码进行逻辑组配,指定信息的命中条件和组配次序,凡符合逻辑组配所规定条件的为命中信息,否则为非命中信息。它是计算机检索系统中最常用的一种检索方法,逻辑算符主要有:and/与、or/或、not/非。

(1) 逻辑"与"

逻辑"与"也称逻辑乘,用关系词"and "或" * "表示,A and B(或 A * B)表示两个概念的交叉和限定关系,只有同时含有这两个概念的记录才算命中信息。检索结果如图 2-2 所示,图中阴影部分即为同时包含 A 和 B 两个概念的命中信息。

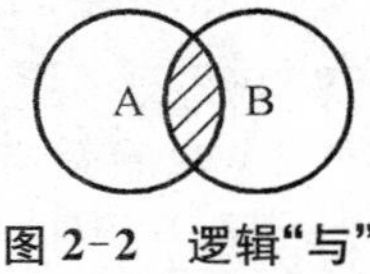

图 2-2 逻辑"与"示意图

如:查找"胰岛素治疗糖尿病"的检索式为:insulin(胰岛素)and diabetes(糖尿病)。

(2) 逻辑"或"

逻辑"或"也称逻辑和,用关系词"or"或"+"表示, A or B (或 A+B)表示两个概念的并列关系,记录中只要含有任何一个概念就算命中信息,即凡单独含有概念 A 或含有概念 B 或者同时含有 A、B 两个概念的信息均为命中信息。检索结果如图 2-3 所示,图中阴影部分即为包含 A 或 B 概念的命中信息。

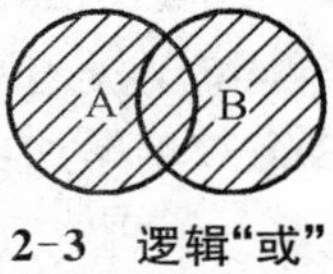

图 2-3 逻辑"或"示意图

如:查找"肿瘤"的检索式为:cancer(癌)or tumor(瘤)or carcinoma(癌)

(3) 逻辑"非"

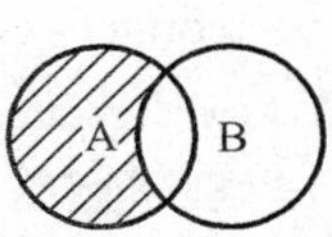

逻辑"非"也称逻辑差,用关系词"not"或"—"表示。A not B (或 A—B)表示两个概念的排除关系,指记录中含有概念 A 而不含有概念 B 的为命中信息。检索结果如图 2-4 所示,图中阴影部分即为包含 A 且排除 B 的命中信息。

图 2-4 逻辑"非"示意图

如：查找"动物的乙肝病毒（不要人的）"的文献的检索式为：hepatitis B virus（乙肝病毒）not human（人类）。

对于一个复杂的逻辑检索式，检索系统的处理是从左向右进行的。在一个检索式中，可以同时使用多个逻辑运算符，构成一个复合逻辑检索式。复合逻辑检索式中，运算优先级别从高至低依次是非、与、或。可以使用括弧改变运算顺序。

2. 截词检索

截词检索（truncation）是指用给定的词干做检索词，查找含有该词干的全部检索词的记录，也称词干检索或字符屏蔽检索。截词检索是指在检索式中用专门的截词符号表示检索词的某一部分允许有一定的词形变化。截词符一般用"?"或"＊"表示，不同的系统、数据库，其代表的含义有所不同。如美国 DIALOG 系统用"?"表示截词符。

截词的方式有多种，按截断部位可分为前截断、后截断、中间截断、前后截断等；按截断长度可以分为有限截断和无限截断。

（1）前截断

前截断也称左截断，截去某个词的前部，是词的后方一致比较，也称后方一致检索。如由"?computer"可检索出含有 computer、minicomputer、microcomputer 等的信息记录。

（2）后截断

后截断也称右截断，截去某个词的后部，是词的前方一致比较，也称前方一致检索。如由"computer?"可检索出含有 computer、computers、computerize、computerized、computerization 等的信息记录。

（3）中间截断

截去某个词的中间部分，是词的两边一致比较，也称两边一致检索。凡前后端一致的词，都能检索出，通常用在英美对某些词的不同拼写法。如由"defen?e"可检索出 defence 和 defense。

（4）前后截断

词干的前后各有一个截词符，截去某个词的前部和后部，也称任意匹配检索。如由"?computer?"可检索出 computer、computers、computerize、computerized、computerization、minicomputer、microcomputer 等的信息记录。

由上述可见：任何一种截词检索，都隐含着布尔逻辑检索的"或"运算。采用截词检索时，既要灵活，又要谨慎，截词的部位要适当，它可以起到扩大检索范围，提高查全率，减少检索词的输入量，节省检索时间，降低检索费用等作用。如果截得太短（输入的字符不得少于3个），将增加检索噪声，影响查准率。

截词检索最早出现在西文检索中，现在中文检索中也大量使用。在中文检索中，我们把一句、一段甚至全文当成一个"词"，如图 2-5 扬州大学图书馆书目检索系统（http://opac.yzu.edu.cn:8080/opac/search.php），选择检索模式有前方一致、完全匹配、任意匹配 3 种。前方一致是后截断检索，任意匹配是前后任意匹配。

在多数检索系统中，检索框中输入的检索词，如没有明确选择，大多默认为任意匹配。

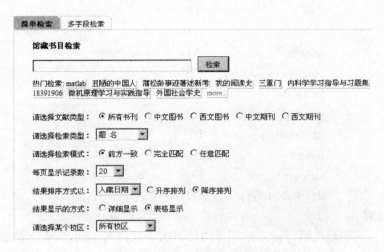

图 2-5　扬州大学图书馆书目检索系统

3. 限制检索

限制检索(range)是指限制检索词在数据库记录中规定的字段范围内出现的信息,方为命中信息的一种检索技术。限制检索适用于在已有一定数量输出记录的基础上,通过指定字段或使用限制符,减少输出信息数,达到优化检索结果。限制检索的方式有多种,例如进行字段检索、使用限制符、采用限制检索命令等。

(1) 字段检索

字段检索是把检索词限定在某个(些)字段中,如果记录的相应字段中含有输入的检索词则为命中记录,否则检不中。在检索系统中,数据库设置的可供检索的字段通常有两种:表达文献主题内容特征的基本字段和表达文献外部特征的辅助字段。如在扬州大学图书馆书目检索系统中,选择检索类型,有题名、责任者、主题词、ISBN、订购号、分类号、索书号、出版社、丛书名等字段。

(2) 使用限制符

用表示语种、文献类型、出版国家、出版年代等的字段标识符来限制检索范围。

(3) 使用范围符号

如:less than、greater than、from to 等,如查找 1989—1999 年的文献,可表示为:PY＝1989:1999 或者 PY＝1989 to PY＝1999

(4) 使用限制指令

限制指令可以分为:一般限制指令(limit,它对事先生成的检索集合进行限制)、全限制指令(limit all,它是在输入检索式之前向系统发出的,它把检索的全过程限制在某些指定的字段内)。

上述几种限制检索方法既可独立使用,也可以混合使用。

如图 2-5 中,选择文献类型、选择检索类型、选择某个校区等,都是限制检索技术的具体应用。

不同数据库中所包含的字段数目不尽相同,字段名称也不一定相同,常见的检索字段有:

题名	title	TI
文摘	abstract	AB
责任者	author	AU
责任者单位	corporate source	CS
地址	address	AD
刊名	journal	JN
叙词	descriptor	DE
语种	language	LA
主题词	subject	SU
文献类型	document type	DT

4. 位置检索

位置检索也叫临近检索。记录中词语的相对次序或位置不同,所表达的意思可能不同,而同样一个检索表达式中词语的相对次序不同,其表达的检索意图也不一样。布尔逻辑运算符有时难以表达某些检索课题确切的提问要求。限制检索虽能使检索结果在一定程度上进一步满足提问要求,但无法对检索词之间的相对位置进行限制。

位置检索(proximate)是在检索词之间使用位置算符(也称邻近算符 adjacent operators),来规定算符两边的检索词出现在记录中的位置,从而获得不仅包含有指定检索词,而且这些词在记录中的位置也符合特定要求的记录,能够提高检索的准确性,相当于词组检索。位置算符检索是用一些特定的算符(位置算符)来表达检索词与检索词之间的临近关系,并且可以不依赖主题词表而直接使用自由词进行检索的技术方法。

按照两个检索词出现的顺序、距离,可以有多种位置算符。而且对同一位置算符,检索系统不同,规定的位置算符也不同。以美国 DIALOG 检索系统使用的位置算符为例,介绍如下。

(1)(W)算符

(W)是"with"的缩写,还可以简写为()。这个算符表示其两侧的检索词必须紧密相连,除空格和标点符号外,不得插入其他词或字母,两词的词序不可以颠倒。例如,检索式为"communication(W)satellite"时,系统只检索含有"communication satellite"词组的记录。

(2)(nW)算符

(nW)是"n words"的缩写,表示此算符两侧的检索词之间允许插入最多 n 个词,顺序不可颠倒,例如:laser(1W)print 课检索出包含 "laser printer"" laser color printer"和" laser and printer"的记录。如:" socialist(1W)economy"可同时查出含有"socialist commodity economy" "socialist planned economy" "socialist national economy"的文献。

(3)(N)算符

(N)是"near"的缩写,这个算符表示其两侧的检索词必须紧密相连,除空格和标点符号外,不得插入其他词或字母,但两词的词序可以颠倒。例如:"computer(N)network"可检索出含有"computer network" "network computer"的记录。

(4)(nN)算符

(nN)表示允许两词间插入最多为 n 个其他词,包括实词和系统禁用词,且两词的词序可以颠倒。例如:computer(2N)system 可检索出含有"computer system" "computer code system""computer aided design system""system using modern computer"等形式的记录。

（5）（F）算符

（F）是"field"的缩写。这个算符表示其两侧的检索词必须在同一字段（例如同在题目字段或文摘字段）中出现，而它们在该字段中的相对次序和相对位置的距离不限。例如：water（ ）pollution（F）control 表示在同一个字段中（如篇名、文摘、叙词等）同时含有 water pollution 和 control 的记录均可检索出来。

（6）（S）算符

（S）是"sub-field"的缩写，表示在此运算符两侧的检索词只要出现在记录的同一个子字段内（例如，在文摘中的一个句子就是一个子字段），此信息即被命中。要求被连接的检索词必须同时出现在记录的同一句子（同一子字段）中，不限制它们在此子字段中的相对次序，中间插入词的数量也不限。例如"high（W）strength（S）steel"表示只要在同一句子中检索出含有"high strength 和 steel"形式的均为命中记录。

在检索过程中，可利用检索字段进行后缀或前缀限制。在检索语句或检索词后加斜线（/），再加后缀代码，或者前缀后加等号（＝）来限定查找范围。

例如：查找有关"彩色电视"方面的文献

　　　　?S（colour or color）（W）（television or TV）/ti，de

上式表示只在篇名和叙词字段中查找，缩小了查找范围。

例如：查找意大利 Firenze 市的名叫 Stabilimento 公司的简况

　　　　?S CO＝Stabilimento and CN＝Italy and CY＝Firenze

上式利用了前缀和后缀代码进行了限制。

5. 加权检索

加权检索是某些检索系统中提供的一种定量检索技术。加权检索同布尔检索、截词检索等一样，也是信息检索的一个基本检索技术，但与它们不同的是，加权检索的侧重点不在于判定检索词或字符串是不是在数据库中存在，与别的检索词或字符串是什么关系，而是在于判定检索词或字符串在满足检索逻辑后对文献命中与否的影响程度。加权检索的基本方法是：在每个提问词后面给定一个数值表示其重要程度，这个数值称为权，在检索时，先查找这些检索词在数据库记录中是否存在，然后计算存在的检索词的权值总和。权值之和达到或超过预先给定的阈值，该记录即为命中记录。阈值可视命中记录的多寡灵活地进行调整，阈值越高，命中记录越少。

运用加权检索可以命中核心概念文献，因此它是一种缩小检索范围提高检准率的有效方法。但并不是所有系统都能提供加权检索这种检索技术，而能提供加权检索的系统，对权的定义、加权方式、权值计算和检索结果的判定等方面，又有不同的技术规范。

6. 聚类检索

聚类是把没有分类的事物，在不知道应分几类的情况下，根据事物彼此不同的内在属性，将属性相似的信息划分到同一类下面。聚类检索是在对文献进行自动标引的基础上，构造文献的形式化表示——文献向量，然后通过一定的聚类方法，计算出文献与文献之间的相似度，并把相似度较高的文献集中在一起，形成一个个的文献类的检索技术。根据不同的聚类水平的要求，可以形成不同聚类层次的类目体系。在这样的类目体系中，主题相近、内容相关的文献便聚在一起，而相异的则被区分开。

聚类检索的出现,为文献检索尤其是计算机化的信息检索开辟了一个新的天地。文献自动聚类检索系统能够兼有主题检索系统和分类检索系统的优点,同时具备族性检索和特性检索的功能。因此,这种检索方式将有可能在未来的信息检索中大有用武之地。

2.5.2 信息检索技术热点

目前,信息检索已经发展到网络化和智能化的阶段,信息检索的对象从相对封闭、稳定、由独立数据库集中管理的信息内容扩展到开发、动态、更新快、分布广泛、管理松散的 web 内容。信息检索的用户也由原来的情报专业人员扩展到包括商务人员、管理人员、教师、学生、各专业人士等在内的普通大众,他们对信息检索从方法、技术到结果提出了更高、更多样化的要求。适应网络化、智能化和个性化的需要是当前信息检索技术的热点。

1. 智能检索

传统的全文检索技术基于关键词匹配进行检索,往往存在查不全、查不准、检索质量不高的现象,特别是在网络信息时代,利用关键词匹配很难满足人们检索的要求。

智能检索利用分词词典、同义词典、同音词典改善检索效果,比如用户查询"计算机"时,与"电脑"相关的信息也能检索出来;进一步还可在知识层面或者概念层面上辅助查询,通过主题词典、上下位词典、相关同级词典,形成一个知识体系或概念网络,给予用户智能知识提示,最终帮助用户获得最佳的检索效果。比如用户可以进一步缩小查询范围至"微机""服务器",或扩大查询至"信息技术",或查询相关的"电子技术""软件""计算机应用"等范畴。另外,智能检索还包括歧义信息和检索处理,如"苹果",究竟是指水果还是电脑品牌,"华人"与"中华人民共和国"的区分,将通过歧义知识描述库、全文索引、用户检索上下文分析以及用户相关性反馈等技术结合处理,高效、准确地反馈给用户最需要的信息。

智能检索也称之为知识检索,是在现有的信息检索技术以及模型上发展而来的。智能检索和信息检索的不同,就在于知识检索强调了语义,不会和信息检索一样,只是基于字面的机械匹配,它从文章的语义、概念出发,能够揭示文章的内在含义。做到了语义和概念层次上的标引工作,智能检索就提高了查全率和查准率,降低了用户的负担。

智能检索技术吸取多个学科的研究成果,力图通过对文本、图像和视频信息的智能处理,实现信息的精确检索。

2. 知识挖掘

知识挖掘源于全球范围内数据库中存储的数据量急剧增加,人们的需求已经不只是简单的查询和维护,而是希望能够对这些数据进行较高层次的处理和分析以得到关于数据总体特征和对发展趋势的预测。知识挖掘最新的描述性定义是由 Usama M. Fayyyad 等给出的:知识挖掘是从数据集中识别出有效的、新颖的、潜在有用的,以及最终可理解的模式的非平凡过程。

知识挖掘目前主要指文本挖掘技术的发展,目的是帮助人们更好地发现、组织、揭示信息,提取知识,满足信息检索的高层次需要。知识挖掘包括摘要、自动分类(聚类)和相似性检索等方面。

自动摘要就是利用计算机自动地从原始信息中提取文摘。在信息检索中,自动摘要有助于用户快速评价检索结果的相关程度,在信息服务中,自动摘要有助于多种形式的内容分发,如发往电子信箱、PDA、手机等。

相似性检索技术基于文档内容特征检索与其相似或相关的文档,是实现用户个性化相关反馈的基础,也可用于去重分析。

自动分类可基于统计或规则,经过机器学习形成预定义分类树,再根据文档的内容特征将其归类;自动聚类则是根据文档内容的相关程度进行分组归并。自动分类(聚类)在信息组织、导航方面非常有用。

3. 异构信息整合检索和全息检索

在信息检索分布化和网络化的趋势下,信息检索系统的开放性和集成性要求越来越高,需要能够检索和整合不同来源和结构的信息,这是异构信息检索技术发展的基点,包括支持各种格式化文件,如 TEXT、HTML、XML、RTF、MS Office、PDF、PS2/PS、MARC、ISO2709 等的处理和检索,支持多语种信息的检索,支持结构化数据、半结构化数据及非结构化数据的统一处理,和关系数据库检索的无缝集成以及其他开放检索接口的集成等。

所谓"全息检索"的概念就是支持一切格式和方式的检索,从目前实践来讲,发展到异构信息整合检索的层面,基于自然语言理解的人机交互以及多媒体信息检索整合等方面尚有待取得进一步突破。

另外,从工程实践角度,综合采用内存和外部存储的多级缓存、分布式群集和负载均衡技术也是信息检索技术发展的重要方面。

随着互联网的普及和电子商务的发展,企业和个人可获取、需处理的信息量呈爆发式增长,而且其中绝大部分都是非结构化和半结构化数据。内容管理的重要性日益凸现,而信息检索作为内容管理的核心支撑技术,随着内容管理的发展和普及,亦将应用到各个领域,成为人们日常工作生活的密切伙伴。

2.6　检索效果评价

检索效果是信息检索服务反映的效率和结果,它反映检索系统的能力,包括技术效果和社会经济效果之分。技术效果主要指信息检索系统的性能和服务质量,以及系统满足用户信息需求的程度。社会经济效果是检索系统通过满足用户信息需求所产生的社会效益和经济效益,如费用、时间等。技术效果和社会经济效果不是对立的,它们是互相联系的统一体。

判定一个检索系统的优劣,主要从质量、费用和时间三方面来衡量。因此,对信息检索的效果评价也应该从这 3 个方面进行。质量标准主要通过查全率与查准率进行评价。费用标准即检索费用是指用户为检索课题所投入的费用。时间标准是指花费时间,包括检索准备时间、检索过程时间、获取文献时间等。查全率和查准率是判定检索效果的主要标准,而后两者相对来说要次要些。

一个理想的信息检索系统,应该是用户需要什么信息,它就能向用户提供什么信息,用户需要多少信息,它就能提供多少信息;其检索结果不多也不少,检索费用低甚至没有检索费用,且检索时间短。但是,目前要实现这样理想的信息检索系统还存在许多困难。实际上,不同的检索系统,检索效果是不一样的;同样的检索系统,不同的检索能力,其检索效果也是不一样的。对信息检索效果进行评价,就能为改善检索系统性能提供明确的参考依据,进而更有效地满足用户的信息需求。

2.6.1 检索效果评价指标

不同的检索系统,其评价标准有一定的差别。对传统的信息检索系统进行评价时,主要的评价指标包括信息收录范围、查全率、查准率、响应时间、输出方式、新颖率、用户友好程度等。但随着互联网信息检索的兴起,网络信息检索的评价指标也发生了变化,以搜索引擎为例,其评价指标具有多样性,主要评价指标有下面几点。

数据库的规模和内容:覆盖范围、索引组成、更新周期。

索引方法:人工索引、自动索引。

检索功能:布尔逻辑检索、截词检索、限制检索、位置检索、复杂的检索式。

检索效果:响应时间、查全率、查准率、重复率、死链接率。

检索结果:相关性排序、显示内容、输出数量选择、显示格式选择。

用户界面:帮助界面、检索功能说明、检索举例。

不论采用什么评价指标,用户在实际使用过程中最为关心的还是查全率、查准率、响应时间。

查全率和查准率是评价检索系统的两项重要指标,美国学者 Perry 和 Kent 在 1957 年最早提出查全率和查准率的概念。假设进行检索时,检索系统把文献分成两部分,一部分是与检索需求相匹配的文献,并被检索出来,用户根据自己的判断将其分成相关文献(命中)a和不相关文献(噪音)b;另一部分是未能与检索需求相匹配的文献,根据判断也可将其分成相关文献(遗漏)c 和不相关文献(拒绝)d。一般情况下,检索出来的文献数量为(a+b),相对整个系统的规模来说是很小的,而未检出的文献(c+d)数量则非常大。

1. 查全率(recall ratio)

查全率是指从检索系统中检出的与检索课题相关的文献信息数量与检索系统中实际与该课题相关的文献信息总量之比率。

$$查全率 = \frac{检出的相关文献量}{检索系统中相关文献总量} = \frac{a}{a+c} \times 100\%$$

对于数据库检索系统,查全率为检出的记录数与数据库中满足用户检索需求的记录数之比;而对于互联网信息检索而言,文献总量是很难计算的,甚至连估算也很困难,因为互联网上信息是瞬息万变的,今天存在的信息,明天就可能找不到了,同时还会出现更多新的信息。要按传统的方式计算查全率,就要检验检索工具反馈的所有检索结果,而检索结果的数量是极其庞大的。为此,相对查全率是一种可以实际操作的指标,但从其定义来看,人为因素的影响较大。

$$相对查全率 = \frac{专业人员检出的文献数量}{全部实际检索出文献集合并集的总量} \times 100\%$$

要提高查全率往往要扩大检索范围,但扩大检索范围可能导致查准率下降。为此需要提高标引质量和主题词表质量,优化检索提问式,准确判断文献的相关性和相关程度。具体来说就是规范检索语言,选取适当的检索方法,选择合理有效的检索技术、检索策略,加强标引工作。

2. 查准率(precision ratio)

查准率是从检索系统中检出的有关某检索课题的文献信息数量与检出的文献信息总量之比率。

$$查准率 = \frac{检出的相关文献数量}{检出的文献总量} = \frac{a}{a+b} \times 100\%$$

在理想的情况下,系统检索出用户认为相关的全部文献,用户相关性估计和系统相关性判断是重合的,即 $b=0$,$c=0$,则相全率为 100%,查准率也是 100%。实际上,这样的检索结果是不可能出现的。一般情况下,查全率的计算比较困难,因为检索系统中相关文献的总量是很难估算的。

同样,对互联网信息检索而言,真实查准率也是很难计算的。因为对于命中结果数量庞大的检索课题来说,相关性判断工作量极大,很难操作。为此可以定义一个相对查准率如下。

$$相对查准率 = \frac{检索者确定为相关的文献数量}{检索者在检索过程中看过的文献总量} \times 100\%$$

这个公式与传统的查准率定义有很大的差别,受人为因素影响太大,缺乏可重复性和客观性。

查全率反映所需文献被检出的程度;查准率则反映系统拒绝非相关文献的能力。两者结合起来反映检索系统的检索效果。信息检索的理想状态是查全率和查准率都达到 100%,但这是不可能的。查全率和查准率之间的互逆相关性是由英国 C. W. Cleverdon 领导的 Cranfield 试验所发现的,Cleverdon 在 1962 年首次将它运用于实际信息检索系统的评价实验(Cranfield Ⅱ)中。也就是说,在排除了人为因素的情况下,任何提高查全率的措施都会降低查准率,反之亦然。究其原因根本不是在检索系统本身,而是在检索对象——文献,因为文献所反映的信息与各个学科知识之间的普遍联系,各种知识之间的相互渗透、相互包容是影响查全率和查准率不能同时达到 100%,而成反比关系的客观因素,被称为合理影响因素。由其造成的误检和漏检称为合理误检和合理漏检。

在同一个检索系统中,当查全率与查准率达到一定阈值(即查全率在 $60\% \sim 70\%$ 之间,查准率在 $40\% \sim 50\%$ 之间)后,二者呈互逆关系,查准率每提高 1% 将导致查全率下降 3%。因此,信息检索的最佳效果是查全率为 $60\% \sim 70\%$,且查准率为 $40\% \sim 50\%$。

虽然用查全率和查准率可以评价检索效果,实际上它们存在着难以克服的模糊性和局限性。由于检索系统中相关文献总量是个模糊量,无法准确估计,故难以准确计算查全率。另外"相关文献"对不同的检索者而言,认识不一致,其中含有主观因素。因此用上述公式计算查全率和查准率是相对的,它们只能近似地描述检索效果。

3. 漏检率(omission ratio)

漏检率是未检出的相关文献数量与系统中相关文献总量之比。

$$漏检率 = \frac{未检出的相关文献量}{检索系统中相关文献总量} = \frac{c}{a+c} \times 100\%$$

漏检率与查全率是一对互逆的检索指标,二者之和为 1,查全率高,漏检率必然低。

4. 误检率(noise ratio)

误检率是检索出的不相关文献数量与检索出的文献总量之比。

$$误检率 = \frac{检索出的不相关文献量}{检索出的文献总量} = \frac{b}{a+b} \times 100\%$$

误检率与查准率是一对互逆的检索指标,二者之和为1,查准率高,误检率必然低。

5. 响应时间

响应时间是指从用户提问到提问接受再到检索结果输出平均消耗的时间。手工检索响应时间人为因素影响较多,响应时间一般较长;对单机检索系统的响应时间主要是由系统的处理速度决定的;网络检索的响应时间在相当大的程度上取决于用户使用的通信设备和网络传输速度等外部因素。就是同一检索系统,在不同的时间检索同一问题,其响应时间也可能不一样。

网络检索的响应时间由4个部分组成:用户检索请求到服务器的传输时间;服务器处理检索请求的时间;服务器的检索结果到用户端的传输时间;用户端计算机处理服务器检索结果的时间。其中服务器处理检索请求的时间和用户端计算机处理服务器检索结果的时间主要取决于服务器和客户机的硬件配置、用户的检索请求类型和服务器的负载情况等;用户检索请求到服务器的传输时间和服务器的检索结果到用户端的传输时间主要是信息在网络传输中所造成的延迟。

由此可见,缩短网络检索的响应时间,一方面可以提高服务器和客户机的整体性能,另一方面要增加网络的带宽,控制输入网络的数据量。

6. 其他指标

除了查全率、查准率和响应时间外,传统的评价指标还有以下几种。

① 收录范围:一个检索系统中收录的文献是否齐全,包括专业范围、语种、年代与文献类型等,这是提高查全率的物质基础。

② 工作量:从检索系统中获得相关文献消耗的精力与工作时间。

③ 可用性:按可靠性、年代与全面性的因素检出文献的价值。

④ 外观:检索结果的输出格式等。

网络检索工具,尤其是搜索引擎,其评价有其自身的特点。目前网络检索工具主要以自动方式在网络上搜索信息,经过标引形成索引数据库,索引数据库的构成是网络检索工具检索效果实现的基础。

检索工具提供的检索功能,直接影响检索效果,所以网络检索工具除了提供传统的检索功能外,还提供了一些高级检索功能,如多语种检索功能、自然语言检索功能、多媒体检索功能和相关反馈等。

在检索效果评价方面,除查全率、查准率和响应时间外,还应将重复链接数量和死链接数量作为评价指标。

2.6.2　提高检索效果的方法

信息检索效果是评价一个检索系统性能优劣的质量标准,它始终贯穿于信息存储与检索的全过程。用户在进行信息检索时,总是希望把与检索课题相关的信息全面(查全率)、准确(查准率)、迅速(响应时间)地检索出来,获得满意的检索效果。

要提高检索效果,主要应从两方面入手:一是提高检索系统的质量;二是提高用户利用检索系统的水平。检索系统的质量不由用户控制,要提高检索效果,更主要从用户入手。

1. 提高检索人员的素质

信息检索是用户具体进行操作的,人的因素占支配和主导作用。在信息检索中主要依靠检索人员的大脑不断进行思考、判断、选择和决定,如检索策略的制定、检索途径与方法的选择、检索技术的运用、检索式的构造等,检索效果与检索人员的知识水平、业务能力、经验和工作责任心密切相关。

(1) 提高检索人员的知识素质

检索人员的知识素质包括知识、技能和能力。知识是指信息学、信息组织与存储、信息检索、计算机应用、外语等知识;技能是指咨询解答、信息整序、语言与文字表达等技能;能力是指捕捉信息的能力、超前思维的能力、综合分析的能力等。只有具备一定的检索知识和广博的知识内涵,才能形成一定的检索能力,从而提高检索效果。

(2) 提高检索人员的思想素质

思想素质是关系到检索人员全面素质提高的重要因素,并影响着检索效果。主要体现在职业道德精神、检索结果的辨别分析、检索观点的公正等。因此,提高检索人员的思想素质,就是要避免人为因素的影响,进而保证检索效果的提高。

2. 优选检索系统

检索系统的质量是决定检索效果的基础,所以优选检索系统是保证检索效果的重要环节。由于检索系统类型多种多样,并各具特色,同时还存在交叉重复现象,对一般用户来说,要熟悉与其专业相关的检索系统的功能不是一件容易的事情,选择恰当的检索系统就更加困难,这就要求检索人员必须全面了解检索系统,如收录范围、标引语言、排检方式等,然后才能根据检索课题的要求,选择专业对口强的检索系统。

不存在可以满足任意检索需求的检索系统,每一个检索系统都有自己的强项和特点。

检索系统选定后,检索途径选择就基本限定,它取决于该检索系统的排检方式和辅助索引的种类。因此,提高检索效果,必须进行检索系统的优选。

3. 优化检索策略与步骤

正确的检索策略,可优化检索过程与检索步骤,有助于求得查全率和查准率的适当比例,节省检索时间与费用,取得最佳的检索效果。

由于信息需求的多样性,决定了其检索目的、检索方法与检索步骤的差异性。因此,只有充分了解检索需求,才能有针对性地选择检索系统;只有了解检索目的,才能有效地把握查全率与查准率的关系。如科研立项、科技查新检索强调的是信息的查全率,遗漏信息会造成重复劳动及经济损失;而一般性检索则强调信息的查准率,准则精,便于吸收利用,就能节省时间。同样的检索需求,由于检索目的不同,其检索策略的制定也有所不同,对应的检索步骤也就有所差异。

由于信息量的巨大和信息描述的不规范,利用检索系统检索信息的过程往往是多次检索、不断完善、不断优化的过程。所谓检索优化过程,就是在检索过程中,为了完整描述检索课题的内涵和外延,往往要进行几个概念的组合和表达同一概念的多个同义词的组合,而且在检索过程中也要根据检索结果随时调整检索策略。

为了实现检索策略与步骤的优化,一般是通过布尔逻辑检索、位置检索、限制检索等技术进行优化。

4. 精选检索词

使用检索系统进行信息检索时,检索词的选择也是一个重要环节。在选择检索词时主要从下面 5 个方面进行考虑。

① 尽量使用专指性强的词。

② 学会使用截词。

③ 不使用常用词。

④ 避免使用多义词。

⑤ 避免出现错别字。

5. 巧构检索提问式

运用逻辑算符、位置算符、限定符、通配符及相关的检索技巧来巧构检索提问式,是提高检索效果的有效途径。

6. 熟悉检索代码与符号

检索代码与符号是进入检索工具的语言保证,是检索与系统相匹配的关键,其选取是否恰当,将直接影响检索效果。因此检索人员必须利用相应的分类表、词表,选取与检索工具相匹配的正确代码与符号。

7. 鉴别检索结果

检索结果的鉴别分为印刷型资源和电子资源。对印刷型资源可从版权页上的出版者、作者和序跋中的作者及相关内容介绍等进行鉴别;对电子资源主要从信息来源与出版、权威性、用户、网站内容、时效性等方面鉴别。

对于用户检索而言,首先要全面、细致地分析检索提问,尽可能列出全部已知线索;制定最优检索策略,并灵活运用各种检索方法,包括合理选用检索系统及数据库,根据检索要求正确使用词表,选取能够全面、准确表达检索提问的检索词,构造出合理的检索式;在检索过程中,灵活、有效地运用各种检索技术和索引文档;还要根据不同的检索要求,适当地调节查全率和查准率。

思考题

1. 信息组织的方法有哪些?
2. 简述信息检索的定义、类型与作用。
3. 简述检索中常用的数据库类型。
4. 简述信息检索的基本原理。
5. 何谓查全率、查准率?
6. 论述信息检索的发展趋势。
7. 简述制定检索策略的具体内容。
8. 简述常用的扩检技术与缩检技术。
9. 简述信息检索的途径、方法和步骤。
10. 信息检索技术及其热点。
11. 简述检索效果的评价指标。
12. 简述提高检索效果的方法。

第3章　图书信息检索

3.1　图书概述

3.1.1　图书的概念

图书是指对某一领域的知识进行系统阐述或对已有研究成果、技术、经验等进行归纳、概括的出版物。图书的内容比较系统、全面、成熟、可靠,但传统印刷型图书的出版周期长,传递信息速度慢,信息容量小。现代电子图书(包括"电纸书")的出现可弥补这一缺陷。

联合国教科文组织对图书的定义是:凡由出版社(商)出版的不包括封面和封底在内,49页以上的印刷品,具有特定的书名和著者名,编有国际标准书号,有定价并取得版权保护的出版物称为图书。

图书是以传播知识为目的,用文字或其他信息符号记录在一定形式的载体之上的可读物。它是人类社会实践经验不断发展的产物,"图书"一词最早出现于《史记·萧相国世家》,刘邦攻入咸阳时,"何独先入收秦丞相御史律令图书藏之。沛公为汉王,以何为丞相……汉王所以具知天下阨塞,户口多少,强弱之处,民所疾苦者,以何具得秦图书也"。这里的"图书"指的是地图和文书档案,它和我们今天所说的图书是有区别。进一步探求"图书"一词的渊源,可追溯到《周易·上系辞》记载的"河出图、洛出书"这个典故上来,它反映了图画和文字的密切关系。目前,按照载体形式,可以分为纸本图书与电子图书。

随着现代科学技术的飞速发展,数字化、网络化等先进技术正渗透到社会的各个领域之中,这极大地改变了人类的生活环境,无形间也使"图书"在使用和传播渠道上拓展了应用空间,出现了新的图书形式——电子书。所谓"电子图书"(electronic book),也称"数字图书"或eBook,它是把传统的文字符号转化为数字符号的一种新的制作方式,具有便于携带、内容丰富、多媒体化等优点。

3.1.2　图书的特点

1. 纸质图书的特点

① 具有明显的单本独立性。每本书通常都有单独的书名,拥有明确的、集中的主题,具有独立完整的内容。

② 内容结构具有较强的系统性。图书一般是针对一定的主题,根据观点,按照一定的体系结构,系统有序地介绍有关内容。

③ 内容观点具有相对的稳定性。图书的内容一般不像报纸、杂志那样强调新闻性和时间性。图书往往侧重于介绍比较成熟、可靠,在一定时间内相对稳定的观点。

④ 内容文体具有前后一致的统一性。一本杂志的内容往往是多种文体并存,但是一本书的内容则通常采用前后一致的文体;科技图书在体例格式、名词术语、图表形式、计量单位以及数字的使用等方面,一般都有严格的统一要求。

⑤ 图书的篇幅具有较强的灵活性。图书的篇幅可以根据需要灵活掌握;但是,篇幅的灵活性并不意味着随意性,一本书往往在写作时就对篇幅大小有明确的规划。

2. 电子图书的特点

电子图书拥有许多与纸质图书相同的特点,但是作为一种新形式的书籍,电子图书又拥有许多纸质图书所不具备的特点。

① 必须通过一定的设备读取,并通过屏幕显示。

② 信息检索方便。

③ 多媒体化。电子书可以不仅仅是纯文字,还可以添加许多多媒体元素,比如图像、音频、视频等,在一定程度上丰富了知识的表达形式。

④ 成本更低。以相同的容量来比较,电子书存储体的价格远远低于纸质图书,这大大减少了资源的消耗,节省了存储空间。

纸质书的优点在于:阅读不消耗电能;可以适用于任何明亮环境;一些珍藏版图书更具有收藏价值。而缺点在于占用太大空间;不容易复制,需要专用设备;一些校勘错误会永久存在;价格比较贵。与纸质书相比较,电子图书的缺点在于:容易被非法复制,损害原作者利益;长期注视电子屏幕有害视力;无法满足图书收藏爱好者的需要。

3.1.3 图书的特征

图书从外表看有书名、著者、出版社、ISBN 等特征,从内容上有分类、主题特征。

国际标准书号(international standard book number)简称 ISBN,是国际通用的图书或独立的出版物(不包括定期出版的期刊)代码。出版社可以通过国际标准书号清晰地辨认所有非期刊书籍。一个国际标准书号只有一个或一份相应的出版物与之对应。

现行的国际标准书号是根据国际 ISBN 机构 2004 年出版的《13 位国际标准书号指导方针》制定的,于 2007 年正式启用。国际标准书号由 13 位数字组成,被 4 条短横线分为 5 段,每一段都有不同的含义。第一组号码段是图书标识号,代码为 978,或者 979、980,代表图书。第二组号码段是地区号,又叫组号(group identifier),最短的是一位数字,最长的达 5 位数字,大体上兼顾文种、国别和地区。第三组号码是出版社代码(publisher identifier),第四组是书序码(title identifier),由出版社自己给出。第五组是电子计算机的校验码(check digit),固定一位,起止号为 0~10,10 由罗马数字 X 代替。4 组数字之间应该用连字符"-"连接。

在对图书进行检索时,图书的书名、著者、出版社、ISBN、分类、主题特征都可以作为图书检索的途径。

3.2 图书信息检索

根据检索工具对图书揭示的深度不同,一般有两种类型的工具。一种是书目检索,包括纸本工具书,网上书目数据库,以及网络书店、出版社网站等书目检索系统,通过书目检索,

获得所需要图书的详细信息,进一步获得图书全文。另一种是全文检索,包括全文电子书数据库以及一些网络读书网站。

3.2.1　书目检索

1. 常用书目检索工具

书目是图书目录的简称,又称书目型检索工具,是对一批文献的书目信息进行著录,形成记录款目,并按照一定的次序编排而成的一种揭示与报道文献的工具。

古代书目和现代书目有较大的区别。古代书目不仅著录图书的外形特征,还侧重从学术角度解释其内容特征,有的书目还注重介绍图书的版本情况,读者可以从中窥探学术发展的轨迹,并能鉴别、考证图书的版本以及真伪。因此,古代书目的显著特征是对读者起着"辨章学术,考镜源流"的作用。现代书目较之古代书目,分类体系更为科学规范,注重揭示和报道文献的内外部特征,信息丰富,检索手段完备。

书目的类型分为国家书目和营业性目录。国家书目是揭示与报道一个国家在一定时期内出版的所有图书及其他出版物的目录,包括报道最近出版物的现行国家书目和反映一定时期内出版物的回溯性国家书目。中文图书常用检索工具有如下几种。

(1)《全国新书目》

1951 年 8 月创刊,半月刊。原由国家版本图书馆编辑,中华书局出版,现由中国新闻出版署信息中心主办,全国新书目杂志社编辑出版,及时报道全国每月出版的图书,该书目1958 年 9 期以前为月刊,后改为旬刊。1961 年改为半月刊,"文革"中停刊。1972 年 5 月开始恢复,试刊 5 期,1973 年起正式出版,为月刊。

1996 年、1998 年、1999 年在《全国新书目》栏目设置和版面处理方面都做了重大调整,增设了不少新栏目,并将各出版社图书在版编目(CIP)和新书发排预报情况汇编成"新书发排预报",对多种新书做了简要评介。该书目每期报道新书和将出版图书的信息1 500 条。

《全国新书目》与《全国总书目》两者是相辅而行的,前者的职能在于及时报道,而后者是前者的累积本。

(2)《全国总书目》

1949 年创刊,年刊。原由中国版本图书馆编辑,中华书局出版,现由新闻出版署信息中心编辑出版,它是根据全国各地出版单位呈缴的样本书编成的,收录当年国内公开出版发行或具有正式书号的图书,比较全面、系统地反映了历年我国图书出版的概貌,是具有年鉴性质的综合性、系列性的中国国家书目。由"分类目录""专门目录"和"书名索引"3 个部分组成。所收图书按《中国图书馆图书分类法》分类。文献著录依据中华人民共和国国家标准《普通图书著录规则》GB 3792.2—1985 著录。

该书目除 1949—1954 年合订为一册外,从 1955—1965 年期间,每年出版一本,1966—1969 年中断(后又补编 1 册),1970 年起又每年出版一本。

(3)《中国国家书目》

年刊,1985 年开始编辑,1987 年首次出版,1987—1994 年版均由北京图书馆《中国国家书目》编委会主编,书目文献出版社(现名"国家图书馆出版社")出版,1995—1998 年版由华艺出版社出版。

《中国国家书目》旨在全面、系统地揭示与报道中国的出版物。作为国家书目,采取"领土-语言"原则,要求收录该国领土范围内出版的所有出版物,以及世界上用该国主要语言出版的出版物。因此,它的报道范围要远远大于现在的《全国总书目》。从 1985 年度开始,《中国国家书目》的收录范围是汉语普通图书、连续出版物、地图、乐谱、博士论文、技术标准、非书资料、书目索引、少数民族文字图书、盲文读物和在中国出版的外国语文献。

由于《中国国家书目》编纂时间短,目前存在着许多问题,主要是在报道时间上,年度本反映的时间是北京图书馆到馆时间,不是出版时间,容易造成混乱;在收录范围上,除漏收港、澳、台地区的出版物、国外出版的中文图书外,连原来报道的博士学位论文等,均未能坚持。

《中国国家书目》按《中国图书馆图书分类法》《中国科学院图书分类法》《汉语主题词表》进行分类标引;按《国际标准书目著录》(ISBD)和中华人民共和国国家标准《文后参考文献著录规则》进行著录,并附有题名汉语拼音索引和著者汉语拼音索引。著录内容标准而规范。该书从 1988 年起建立了计算机中文文献数据库。从 1992 年起采用计算机编制年度累积本,并开始回溯建库。

《中国国家书目》目前有印刷本和光盘版两种类型。印刷本按年度出版(从 1985 年度开始),包括正文和索引两部分。正文按《中国图书馆图书分类法》分类编排,同类出版物按题名汉语拼音顺序编排。索引包括题名索引和著者索引,均按汉语拼音顺序编排。

《中国国家书目》(光盘版)即中国国家书目数据库,共收录 1949 年至今的中文图书书目数据约 100 余万条,数据采用 CNMARC 格式,格式结构遵循《文献目录信息交换用磁带格式》标准(GB 2901—1992,ISO2709),每条书目记录包含书名、著者、出版者、出版年、页数、中图法分类号和主题词等项。光盘版提供多个检索点和多种检索方式。主要的检索点有题名、作者、主题、关键词、分类号、出版社、题名与作者名汉语拼音等,可通过精确检索、模糊检索、单项检索、组配检索等进行。检索结果可以以字段或卡片形式显示和打印。光盘版的数据半年更新一次。

2. 联机公共目录检索系统

联机公共检索目录(online public access catalog,简称 OPAC),包括单一馆藏目录与联合目录,是基于网络的书目检索系统。图书馆自动化管理系统大多提供了 OPAC 功能,此功能主要包括以下两个方面:① 书刊信息查询:读者可以通过书名、刊名、作者、分类号、主题、ISBN、ISSN、出版社、索书号等多种途径,对馆藏图书、期刊进行检索,可以查询图书的复本数量、馆藏地点、借阅状态等信息。② 个人信息查询:包括个人的借阅权限、可借阅册数、现借阅册书、借阅历史、预约信息等。

联机公共目录包括单一馆藏目录和联合目录两大类。

(1) 单一馆藏目录检索系统

随着计算机技术和网络技术的发展,各个图书馆都有自己的馆藏目录检索系统。如果一个图书馆馆藏的目录对互联网开放,即可以通过网络查找到该馆的收藏信息。一般提供作者、题名、主题、关键词、索书号、文献号和 ISBN 等多种检索途径,也可以通过多字段检索,在各个检索途径之间进行组配,检索馆藏的各类书刊资料。

① 扬州大学图书馆的书目检索系统(http://opac.yzu.edu.cn:8080/opac/search.php,图 3-1)

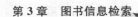

图 3-1　扬州大学图书馆书目检索系统

② 美国国会图书馆联机检索系统(http://www.loc.gov)

美国国会图书馆是世界上最大的图书馆之一,建于 1800 年,是美国的 4 个官方国家图书馆之一,也是全球最重要的图书馆之一。美国国会图书馆是在美国国会的支持下,通过公众基金、美国国会的适当资助、私营企业的捐助及致力于图书馆工作的全体职员共同努力建成的,它是美国历史最悠久的联邦文化机构,已经成为世界上最大的知识宝库,是美国知识与民主的重要象征,在美国文化中占有重要地位。它保存各类收藏近 12 100 万项,超过三分之二的书籍是以多媒体形式存放的。其中包括很多稀有图书、特色收藏、世界上最大的地图、电影胶片和电视片等。其主页上提供了公共目录查询系统(图 3-2)。

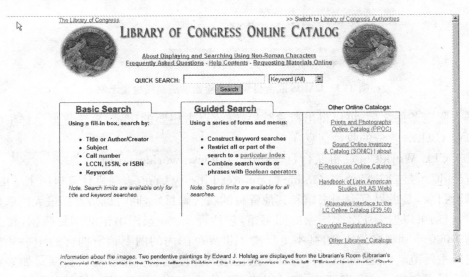

图 3-2　美国国会图书馆公共目录查询系统

（2）联合目录检索系统

联合目录（union catalogue）是指一种联合两所以上图书馆馆藏目录的数据库。使用者从单一窗口网站来检索多所图书馆的馆藏，通过联合目录检索，使读者知道哪个图书馆有收藏需要的馆藏资源。

① CALIS 联合书目数据库（http://opac.calis.edu.cn）

中国高等教育文献保障系统（China academic library & information system，简称CALIS），是经国务院批准的我国高等教育"211工程""九五""十五"总体规划中3个公共服务体系之一。CALIS的宗旨是，在教育部的领导下，把国家的投资、现代图书馆理念、先进的技术手段、高校丰富的文献资源和人力资源整合起来，建设以中国高等教育数字图书馆为核心的教育文献联合保障体系，实现信息资源共建、共知、共享，以发挥最大的社会效益和经济效益，为中国的高等教育服务。

CALIS 联合书目数据库检索方式提供简单检索和高级检索两种形式。简单检索可以选择的检索字段有题名、责任者、主题、ISBN、ISSN 等。高级查询界面最多可以对3个检索词进行组配，同时，对内容特征、出版时间、形式等进行限定（图3-3）。

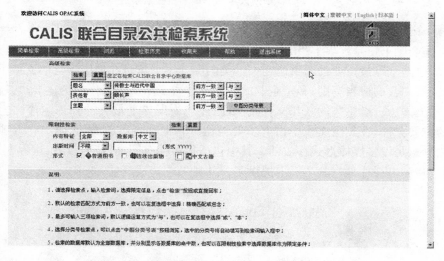

图 3-3　CALIS 联合目录公共检索系统高级检索示例

输入限定条件之后，可以得出检索结果，继续点击想要的记录，系统将显示详细的书目信息以及CALIS院校的收藏信息。

② OCLC WorldCat 联机联合目录（http://www.worldcat.org）

WorldCat 是 OCLC 公司（Online Computer Library Center，联机计算机图书馆中心）的在线联合目录，是世界范围图书馆和其他资料的联合编目库，同时也是世界最大的联机书目数据库，目前可以搜索112个国家的图书馆，包括近9000家图书馆的书目数据，覆盖了从公元前1000年到现在的资料，基本上反映了世界范围内的图书馆所拥有的图书和其他资料。它的主题范畴广泛，并以每年200万条记录的速度增长。该库每天更新。如果要经常搜索的话可以创建一个免费账户，它可以建立一个个人列表，读者可以写下观感，也可以从Amazon上直接购买。

在检索框中输入需要的书目，即可进行搜索，进一步点击所要的图书链接，即可得到图书的馆藏信息(图 3-4)。

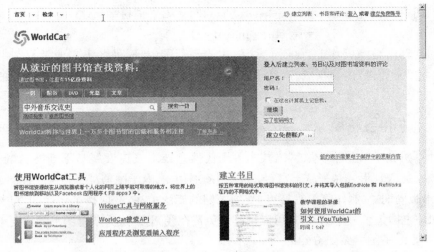

图 3-4　WorldCat 检索示例

3. 网上书店、出版社书目系统

随着网络的发展,图书发行渠道增多,网上书店也成为获得图书的一个重要来源。许多出版社为了适应信息社会的需要,也开设了自己的网站,在网站上可以检索到本社出版的书目。

(1) 当当图书(http://book.dangdang.com)

当当公司成立于 1997 年,1999 年 11 月,当当网正式投入运营。成立以来,当当网每年均保持 100%高速成长,当当网在线销售的商品包括了家居百货、化妆品、数码、家电、图书、音像、服装及母婴等几十个大类,逾百万种商品,在库图书达到 60 万种。

(2) 卓越亚马逊(http://www.amazon.cn)

卓越成立于 2000 年 5 月,2004 年 8 月亚马逊全资收购卓越网,将卓越网收归为亚马逊中国全资子公司。卓越网由亚马逊管辖并由其负责运营,两家的销售业务是互不干涉的,后台是属于亚马逊操控的。卓越亚马逊为消费者提供包括书籍、音乐、音像、软件等超过 150 万类的产品以供选择。

(3) 亚马逊网上书店(http://www.amazon.com)

亚马逊网上书店开办于 1995 年 7 月,为美国纳斯达克证交所上市公司。起初,用于网上图书销售,现在,从事各种物品网上交易,拥有网上最大的物品清单。

亚马逊书店网站的特色不仅仅是查询快捷、订购简便,还刊载各种媒介上的书评,书的作者们把有关自己的访谈录放到网站上;网站还邀请读者撰写自己的读后感,在网站上还能找到许多书的节选及相关材料的链接,亚马逊通过这些途径分析读者的购书习惯并向他们推荐书目。

(4) 巴诺网上书店(Barnes and Nobles,http://www.barnesandnoble.com)

巴诺网上书店创办于 1997 年 3 月,主要销售图书、音乐制品、软件、杂志、印刷品以及相关产品,是网上图书销售增长最快的书店。至 2003 年初,巴诺公司不仅拥有 901 家书店,而且通过持有约 36%的巴诺网上书店的股份,巴诺成为美国最大的网上书籍销售商之一。通过与 AOL、YAHOO、MSN 等门户网站及一些内容网站的合作,巴诺网上书店成为全球点击率最高的第五大网站,并成为以资产排名的 50 大网站之一。

（5）中国图书网（http://www.bookschina.com）

中国图书网创建于 1998 年，是国内最早的网上图书销售平台之一。

（6）中国互动出版网（www.china-pub.com）

中国互动出版网成立于 2000 年 7 月，主要经营国内、国外各类专业教育图书及相关产品，自诞生以来凭借"内容权威、产品丰富、高质服务"迅速成长为国内最具特色的电子商务网站之一。

3.2.2　电子图书检索

在计算机技术、通讯技术、网络技术等现代信息技术飞速发展与不断融合的今天，纸质图书的数字化表现形式越来越丰富，与印刷型图书相比，电子图书具有高密度存储、快速检索、体积小、出版周期短、制作简单等特点，受到人们的广泛关注，并取得了快速的发展。同时，一些读书网站也搜集了大量的资料，可以供读者免费在线阅读，成为获得图书的重要来源。

1. 主要电子图书系统介绍

（1）超星数字图书馆

超星数字图书馆（http://www.ssreader.com 或者 http://book.chaoxing.com）成立于 1993 年，是目前世界最大的中文在线数字图书馆，是国家"863"计划中国数字图书馆示范工程项目，2000 年 1 月，在互联网上正式开通。收录大量的电子图书资源，其中包括文、史、哲、工程技术等 50 余大类的数百万种电子图书。

阅读和使用超星数字图书馆的图书需要使用其专用阅读器超星浏览器（SSReader），是专门针对数字图书的阅览、下载、打印、版权保护和下载计费而研究开发的。可阅读 PDG、PDF、TXT、HTM 等多种格式的文件。用户安装阅览器后，可免费在线阅读数十万种正规出版物电子书。

首次登录超星数字图书馆，要先下载和安装超星阅览器，并进行新用户注册。注册之后，即成为超星会员，要想下载到本地或阅读全部超星图书，必须购买超星读书卡，并充值成为读书卡会员（图 3-5）。

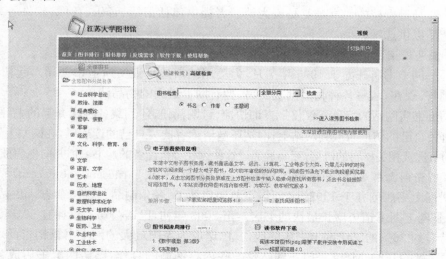

图 3-5　超星数字图书检索

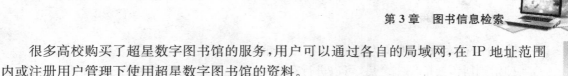

很多高校购买了超星数字图书馆的服务，用户可以通过各自的局域网，在 IP 地址范围内或注册用户管理下使用超星数字图书馆的资料。

超星数字图书馆提供了分类检索途径和一般检索途径。超星电子图书数据库根据中图分类法分类，点击所需检索的类目，将会出现该类目所包含的子类，点击子类即可显示与该子类相关的所有图书。一般检索只需在检索栏目框内输入关键词，即可检索出包含关键词的相关图书。

在检索式的构造上，超星支持用通配符"?"表示任意的一个字符串，用％表示一个或多个任意的字符串的截词检索，支持布尔逻辑检索；高级检索可以根据文献的题名、作者、目次、关键词、分类号，利用逻辑运算符进行组配检索；同时提供从分类途径进行检索，这时只需要点击各级类目，层层展开就可实现。

（2）方正阿帕比（Apabi）电子图书

方正阿帕比公司自 2001 年起进入数字出版领域，在继承并发展方正传统出版印刷技术优势的基础上，自主研发了数字出版技术及整体解决方案，已发展成为全球领先的数字出版技术提供商。如今，方正阿帕比已与超过 500 家的出版社建立全面合作关系。电子图书资源库是方正阿帕比数字内容资源的核心部分，截止到 2010 年初，在销电子图书达 50 万种，其中，2006 年后出版的新书占到了 70％，涵盖了人文社科、自然科学各学科。

Apabi 数字图书馆的检索、借阅等功能通过 Apabi Reader 来实现。Apabi Reader 是用于阅读电子书、电子公文等各式电子文档的浏览阅读工具，支持多种文件格式。在阅读电子图书的同时，能方便地在电子图书上做章节跳转、圈注、批注、画线、插入书签（图 3-6）。

图 3-6　方正 Apabi 数字图书主页

用户可以通过图书馆主页进入 Apabi 数字图书馆系统，本系统提供 3 种检索方式。

① 快速检索入口：提供书名、责任者、摘要、出版年等检索条件，可按需要的条件进行检索。

② 高级检索：可以输入比较复杂的检索条件，在一个或多个资源库中进行查找，各检索条件之间可以使用"并且"或"或者"进行连接。

③ 分类检索：根据页面左侧的《中国图书馆图书分类法》分类标准分类查找。

搜索到所需要的图书之后，可以进行在线阅读，也可以点击"借阅"按钮，下载到本地，通过阅读器进行离线阅读，阅读的同时可以进行批注、圈注、画线、加书签、拷贝文字等操作。一周内读者可以下载的电子图书数量限制为 50 本，借阅期限为 10 天，未到期可主动还书和续借，到期系统自动归还。

（3）读秀中文学术搜索（http://www.duxiu.com）

"读秀"是由北京世纪超星有限责任公司开发的一个新产品，在 18 年来所数字化的 215 万种图书元数据组成的超大型数据库基础上，以 9 亿页中文资料为基础，为读者提供深入内容的章节和全文检索、部分文献试读、文献传递等多种功能。收入中文图书全文 215 多万种，元数据 1.9 亿条（其中中文期刊 5 000 多万条，中文报纸近 3 000 万条）。通过优质的文献检索、文献传递服务，实现了为读者学习、研究、写论文、做课题提供最全面准确的学术资料和获取知识资源的捷径。

读秀的独特之处在于它的深度索引，可以深入图书的章节内容进行索引，图书信息丰富，包括作者、内容简介等，可以准确地判断图书内容是否为自己所需。

可以实现图书的一站式检索，将检索结果与馆藏各种资源库资源进行对接，读者检索任何一个知识点，都可以获得包括馆藏纸本图书、电子书全文、相关的外文图书目录等，大大节省资源查找的时间（图 3-7）。

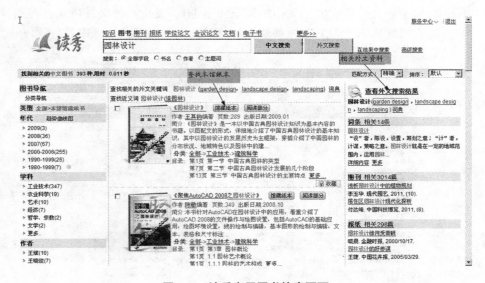

图 3-7 读秀电子图书检索页面

读秀可以通过文献传递，直接将相关学术资料发送到读者邮箱。

进一步点击所需的图书信息，会有购买或阅读过此书的相关图书评论，实现了读者之间的互动，帮助读者更深入全面地了解图书信息。

（4）中国国家数字图书馆电子图书

在中国国家数字图书馆进行用户注册后，即可登录，对其提供的电子图书进行浏览下载。

(5) NetLibrary 数据库

NetLibrary 是电子图书的提供商之一,创建于 1999 年。2002 年,Netlibrary 被 OCLC (联机计算机图书馆中心)收购,2010 年,OCLC 和 EBSCO 签订协议,EBSCO 将收购 OCLC Netlibrary 的资产,NetLibrary eBook 和 eAudiobook 将继续由 NetLibrary 提供。EBSCO 计划把 NetLibrary eBook 装载到电子平台 EBSCOhost 上,以实现创建一个全面综合的电子图书和数据库检索服务系统的目标。同时 NetLibrary eBook 也将继续通过 WorldCat. org 访问。OCLC 与 EBSCO 的合作,将确保图书馆的电子图书资源得到更广泛的使用。NetLibrary 电子图书覆盖了科学、技术、文学、历史、社会与行为科学、等学科。

(6) 施普林格电子图书(http://www. springerlink. com/books)

施普林格出版社于 1842 年在德国柏林创立,其出版业务遍及全球,除了在美洲地区的出版和发行业务外,其余 70 多所分社遍及全球 20 多个国家,出版范围包括自然科学、社会科学、医学以及建筑等各个学科领域。施普林格的电子图书数据库包括各种的施普林格图书产品,如专著、教科书、手册、地图集、参考工具书、丛书等。SpringerLink 在 2009 年已经出版超过 30 000 余种在线电子图书,每年将增加 3 500 种新书。施普林格电子图书数据库不仅保证施普林格高品质纸本出版物的原样得以完美呈现,而且具有在线阅读的所有优点,拥有强大的检索能力。研究人员可访问数以百万页的文献,这些文献既能融入图书馆的整体目录,又能与施普林格的在线期刊紧密连接,成为满足科研人员使用的很好的在线参考工具。

(7) John Wiley 电子图书(http://onlinelibrary. wiley. com)

John Wiley & Sons 公司成立于 1807 年,主要出版科学、技术、医学类图书和期刊,专业和生活类图书,大学、研究生等使用的教材和其他教育资料。John Wiley & Sons 公司目前约有 22 700 种书目和 400 多种期刊,每年出版约 2 000 种各类印刷和电子形式的新书。

Wiley InterScience 中期刊、图书和专业参考书分别采用各自的学科分类。

① 期刊的学科分类:商业、金融和管理、化学、计算机科学、地球科学、教育学、工程学、法律、生命科学与医学、数学统计学、物理、心理学。

② 图书的学科分类:分析化学、物理化学和光谱学、有机化学和生物化学、官能团化学、聚合物、材料科学和工业化学、通信技术、电子和电气工程、无线通信、医学、分子生物学、药学、数学统计学。

③ 专业参考书的学科分类:商业、金融和管理、化学、地球和环境科学、工程学、一般科学、生命科学与医学、心理学。

2. 在线读书网站

随着网络的发展,很多网站从事于在线读书的发展,在上面可以阅读短篇或者长篇文章,甚至于可以发表自己的作品,有些网站还可以提供电子书下载。

(1) 白鹿书院(http://www. oklink. net)

白鹿书院是一个在线读书网站,是一个大型的文学站点,包括小说、诗歌、杂文、随笔、剧本等作品。读者不仅可以在网上阅读,而且可以网上发表作品。在网站进行注册后,利用其投稿中心的长篇连载功能,就可以投稿,并可对稿件进行编辑,具有比较强的连载功能。该网站大多数书籍可直接在线浏览,但有些书需要下载阅读器浏览。

(2) 天涯在线书库(http://tianyabook. com)

天涯在线书库以"丰富阅读,智慧人生"为宗旨,提供经济管理、现代文学、诗词歌赋、外国文学、古典文学、科幻小说、武侠小说、宗教、历史、哲学、军事等图书的在线阅读。

3.2.3 古籍检索

1. 古籍概述

古籍,是中国古代书籍的简称,主要指书写或印刷于 1912 年以前具有中国古典装帧形式的书籍。

广义的古籍应该包括甲骨文拓本、青铜器铭文、简牍帛书、敦煌吐鲁番文书、唐宋以来雕版印刷品,即 1912 年以前产生的内容为反映和研究中国传统文化的文献资料和典籍;狭义的古籍不包括甲骨、金文拓本、简牍帛书和魏晋南北朝、隋唐写本,而是专指唐代自有雕版印刷以来的 1912 年以前产生的印本和写本。

我国古代文献典籍是人类文明的瑰宝,据估计在 10 万种左右。2007 年,国务院办公厅发布《关于进一步加强古籍保护工作的意见》(国办发[2007]6 号)提出:在"十一五"期间大力实施"中华古籍保护计划",进行全面普查,建立中华古籍联合目录和古籍数字资源库;建立《国家珍贵古籍名录》;命名全国古籍重点保护单位;建设中华古籍保护网。

2008 年 4 月 28 日,国务院公布了第一批国家珍贵古籍名录(2 392 部)和第一批全国古籍重点保护单位名单(51 个)。2009 年 6 月 9 日,国务院公布第二批国家珍贵古籍名录(4 478 部)和第二批全国古籍重点保护单位名单(62 个)。2010 年 6 月 11 日,国务院公布第三批国家珍贵古籍名录(2 989 部)和第三批全国古籍重点保护单位名单(37 个)。

(1) 古籍版本

广义的版本包括写本、刻本等形式;狭义的版本概念是伴随着雕版印刷的发展而产生的。简言之,是雕版印刷或活字印刷的本子,区别于写本、抄本。

古籍版本的称谓很多,五花八门。从制作方式分,有写本、印本。写本又可分稿本、抄本;印本又有刻本、活字印本、套印本等。从时间上分,有唐本、宋本、元(明、清)本等。再进一步有康熙本、乾隆本等等。从出资情况及刻版主持人分,有官刻本、家刻本、坊刻本,募刻本等。以书的大小可分袖珍本、巾箱本。以字的大小(形状)分有大字本、小字本、写刻本。以印刷先后分有初印本、后印本、朱印本、蓝印本等。根据流传情况和珍贵程度,古籍又可分为足本、节本、残本、通行本、稀见本、孤本、珍本、善本等。

善本指具有比较重要历史、学术和艺术价值的书本。大致包括写印年代较早的,传世较少的,以及精校、精抄、精刻、精印的书本等。清末张之洞为了指导学生读书,曾总结前人经验,并结合自己认识,给善本提出了三条标准:一是"足本",即无缺残、无删削之本;二是"精本",即精校、精注本;三是"旧本",即旧刻、旧抄本。

1978 年编修《中国古籍善本书目》时曾经把善本的定义归结为"三性九条"。当时具体表述是:"在现存古籍中,凡具备历史文物性、学术资料性、艺术代表性,或虽不全备而仅具其中之一之二又流传较少者,均可视为善本。"历史文物性侧重以版本产生的时代为衡量尺度;学术资料性侧重以古籍反映的内容为衡量尺度;艺术代表性侧重以版本具有的特征(印刷技术、用纸敷墨、装帧技巧等)为衡量尺度。以此"三性"为原则,延伸出下列具体可操作的"九条":①元代及元代以前刻印或抄写的图书;②明代刻印、抄写的图书;③清乾隆及乾隆以前流传较少的印本、抄本;④太平天国及历代农民革命政权所印的图书;⑤辛亥革命前在学术上有独到见解，或有学派特点，或较有系统的稿本，以及流传很少的刻本、抄本；⑥辛亥革命前反映某一时期、某一领域或某一事件资料方面的稿本及较少见的刻本、抄本；⑦辛亥革命前的有名人学者批校、题跋或抄录前人批校而有参考价值的印本、抄本；⑧在印刷上能反映我国印刷技术发展，代表一定时期印刷水平的各种活字本、套印本，或有精校版画的刻本；⑨明代印谱，清代集古印谱，名家篆刻的钤印本，有特色或有亲笔题记的。这"三性""九条"长期以来为业界所遵从。

（2）古籍装帧

① 简策：中国古代书籍的装帧始自简策。在纸发明之前，甚至在纸发明以后数百年间，也就是从商周到东晋的数千年中，中国古代书籍主要载体是竹木。简策意即编简成策，古人将竹木加工处理成狭长的简片，把若干简用绳编连起来即为策。

② 卷轴装：又称卷子装，是中国早期的图书装帧形式。在印刷术发明以前，图书是抄写的缣帛和纸张上，采用长卷形式，阅读时展开，平时卷起，与装裱好的书画相似。在长卷帛书、纸书的左端安装木轴，旋转卷起。敦煌石室中发现的大批唐五代写本图书，大多数采用这一方式。

③ 旋风装：是将所有的单叶按顺序摞起来，并装订粘连在一起，如同现代书籍一样，每一页都可以翻动，这样可以很容易翻检所需内容。然而它仍然无法摆脱卷轴装的影响，保留了很多共同的特征。旋风装是根据自身特点而形成的一种不固定的、比较随意的装帧形式，因而在历史上只是昙花一现。

④ 梵夹装：梵夹装是伴随着佛教一起从印度传入中国的一种书籍装帧形式，也是 19 世纪中国引进西方书籍装订技术之前唯一引入的一种外国的书籍装帧形式。为确保书叶前后顺序不致混乱，在中间或两端连板带书页穿一个或两个洞，穿绳绕捆。此种装帧形式随佛教的传播而流传，对我国藏、回纥、蒙古、满等民族的佛教典籍影响很大。

⑤ 经折装：经折装是中国古代佛教信众借鉴印度传统装帧方式的优点，对卷轴装的一种改进，大约出现在唐中叶以后。佛教信徒受印度梵夹装的启发，将原来卷轴装的佛经按一定行数和宽度均匀地左右连续折叠，前后粘加书皮。这种装帧大量应用在佛经中，故称经折装。历代刊刻佛经道藏，多采用这种装订形式。古代奏折、书简也常采用这一形式。

⑥ 蝴蝶装：将每页书在版心处对折，有文字的一面向里，再将若干折好的书页对齐，粘贴成册。采用这种装订形式，外表与现在的平装书相似，展开阅读时，书页犹如蝴蝶两翼飞舞，故称为蝴蝶装。蝴蝶装是宋元版书的主要形式，它改变了沿袭千年的卷轴形式，适应了雕版印刷的一页一版的特点，是一重大进步。但这种版心内向的装订形式，人们翻阅时会遇到无字页面，同时版心易于脱落，造成掉叶，所以逐渐为包背装所取代。

⑦ 包背装：将印好的书叶版心向外对折，书口向外，然后用纸捻装订成册，再装上书衣。由于全书包上厚纸作皮，不见线眼，故称包背装。包背装出现于南宋，盛行于元代及明中期以前。清代宫廷图书如历朝实录、《四库全书》也采用这种装订方式。包背装改变了蝴蝶版心向内的形式，不再出现无字页面，但未解决易散脱页的缺点，所以后来为线装所取代。

⑧ 线装：线装书是传世古籍最常用的装订方式。它与包背装的区别是，不用整幅书页包背，而是前后各用一页书衣，打孔穿线，装订成册。这种装订形式可能在南宋已出现，但明嘉靖以后才流行起来，清代基本采用这种装订方式。其特点是解决了蝴蝶装、包背装易于脱页的问题，同时便于修补重订。

⑨ 毛装：将印好的书页迭齐，下纸捻后不加裁切。用此法装订书籍，一是为表示书系新印；二是为了日后若有污损可再行切裁。

（3）古籍分类

最早对图书进行分类的是西汉刘向、刘歆父子的《七略》，将图书分为 6 大类（六略）38 小类。这是我国第一部综合性的图书分类目录，也是世界上最早将人类知识加以系统化的一种创举。《七略》原书已佚，其分类法为东汉班固《汉书·艺文志》沿袭。

南朝宋时王俭的《七志》继承刘向父子的分类方法，又有发展，增加图谱类，成为"七分法"，又附道经、佛经，实际上是九类。至于梁·阮孝绪的《七录》真正实现了七分，晋·荀勖的《晋中经簿》则把古籍分为甲、乙、丙、丁 4 个部。唐初的《隋书·经籍志》吸取荀勖四分的成果，将群书按照经、史、子、集分为四部，将道、佛放在集部之后，将 4 大类又分为 40 小类，为四部分类法确立了规范。《隋书·经籍志》的四部分类法是魏晋以来图书分类法的总结，标志着荀勖四分法的成熟，图书分类领域开始了以四部分类法为正统的新阶段。此后，宋、元、明、清历朝，无论是官修目录还是史志目录、私藏目录大多遵循四部分类法。至清乾隆年间修《四库全书总目》，成为集四部分类法大成者。他将经部分为 10 类，史部分为 15 类，子部分为 14 类，集部分为 5 类，共 44 类。各类下又根据情况进行复分。《四库全书总目》的分类，使古籍分类法更加完善。现在的古籍分类仍然在沿用四部分类法。

新中国成立后，全国 789 家收藏古籍的机构联合编制的《中国古籍善本书目》，共分经、史、子、集、丛 5 部，本质上仍是四部分类法的延续。

2. 古籍检索

查考先秦至清代著述，了解历代图书的存佚情况，可以利用正史和《通志》、《文献通考》中的艺文志或经籍志，以及历代其他官私书目。

（1）史志目录

正史中的艺文志、经籍志是根据当时政府藏书并参考了其他官私书目而编成的综合性书目，又叫史志书目。如：《汉书·艺文志》一卷、《隋书·经籍志》四卷、《旧唐书·经籍志》二卷、《新唐书·艺文志》四卷、《宋史·艺文志》八卷、《明史·艺文志》四卷、《清史稿·艺文志》四卷等。

《二十四史》中的一些史书没有《艺文志》或《经籍志》，有的即使有，收编也不甚完备，为此，后代有不少学者撰写补志，如姚振宗《汉书艺文志拾补》《隋书经籍志考证》等，都是极精密的好书，值得注意。

开明书店所辑《二十五史补编》是专收史书的补表、补志的丛书，其中共收录 32 种艺文经籍补志，这是阅读和研究史志书目极其重要的参考资料。

《艺文志二十种综合引得》，燕京大学图书馆引得编纂处编，"民国二十二年"（1933）铅印本，有中华书局 1960 年影印本，共涉及正史艺文志、经籍志 7 种、补志 8 种、禁毁书目 4 种、征访书目 1 种。

（2）综合书目

①《中国古籍善本书目》，1985—1998 年，上海古籍出版社

②《四库全书总目》，清永瑢等纂，1965 年，中华书局。可以了解书的版刻、源流、文字异同、著述体例、内容得失和作者生平等等。

③《增订四库简明目录标注》，清·邵懿辰（1810—1861）撰，邵章续录，1979 年，上海：

上海古籍出版社(该书对《四库简明目录》著录的书籍,包括其他书籍加以批注,标明撰者、卷数和各种版本,并将王懿荣、孙诒让、黄绍箕诸家的批注,逐条移录于各书之后的附录中,它和莫友芝的《邵亭知见传本书目》是两部版本目录学的重要工具书)。

④《藏园订补邵亭知见传本书目》,清莫友芝(1811—1871)撰,傅增湘订补,傅熹年整理,1993年,中华书局。

⑤《四库存目标注》,杜泽逊著,2007年,上海古籍出版社。

⑥《贩书偶记(附续编)》,孙殿起(1894—1958)著,1999年,上海古籍出版社。所收书有上万种,主要收录清代著述,还收录一部分《四库全书》失收的明代著作,兼及辛亥革命以后迄于抗战以前有关古代文化的著作。

⑦《中国丛书综录》是清代以来最精善最完备的丛书目录,可以说我国古代书籍的极大部分都可由此查到。

⑧《藏园群书经眼录》,傅增湘撰,1983年,中华书局。

⑨《中国善本书提要》,王重民撰,1983年,上海古籍出版社。

⑩《北京图书馆古籍善本书目》,北京图书馆编,1987年,书目文献出版社。

(3) 专题书目

①《中国农学书录》,王毓瑚编著,2006年,中华书局。

②《全国中医图书联合目录》,中国中医研究院图书馆编,1991年,中国古籍出版社。

③《中国地方志联合目录》,中国科学院北京天文台主编,1985年,中华书局。

(4) 网上书目

中国国家图书馆·中国国家数字图书馆(http://www.nlc.gov.cn)

中国古籍善本书目导航(http://202.96.31.45),本导航系统将线装书局的排印本《中国古籍善本书目》数字化,总数据量达29万余条。

中华古籍善本国际联合书目系统,著录了30余家海内外图书馆所藏古籍善本,数据达20 000多条,并配有14 000余幅书影。

东京大学东洋文化研究所汉籍全文影像数据库,2009年东洋文化研究所将所藏中文古籍4 000余种,以数字化方式无偿提供给中国国家图书馆。

哈佛大学哈佛燕京图书馆藏善本特藏资源库,哈佛大学哈佛燕京图书馆藏中文善本古籍特藏,以其质量之高、数量之大著称于世。为了方便海内外学人便捷地利用这些资料进行研究,同时以数字化形式保存这些中华古籍精品,中国国家图书馆与美国哈佛大学图书馆协议共同开发这批资源,将在6年时间内,完成中文善本古籍4 210种51 889卷的数字化拍照。"哈佛大学哈佛燕京图书馆藏善本特藏资源库"首批发布的中文古籍善本及齐如山专藏共204种。其余数字化成果将在中国国家图书馆网站上陆续更新。

(5) 中国基本古籍库

中国基本古籍库是对中国文化的基本文献进行数字化处理的宏伟工程。共收录自先秦至民国(公元前11世纪至公元20世纪初)历代典籍10 000种、计17万卷。每种典籍均提供1个通行版本的全文和1～2个重要版本的图像,计全文18亿字、版本12 700个、图像1 000万页,数据量约400 G。其收录范围涵盖全部中国历史与文化,其内容总量相当于3部《四库全书》。不但是世界目前最大的中文数字出版物,也是中国有史以来最大的历代典籍总汇。

中国基本古籍库所收历代典籍及所附重要版本,均经严格筛选。其收书标准为:千古流传、脍炙人口之名著;虽非名著,但属于各学科之基本文献;虽非基本文献,但有拾遗补缺意义的特殊著作。其选本标准为:完本或现存卷帙最多之本;母本或晚出精刻精钞精校本;未经删削窜改之本。

中国基本古籍库根据中国古籍自身的特点和当代科研教学的需要,参照传统的古籍分类方法和国际通行的图书分类方法,独创一种全新的 ASM 分类法,包括 4 个子库、20 个大类、100 个细目。

扬州大学图书馆已购买中国基本古籍库,使用前需下载客户端程序安装,有分类检索、条目检索、全文检索、高级检索 4 种途径。

思考与练习

1. 请根据自己的理解,回答什么是图书。
2. 纸质图书和电子图书的优缺点有哪些?
3. 图书的检索途径有哪几种?
4. 如何获得图书的全文?
5. 什么是联机公共目录检索系统?
6. 目前常用的电子书数据库有哪些?
7. 请结合自己的阅读经验,谈谈纸本图书阅读、电子书阅读、在线读书的具体体会。
8. 了解古籍的版本,什么是善本。
9. 古籍装帧有哪些形式?

第 4 章　期刊信息检索

4.1　期刊概述

4.1.1　期刊的概念

期刊,又称杂志,是现代文献的一种重要类型。表示期刊的常用英文单词有:periodical,journal,serial,magazine。其中,periodical 是最广义的概念;journal 强调文章的学术性;serial 只指定期或不定期连续出版的出版物,强调的是出版的连续性,serial 除了用以表示期刊这种文献类型,还可以表示报纸、年刊以及连续出版的丛书等;magazine 主要指通俗的、大众娱乐及消遣的杂志。我国《信息与文献术语》(GB/T 4894—2009)对期刊的定义是:期刊,面向特定主题或专业用户的连续出版物。国家标准《情报与文献工作词汇 传统文献》(GB 1314—1991)对期刊的定义是:期刊,刊名、刊期相对稳定的连续出版物,每年至少出两期,每期有期号,内容包括一个或多个专业或学科领域。

期刊是交流学术思想最基本的文献形式,是科研人员利用最多的文献类型,许多新的成果、新的观点、新的方法往往首先在期刊上发表。期刊论文是文献调研的重要内容之一,全面准确地获取期刊论文将大大提高研究工作的效率,据统计,科研人员所获信息的 70%～80%来源于期刊。

世界上最早的期刊是 1665 年 1 月在法国巴黎创刊的《学者杂志》和 1665 年 3 月英国皇家学会创办的《哲学汇刊》。19 世纪以后,期刊的数量迅速增长,并且日趋专业化。随着计算机技术、网络技术和多媒体技术的飞速发展,产生了电子期刊 e-journal。关于电子期刊的概念,目前尚无权威性的描述,我们认为:电子期刊是以数字化方式出版、发行、传播与阅读的期刊,是传统印刷型纸质期刊的数字化表现形式,具有印刷型期刊的一般特征。最早的电子期刊可追溯到 20 世纪 60 年代初期美国化学文摘社采用计算机技术改进印刷版《化学文摘》并出版磁带版《化学文摘》。世界上第一份联网期刊是 1991 年 9 月由美国科学促进会(AAAS)和俄亥俄大学图书馆中心(OCLC)共同开发的《最新临床实践联机杂志》。电子期刊从最初的软盘期刊、光盘期刊、联机期刊,到目前的网络期刊,发展迅速,已成为期刊的重要类型。

4.1.2　期刊的类型与特征

1. 期刊的类型

根据收载内容,可分为学术性期刊、科普性期刊、时政性期刊、消遣性期刊、检索性期刊等。在科学研究和专业学习中利用较高的是学术性期刊,学术期刊中最具有参考价值的是核心期刊。所谓核心期刊，是指那些信息密度大、刊载某学科学术论文较多、论文被引用较多、利用率相对较高、能代表该学科现有水平和发展方向的期刊。核心期刊是一种重要的信息源。

1931 年著名文献学家布拉德福首先揭示了文献集中与分散规律，发现某时期某学科1/3的论文刊登在相关书籍 3.2% 的期刊上。1967 年联合国教科文组织研究了二次文献在期刊上的分布，发现 75% 的文献出现在 10% 的期刊中。1971 年，SCI（science citation index，科学引文索引）的创始人加菲尔德统计了参考文献在期刊上的分布情况，发现24%的引文出现在 1.25% 的期刊上……这些研究都表明期刊存在"核心效应"，从而衍生了"核心期刊"的概念。依据布拉德福定律，如果科学期刊按其所刊载某一学科论文的数量多少，依递减顺序排列并划分出一个与该学科密切相关的期刊所形成的核心区期刊区以及另外几个区，使每个区中的期刊载文数量相当，则核心区期刊数量与相继区的期刊数量成 $1:n:n^2$，1 代表核心文献区，n 代表相关文献区，n^2 代表边缘文献。布拉德福文献集中与分散定律给我们的启示是经常阅读核心期刊是一种有效的信息获取方法。

目前国内主要有 3 大中文核心期刊（或来源期刊）遴选体系：北京大学图书馆"中文核心期刊"、南京大学"中文社会科学引文索引（CSSCI）来源期刊"、中国科学院文献情报中心"中国科学引文数据库（CSCD）来源期刊"。

期刊其他方式分类，比如按出版周期的长短，期刊可分为周刊、半月刊、旬刊、月刊、双月刊、季刊、半年刊、年刊等。按使用文字可分为中文期刊、少数民族文字期刊、外文期刊（通常又分为西文期刊、日文刊以及其他外文刊）、翻译期刊、两种或几种文字混合期刊等。按载体可分为传统纸质期刊（印本期刊）和电子期刊。

2. 期刊的特征

（1）标准刊号

根据《中国标准刊号》（GB 9999—1988）规定，中国标准刊号由以"ISSN"（international standard serial number）为标识的国际标准连续出版物编号和以 CN 为标识的国内统一刊号两部分组成。ISSN 被全世界大部分国家所使用，成为标准期刊的显著标志。在我国，衡量一份刊物是否合法，还要看是否具有国内统一刊号。国内统一刊号是国家新闻出版总署批准并配发的，格式为 CN xx-yyyy/z，由中国国别代码"CN"、报刊登记号"xx-yyyy"（地区代号-序号）和分类号"z"组成，例如：在我国大陆地区出版的凡具有 CN 刊号和 ISSN 刊号的期刊为我国认可的合法期刊；只具有 ISSN 刊号但没有 CN 刊号的期刊，只能在境外出版，在我国大陆地区出版则为非法出版期刊。如《计算机学报》的国内统一刊号是 CN 11—1826/TP、国际标准刊号是 ISSN 0254—4164。

（2）定期连续出版

期刊一般有长期固定的刊名，有相对稳定的刊名字体、封面、开本、栏目、篇幅，有统一形式的连续期次号。期刊要一期一期地连续出版下去，都有表示无限期连续出版下去的序号，如卷、期号、出版年、出版月份等。

（3）内容专深

学术期刊论文的研究内容往往专注某一学科领域，大多反映最新的研究动态、研究成果、实验数据、各种观点等。严谨的学术期刊刊载论文前一般先由该领域的权威专家评议、审查，内容质量上有保证。

（4）报道及时

期刊的出版周期比图书短的多，一般一月或半月出版一期，内容新颖，更新及时，所以具有较强的时效性。期刊出版周期短、连续性强、信息量大、内容丰富新颖，能及时报道学科发展的最新动向，反映科学研究的最新成果和学术发展的最新水平。

4.2　期刊信息检索

4.2.1　期刊名称检索

1. 印刷型期刊目录检索

（1）检索新中国成立前出版的期刊

报道新中国成立前期刊出版情况的检索工具有：《（1833—1949）全国中文期刊联合目录》（全国图书联合目录编辑组编，书目文献出版社，1981 年）；《中国近代期刊篇目汇录（1857—1918）》（上海图书馆编印，上海人民出版社，1980—1984 年）；《辛亥革命时期期刊介绍》（中共中央马恩列斯著作编译局研究室编，人民出版社，1958—1959 年，1980 年重印）。

利用《（1833—1949）全国中文期刊联合目录》还可以了解新中国成立前中文期刊的收藏情况，该书收录了 50 多个省市级以上图书馆所收藏的新中国成立前出版的中文报刊 20 000 多种。1994 年，书目文献出版社又出版了《（1833—1949）全国中文期刊联合目录补编本》（北京图书馆、上海图书馆编著），该书补收了清末至民国时期的期刊 16 400 多种，与《（1833—1949）全国中文期刊联合目录》一起，基本反映了新中国成立前我国的期刊出版和收藏情况，是查考这一时期期刊出版和收藏的重要工具。

（2）当代期刊目录检索

新中国成立后，期刊事业发展很快，1950 年，全国出版的期刊为 295 种，1999 年底，公开出版的期刊为 8 187 种。根据中华人民共和国新闻出版总署的统计信息，2005 年全国共出版期刊 9 468 种，2010 年全国共出版期刊 9 884 种。检索期刊出版信息的工具主要是《中国报刊总目》（原名《中国邮发报刊大全》《中国报刊大全》，人民邮电出版社出版），收录全国每年公开发行的报刊。

（3）检索国内西文期刊

西文期刊检索的主要工具书是《全国西文期刊联合目录》（原北京图书馆 1959 年出版，1964 年出续编）和《全国西文连续出版物联合目录（1978—1984）》（书目文献出版社，1989 年出版），二者在时间上基本先后相连，是检索国内西文期刊收藏的印刷型重要工具。

2. 电子期刊目录检索

（1）馆藏期刊目录

检索图书馆电子期刊收藏情况可利用期刊联合目录和各图书馆的联机书目数据库（OPAC）。期刊联合目录是检索期刊出版信息和馆藏信息的最主要工具，例如 CALIS 西文期刊篇名目次数据库和国家科技图书文献中心学术期刊浏览。CALIS 西文期刊篇名目次数据库（http://ccc. calis. edu. cn，CALIS Current Content of Western Journal，简称 CCC），提供 1999 年至今的 24 000 种西文学术期刊的现刊目次数据，提供了全国三大图书馆系统

（高校图书馆、公共图书馆和科学图书馆）订购的 80％以上的纸质西文学术期刊的馆藏信息。国家科技图书文献中心（http：//www.nstl.gov.cn）提供了成员单位馆，如中国科学院文献情报中心、机械工业信息研究院等的学术期刊浏览，同时提供检索服务，该系统提供的学术期刊按语种分为：西文期刊、日文期刊、俄文期刊和中文期刊。

目前大多数图书馆建成了基于网络的联机公共书目数据库（OPAC），读者在互联网的任一终端上，任何时间和地点都可以访问图书馆的期刊收藏信息。

（2）专业期刊数据库的集成检索系统

例如 CNKI 中国学术期刊全文数据库的期刊导航，提供了分类、首字母、刊名、核心期刊导航等期刊浏览服务，可检索期刊的名称、出版单位、通讯地址，以及数据库收录该刊各期的论文全文等信息，并提供同类期刊检索链接。维普期刊资源整合服务平台的期刊导航则增加了"国内外数据库收录导航"，可检索该数据库收录期刊在 CSSCI、SCI、EI、PubMed、BP、INSPEC 等数据库中的收录或引用情况。其他学术期刊数据库如：Elsevier ScienceDirect、EBSCO 等提供了收录期刊的字顺浏览、刊名检索等功能。美国 ISI 期刊引证报告数据库（Journal Citation Reports，简称 JCR）收录了世界上自然科学和社会科学各学科最具影响力的 7 000 多种期刊，涵盖了 200 多个学科门类，是对权威期刊进行检索和系统评价的重要工具。

（3）中图公司的"中图链接服务"（cnpLINKer）

cnpLINKer 目前主要提供约 3 000 种国外期刊的目次和文摘的查询检索、电子全文链接及期刊国内馆藏查询功能。提供简单检索、高级检索、专家检索和期刊浏览 4 种方式查询检索期刊的目次文摘，附加历史记录检索和选择打印编目记录的功能。系统提供期刊目前在国内各大图书馆的馆藏情况说明，用户可了解到该刊在国内的馆藏，从而选择借阅。（网址：http：//cnplinker.cnpeak.com，教育网内用户访问地址：http：//cnplinker.cnpeak.edu.cn）

4.2.2 期刊论文检索

查找期刊论文的主要检索工具是：题录型检索工具和记录有原始文献的期刊全文数据库。

（1）题录型检索工具

题录型检索工具根据相关学科主题内容将来源期刊的论文逐篇加工成文摘或题录，按照一定的方式编排，并提供多种检索途径，如 ISSN 号、篇名（title）、关键词（keyword/topic）、摘要（abstract）、作者（author）、单位或机构（corporate）、刊名（journal name/publication title）等。

目前，中文综合类题录型期刊检索工具使用最广泛的是《全国报刊索引》。（上海市图书馆在 1955 年 3 月创刊，1973 年正式改名为《全国报刊索引》（月刊），1980 年开始分成《哲学社会科学版》与《自然科学技术版》两刊，出版至今。）

《全国报刊索引》收录了全国包括港、台地区的期刊 8 000 种左右，涉及所有哲学、社会科学、自然科学以及工程技术领域。《全国报刊索引》的正文均采用分类编排，后附有个人著者索引、团体著者索引、题中人名索引以及收录期刊名录。2000 年起正式采用中国图书馆图书分类法编排。

全国报刊索引数据库源于《全国报刊索引》,因此其收录的内容以及收录范围与《全国报刊索引》相同,但在数量与收录报刊品种上都多于报刊索引,年更新量在 50 万条左右。

其他题录性检索工具,综合类有:联合西文期刊篇名目次库、中西文期刊联合目录数据库、CALIS 中文现刊目次库(http://opac.calis.edu.cn)、UniCat 全国期刊联合目录、E-UniCat 网络电子期刊集成目录、现期期刊篇名目次数据库(Current Contents)、OCLC 联合目录等。题录型专业期刊检索工具有:《中国生物学文摘》《CA》《CSA》《MathSciNet》等。

(2) 期刊全文数据库

期刊全文数据库一般分为综合型和专业型两种,综合型如 CNKI 中国期刊全文数据库、维普期刊资源整合服务平台、EBSCO 等;专业型如 IEL、美国物理研究所(AIP)电子期刊全文数据库等。

期刊全文数据库的著录信息特征主要包括 ISSN 号、篇名(title)、关键词(keyword/topic)、摘要(abstract)、作者(author)、单位或机构(corporate)、刊名(journal name/publication title)、参考文献、全文(full-text)等。数据库中的字段代码:AB(abstract)、AU(author)、CS(corporate)、DE(descriptor/subject)、DT(document type)、FT(full-text)、ISSN、JN(jonurnal name/publication title)、KW(keyword/topic)、LA(language)、PY(publication year)、TI(title)。

期刊全文数据库按语种分为中文和外文。一般来说,中文期刊数据库只收录国内期刊信息,外文期刊检索工具兼收世界各国有影响的期刊信息,也包含部分有学术价值的中文期刊信息。而且,中文期刊数据库往往只收录期刊一种文献类型,外文检索工具除了收录期刊信息外一般还有其他类型文献信息,如专利、科技报告、图书等。此外,同一外文数据库出售给多个检索系统使用:如美国《生物学文摘》(Biological Abstracts,BA)可通过 DIALOG、OVID 和 SPIRS 进行检索。

4.3　期刊数据库检索

4.3.1　中文期刊数据库检索

1. CNKI 中国期刊全文数据库

(1) 概况

CNKI 中国期刊全文数据库是 CNKI 中国知识资源总库的一个子库。CNKI(China National Knowledge Infrastructure,CNKI)是中国国家知识基础设施的简称,由清华大学、清华同方发起,始建于 1999 年 6 月。中国知识资源总库是 CNKI 一个大型的系列全文数据库,由清华大学主办,中国学术期刊(光盘版)电子杂志社出版,清华同方知网(北京)技术有限公司发行,目前包括中国期刊全文数据库、中国博士学位论文数据库、中国优秀硕士学位论文全文数据库、中国重要报纸全文数据库和中国重要会议论文全文数据库,以及年鉴、百科全书、专利、标准、科技成果、政府文件等数据库。

CNKI 中国期刊全文数据库收录国内 9 000 余种综合性期刊和专业特色期刊全文,包括创刊至今出版的学术期刊4 600余种,全文文献总量3 200多万篇,是目前世界上最大的连续动态更新的中国学术期刊全文数据库,也是"十一五"国家重大网络出版工程的子项目。现收录自1911年至今出版的期刊,部分期刊回溯至创刊,内容覆盖自然科学、工程技术、农业、哲学、医学、人文社会科学等各个领域,核心期刊收录率96%。数据库按学科内容分为10个专辑:基础科学、工程科技Ⅰ、工程科技Ⅱ、农业科技、医药卫生科技、哲学与人文科学、社会科学Ⅰ、社会科学Ⅱ、信息科技、经济与管理科学,10个专辑下又分为168个专题和3 600个子栏目。

CNKI中国期刊全文数据库的用户使用有WEB版(网上包库或流量计费)、镜像站版方式。

(2)检索方式

CNKI中国期刊全文数据库提供专辑导航、初级检索、高级检索、专业检索、期刊导航5种检索方式(图4-1)。

图4-1　CNKI中国期刊全文数据库主页

① 专辑导航。数据库检索界面左边"检索导航"栏,列出10个专辑,在专辑类目方框内打"√",选择要检索的专辑,然后层层点击,直至选择到最后一级名称,右侧显示出该类目所有文章的列表。

② 初级检索。系统默认的检索方式是初级检索。初级检索包括简单检索和多项检索词的逻辑组合检索。系统提供16种检索字段:主题、篇名、关键词、摘要、作者、第一作者、单位、刊名、参考文献、全文、年、期、基金、中图分类号、ISSN、统一刊号,系统默认主题字段。具体检索步骤如下:

在左侧"总目录"选择查询范围,系统默认为"全选";"检索项"处选择检索途径,即16种检索字段根据检索需求任选一种;"检索词"框输入检索词(只可输入一个词),或者点击"逻辑"下的"+"按钮,增加输入框,对检索词进行"并且""包含"和"不包含"的逻辑组配;点击"检索"按钮,右侧概览区显示检索结果列表,内容包括序号、篇名、作者、刊名、年期。

③ 高级检索。高级检索提供五组检索框,支持多项双词逻辑组合检索,即可选择多个检索项进行"并且""包含"和"不包含"的逻辑组配,可在一个检索项中输入两个检索词(在两个检索输入框中输入),每个检索项中的两个词之间可进行5种组合:"并且""或者""不包含""同句""同段"(图4-2)。

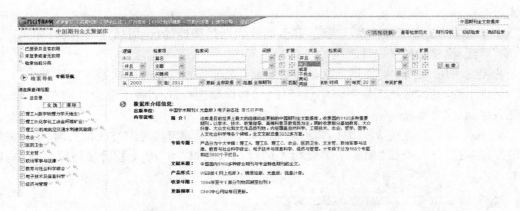

图 4-2　CNKI 中国期刊全文数据库高级检索页

④ 专业检索。专业检索允许按自己的需求并根据系统的检索语法编制检索式进行检索。检索时可用系统提供的 16 种检索字段和"专业检索语法表"中的运算符构造检索式,多个检索项的检索表达式可使用 and、or、not 逻辑运算符进行组合,逻辑运算符前后要空一个字节。

⑤ 期刊导航。期刊导航提供 3 种期刊查找方式:按期刊名首字母查找;按刊名、ISSN、CN 查找;在列出的 10 个专辑和专题目录中查找(图 4-3)。

图 4-3　CNKI 中国期刊全文数据库期刊导航页

（3）限制检索

初级检索、高级检索和专业检索方式都具有以下检索限制:

① 在结果中检索。即二次检索,该功能设置在实施检索后的检索结果页面。重新选择检索项,输入检索词,在"在结果中检索"前的方框中"√"选,再点击"检索"。

② 时间范围限制。根据需要设定从某年到某年,不同用户使用方式:如 WEB 版(网上包库)和镜像站版系统的时间范围默认有所不同。

③ 限制数据更新时间。系统默认全部数据,用户可根据检索需要选择"最近一周""最近一月""最近三月""最近半年"。

④ 期刊范围限制。系统默认全部期刊,用户可根据需要选择 EI 来源期刊、SCI 来源期

刊或核心期刊。

⑤ 检索模式,即匹配。默认模糊匹配,即检索词是相连的,也可以是分开的;如果选择"精确"匹配,则检索词是完整出现的。

⑥ 检索词出现频次。所谓频次是指检索词在检索字段中出现的次数。默认词频为空,表示至少出现一次,可从下拉列表中选择(2~9),例如选择3,则表示至少该词在某字段中出现3次,以此类推。

⑦ 词扩展。点击"扩展"图标,弹出一个窗口,显示以输入词为中心的相关词,在相关词前的方框内打"√",点击"确定",则该相关词自动以逻辑"与"的关系增加到检索框中(图4-4)。

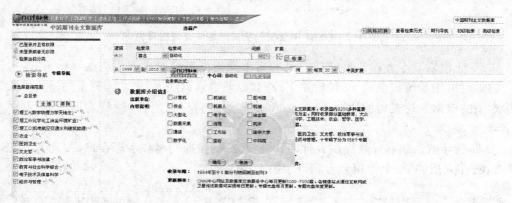

图 4-4　CNKI 中国期刊全文数据库检索词扩展检索界面

(4) 检索结果

① 知网节

知网节是知识网络节点的简称,在检索结果列表中点击文章篇名,进入知网节,即该篇文章的细览页。知网节页的主要功能有两个:

显示该篇文章的细目,如:英文篇名、作者、英文作者、作者单位、刊名、关键词、英文关键词、摘要、英文摘要、DOI(图4-5)。

图 4-5　CNKI 中国期刊全文数据库知网节显示结果

在上述篇名、作者、单位、刊名和关键词字段中,都建立了链接,如点击篇名、作者、单位、刊名和关键词字段的任一个链接,即弹出一个知网各数据库列表,点击数据库列表中的各个库,可以使用当前检索词在所点击的数据库中进行检索。

知网节结果显示提供该库原文献与其参考文献、引证文献和同引文献链接,包括与其他库文献资源间的链接。在知网节页的上方导航列有"参考文献""共引文献""二级参考文献""相似文献""相关研究机构""相关文献作者"和"文献分类导航"链接按钮。点击链接按钮,即可到该项链接内容。

② 选择/保存题录

选择题录有全选和单选两种方式:全选,点击右页面的"全选"按钮,即可将当前页面的题录全部"√"选,如要更改,点击"清除"按钮;单选,即把需要保存的题录一一"√"选,系统允许在一次检索页面中连续"√"选 50 条题录。

保存题录有 4 种格式。点击"存盘"按钮,系统弹出一个窗口将选中的记录以默认格式显示,并提供 4 种格式供选择:简单、详细、引文格式和自定义格式。当选择"自定义"格式时,系统提供以下信息项供选择:题名、作者、中文关键词、单位、中文摘要、基金、刊名、ISSN、年、期、第一责任人。点击"预览",可分别查看不同保存的格式,若需打印,点击"打印"按钮,将选中的题录保存格式输出到纸载体上,如要复制保存,将页面复制另存文件。

③ 全文浏览与下载

系统提供两种途径浏览下载全文:一是从检索结果页面(概览页),点击题名前 CAJ 格式下载图标,即可阅读或下载浏览 CAJ 格式全文。二是从知网节(细览页),点击"下载阅读 CAJ 格式全文"或"下载阅读 PDF 格式全文"链接,即可阅读 CAJ 或 PDF 格式全文。

2. 维普期刊资源整合服务平台

(1) 概况

维普期刊资源整合服务平台是维普资讯有限公司推出的专业化信息服务整合平台,包含 4 个功能模块,分别是:"期刊文献检索"模块,在原中文科技期刊数据库(全文版,简称中刊库)的基础上,新增了文献传递、检索历史、参考文献、基金资助、期刊被知名国内外数据库收录的最新情况查询、查询主题学科、在线阅读、全文快照、相似文献展示等功能。"文献引证追踪"模块,是维普期刊资源整合服务系统的重要组成部分,除提供基本的引文检索外,还可以进行基于作者、机构、期刊的引用统计分析,提供定量分析中文期刊的影响因子、立即指数等单年期刊引用评价指标。"科学指标分析"模块,以维普中文科技期刊数据库近 10 年的千万篇文献为计算基础,通过引文数据分析揭示国内近 200 个主题学科的科学发展趋势,并以学科领域为引导,展示我国最近 10 年各学科领域最受关注的研究成果。基于学者、机构、地区、期刊的派排名分析,按发文、被引、平均被引量的整体排名情况进行学科评估,近 10 年内按被引次数和短时间受关注程度析出的揭示学科发展趋势和热点的期刊文献。"搜索引擎服务"模块,提供基于 Google、Baidu 引擎个性化的期刊文献搜索延伸服务。

维普期刊资源整合服务平台-期刊文献检索(简称维普资讯-期刊文献检索)收录 1989 年至今的 12 000 余种期刊刊载的 3 000 余万篇文献,每年增加约 250 万篇。所收录文献被分为 5 个专辑:医药卫生、工业技术、自然科学、农业科学、社会科学。

（2）检索方式

维普期刊资源整合服务平台-期刊文献检索提供5种检索方式：基本检索、传统检索、高级检索、期刊导航和检索历史。

① 基本检索

系统默认为基本检索（图4-6）。在检索区域的"检索入口"的下拉式菜单选择检索途径，系统提供14种检索途径：题名或关键词、任意字段、关键词、题名、刊名、作者、第一作者、机构、文摘、分类号、参考文献、作者简介、基金资助、栏目信息，默认方式"题名或关键词"。设有5组检索框（点击"＋"按钮，增加输入框），可对不同字段检索词词间进行"＊""＋""－"的逻辑组合。检索输入框上方工具按钮可进行检索时间范围、期刊范围和学科主题进行限定。系统默认检索时间为1989年至今，期刊范围可选择核心期刊、EI来源期刊、SCI来源期刊等。学科主题默认为全部，根据需要在下拉菜单中进行"√"选。

图4-6　维普资讯-期刊文献检索基本检索主页

在检索输入框内输入检索词，点击"检索"按钮，显示检索结果列表。点击文章篇名，可看该文的细目，其中作者、关键词、分类号，相关文献（主题相关、全文快照）等字段具有链接功能，点击某字段链接，可查看该词的检索结果列表。

② 高级检索

高级检索提供两种方式供选择：向导式检索和直接输入检索式检索。

向导式。提供5组检索栏，可选择检索字段、逻辑运算（并且、包含、不包含）、匹配（模糊、精确）度；在输入框内可直接输入逻辑运算符"＊""＋""－"。该方式具有"扩展功能"，包括查看同义词、查看同名合著作者、查看分类表、查看相关机构。只需要在前面的输入框中输入需要查看的信息，再点击相对应的按钮，即可得到系统给出的提示信息。为提高检索结果的准确性，还可点击"扩展检索条件"按钮，下拉出扩展检索栏，可以对时间范围、专业限制（可在8个学科专业中选择）、期刊范围（核心期刊、重要期刊、全部期刊、EI来源期刊、SCI来源期刊、CA来源期刊、CSCD来源期刊、CSSCI来源期刊）做进一步限制（图4-7）。

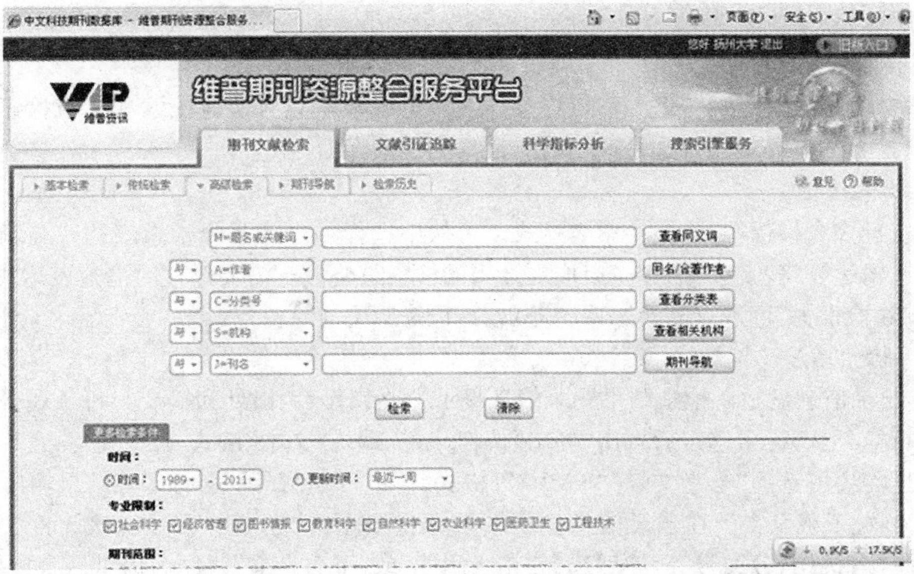

图 4-7 维普资讯-期刊文献检索高级检索界面

直接输入检索式。高级检索页面下方有"直接输入检索式"栏目,类似其他数据库中的"专家检索",即在检索框中直接输入逻辑运算符、字段标识等,点击"扩展检索条件"并对相关检索条件进行限制后点击"检索"按钮即可。字段代码如下:M=题名或关键词、K=关键词、J=刊名、A=作者、F=第一作者、S=机构、T=题名、R=文摘、C=分类号、Z=作者简介、I=基金资助、L=栏目信息。例如要查找:关键词为"知识产权"、作者为"杨涛"的文献,则输入的检索式:K=知识产权 * A=杨涛(图 4-8)。

图 4-8 维普资讯-期刊文献检索高级检索中直接输入检索式

③ 期刊导航

点击"期刊检索"按钮,进入期刊导航检索界面,包括期刊学科分类导航、核心期刊导航、国内外数据库收录导航和期刊地区分布导航。每种导航先以学科类分,学科类目下按刊名首字字顺排序。

④ 传统检索

点击"传统检索"按钮,进入传统检索界面。传统检索具有快速检索和高级检索的基本功能,只是界面布局不同。这是《中刊库》最早的检索界面。

⑤ 检索历史

系统最多允许保存20条检索表达式。可从中选择一个或多个检索表达式与新的检索输入用逻辑运算符"＊""＋""－"组成更恰当的检索策略。不需要保存的检索表达式选中后点击"删除检索史"可进行删除。系统退出后,检索历史清除。

（3）检索结果

① 题录信息显示。检索结果题录信息显示:题名、作者、出处和摘要。每条题录前有方框可进行"√"选,检索选定后点击"导出"按钮,系统默认"文本"格式。

根据需要可选择"参考文献""XML"等格式,再进行复制、保存、打印等结果输出。

② 浏览下载全文。在题录信息显示结果中直接点击"题名",可显示该篇论文详细信息,包括作者机构、分类号等,然后选择"在线阅读"或"下载全文"。题名信息后直接提供"在线阅读"或"下载全文"链接服务。未收录全文的期刊论文还提供"文献传递"服务,以帮助用户进一步获取全文。

3. 万方数据知识服务平台之数字化期刊全文数据库

（1）概况

数字化期刊全文数据库是万方数据知识服务平台(原"万方数据资源系统")系列数据库之一。万方数据由北京万方数据股份有限公司制作,包括数字化期刊全文数据库、中国学位论文数据库、中国会议论文数据库、标准数据库、中国科技成果数据库、专利技术数据库、科技信息子系统、商务信息、外文文献数据库等。

数字化期刊全文数据库以中国数字化期刊群为基础,整合了中国科技论文与引文数据库及其他相关数据库中的期刊条目部分内容,目前收录6 000多种期刊约1 300余万篇文章全文,分为哲学政法、社会科学、经济财政、教科文艺、基础科学、医药卫生、农业科学、工业技术8大类100多个类目。

（2）检索方式

该数据库提供期刊分类浏览和检索两种方式。

① 分类浏览

分为3种浏览方式。按学科:选择"按学科"按钮,显示期刊的按学科浏览视图,逐级选择,则显示该学科的所有期刊。按地区:选择"按地区"按钮,显示期刊按地区分类树,在按地区分类树中用鼠标选择某个地区,在右边显示该地区的所有期刊信息。按首字母:选择"按首字母"按钮,显示期刊的按首字母分类树,点击某个字母,显示该字母的所有期刊信息。3种浏览方式的界面都提供期刊名称检索。

② 检索

该界面提供以下检索字段:全部字段、论文标题、作者、作者单位、刊名、年、期、关键词、摘要、PDF全文,设有5组检索框(点击"＋"按钮,增加输入框),可对不同字段检索词词间进行"＊""＋""－"的逻辑组合(图 4-9)。

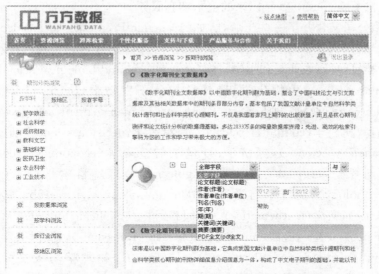

图 4-9　万方数据数字化期刊全文数据库检索界面

（3）检索结果

检索结果列表显示内容包括序号、篇名、作者、刊名、年期、详细摘要信息、查看全文。点击"详细摘要信息",进入细览页,详细内容有:英文标题、刊名、英文刊名、年/卷/期、栏目名称、分类号、关键词、摘要、数据库名称和本文引用的论文。

详细信息显示页中关键词和分类号具有热链功能,点击关键词的"hotlink"按钮,进入热链页面,可获得该关键词的期刊全文、学位论文、会议论文全文的命中数,以及热链文献的列表;点击分类号的"hotlink"按钮,可获得同类期刊论文全文、同类学位论文全文、同类会议论文全文的命中数,并显示热链文献的列表。

点击"本文引用的论文"的篇名,可以获得引文标题、论文刊名、论文作者、论文年份、论文刊期和数据库名称等信息。

在检索结果列表概览页的篇名前"√"选,也可点击"全部选中"链接全选。在概览页和细览页提供"查看全文"链接,点击链接即可下载浏览 PDF 格式全文。

4.3.2　外文期刊数据库检索

1. Elsevier ScienceDirect 全文数据库

（1）概况

荷兰 Elsevier Science 公司是世界知名出版商,其出版的期刊是世界上公认的高品位学术期刊。自 1997 年开始,该公司推出名为 Science Direct 的电子期刊计划,将其全部印刷型期刊转换为电子刊,并使用基于浏览器开发的检索系统 Science Server。这项计划还包括了对用户的本地服务措施 Science Direct on Site(SDOS),即在用户本地服务器上安装 Science Server 和购买的数据,同时每周向用户邮寄光盘更新数据库。

自 2000 年 1 月开始,中国高等教育文献保障系统(CALIS)项目的 9 个高等学校图书馆和国家图书馆、科学院图书馆联合在清华大学和上海交通大学图书馆建立了SDOS服务器，向国内用户提供 Elsevier 1998 年以来的电子期刊服务。

近年来，该公司又合并了一些出版社，如 Academic Press 等。将 Academic Press 等出版商的学术期刊自 1995 年以来的数据也加入国内的 SDOS 镜像站。目前，该数据库收录期刊涉及的学科类目包括：农业与和生物科学（agricultural and biological sciences），艺术和人文（arts and humanities），生物化学、遗传学与分子生物学（biochemistry，genetics and molecular biology），商业、管理与会计学（business，management and accounting），化学（chemistry），计算机科学（computer science），决策科学（decision science），地球和行星科学（earth and planetary science），经济学、计量学与金融学（economics，econometrics and finance），能源科学（energy），工程技术（engineering），环境科学与技术（environmental science and technology），免疫学与微生物学（immunology and microbiology），材料科学（materials science），数学（mathematics），医学与牙科学（medicine and dentistry），神经系统科学（neuroscience），护理与健康（nursing and health professions），药理学、毒理学与制药学（pharmacology，toxicology and pharmaceutical science），物理学与天文学（physics and astronomy），心理学（psychology），社会科学（social sciences），兽医学（veterinary science and veterinary medicine）。

（2）检索方法

Elsevier 检索系统具有期刊浏览（browse）和检索（search）两种功能，其中期刊浏览包括：按刊名字顺浏览（browse journals/books alphabetically）和按学科主题浏览（browse journals/books by subject）两种方式；检索方式包括一般检索（search）和专家检索（expert search）两种。

① 期刊浏览

点击主页中的"browse（浏览）"按钮，进入数据库的期刊浏览页面：按刊名字顺浏览、按学科主题浏览。

② 一般检索方式

点击主页中的"search（检索）"按钮，即可进入检索界面（图 4-10）。

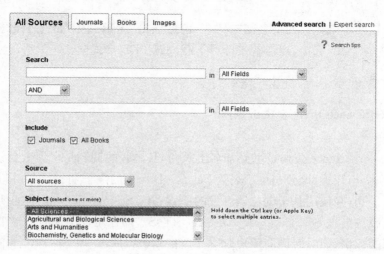

图 4-10 Elsevier 一般检索主页面

检索界面有上下两部分构成。位于检索界面导航条下方的检索输入框称为快速检索方式（quick search），内容上分为论文（articles）检索和图像（images）检索，论文检索可从任意字段、作者、刊名/书名、期刊论文的卷、期和页码等途径进行检索。检索界面的下半部是高级检索界面，可对两个字段进行逻辑组配检索。

字检索和词检索。系统默认的是字检索（word），如果要检索一个词组或短语（phrase），则必须使用引号。例如，输入"intellectual property"，将检索包含这个词组的文献；如果输入的是 intellectual property，没有引号，则检出的结果将 intellectual 和 property 处理为独立的两个字（word），而且字与字之间是"逻辑与"（and）的关系。

作者检索。格式为"姓名"，如"Smith, ED""Smith, E. G.""Smith, E. Reed"等。检索时默认为前方一致，忽略空格和逗号，如输入如"Smith E"，检索结果将包含以上所有作者的文章。

检索限定。检索输入框下面是检索条件限定：include（文献类型）、subject（学科分类）、date range（时间范围）。若要保证检索结果全部有全文，可从 source（资源）下拉菜单中选择"subscribed sources"。

③ 专家检索（expert search）

点击主页中的"search（检索）"按钮，进入检索界面，在检索字段输入框右上方点击"expert search"按钮，进入专家检索界面。

专家检索的检索对话框必须输入专业的检索式，包括检索限制符号、逻辑运算符和位置算符等，逻辑运算的优先级是 not、and、or，可用（）来改变执行顺序；在逻辑组配时，逻辑运算符的两侧必须各留有一空格。

专家检索比较适合专业人员使用。

不论一般检索方式还是专家检索方式，Elsevier Science Direct 系统采用了共性的检索技术：

截词检索。允许使用"＊"作为截词符，例如输入：h＊r＊t，可以检索到"heart""harvest""homograft""hypervalent"等形式。"＊"作为截词符不能用在词的前方。

单数检索。检索词使用单数形式，例如，输入 city，可以检索到"city"、"cities"和"city's"等形式，可以避免漏检。

大小写。系统不区分检索词的大小写形式。

位置算符。系统使用 ADJ、NEAR 或者 NEAR(N) 作为位置算符，使用位置符可用来进一步限定检索策略，ADJ 位置算符可进行类似词组检索，两词前后顺序固定；NEAR 或 NEAR(n) 位置算符，则可以限定两词间可插入少于或等于 n 个单词，且前后顺序任意。

禁用词（stop words）。系统把某些词（连词、介词、冠词、代词、副词）作为禁用词。例如：of、the、in、she、he、to be、as、because、if、when 等，检索时系统会自动忽略。当需要检索的词组或短语中含有"and、or、a"等字时，必须用双引号括起来。

检索历史（search history）。只要检索词输入一次，就可以随时查看检索历史，包括检索词和检索结果数量。用户可对检索词进行重新检索、修改检索式以及删除检索式等操作。

其他。同音词检索可用"[]"括住检索词，如输入[organization]，可检索到同音单词 organization 和 organisation；同一词义而拼写不同的检索词可使用 TYPO[]，例：TYPO [fibre]，可以检索出 fibre 和 fiber。

（3）检索结果

不管采用哪一种检索方式，检索后都进入检索结果的列表界面，如图 4-11。首先显示的是检索结果的数量和题录信息，内容包括：篇名、刊名、卷期、日期、页数和作者。点击每条记录的题名，即可查看该文的 html 格式的全文信息，并可在此页面内对该文进行 PDF 格式全文下载；深度信息获取，如图片/图表（figures/tables）导出、参考文献（references）显示等。在 html 格式检索结果界面的右面栏目中，还提供了同类文献（related articles）、图表下载（table download）、引文（cited by）和相关参考文献等检索功能。

在每篇文章篇名的前面允许打"√"选择记录，选择完成后，点击题录信息上面的"E-mail articles"，将选中的文章发送到某个指定的信箱；点击"export citations"，可以按照自己设置的格式输出题录信息；"download multiple PDFs"是下载管理工具，首先选中需要的文章序号，点击"download multiple PDFs"，进入下载管理界面，可选择或自己设定需要的字段进行 PDF 格式文章的浏览与下载。

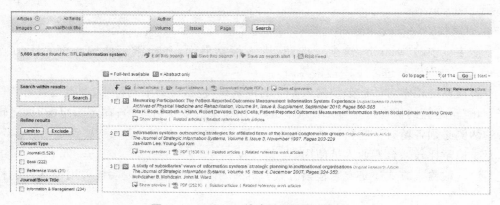

图 4-11　Elsevier 检索结果下载与浏览

点击题录信息下面的"show preview"按钮，可显示详细的摘要信息；点击 PDF 图标按钮，以 PDF 格式下载本篇文章全文；点击"related articles"按钮，可查看与本篇文章相关的系列文献。

题录信息上面的工具按钮可以对检索结果进行修改或保存。点击"edit this search"按钮可以修改检索式，"save this search"可以进行检索结果保存，对于有价值的检索式，可以将其保存为定期提醒（save as search alert），如果有新的文献符合设定的检索式，系统可自动发送邮件提醒（此功能需先进行用户注册）。

题录信息左侧的工具栏可进行精确检索。利用"search within results"下面的输入框可对检索结果中进行二次检索，在该框中输入检索词与上一次检索结果进行"逻辑与"的合并运算；还可以通过"content type"工具，对 Elsevier Science Direct 数据库收录的文献类型（如期刊、图书、图像）、书刊名、年份等进行分组浏览限定，以缩小检索结果的范围。

（4）个性服务

① 设置个人检索偏好：my settings

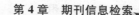

注册个人账户,可设置个人检索偏好,如默认每页显示检索结果数、E-mail 提醒格式与周期、RefWorks 设置等;也可设定个人偏好的书刊(favorite journals / books),作为个人偏好的检索源(my favorite sources)。

② 图像检索

图像检索是 Science Direct 提供的新的检索功能。利用发布的新图像检索功能,Elsevier 为研究人员提供了一个直通数百万期刊文章和电子书的视觉入口。订阅者无需支付额外费用,这一图像检索功能索引了超过 1 500 万的图表,其中包括 500 万张表格以及几千张来源于 Science Direct 内经过同行评审的全文资源的视频资料。图像检索也分快速检索、高级检索和专家检索 3 种形式,点击图像检索按钮并输入检索词就开始了检索过程。检索词如果位于图像描述或者全文中图像前后的 20 个单词以内,就则认为相关,并依次进行相关性排序。

Science Direct 图像检索提供方便的图像、表格和视频下载功能。例如:"表格下载",这是 Elsevier 公司为其应用平台开发的一个新的 API。这个 API 可以让用户一键下载表格数据,下载格式是 CSV,与微软 excel 及类似程序兼容。

2. EBSCO 数据库

(1) 概况

EBSCOhost 是美国 EBSCO 公司为数据库检索设计的系统,有近 60 个数据库,其中全文数据库 10 余个。EBSCO 数据库中最著名的是 Academic Source Premier(学术期刊数据库,ASP)和 Business Source Premier(商业资源数据库,BSP),内容涉及自然科学、社会科学等领域。数据库将二次文献和一次文献"捆绑"在一起,为最终用户提供文献获取一体化服务。

EBSCO 主要数据库简介:

① Academic Source Premier(ASP):是当今全世界最大的多学科学术期刊全文数据库,专门为学术研究机构设计,可提供丰富的学术全文期刊资源。ASP 提供的许多文献是无法在其他数据库中获得的。目前该数据库收录期刊 12 800 多种,其中提供全文的期刊有近 4 700 种,7 613 种为专家评审期刊 peer-reviewed,553 种非期刊类全文出版物(如图书、报告及会议论文等)。该数据库几乎覆盖了所有的学术研究领域,包括社会科学、人文学科、教育学、计算机科学、工程学、物理学、化学、语言学、艺术、文学、医学、种族研究等学科的信息。大多数期刊有 PDF 格式全文,有些全文可回溯到 1975 年,甚至更早。

② Business Source Premier(BSP):是专门为商学院和与商业有关的图书馆设计的,是世界上最大的全文商业数据库。数据库收录 3 319 种期刊索引及摘要,其中 2 300 种为全文期刊(包括 1 100 多种同行评审全文期刊);收录 10 000 多种非期刊全文出版物(如案例分析、专著、国家及产业报告等)。BSP 涵盖了世界上最著名的商业类期刊,特别是在管理学和市场学领域,如 Harvard Business Review,Administrative Science Quarterly,Academy of Management Journal,Academy of Management Review,Journal of Marketing,Journal of Marketing Research (JMR),MIS Quarterly,Communications of the ACM,International Journal of Production Research 等。同时收录 Business Monitor International,CountryWatch Incorporated,Datamonitor Plc.,EIU:Economist

Intelligence Unit，Global Insight，ICON Group International，PRS Group（Political Risk Yearbook）等1 400种各种知名出版社的国家/地区报告（全文）。收录文献的主题范畴：金融、银行、国际贸易、商业管理、市场行销、投资报告、房地产、产业报导、经济评论、经济学、企业经营、财务金融、能源管理、信息管理、知识管理、工业工程管理、保险、法律、税收、电信通讯等。收录年限：1886年至今。

③ Master FILE Premier：该数据库为多学科数据库，专门为公共图书馆而设计，内容几乎涵盖了综合性学科的每个领域，全文信息最远可追溯至1975年。Master FILE Premier收录的文献类型包括参考书、传记以及包含相片、地图和标志的图片等。

④ Vocational & Career Collection：为服务于高等院校、社区大学、贸易机构和公众的专业技术图书馆而设计，提供了400种与贸易和工业相关的期刊全文信息。

⑤ ERIC（教育资源信息中心）：ERIC，全称 Education Resource Information Center，包含超过1 300 000条记录和323 000多篇全文文档的链接，时间可追溯至1966年。

⑥ MEDLINE：MEDLINE提供了有关医学、护理、牙科、兽医、医疗保健制度、临床前科学及其他方面的权威医学信息。MEDLINE由National Library of Medicine（国家医学图书馆）创建，采用了包含树、树层次结构、副标题及激增功能的MeSH（医学主题词表）索引方法，可从4 800多种当前生物医学期刊中检索引文。

⑦ Newspaper Source：完整收录了40多种美国和国际报纸以及精选的389种美国宗教报纸全文，此外，还提供电视和广播新闻脚本。

⑧ Professional Development Collection：该数据库为职业教育者而设计，它提供了550多种非常专业的优质教育期刊，包括350多个同行评审刊。该数据库还包含200多篇教育报告。Professional Development Collection是世界上最全面的全文教育期刊数据库。

⑨ Regional Business News：该数据库提供了地区商业出版物的详尽全文收录。Regional Business News将美国所有城市和乡村地区的80多种商业期刊、报纸和新闻专线合并在一起。

⑩ History Reference Center：提供了750多部历史参考书和百科全书的全文以及近60种历史杂志的全文，并包含58 000份历史资料、43 000篇历史人物传记、12 000多幅历史照片和地图以及87小时的历史影片和录像。

EBSCO数据库按照学科又分为：综合/新闻数据库、艺术/建筑数据库、商业/经济数据库、计算机科学/工程学数据库、地球/环境数据库、教育数据库、健康科学数据库、历史数据库、法律/政治科学数据库、生命科学数据库、文学数据库、哲学/宗教数据库、心理学/社会学数据库。

（2）检索方式

进入EBSCOhost后，首先按照主题选择数据库。

要在一个主题数据库中进行检索，单击对象数据库名称即可进入检索界面。选择多个或全部数据库，在选定数据库或"全选"工具按钮前面的方框内打"√"后点击页面上方或下方的"继续"按钮进入检索界面（图4-12）。

图 4-12　EBSCOhost 检索主页面

EBSCOhost 提供期刊浏览和检索两种查询方式,检索方法分为基本检索和高级检索,系统默认基本检索方式。

① 期刊浏览。在检索页面上方工具栏中选择"出版物"(publications),在下拉菜单中根据不同数据库进入出版物检索页面,如(Academic Source Premier — Publications、Business Source Premier — Publications 等)。出版物浏览有 3 种方式:按字母顺序、按主题和说明和匹配任意关键字。出版物浏览结果可单选,直接点击出版物名称;也可多选,在出版物名称前的方框内打"√"。系统提供详细的出版物信息,包括标题、ISSN、全文收录时间范围、出版者信息、是否同行评审等。

② 基本检索。界面提供独立的检索输入框,用户在输入框中可输入检索关键词,也可以输入词组。关键词或词组之间可根据需要加入布尔逻辑关系算符(and, or, not),输入的词越多,检索的结果越准确。例如 distance education, distance education and china。点击检索输入框下的"检索选项",可对检索条件如出版物类型、时间范围等进行限制,提高检索结果的准确率。

③ 高级检索。高级检索可实现不同字段间布尔逻辑组配检索,系统默认 3 个字段,根据检索的实际需要,点击检索输入框右下方的"添加行",可增加检索字段(图 4-13)。

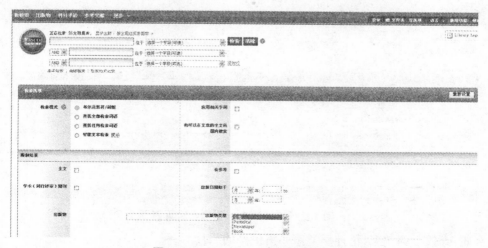

图 4-13　EBSCOhost 高级检索页面

检索输入框下面的检索选项栏可限制检索条件,进行精确检索。

EBSCOhost 数据库的检索字段包括:all text(AT)、author(AU)、title(TI)、subject terms（SU）、source（SO）、abstract（AB）、ISSN（IS）。

EBSCOhost 数据库适用的检索技术有：

逻辑组配。系统使用的逻辑检索算符有：and、or 和 not。

截词检索。"?"只替代一个字符，例如输入 ne?t，可检索出 neat，nest，next。"＊"可以替代一个字符串，例如输入 comput＊，可检出 computer，computing 等等。

位置检索。"N"算符：表示检索词之间可以加入其他词，词的数量根据需要而定，词的顺序任意，例如，tax N5 reform 表示在 tax 和 reform 之间最多可以加入 5 个任意词，可检索出 tax reform，reform of income tax 等。"W"算符：表示检索词之间可以加入其他词，词的数量根据需要而定，词的顺序应与输入词的顺序相同，例如 tax W8 reform 可以检索出 tax reform，但不能检索出 reform of income tax。

（3）检索结果

① 显示文献。检索命中的文献，系统首先以简要题录方式显示。直接点击文献的篇名后，可以看到文摘等详细题录信息。系统提供 HTML 和 PDF 两种格式全文显示方式。点击简要题录方式下的"PDF"图标，可下载 PDF 格式的文献全文。

② 标记记录。需要标记记录时，点击显示文献后面的"添加"图标，添加该篇文献到"文件夹中"，打开文件夹可看到标记过的所有记录。

③ 打印/电子邮件/存盘（print / E-mail / save）检索结果可以直接打印、电子邮件传递或存盘保存。检索出文献后，在页面上找到并点击"print / e-mail / save"，然后回答对话框中的提问，方可完成记录输出。

（4）图像检索（image collection and image quick view collection）

在检索页面上方工具栏中选择"图像"（image），在下拉菜单中有两种图像信息集合：image collection：提供超过 180 000 个图像，包括人物、自然科学、风景、历史和旗帜；image quick view collection：提供从文章析出的缩略图片，包括注释、图表、相片和地图等等。选择要检索的图像信息集合（图 4-14）。

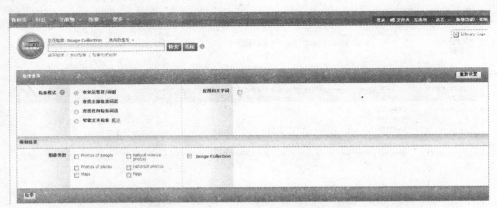

图 4-14　EBSCOhost 图像检索页面

例如：查找心理学家、精神病学家弗洛伊德的照片

在检索输入框输入：Sigmund Freud（西格蒙德·弗洛伊德），在限制结果栏下选择图像类型为"photos of people"。

点击"检索"，显示结果如图 4-15。

图 4-15 EBSCOhost 图像检索结果显示页面

双击图片,可浏览该图片的放大图。

(5)个性服务:my EBSCOhost(EBSCOhost 个人账户)

在检索页面由上方工具栏中选择"登录",进入"my EBSCOhost"个性化服务页面。初次使用,必须先申请一组属于个人的账号及密码,点击"创建新账户"注册自己的账户,以后根据自己的用户名和口令直接登录。

my EBSCOhost 可以使用户在系统中拥有一个对文献的保存处理的空间,具体包括保存结果列表、网络链接保存、检索历史保存与定制提醒、期刊提醒以及网页整合等功能。

3. Springer Link 数据库

(1)概况

德国施普林格(Springer-Verlag)是世界上著名的科技出版集团,通过 Springer Link 系统提供其学术期刊及电子图书的在线服务,这些期刊是科研人员的重要信息源。2002 年 7 月 23 日,Springer 公司在中国开通了 Springer Link 服务镜像站,站点设在清华大学图书馆。2004 年,Springer 公司合并了 Kluwer Academic Publishers,原 Kluwer 出版集团出版的电子期刊已合并至 Springer Link 平台,或通过 Kluwer 本地服务器进行访问。Springer Link 所有资源划分为 12 个学科:建筑学、设计和艺术;行为科学;生物医学和生命科学;商业和经济;化学和材料科学;计算机科学;地球和环境科学;工程学;人文、社科和法律;数学和统计学;医学;物理和天文学。

国家科技图书文献中心(NSTL)已于 2008 年 5 月购买了 Springer 回溯数据库(springer online archive collections,简称 OAC)全国使用权,OAC 的内容为 1996 年以前(含 1996 年)的出版物。

(2)检索方式

新版 Springer Link 平台将期刊、丛书、图书、参考工具书等多种出版形式整合为同一平台,方便读者的选择查询使用。Springer Link 提供"浏览"(browse)和"检索"(search)两种检索方式。

① 浏览(browse)

点击主页上方工具栏的"browse",下拉菜单按文献类型分为期刊、图书、丛书、参考工具书等。以期刊为例,点击"browse"下拉菜单中的"journals",检索结果右栏显示按刊名首字母字顺排序的期刊列表。

点击期刊名称,显示该刊详细记录,也可输入刊名开头字母,找准所要期刊,点击进入,依据卷期号,点击进入任意文章。显示结果提供文献全文的 PDF 和 HTML 格式的全文链接和下载。

按刊名首字母字顺排序的期刊显示列表页面的左栏提供快速检索输入方式(search within journals)和按学科主题浏览(by collection)。例如在"by collection"栏目下点击"computer science",结果显示所有关于"计算机科学"的期刊列表和有关该主题的检索方式和文献收录详细信息。

② 检索(search)

简单检索。在 Springer Link 首页上方"search for"后的检索输入框中输入你需要检索的主题(词或词组),点击"go",系统显示为题录信息列表(图 4-16)。

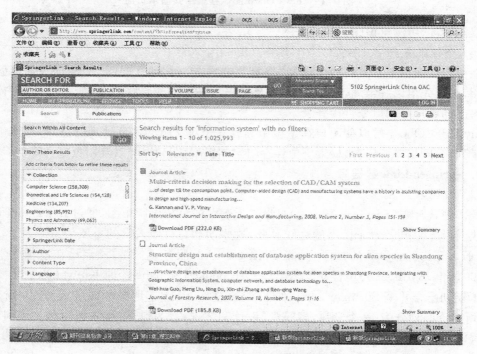

图 4-16 Springer Link 题录信息显示列表

点击文献"题名",显示包括文摘的该文献详细信息;点击"download PDF"图标,下载 PDF 格式的全文。

高级检索。在 Springer Link 首页界面,点击"advanced search",出现高级检索界面,包括文献内容(content)、引文(citation)、文献类型和时间限制(category and date limiters)、结果排序方式(order of results)。在高级检索对话框中,输入检索词,完成后点击"go"。

数据库检索技术,如词组或短语的精确检索、布尔逻辑关系组配、通配符等在 Springer Link 中一样适用,检索过程中,合理地使用检索字段和检索运算符,可以使检索结果更为精确,例如:Ti:(peer-to-peer system) and au:(bai),表示检索文章篇名中包含"peer-to-peer system",并且作者姓名中包含"bai"的文献。

（3）检索结果

检索结果按照内容的相关度首先显示题录信息，包括题名、部分文摘、作者和来源。

点击题录信息右下方的"show summary"，可显示完整文摘信息。点击题录信息左下方的"download PDF"图标，可显示下载该篇文献的 PDF 格式全文。每条题录信息左上方都有个小方框，绿色小方框表示该文献是可以访问的（full access），空白小方框表示该篇文献没有购买是不可访问的（no access）。题录信息下方有"view HTML"标识的，可以显示下载 HTML 格式的全文信息。题录信息默认按相关度排序，可根据需要选择按报道时间和文献提名排序。

（4）个性化服务

Springer Link 主页面工具栏设置有"my springer link"，下设"marked items"，即"标记条目"子栏目，点击"marked items"按钮，显示标记过的记录；页面左边显示有空白复选框，在方框中"√"选某一条已标记的记录，可进行下载、E-mail、保存你需要的相关信息。

检索结果可以通过多种方式输出：保存在磁盘上、通过 E-mail 发送到邮箱中或直接打印出来。

4.4 引文数据库检索

4.4.1 引文数据库概述

引文指期刊论文后的参考文献。学术论文是科研工作的主要成果，也是科研人员学术思想和学术观点向社会传播的主要媒介。学术文献的引证与被引证，即引文反映了科研工作中的继承、借鉴、批判。

引文数据库也叫引文索引，是以被引文献为检索起点，进而查找到引用文献的一种数据库，其基本思路是基于文献之间的引用与被引用的关系，将来源文献和被引文献有序合理地组织起来，揭示科学文献之间（包括学科之间）的内在联系，以及先前文献对当前文献的影响力。通过分析文献之间这种引证关系，不但可以看出某一学科或领域的研究动态和发展趋势，而且可以看出这一学科或领域的核心作者群、高影响力作者和论文，还可以根据某一学术概念、某一方法、某一理论的出现时间、出现频次、衰减情况等，分析出学科或领域研究的走向和规律。

引文索引自 20 世纪 50 年代以来逐渐受到学术研究机构和学者们的重视，并进行了大量的研究，产生了许多引文数据库，其主要功能体现在：通过引文数据库的来源文献和被引文献，获取相关的文献信息；通过获取参考文献信息，扩大检索范围，了解相关研究人员对学术资源的利用情况；可对某一学科领域研究成果的发表和被引用情况进行检索和分析，了解该学科领域学术研究的渊源，追踪学科发展动态和最新研究进展；通过引文数据库可获取机构、学科、学者、期刊等多种类型的相关统计数据，为学术研究评价、科研绩效评价期刊质量评价和学科发展等方面的评价提供定量依据。

目前，影响因子和被引频次是引文索引中最重要的两个引证指标。

1. 影响因子

期刊的影响因子（impact factor，IF），是表征期刊影响大小的一项定量指标，也就是某刊平均每篇论文的被引用数。它实际上是某刊在某年被全部源刊物引证该刊前两年发表论文的次数，与该刊前两年所发表的全部源论文数之比。计算公式：$IF(k) = (nk - 1 +$

nk－2)/(Nk－1＋Nk－2)，式中 k 为某年，Nk－1＋Nk－2 为该刊在前一两年发表的论文数量；nk－1 和 nk－2 为该刊在 k 年的被引用数量。也就是说，某刊在 2010 年的影响因子是其 2008 和 2009 两年刊载的论文在 2010 年的被引总数除以该刊在 2009 和 2008 这两年的载文总数(可引论文)。

1998 年，美国科技信息研究所所长尤金·加菲尔德(Eugene Garfield)博士在《科学家》(The Scientists)杂志中叙述了影响因子的产生过程。说明他最初提出影响因子的目的是为《现刊目次》(Current Contents)评估和挑选期刊。目前人们所说的影响因子一般是指从 1975 年开始，《期刊引证报道》(Journal Citation Reports，JCR)每年提供上一年度世界范围期刊的引用数据，给出该数据库收录的每种期刊的影响因子。《期刊引证报道》是一个世界权威性的综合数据库。它的引用数据来自世界上 3 000 多家出版机构的 7 000 多种期刊。专业范围包括科学、技术和社会科学。《期刊引证报道》目前是世界上评估期刊唯一的一个综合性工具，因为只有它收集了全世界各个专业的期刊的引用数据，《期刊引证报道》光盘版有许多很好的界面，显示了期刊之间引用和被引用的关系。可以告诉人们，哪些是最有影响力的期刊，哪些是最常用的期刊，哪些是最热门的期刊。除影响因子外还给出：期刊最新排序(current rank)、刊名缩写(abbreviated journal title)、国际统一刊号(ISSN)、总引用数(total cites)、及时性索引(immediacy index)、总文章数(total article)、被引半衰期(cited half-life)。

2. 被引频次

被引频次一般是指以一定数量的统计源(来源期刊)为基础而统计的特定对象被来源期刊所引用的总次数，主要分为：期刊被引频次、作者被引频次、机构被引频次等。一个国家、一个科研机构、一所高校、一种期刊乃至一个研究人员被收录文章的数量及被引用次数，反映了其研究水平和学术水平，尤其是基础研究的水平。加菲尔德的研究工作表明，一项科研工作的被引次数高低在一定程度上可以反映该项工作的学术价值高低，通过计量科研人员的论文被引数，可以衡量科研人员的学术水平，从而为科研奖项授予、科研成果评审、专业职称评定等的同行评议提供一个客观的计量指标。

与被引频次有关的几个概念。

① 被引文献。又分为自引和他引两种。"自引"即被引文献是自己以前所发表的文献(或者说作者引用自己以前发表的文献)的文献引用现象，是具有相对稳定性和文献生产连续性的科学主体，在其后期产出文献中引用自身前期产出文献的文献引用形式。文献计量学对"他引"的定义为文献被除作者及合作者以外其他人的引用，也就是说引用文献和被引用文献中，只要有一个作者相同，那么为自引，没有相同的作者为他引。"他引次数"也就是文献被他引的总篇次数，一般用"他引率"表示。他引率＝该刊被其他期刊引用的次数/期刊被引用的总次数。自引率＝1－他引率。一般来说，期刊自引率保持在 20% 左右较为适宜。过小，可能是其作者群不很稳定，对作者个体而言，也反映其继承性差；过大(＞40%)被引覆盖面狭窄，或有人为干扰和做假之嫌。

② 来源文献。也叫施引文献，是引用引文的文献，即附有参考文献的原始文献。

③ 总被引频次。期刊自创刊以来所刊登的全部文章在统计当年被引用的总次数。反映期刊在学术交流中被使用和受重视的程度，与创刊时间、历年发文量、作者群构成、学术地位等相关。

④ h指数。2006年加州大学圣地亚哥分校物理学家Jorge E. Hirsch提出了一种新的计量办法——h指数(high citations index),即用诸如SCI等检索工具,搜索一个人所发表的所有文章,然后按照影响因子从高到低进行排序,直到某篇论文的序号大于该论文被引次数,那个序号减去1就是h指数。h代表"高引用次数"(high-citations),一个人的h指数是指被引频次大于或等于h的文章数,如一位学者的h指数为30,表明在他已经发表的文章中,单篇被引用至少30次的文章有30篇。h指数越高表明作者论文的影响力越大。h指数与所依据的数据库、引用文献的年限、被引文献的年限以及是否包含自引等条件有关。

⑤ 引文耦合和同被引文献。当两篇(或两篇以上)文献共同被后来的一篇或多篇文献引用,称这两篇文献为同被引。若两篇文献共同引用了一篇或多篇文献,则称这两篇文献有耦合关系,如果多篇文献间具有耦合关系,则构成一个耦合网络。引文耦合反映的是两篇引证文献之间的关系,同被引反映的是两篇被引证文献之间的关系。引文耦合反映的文献间的关系是一种固定的长久的关系,同被引文献分析在科研人员分析、热点研究追踪、学科发展判断、科研绩效评估等方面发挥着重要的作用。

4.4.2 引文数据库检索

引文指期刊论文后的参考文献。引文数据库也叫引文索引,是以被引文献为检索起点,进而查找到引用文献的一种数据库。引文数据库在编制原理、体例结构和检索方法上与常规数据库不一样,具有其独特的形式和功能。引文索引的基本思路是基于文献之间的引用与被引用的关系,将来源文献和被引文献有序合理地组织起来,通过先期的文献被当前文献的引用,来揭示科学文献之间的内在联系,以及先前文献对当前文献的影响力。

引文数据库的主要功能:①通过引文数据库的来源文献和被引文献,获取相关的文献信息;②扩大检索范围,通过获取参考文献信息,了解相关研究人员对学术资源的利用情况;③可对某一学科领域研究成果的发表和被引用情况进行检索和分析,了解该学科领域学术研究的渊源,追踪学科发展动态和最新研究进展;④通过引文数据库可获取机构、学科、学者、期刊等多种类型的相关统计数据,为学术研究评价、科研绩效评价期刊质量评价和学科发展等方面的评价提供定量依据。

引文索引自20世纪50年代以来逐渐受到学术研究机构和学者们的重视,并进行了大量的研究,产生了许多引文数据库。

1. 中文引文数据库

(1) 中文社会科学引文索引(CSSCI)

CSSCI,即Chinese social sciences citation index,是国家、教育部重点课题公关项目,由南京大学中国社会科学研究评价中心开发研制的引文数据库,用来检索中文人文社会科学领域的论文收录和被引用情况。

CSSCI采取定量与定性相结合的方法从全国2 700余种中文人文社会科学学术性期刊中精选出学术性强、编辑规范的期刊作为来源期刊。目前收录包括法学、管理学、经济学、历史学、政治学等在内的25大类的500多种学术期刊,现已开发CSSCI(1998—2009年)12年的数据,来源文献近100余万篇,引文文献600余万篇。

目前,利用CSSCI可以检索到所有CSSCI来源刊的收录(来源文献)和被引情况。来源文献检索提供多个检索入口,包括:篇名、作者、作者所在地区机构、刊名、关键词、文献分类号、学科类别、学位类别、基金类别及项目、期刊年代卷期等。被引文献的检索提供的检索入口包括：被引文献、作者、篇名、刊名、出版年代、被引文献细节等。其中，多个检索口可以按需进行优化检索：精确检索、模糊检索、逻辑检索、二次检索等。检索结果按不同检索途径进行发文信息或被引信息分析统计，并支持文本信息下载。

CSSCI 可以从来源文献和被引文献两个方面向研究人员提供相关研究领域的前沿信息和各学科学术研究发展的脉搏，通过不同学科、领域的相关逻辑组配检索，挖掘学科新的生长点，展示实现知识创新的途径；对于社会科学管理者，CSSCI 可以提供地区、机构、学科、学者等多种类型的统计分析数据，从而为制订科学研究发展规划、科研政策提供决策参考。对于期刊研究与管理者，CSSCI 提供多种定量数据：被引频次、影响因子、即年指标、期刊影响广度、地域分布、半衰期等，通过多种定量指标的分析统计，可为期刊评价、栏目设置、组稿选题等提供定量依据。CSSCI 也可为出版社与各学科著作的学术评价提供定量依据。

（2）中国科学引文数据库（CSCD）

中国科学引文数据库（Chinese science citation database，简称 CSCD）。创建于 1989 年，收录我国数学、物理、化学、天文学、地学、生物学、农林科学、医药卫生、工程技术、环境科学和管理科学等领域出版的中、英文科技核心期刊和优秀期刊千余种，目前已积累从 1989 年到现在的论文记录 300 万条，引文记录近 1 700 万条。中国科学引文数据库内容丰富、结构科学、数据准确。系统除具备一般的检索功能外，还提供新型的"索引关系-引文索引"，使用该功能，用户可迅速从数百万条引文中查询到某篇科技文献被引用的详细情况，还可以从一篇早期的重要文献或著者姓名入手，检索到一批近期发表的相关文献，对交叉学科和新学科的发展研究具有十分重要的参考价值。中国科学引文数据库还提供了数据链接机制，支持用户获取全文。

中国科学引文数据库具有建库历史最为悠久、专业性强、数据准确规范、检索方式多样、完整、方便等特点，自提供使用以来，深受用户好评，被誉为"中国的 SCI"。

中国科学引文数据库是我国第一个引文数据库。曾获中国科学院科技进步二等奖。1995 年 CSCD 出版了我国的第一本印刷本《中国科学引文索引》，1998 年出版了我国第一张中国科学引文数据库检索光盘，1999 年出版了基于 CSCD 和 SCI 数据，利用文献计量学原理制作的《中国科学计量指标：论文与引文统计》，2003 年 CSCD 上网服务，推出了网络版，2005 年 CSCD 出版了《中国科学计量指标：期刊引证报告》。2007 年中国科学引文数据库与美国 Thomson-Reuters Scientific 合作，中国科学引文数据库将以 ISI Web of Knowledge 为平台，实现与 Web of Science 的跨库检索，中国科学引文数据库是 ISI Web of Knowledge 平台上第一个非英文语种的数据库。

中国科学引文数据库已在我国科研院所、高等学校的课题查新、基金资助、项目评估、成果申报、人才选拔以及文献计量与评价研究等多方面作为权威文献检索工具获得广泛应用。

（3）CNKI 中国引文数据库

收录了中国学术期刊（光盘版）电子杂志社出版的所有源数据库产品的参考文献，并揭示各种类型文献之间的相互引证关系。其中源数据库包括中国期刊全文数据库、中国优秀博士学位论文全文数据库、中国优秀硕士学位论文全文数据库、中国重要会议论文全文数据库、中国重要报纸全文数据库、中国图书全文数据库、中国年鉴全文数据库等。最早数据回溯时间为 1979 年。CNKI 中国引文数据库提供两种检索方式：快速检索和高级检索，系统默认快速检索方式。

① 快速检索。快速检索即单一字段检索的基本检索方式(图4-17)。

图4-17　CNKI中国引文数据库检索主页

　　系统默认所有的源数据库数据,根据需要可选择期刊、图书、学位论文、专利、标准、报纸、年鉴等,在检索输入框输入检索词,点击"快速检索"按钮。

　　数据库主页面设有:最新被引文献、高被引期刊、高被引作者、高被引院校、高被引医院、高被引文献、高被引学科专题等栏目,可检索对象的"发文量""被引频次""h指数"等。

　　②高级检索。点击数据库主页右上方"高级检索"按钮,显示高级检索界面,可实现"源文献检索"和"引文检索",系统默认期刊类型的引文检索。引文检索的检索项包括"被引题名""被引作者""被引第一作者""被引关键词""被引摘要""被引单位""被引刊名""被引年""被引期""被引基金""被引作者""被引ISSN""被引作者"。可进行多字段间的逻辑组配检索,点击"逻辑"下面"＋"号增加检索项输入框,实现"与""或""非"的逻辑组配(图4-18)。

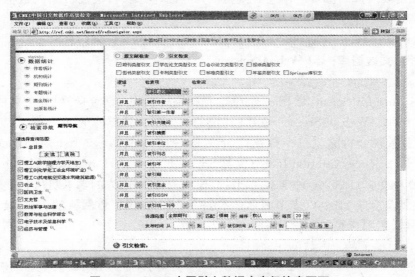

图4-18　CNKI中国引文数据库高级检索页面

（4）维普期刊资源整合服务平台文献引证追踪

是维普期刊资源整合服务系统的重要组成部分,内容包含维普系统资源中所有的中文科技期刊数据,引文数据回溯至 2000 年,是目前国内规模最大的文摘和引文索引型数据库。该系统采用科学计量学中的引文分析方法,对文献之间的引证关系进行深度数据挖掘,除提供基本的引文检索功能外,还提供基于作者、机构、期刊的引用统计分析功能(图4-19)。

图 4-19 维普期刊资源整合服务平台文献引证追踪检索主页

点击主页右下方"文献引证追踪"栏目中"基本检索"按钮,可对被引文献实现逻辑组配检索,系统默认两个检索字段间的逻辑组配,点击旁边"＋"按钮,增加检索输入框,"－"按钮减少检索输入框。检索途径包括:题名/关键词、关键词、文摘、作者、机构、刊名和参考文献。

作者索引、机构索引和期刊索引均可按照拼音、学科浏览详细信息。

2. 国外引文数据库:ISI Web of Science

（1）概况

ISI(Institute for Scientific Information)是美国科学情报研究所,世界著名的学术信息出版机构的缩小。Web of Science 是 ISI 建设的三大引文数据库的 web 版,既可以分库检索,也可以多库联合检索。三个数据库分别是 Science Citation Index Expanded（简称SCIE）、Social Sciences Citation Index(简称SSCI)和 Arts & Humanities Citation Index(简称A&HCI)。收录 11 000 多种学术期刊世界权威的、高影响力的学术期刊中的文献及所引用的参考文献及全球 110 000 多个国际学术会议录,内容涵盖自然科学、工程技术、社会科学、生物、医学、艺术与人文等诸多领域。

Web of Science 的三大数据库分别是:

① Science Citation Index Expanded（科学引文索引,简称 SCIE）。全球著名的科技文献检索工具及引文索引数据库。SCIE 包含的学科超过 170 个,收录了自然科学和工程领域

内的 8 000 多种高质量学术期刊近百年的数据内容,数据回溯至 1900 年。

② Social Science Citation Index（社会科学引文索引,简称 SSCI）。全球知名的专门针对人文社会科学领域的科技文献引文数据库。内容覆盖了政治、经济、法律、教育、心理、地理、历史等 50 多个研究领域,收录 2 400 多种学术期刊。

③ Arts & Humanities Citation Index（人文艺术索引,简称 A&HCI）。全球最权威的人文艺术引文数据库,内容涉及人文艺术的各个领域,目前收录人文艺术领域 1 600 多种国际性、高影响力的学术期刊,数据最早可以回溯到 1975 年。其内容涵盖了哲学、文学、文学评论、语言学、音乐、艺术、舞蹈、建筑艺术、亚洲研究、历史及考古等学科。

（2）检索方式

① 检索（Search,即来源文献检索）。这是 Web of Science 默认的检索主页,可实现 SCIE、SSCI 和 A&HCI 三个数据库的统一检索,若要在一个数据库检索,可以首先选择需要检索的数据库。

检索界面有三组检索输入框实现逻辑组配检索,列有字段和布尔逻辑关系下拉菜单供用户选择字段和逻辑算符（图 4-20）。

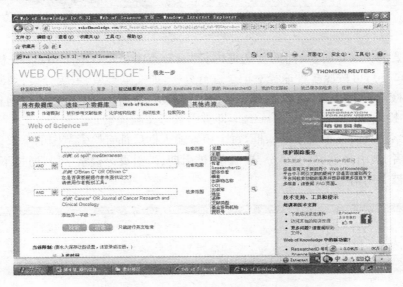

图 4-20　Web of Science 检索主页（中文）字段选择

系统提供主题、标题、作者、团体作者、出版物名称、出版年、文献类型、基金资助机构等 14 个检索字段,其中作者、团体作者和出版物名称字段提供辅助索引。检索时如需要添加检索词,点击"添加另一字段"（add another field）。

检索结果显示的概览区格式为:标题、作者、来源出版物（出版物名称、年、卷、期、页码）、被引频次（图 4-21）。点击被引频次链接,可显示引用该篇论文的题录列表。如果所在机构订购了该篇论文发表期刊的电子版,题录信息下方会显示"全文"（full text）图标,点击图标可获取该篇文献全文。点击记录中的文献篇名,可看到该篇论文的详细记录内容,包括参考文献数量、摘要、语种、关键词、作者地址等。

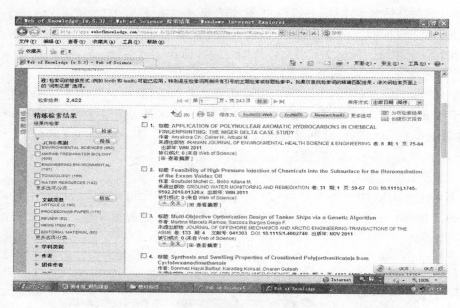

图 4-21　Web of Science 检索结果显示

选择需要的记录，在记录前的复选框内打"√"，点击概览区右上方的"分析检索结果"（analyze results），可按照多种途径对记录进行分析，如文献类型、主题分类、来源期刊等，也可先对选定检索结果根据引用次数排序后再进行分析，从而得到具有对比性的分析结果。

②引文检索（cited reference search，即被引参考文献检索）

引文检索主页有三个检索输入框，每个检索输入框后都有检索范围的下拉菜单供选择，包括被引作者、被引文献、被引年份、被引卷、被引期、被引页等检索字段，通过不同检索字段检索论文的被引用情况（图 4-22）。

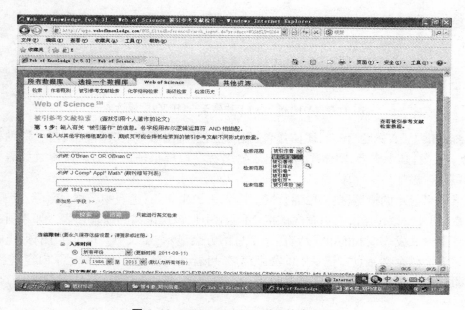

图 4-22　Web of Science 引文检索主页

三个检索输入框可以单独使用,也可同时使用。同时使用时,系统默认不同输入框检索字段间为逻辑"与"的关系。单一检索输入框使用时,各检索词之间只能用逻辑"或"(or)进行组配。

③ 高级检索(advanced search,即被引参考文献检索)

类似其他数据库中的专家检索,在文本框中直接输入检索式,要求利用检索字段代码、检索词和布尔逻辑算符进行组配,构建复杂的检索式(图4-23)。

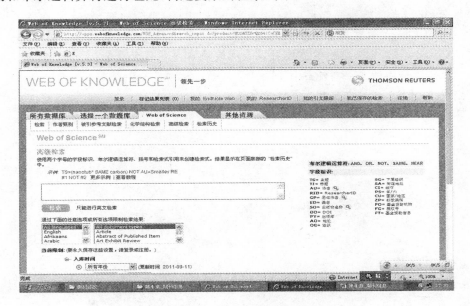

图4-23　Web of Science 高级检索主页

级检索主页右栏有布尔逻辑运算符(and、or、not、same、near)和字段标识(如 TS=主题、TI=标题、AU=作者等)列表。

(3) 检索结果处理

对检索结果记录可以全选,也可以对选定记录进行标记,将记录添加到标记列表中,或将标记记录进行打印、存盘、以电子邮件发送等。输出格式默认为作者、题名、来源等字段,可以根据需要添加其他字段,并选择记录的排序方式。

如果需要保存检索式,点击 Web of Science 检索主页上方工具栏的"检索历史"按钮,打开检索历史显示框,可对检索历史和策略进行保存。

思考与练习

1. 按照内容期刊分为哪几种? 如何确定核心期刊?

2. 期刊信息检索有哪些类型?

3. 在 CNKI 中国期刊全文数据库中检索清华大学 2000—2010 年间获得过自然科学基金资助项目发表的论文情况,其中属于 EI(工程索引)来源期刊的有多少?

4. 利用 CNKI 中国期刊全文数据库的期刊导航,查询被收录的本专业的核心期刊。

5. 如何利用维普期刊资源整合服务平台查找有关"计算机"主题内容的中图分类号?

并分析该专业的研究前沿问题。

6. 在维普期刊资源整合服务平台中检索本校教师 2000 年以来发表的论文收录情况，并统计 SCI 来源期刊、EI 来源期刊、CA 来源期刊、CSSCI 来源期刊、CSCD 来源期刊的发文情况。

7. 如何实现外文数据库对词组的"精确检索"？

8. 在 Elsevier Science Direct 数据库中检索"耦合动力系统中的非线性问题研究"，分析检索结果，找出当前的研究热点。

9. EBSCOhost 数据库中最著名的两个数据库是什么？简述其收录文献的学科内容。

10. Springer Link 高级检索界面可以实现的检索内容有有哪些？

11. 引文数据库的主要功能是什么？

12. Web of Science 的三大数据库是什么？

第5章　专利信息检索

5.1　专利信息概述

5.1.1　专利的基础知识

1. 专利与专利权

（1）专利的概念

专利的英文名称"patent"源自于拉丁文。它是由"letters patent"演变而来的，其原意为"皇家特许证书"，系指由皇室颁发的一种授予某一特权的证书。

广义上讲，人们现在所讲的"专利"一词包括3个方面的含义：①从法律角度可理解为专利权，即专利申请人就某一项发明创造向专利局提出专利申请，经依照专利法审查合格后，由专利局向专利申请人授予在规定期限内对该发明创造享有的专有权。②从技术角度理解，是指受法律保护的技术，也就是受专利法保护的发明创造。比如某单位引进或实施某项专利，指的是某单位引进或实施了被授予专利权的某项发明创造。③从文献角度理解，是指记录发明创造内容的专利文献。比如说"查专利"意即查阅专利文献。狭义上讲，"专利"即专利权。

专利权是一种产权或财权。这种产权的所有者可以使用和处理其财产，他人未经专利权人许可，不得制造、使用和销售该项发明创造，否则就侵犯专利权，将受到法律的制裁。财产可分为动产、不动产和知识产权3种。知识产权是一种无形财产，是指人的创造性智力活动成果依照知识产权法享有的权利。

知识产权包括著作权和工业产权两个部分。著作权是文学、艺术、科学技术作品的原创作者依法对其作品所享有的一种民事权利；工业产权是指人们在生产活动中对其取得的创造性的脑力劳动成果依法取得的权利。按《保护工业产权巴黎公约》的规定，"工业产权"一词中的"工业"泛指工业、农业、交通运输、商业等。专利权是工业产权中最重要的组成部分，除专利权外，工业产权还包括商标、服务标志、厂商名称、货源标志、原产地名称等。知识产权与有形财产获得方式不同。著作权是从作品完成之时起自然产生的，归作者所有，产权由作者支配，可以继承和转让。在我国，著作权的期限是到作者去世后50年。工业产权则需要由国家管理机关确认和批准才能成立。

（2）专利权的特点

专利权是工业产权的重要组成部分，是一种无形财产，它与有形财产的产权相比较，有其独特的特点。

① 专有性

专有性也称独占性、排他性。即专利权人对其发明创造所享有的独占性的制造、使用、销售的权利,其他任何单位或个人未经专利权人许可不得为生产经营目的而制造、使用、许诺销售、销售、进口其专利产品或者使用其专利方法,以及使用、许诺销售、销售、进口依照该方法直接获得的产品。而且专利权是唯一的,对同样内容的发明创造,国家只授予一次专利权。在规定的专利保护期限内,任何单位或个人要想实施他人专利,必须与专利权人签订实施许可证合同,否则就是侵犯专利权。

② 地域性

专利的地域性是指一个国家依照本国专利法授予的专利权,仅在该国法律管辖范围内有效,对其他国家没有任何约束力,其他国家对其专利权不承担保护的义务。如果一项发明创造只在我国取得专利权,那么专利权人只在我国享有专有权或独占权,若有人在其他国家和地区生产、使用或销售该发明创造,则不属于侵权行为。

③ 时间性

所谓时间性,是指专利权人对其发明创造所拥有的法律赋予的专有权只在法律规定的时间内有效,期限届满后,专利权人对其发明创造不再享有制造、使用、销售的专有权,其发明创造成为社会的公共财产,任何单位或个人均可无偿使用。

专利权的期限,各国专利法保护期限长短不一,一般来说,发明专利自申请日或批准日起为 15～20 年,实用新型和外观设计专利为 5～10 年。我国专利法规定的专利权期限自申请日起计算,发明专利为 20 年,实用新型和外观设计专利为 10 年。

(3) 专利权的归属

作为技术发明的专利是由发明人或设计人完成的,但专利权归申请人所有。

我国《专利法》第 6 条规定:执行本单位的任务或者主要是利用本单位的物质技术条件所完成的发明创造为职务发明创造。职务发明创造申请专利的权利属于该单位;申请被批准后,该单位为专利权人。非职务发明创造,申请专利的权利属于发明人或者设计人;申请被批准后,该发明人或者设计人为专利权人。利用本单位的物质技术条件所完成的发明创造,单位与发明人或者设计人订有合同,对申请专利的权利和专利权的归属作出约定的,从其约定。

两个以上单位或者个人合作完成的发明创造、一个单位或者个人接受其他单位或者个人委托所完成的发明创造,除另有协议的以外,申请专利的权利属于完成或者共同完成的单位或者个人;申请被批准后,申请的单位或者个人为专利权人。

同样的发明创造只能授予一项专利权。但是,同一申请人同日对同样的发明创造既申请实用新型专利又申请发明专利,先获得的实用新型专利权尚未终止,且申请人声明放弃该实用新型专利权的,可以授予发明专利权。两个以上的申请人分别就同样的发明创造申请专利的,专利权授予最先申请的人。

专利申请权和专利权可以转让。中国单位或者个人向外国人、外国企业或者外国其他组织转让专利申请权或者专利权的,应当依照有关法律、行政法规的规定办理手续。转让专利申请权或者专利权的,当事人应当订立书面合同,并向国务院专利行政部门登记,由国务院专利行政部门予以公告。专利申请权或者专利权的转让自登记之日起生效。

(4) 专利的类型

从被保护的发明创造的实质内容来看,专利的种类包括发明专利、实用新型专利和外观设计专利 3 种。

① 发明专利

广义的发明是指以前没有过的东西,即一切创造的新事物或新的制作方法。专利法所规定的发明是狭义的概念。按照我国专利法的规定,发明是指对产品、方法或者其改进所提出的新的技术方案。所谓的产品是指工业上能够制造的各种新制品,包括有一定形状和结构的固体、液体、气体之类的物品;所谓的方法是指对原料进行加工,制成各种产品的方法,如药品的制造方法等。

专利法所说的发明是一种解决技术问题的方案。这种方案一旦付诸实践,便可解决技术领域中的某一具体问题,单纯的设想或愿望不是专利法意义上的发明。

此外,发明与发现字面上虽然差不多,却是两个完全不同的概念。发现是对自然规律或本质的揭示,而发明是对揭示的自然规律或本质的具体应用,是自然界中原来并不存在的东西。例如发现卤化银由于受光和放射照射而分解成金属银,卤化银具有感光性是属于发现,而把该发现用作测定放射线照射量的手段或者制造照相材料则属于发明。

② 实用新型专利

与发明专利相比,实用新型专利也被称为"小发明"。它是对产品的形状构造或者其结合所提出的适于实用的新的技术方案。

实用新型专利的保护范围要比发明专利窄得多。发明专利对所有新的产品和方法都给予保护,而实用新型专利只保护有一定形状和结构的产品。如果是无确定形状的产品,如气态、液态、粉末状颗粒状物质或材料以及工艺、方法等技术发明则不属于实用新型专利的保护范围。

实用新型专利比发明专利在技术水平的要求上要低一些,大都是一些比较简单或改进性的技术发明。根据我国专利法第二十二条第三款的规定,发明必须有"突出的实质性特点和显著的进步",而实用新型只需有"实质性特点和进步"。

③ 外观设计专利

外观设计是指对产品的形状、图案、色彩或者其结合所作出的具有美感并适用于工业上应用的新设计。

与发明和实用新型以技术方案本身为保护对象不同,外观设计注重的是产品的形状、图案、色彩或者组合,它是对产品的装饰性或艺术性的外表设计。一件外观设计专利只用于一类产品,若有人将其用于另一类产品上,不视为侵犯外观设计专利权。

对于 3 种专利在实际生活中的应用,我们可以举例来说明。例如,当电子表刚问世时,它与原有的机械表相比是一种完全不同的技术,就是发明。如有人将电子表增加了秒表、报时、计算器等其他功能,就是实用新型。如果把电子表做成圆形、方形等外观形状或对其色彩进行设计,则可称为外观设计。

(5) 授予专利权的条件

授予专利权的发明和实用新型,必须具备新颖性、创造性、实用性,也称专利"三性"。

① 新颖性

新颖性是指申请专利的发明或实用新型必须是新的、前所未有的。我国专利法规定:"新颖性是指在申请日之前没有同样的发明或者实用新型在国内外出版物上公开发表过,在国内公开使用过或者以其他方式为公众所知,也没有同样的发明或实用新型由他人向专利局提出过申请并且记载在申请日以后公布的专利申请文件或公告的专利文件中。"

② 创造性

创造性也称非显而易见性。我国专利法规定:"创造性,是指同申请日以前已有的技术相比,该发明有突出的实质性特点和显著的进步。该实用新型有实质性特点和进步。"

③ 实用性

实用性是指申请专利的发明或者实用新型能够制造或者使用,并且能够产生积极效果。实用性要求发明或实用新型必须具有多次再现的可能性。

新颖性、创造性、实用性是一项发明创造获得专利权的必要条件。并不是只要符合专利"三性"的发明创造都可获得专利权。对于违反国家法律、社会公德或者妨害公共利益的发明创造,不授予专利权。

(6) 失效专利

"失效专利"是指失去专利权的专利。严格地讲是指曾经受到专利保护但现在已经失去专利保护的技术。现在普谝所说的"失效专利"还包括已经申请并公开,但最终没有能获得专利权的申请专利。由于专利权具有时间性、地域性的特点,这就使得许多发明创造在保护期届满或届满前因法律规定的种种原因失去专利权,以及因未向某国家或地区申请专利而失去在该国家或地区的专利权,从而产生了所谓的"失效专利"。

① 保护期届满而丧失专利权

由于专利权具有时间性,因保护期届满而丧失专利权是造成专利失效的最直接原因。1985 年专利法实施时,我国专利法规定,自专利申请日起,发明专利保护期限为 15 年,实用新型专利和外观设计专利保护期限为 5 年,但可申请延期 3 年。1993 年起修改后的专利法规定,自专利申请日起,发明专利保护期限为 20 年,实用新型专利和外观设计专利保护期限为 10 年。

② 保护期届未满而丧失专利权

已经获得中国知识产权局专利局授权的专利,在专利权保护期限内,可能因以下原因丧失专利权:

专利权人没有按规定缴纳专利维持费,专利权在期限届满前终止。

专利权人以书面申明放弃其专利权的,专利权在期限届满前终止。

因专利权人自然死亡又无正当继承人的,该专利权自行终止。

专利的撤销及无效。为了纠正已经批准授予专利权但不符合专利法规定的专利以保证专利的权威性和维护公众的合法利益,我国专利法设置了专利权的撤销程序和专利权的无效程序。我国专利法第四十五条规定,自国务院专利行政部门公告授予专利权之日起,任何单位或者个人认为该专利权的授予不符合本法有关规定的,可以请求专利复审委员会宣告该专利权无效。对专利复审委员会宣告专利权无效或者维持专利权的决定不服的,可以自收到通知之日起 3 个月内向人民法院起诉。人民法院应当通知无效宣告请求程序的对方当事人作为第三人参加诉讼。

③ 已经公开但最终未能获得授权的申请专利

在专利申请过程中,如果因某种原因该申请不符合专利法有关规定,将不能获得专利权。不能获得专利权的原因主要有:

因违反申请程序而丧失专利权。专利法对专利申请程序有严格规定,专利申请手续必须严格按规定执行。如申请文件必须规范,申请费、维持费、实质审查费等费用须按规定及时交纳等,否则不授予专利权。

因技术本身不符合授予专利权的条件而丧失专利权。专利法规定授予专利权的申请必须具有新颖性、创造性、实用性,而且必须属于专利法保护范围内的技术,否则不授予专利权。

因专利申请文件内容不符合规定而丧失专利权。这种情况主要出现在发明专利申请中权利要求书超过了说明书的技术范围,在实质审查中被审查员以权利要求书未得到说明书的支持而将申请驳回。

因未在我国及时申请而丧失在我国范围内专利权的外国专利。全世界每年专利申请量达数百万件,在我国申请的外国专利只占其中的不到 10%。根据《保护知识产权巴黎公约》的规定,如果这些外国专利在第一次申请后 12 个月之内未向我国专利局提请申请,即丧失了在我国申请的优先权,在我国范围内即为失效专利。

2. 专利制度

专利制度就是依据专利法,以授予发明创造专利权的方式来保护、鼓励发明创造、促进发明创造的推广应用,推动科学技术进步和经济发展的一种法律制度。专利制度的核心是专利法。

从专利制度的产生和发展来看,它是社会科技和经济发展到一定阶段的产物。专利制度是以科技和经济的发展为前提的,反过来又为科技和经济的发展服务。目前世界上已有175 个国家和地区建立并实行了专利制度。

(1)专利制度的特点

① 法律保护

专利制度的核心是专利法,专利法的核心是专利权的保护。专利权是一种财产权、专有权,对这种无形财产所拥有的专有权不是自然产生的,是由国家主管机构依照专利法的规定,经审查合格后授予的。发明人、设计人依法取得这种权利后,其发明创造的专有权就受到法律的保护,任何单位或个人未经专利权人许可都不得为生产、经营目的制造、使用、许诺销售、销售、进口其专利产品或使用其专利方法以及使用、许诺销售、销售、进口依照该专利方法直接获得的产品。

② 提出申请

获得专利权必须由申请人提出专利申请。因此,专利制度的一个特点是专利申请制,即专利权的获得并非国家自动给予的,也不是自然产生的。

在实行专利制度的国家,绝大多数采取先申请原则,少数采取先发明原则。先申请原则是指就同一个发明创造有两个或两个以上的单位或个人分别提出专利申请,专利权授予第一个提出专利申请的人。先申请原则是为了鼓励发明人尽早提出申请,保护为公共利益而尽早公开自己发明创造的人。先发明原则是指就同一发明创造有两个或两个以上的单位或个人分别提出专利申请,专利权授予第一个实际做出发明创造的申请人。先发明原则目前只有美国和菲律宾两个国家实行。

③ 科学审查

所谓科学审查是指对提出专利申请的发明创造进行形式和包括发明创造的定义、新颖性、创造性、实用性等专利实质条件的审查。

目前世界上绝大多数国家对发明专利都实行审查制,对实用新型专利和外观设计专利只进行形式审查。

④ 公开通报

"公开性"是专利制度的一个重要特征。"公开性"是指任何单位或个人在申请专利时,将其发明创造的主要内容写成详细的说明书提交给专利局,经审查合格后,由专利局将发明创造内容以专利说明书的形式向世界公开。技术公开有利于发明创造的推广使用,避免重复研究。据统计,新技术约有90%最先出现于专利文献中。专利制度的公开性打破了技术封锁,促进了技术的公开交流,推动了社会技术与经济的发展。

⑤ 国际交流

各国专利法虽然只在本国范围内有效,但随着专利制度的国际化发展,各国技术往来就可以采取互惠的办法。实行了专利制度,有专利保护,就可以消除技术拥有方因输出技术得不到保护的顾虑,促进相互间的技术交流与合作。我国专利制度的实行,为我国对外开展技术交流与合作创造了良好的环境和条件。

(2) 专利申请与审查

① 专利申请文件

一项发明创造完成之后,并不能自动获得专利权,还必须由申请人向专利局提交专利申请文件。各国专利法对专利申请文件的形式和内容都有比较严格的规定。我国专利法规定,申请发明或实用新型专利的申请文件包括:请求书、说明书及其摘要、权利要求书、附图等文件;申请外观设计专利的申请文件包括:请求书以及外观设计的图片或者照片等文件。

请求书是申请人请求专利局授予其发明创造专利权的书面文件。请求书是以表格的形式由专利局统一印制的,申请人可以根据情况按照规定要求,有选择地填写表上的项目。

说明书是专利申请文件中最长的部分,它的目的是为了具体说明发明或者实用新型的实质内容。说明书起着公开发明或者实用新型的作用。它要求对发明或者实用新型作出清楚完整的说明,使任何一个具有该专业一般技术水平的技术人员能够根据说明书的内容实现该发明或者实用新型,必要时应当有附图。

摘要是发明或者实用新型说明书的简明文摘。它包括发明或者实用新型的名称,所属技术领域,需要解决的技术问题,主要技术特征和用途。它要求短小精悍,全文不得超过200字。

权利要求书是专利申请文件的核心部分。专利制度的特征之一就是给予专利权人一定时间内对其发明创造的独占权,而确定这一权利范围,主要是依据权利要求书所表述的发明或实用新型的技术特征范围。因此,权利要求书是确定专利保护范围的重要法律文件。

权利要求书与说明书有着密切的关系。我国专利法规定:"权利要求应当以说明书为依据,说明要求专利保护的范围",说明书中叙述过的发明或者实用新型的技术特征,只有在权利要求书中体现出来,才能得到专利保护,如果说明书阐明的关键技术特征在权利要求书中没有反映出来,就不能得到专利保护。而权利要求书中说明的发明或者实用新型的技术特征,必须在说明书中找到依据,才能成为有效的权利要求,在说明书中没有公开的发明或者实用新型内容,不能成为权利要求而得到保护。

② 专利申请的审查和批准

专利局接受专利申请后,须依照专利法规定的程序进行审查,对符合专利法规定的申请才授予专利权。世界各国对专利申请案的审批制度,主要有形式审查制、实质审查制、延迟审查制 3 种形式。

形式审查制又称登记制,专利局只对申请文件是否齐备,文件的格式是否符合规定要求,是否交纳了申请费等形式上的条件进行审查,而不涉及发明的技术内容。只要形式审查合格后,即授予专利权。形式审查的优点是审批速度快,专利局不需要设置庞大的审查机构及大量文献资料。缺点是批准的专利质量不能保证,专利纠纷与诉讼案多。

实质审查制又称完全审查制。专利申请案经形式审查合格后,还要进行实质审查,即审查该发明的内容是否具备新颖性、创造性、实用性,以确定是否授予专利权。经过实质审查批准的专利,质量较高,可以减少专利争议和诉讼。但实质审查要花费较多的人力和时间,往往造成申请案的积压。

延迟审查制也称请求审查制或早期公开、延迟审查制。专利申请经形式审查合格后,不立即进行实质审查,而是先将申请文件予以公开,并给予临时保护,自申请日起一段时间内,待申请人提出实质性审查请求后,专利局才进行实质审查。逾期不提出请求的,该申请被视为撤回。实行延迟审查制可以加快专利信息交流,减轻专利局的审查工作量。因为延迟审查期间可以淘汰一部分不成熟或者实用价值不大及另有新技术代替的专利申请。

我国对发明专利申请采用延迟审查制,对实用新型和外观设计专利申请采取形式审查制。

发明专利申请经实质审查没有发现驳回理由的,专利局应当作出授予发明专利权的决定;实用新型和外观设计专利申请经初步审查没有发现驳回理由的,专利局应当作出授予实用新型或者外观设计专程权的决定。

5.1.2　专利文献

广义的专利文献是各国专利局及国际专利组织在审批专利过程中产生的官方文件及其出版物的总称。作为公开出版物的专利文献主要有:专利说明书、专利公报、专利索引等。狭义的专利文献仅指专利说明书。

1. 专利文献的特点

（1）数量庞大,内容广泛

全世界约 90 多个国家、地区和组织用约 30 种官方文字每年出版专利文献数百万件,约占世界每年科技出版物的 1/4。目前,全世界专利文献累计已达 8 000 万件以上。这数以千万计的文献汇集了极其丰富的科技信息,从日常生活用品到尖端科技,几乎涉及人类生产活动的所有技术领域。据世界知识产权组织统计,世界上每年发明创造成果的 90%～95% 能在专利文献中查到,而且许多发明成果仅仅出现于专利文献中。专利文献是许多技术信息的唯一来源。

（2）反映最新科技信息

由于世界上绝大多数国家在专利保护中遵循先申请原则,促使发明人在发明构思基本完成时便迫不及待地向专利局提出申请,以防同行抢先申请专利。国外调查表明,2/3 的发明是在完成后 1 年内提出专利申请的,而专利申请早期公开制度的实行使得发明在提出申请半年或 1 年内便可公开,从而使专利文献对科技信息的传播速度进一步加快,使之能够及时反映最新技术的发展与变化。

（3）著录规范，便于交流

各国对专利说明书的著录格式要求基本相同。专利文献的著录项目统一使用国际标准代码标注，使用统一的分类体系，即国际专利分类法，对说明书内容的撰写要求也一致。这就大大方便了人们对世界各地的专利说明书的阅读和使用。

（4）经审查的专利技术内容可靠

实行审查制的专利局都有严格的审批制度，经过实质审查的专利文献，其技术内容须符合新颖性、创造性、实用性，因此比较可靠。

专利文献也存在某些不足之处。比如保留技术秘密（know how），不交代技术关键点，诸如机械、电路图只给出示意图而没有具体数值，化学配方只给出最佳配比范围等。重复量大，每年数百万件专利文献出版物中，重复比例约占 60％。各国专利法都规定"一发明一申请"，因此，整体设备往往被分成各种零部件，人们很难从一件文献中获取完整的技术资料。

2. 专利说明书

专利说明书是专利文献的主体。专利说明书由扉页和正文两部分组成。

扉页著录项目包括全部专利信息特征。有表示法律信息的特征，如专利申请人、申请日期、申请公开日期、审查公告日期、批准专利的授权日期、专利号等；有表示专利技术信息的特征，如发明创造的名称，发明所属技术领域的专利分类号，发明创造技术内容摘要和典型附图等。

正文包括序言、发明细节描述和权项三部分。序言通常指出发明或实用新型名称、所属技术领域、发明背景和目的。发明细节内容包括技术方案、效果、最佳实施方式和实例，并用附图加以说明。附图为原理图或示意图，一般不反映真实的尺寸比例。权项是专利申请人要求法律保护的范围。权项部分我国以权利要求书的形式单独公布。

3. 中国专利说明书的种类

自我国于 1985 年 4 月 1 日专利法实施以来，截至 2010 年 12 月，中国专利局共受理专利申请 7 037 514 件。在专利申请受理后的审查程序的不同阶段，出版了大量专利说明书。

中国专利局出版发明专利和实用新型专利说明书。外观设计专利没有说明书和权利要求书，外观设计的图片或者照片及其简要说明，在《外观设计专利公报》中予以公告。

根据我国现在实行的专利审查制度，在审查程序的不同阶段出版 3 种类型说明书。

（1）发明专利申请公开说明书

专利局对发明专利申请进行初步审查后出版这种说明书。

（2）发明专利说明书

专利局对发明专利申请进行实质性审查并批准授权后出版这种说明书。

（3）实用新型专利说明书

专利局对实用新型专利申请进行初步审查并批准授权后出版这种说明书。

1993 年 1 月 1 日以前，我国实行授权前的异议程序，因此出版经实质审查的《发明专利申请审定说明书》和经初步审查的《实用新型专利申请说明书》，经异议后如无重大修改，一般不再出版《发明专利说明书》和《实用新型专利说明书》。

4. 中国专利说明书的编号

中国专利说明书的编号体系包括：申请号——在提交专利申请时给出的编号；专利

号——在授予专利权时给出的编号;公开号——对发明专利申请公开说明书的编号;审定号——对发明专利申请审定说明书的编号;公告号——对实用新型专利申请说明书的编号,对公告的外观设计专利申请的编号;授权公告号——对发明专利说明书的编号,对实用新型专利说明书的编号,对公告的外观设计专利的编号。

中国专利说明书的编号体系,由于 1989 年和 1993 年两次作了修改及由于专利申请数量的不断增长而分成 4 个阶段。1985—1988 年为第一阶段;1989—1992 年为第二阶段;1993—2004 年 7 月 1 日为第三阶段;2004 年 7 月 1 日以后为第四阶段。

1985—1988 年,这一阶段中国专利说明书的编号采用了申请号、专利号、公开(告)号、审定号共用一套号码的方式(表 5-1)。

表 5-1　1985—1988 年的编号体系

专利种类	编号名称	编 号
发　明	申请号(专利号)	88 1 00001
实用新型		88 2 10369
外观设计		88 3 00457
发　明	公开号	CN 88 100001A
	审定号	CN 88 1 00002B
实用新型	公告号	CN 88 2 10309U
外观设计	公告号	CN 88 3 00457S

从表 5-1 中所列的示例可以看出,3 种专利申请号都是由 8 位数字组成,前两位表示申请年份,88 指 1988 年。第 3 位数字表示专利种类:1 代表发明;2 代表实用新型;3 代表外观设计。后 5 位数字代表当年内该类专利申请的序号。专利号与申请号相同。公开号、审定号、公告号是在申请号前面冠以字母 CN,后面标注大写英文字母 A、B、U、S。CN 是国别代码,表示中国;A 是第一次出版的发明专利申请公开说明书;B 是第二次出版的发明专利审定说明书;U 是实用新型专利申请说明书;S 是外观设计公告。

1989—1992 年,这一阶段的中国专利说明书的编号体系有了较大变化,如表 5-2。

表 5-2　1989—1992 年的编号体系

专利种类	编号名称	编　号
发　明	申请号(专利号)	89 1 03229.2
实用新型		90 2 04457.X
外观设计		91 3 01681.4
发　明	公开号	CN 103001A
		CN 103001B
实用新型	公告号	CN 203001U
外观设计	公告号	CN 203001S

3 种专利申请号由 8 位数字变为 9 位。前 8 位数字含义不变，小数点后面是计算机校验码(它可以是一位数字或英文字母 X，读者在使用时可不予考虑)。公开号、审定号、公告号分别采用了 7 位数字的流水号编排方式。

1993—2004 年 6 月 30 日，伴随修改后的专利法的实施，中国专利说明书的编号又有新的变化，如表 5-3。

表 5-3　1993—2004 年 6 月 30 日的编号体系

专利种类	编号名称	编　　号
发　明	申请号 (专利号)	93105342.1
实用新型		93200567.2
外观设计		93301329.X
发　明	公开号	CN 1087369A
	授权公告号	CN 1020584C
实用新型	授权公告号	CN 2013635Y
外观设计	授权公告号	CN 3012543D

申请号的编排方式没有变化，专利号仍与申请号相同，发明专利说明书的编号也没有变化。发明专利说明书、实用新型专利说明书、外观设计专利公告的编号都称为授权公告号。它们分别沿用原审定号和公告号的编号序列，只是发明专利授权公告号后面标注字母改为 C，实用新型和外观设计授权公告号后面的标注字母分别改为 Y 和 D。

由于中国专利申请量的急剧增长，原来申请号中的当年申请的顺序号部分只有 5 位数字，最多只能表示 99 999 件专利申请，在申请量超过十万件时，就无法满足要求。于是，国家知识产权局不得不自 2003 年 10 月 1 日起，开始启用包括校验位在内的共有 13 位(其中的当年申请的顺序号部分有 7 位数字)的新的专利申请号及其专利号。

为了满足专利申请量的急剧增长的需要和适应专利申请号升位的变化，国家知识产权局制定了新的专利文献号标准，从 2004 年 7 月 1 日起启用新标准的专利文献号如表 5-4。

表 5-4　2004 年 7 月 1 日以来的编号体系

专利种类	编号名称	编　　号
发　明	申请号 (专利号)	200310102344.5
实用新型		200320100001.1
外观设计		200330100001.6
发　明	公开号	CN 1 00378905 A
	授权公告号	CN 1 00378905 B
实用新型	授权公告号	CN 2 00364512 U
外观设计	授权公告号	CN 3 00123456 S

3 种专利的申请号由 12 位数字和 1 个圆点(.)以及 1 个校验位组成，按年编排，如

200310102344.5。其前四位表示申请年代。第五位数字表示要求保护的专利申请类型：1 代表发明，2 代表实用新型，3 代表外观设计。第六位至十二位数字（共 7 位数字）表示当年申请的顺序号，然后用一个圆点（.）分隔专利申请号和校验位，最后一位是校验位。

自 2004 年 7 月 1 日开始出版的所有专利说明书文献号均由表示中国国别代码 CN 和 9 位数字以及 1 个字母或 1 个字母加 1 个数字组成。3 种专利按各自的流水号序列顺排，逐年累计；最后一个字母或 1 个字母加 1 个数字表示专利文献种类标识代码，3 种专利的文献种类标识代码如下所示。

发明专利文献种类标识代码

A　　　　发明专利申请公布说明书

A8　　　发明专利申请公布说明书（扉页再版）

A9　　　发明专利申请公布说明书（全文再版）

B　　　　发明专利说明书

B8　　　发明专利说明书（扉页再版）

B9　　　发明专利说明书（全文再版）

C1～C7　发明专利权部分无效宣告的公告

实用新型专利文献种类标识代码

U　　　　实用新型专利说明书

U8　　　实用新型专利说明书（扉页再版）

U9　　　实用新型专利说明书（全文再版）

Y1～Y7　实用新型专利权部分无效宣告的公告

外观设计专利文献种类标识代码

S　　　　外观设计专利授权公告

S9　　　外观设计专利授权公告（全部再版）

S1～S7　外观设计专利权部分无效宣告的公告

S8　　　预留给外观设计专利授权公告单行本的扉页再版

5.1.3　国际专利分类法

专利制度实施以来，随着各国专利文献数量的不断增加，许多国家为了管理和使用这些专利文献，相继制定了各自的专利分类体系，但在编制原则、体系结构、标识方式和分类规则等方面存在较大差异，这对检索同一技术主题在世界范围内的专利文献很不方便。随着专利制度的国际化发展，从 20 世纪 50 年代开始，人们逐步认识到需要一个国际统一的专利分类法。

国际专利分类法（International Patent Classification，简称 IPC）是根据欧洲理事会 16 个成员国于 1954 年 12 月在巴黎签订的"关于发明专利国际专利分类法"，并于 1968 年 9 月 1 日起公布生效。IPC 诞生后，许多非欧洲理事会国家也全部或部分采用，其在国际专利信息活动中的使用价值也随着时间的推移愈加明显。1971 年 3 月 24 日，在世界知识产权组织和欧洲理事会共同主持下的保护工业产权巴黎联盟成员国外交会议上，签订了"关于国际专利分类法的斯特拉斯堡协定"即（IPC 协定，该协定于 1975 年生效），确定由世界知识产权组织负责执行国际专利分类协定的各项业务。至今已有 70 多个国家和 4 个国际组织采用

114 这种分类方法。国际专利合作条约(PCT)、欧洲专利公约(EPC)及我国等国家和组织一开始就采用IPC。美国和英国目前虽然仍用本国专利分类法,但在专利文献上同时标注与本国专利分类相应的国际专利分类号。

1. 国际专利分类法的分类原则

各国的专利分类法主要有两种原则:一是按功能分类;二是按应用分类。国际专利分类法则综合这两种分类原则的优点,确定采用按功能分类为主,功能与应用相结合的原则,既考虑发明的功能,又兼顾发明的实际应用,而以发明的功能为主。

所谓功能分类,是指发明(指任何技术对象,包括有形的或无形的,如方法、物体、物质等)的性质或其功能,与其使用在哪一个特定技术领域无关,技术上不受使用范围影响,或无视使用范围。这类发明属功能发明,按功能分类。如阀门,其结构特征或内在功能仅仅是开或关,与它们应用于哪一个工业领域(部门),例如用在水管上还是燃气管道上是无关紧要的。又如一种化合物的内在性质是由它的化学结构决定而不是由它的各种可能的用途决定时,则分在功能分类的位置上。

所谓应用分类,是指具有特殊用途或应用的发明,或发明的构成与其特殊的使用范围有关,在技术上受使用范围的影响,则这类发明属于应用发明,按应用分类。如一种化合物是作肥料用的,或作洗涤用的,就把它们分在肥料或洗涤的应用位置上。可是如果发明的内容中只略提及其某种特殊用途,而发明的实质是其内在功能,只要可能应按功能分类。如果发明的技术主题既与该发明的本质特征或功能有关,又与该发明的特殊应用有关,则应尽可能地既按功能又按应用进行分类。

2. 国际专利分类表及其结构

1968年第1版国际专利分类表面世以来,国际专利分类表每5年修订一次。2008年1月1日起使用第8版国际专利分类表。

在专利文献上表示国际专利分类及版次时,简写成Int. cl^n,n为表示分类表版次的阿拉伯数字(第1版没有数字表示)。如Int. cl^8表示使用的是第八版国际专利分类表。

国际专利分类表中的内容包括与发明专利有关的全部技术内容,其分类方法是以等级层叠形成,将发明的技术内容按部、大类、小类、大组、小组,以及小组中的小圆点的个数逐级分类,组成一个完整的分类体系。

部(section)是分类系统的一级类目,分为8个部,用大写字母A-H表示。部下面还有分部(sub-section),分部只有类目,不设类号,是"部"下的一个简单标题划分。下面是8个部和相应分部的类目名称(表5-5)。

表5-5　国际专利分类表部与分部类目名称

部	分部
A 人类生活必需品	农业,食品与烟草,个人和家庭用品,健康与娱乐
B 作业、运输	分离和混合,成型,印刷,运输
C 化学,冶金	化学,冶金
D 纺织,造纸	纺织和其他类不包括的柔性材料,造纸
E 固定建筑物	建筑物,挖掘,采矿
F 机械工程,照明,加热,武器,爆破	发动机与泵,一般工艺,照明与加热,武器,爆破
G 物理	仪表、核子学
H 电技术	

大类（class）是分类系统的二级类目，类号由部的字母符合加两位阿拉伯数字组成。小类（subclass）是分类系统的三级类目，类号由大类号加上一个大写英文字母组成。大组（group）是分类系统的四位类目，类号由小类号加上 1 至 3 位阿拉伯数字（通常 3 位数字为奇数），然后是一条斜线"/"，斜线后再加两个零表示。小组（subgroup）是分类系统的五级或五级以上类目，类号是在大组的类号斜线"/"后换上"00"以外的至少两位阿拉伯数字组成。

由此可见，一个完整的国际专利分类号由部、大类、小类、大组、小组的符号结合构成，类号的结构特点是字母-数字-字母-数字相间。

小组的等级随组号后的小圆点"·"的数目递增而递增，第五级为一个小圆点（·），第六级为两个小圆点（··）等。

由于国际专利分类法使用等级层叠结构，因此下一级类目的技术内容必然包含在上一级类目的技术内容之中。

以分类号 B64C25/30 为例。说明各级类目之间的等级结构关系。

部	B	作业；运输
大类	B64	飞行器；航空；宇宙航行
小类	B64C	飞机；直升机
大组	B64C25/00	起落装置
一级小组	25/02 ·	起落架
二级小组	25/08 ··	非固定的；如可抛弃的
三级小组	25/10 ···	可收放的；可折叠的或类似的
四级小组	25/18 ···	操作机构
五级小组	25/26 ····	操纵或锁定系统
六级小组	25/30 ······	应急动作的

所以分类号 B64C25/30 的内容是指飞机上的起落装置，是一种可收放或折叠的，用于应急的操纵或锁定系统。

从上例可以看出，不是所有小组都处于同一等级，小组的组号数字不能表明小组的等级水平，而是取决于组号后小圆点的多少。分类等级中的主题名称是按照小组编号及小圆点的递减顺序往前逐级组合确定。如小组 25/30 的组名应由较高组号 25/26、25/18、25/10、25/08、25/02 逐级隶属来确定。小圆点除表示等级细分外，还有代替紧挨着它的上一级组的组名，避免重复的作用。

国际专利分类表第 8 版共 9 册，即《使用指南》和 8 册《部分类表》。《使用指南》指出 IPC 的产生、发展与作用，阐述分类表的编制指导思想、分类体系及特点，规定分类结构、分类原则、使用方法、标识方法、术语含义，并简明通过具体例子说明如何使用分类表对专利文献进行分类和检索。《部分类表》按部以等级逐级展开，对技术内容充分细分。

5.2 中国专利信息检索

5.2.1 中国专利检索工具

1.《专利公报》

中国专利公报是中国专利局的官方出版物,专门公布和公告与专利申请、审查、授权有关的事项和决定。专利公报是查找中国专利文献,检索中国最新专利信息和中国专利局业务活动的主要工具书。

中国专利公报分为《发明专利公报》《实用新型专利公报》和《外观设计专利公报》3 种。自 1990 年起,3 种公报均为周刊。

《发明专利公报》的主体是报道申请公开、申请审定(1993 年 1 月 1 日前)、专利权授予和专利事项变更的内容及索引。申请公开部分,著录每一件专利申请的 IPC 分类号、申请号、公开号、申请日、优先权、申请人、发明人、发明名称、摘要及附图等内容,也就是说明书扉页上的内容。款目按 IPC 号字母数字顺序编排。申请审定和专利授权部分无文摘,其他著录项目除个别变动外,与申请公开部分相同。这 3 部分分别编制了 IPC 索引申请号索引和申请人(专利权人)索引,以及公开号(公告号)/申请号对照表,提供从国际专利分类、申请人(专利权人)和公开号(公告号)检索中国专利的途径。

此外,在《发明专利公报》的专利事务部分,还通报实质审查,申请的驳回与撤回、变更、专利权的继承和转让、强制许可、专利权的无效宣告和终止等事项。《实用新型专利公报》和《外观设计专利公报》只有申请公告(1993 年 1 月 1 日前),专利权授予和专利事务等部分以及相应的索引。编排体例与《发明专利公报》相似。

2.《中国专利索引》

《中国专利索引》是《专利公报》中索引的年度累积本,分为分类年度索引和申请人、专利权人年度索引两个分册。各分册都包括发明专利、实用新型专利和外观设计专利 3 部分。

分类年度索引的款目按 IPC 顺序排列。检索者根据检索课题所属的国际专利分类号,可由此索引查出有关专利的公开号(公告号)、申请人(专利权人)、发明名称及《专利公报》刊登的卷期号。

申请人、专利权人年度索引按申请人或专利权人姓名或译名的汉语拼音字母顺序排列。检索者根据申请人或专利权人的姓名或译名,可由索引检索出其专利申请的公开号(公告号)、IPC 号、发明名称及《专利公报》刊登卷期号。

根据年度索引的检索结果,可以在《专利公报》中找到文献或者向专利说明书收藏单位索取专利说明书。

5.2.2 中国专利信息网络检索系统

1. 中华人民共和国国家知识产权局网站

中华人民共和国国家知识产权局网站(http://www.sipo.gov.cn)是国家知识产权局建立的政府性官方网站,是国家知识产权局对国内外公众进行信息报道、信息宣传、信息服务的窗口。该网站提供多种与专利相关的信息服务。包括概况、专利管理、国际合作、公告、统计信息等栏目。该网站提供了有关专利申请、专利审查、专利保护、专利代理等信息,并建立了与知识产权相关政府网站、国外知识产权网站的链接,是用户通过 internet 查找专利信息的重要途径。

(1)数据库概况

国家知识产权局网站中的专利数据库收录了 1985 年中国专利法实施以来公开的全部中国发明、实用新型、外观设计专利的题录、文摘、说明书全文和法律状态信息,是检索中国专利的权威数据库。该数据库每周三更新一次。进入国家知识产权局网站,点击主页右方的"专利检索",进入专利数据库检索界面(图 5-1)。

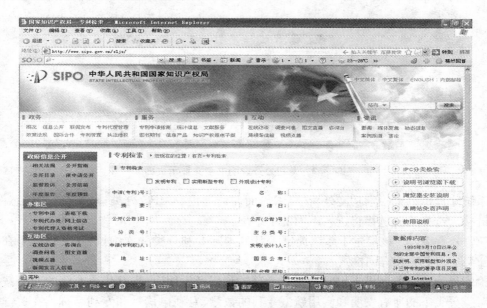

图 5-1 中国专利数据库检索界面

(2)检索入口

数据库提供 16 个检索字段,分别是申请(专利)号、名称、摘要、申请日、公开(公告)日、公开(公告)号、分类号、主分类号、申请(专利权)人、发明(设计)人、地址、国际公布、颁证日、专利代理机构、代理人和优先权。

检索时可选择一个或多个检索字段,在对话框中输入相应的检索词,有些检索字段还允许进行复杂的逻辑运算。各检索字段之间全部为逻辑"与"运算。

(3)检索结果

在检索结果显示页,根据检索条件,列出该检索式在相应数据库中命中的记录数。检索结果按发明、实用新型、外观设计专利的顺序显示专利申请号及专利名称信息。点击相应的专利类型可直接进入命中的相应类型专利的显示页面。

在题录、摘要显示页的左侧列出专利申请号、申请公开说明书全文总页数。点击说明书页码的链接,就可以看到该专利说明书的全文。利用屏幕上方的工具栏可对全文图像进行保存、旋转、放大或缩小、分页显示、移动等操作。

专利说明书全文(图 5-2)为 TIF 格式文件,查看全文应安装相应的浏览器。在数据库检索界面下方有全文浏览器安装工具条。也可以使用操作系统自带的图像浏览软件或其他

可阅读 TIF 格式文件的软件阅读说明书全文。

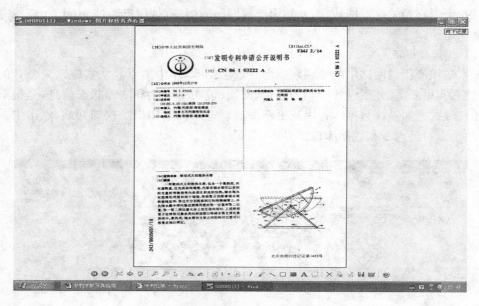

图 5-2　专利公开说明书全文显示页面

　　系统除提供以上检索功能外,在检索界面左侧还设有"IPC 分类检索""法律状态检索"等的链接。选择不同链接将进入不同的子系统。

　　IPC 分类检索。该检索子系统提供了 IPC 国际专利分类的详细说明,并提供了在限定 IPC 分类基础上的关键词检索。

　　检索界面的左侧列出了 IPC 分类 8 个部的代码及说明,点击部代码左侧的"go"按钮将列出对应分类下的所有发明和实用新型专利的数量、专利申请号和专利名称。在关键词对话框中输入关键词,将得到分类号与关键次的组配检索结果。所检索的关键词出现于名称或摘要中。在 IPC 分类检索页面中,点击部代码的文字说明,则会列出该部下的各大类、小类、大组和小组的详细说明。用户可根据需要在限定分类号的基础上,输入关键词检索相应的专利。

　　法律状态检索。点击国家知识产权局主页右侧专利公开公告栏目下的"法律状态查询"即进入专利法律状态检索界面,检索 1985 年至今公告的中国专利法律状态信息。

2. 中国专利数据库(知网版)

　　中国专利数据库(知网版)收录 1985 年至今的中国发明专利、实用新型专利、外观设计专利,准确地反映中国最新的专利发明。与通常的专利数据库相比,中国专利数据库(知网版)每条专利的知网节集成了与该专利相关的最新文献、科技成果、标准等信息,可以完整地展现该专利产生的背景、最新发展动态、相关领域的发展趋势,可以浏览发明人与发明机构更多的论述以及在各种出版物上发表的文献。可以通过申请号、申请日、公开号、公开日、专利名称、摘要、分类号、申请人、发明人、优先权等检索项进行检索,并一次性下载专利说明书全文。但下载专利说明书全文需要付费。

　　登录中国知网主页(http://www.cnki.net),在"学术文献总库"中选择"专利全文数据库",进入专利全文数据库检索页面。数据库提供"初级检索"、"高级检索"(图 5-3)、"专业检索"3 个检索页面。

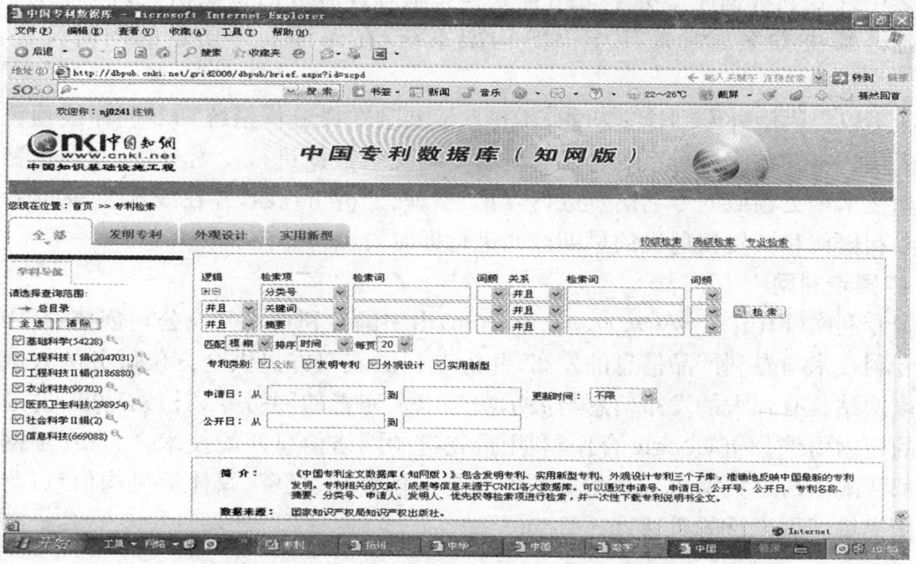

图 5-3　中国专利数据库(知网版)高级检索界面

3. 中国知识产权网

中国知识产权网(http://www.cnipr.com)是由国家知识产权局专利文献出版社于1999年10月创建的知识产权信息与服务网站。该网站的中外专利数据库服务平台(图5-4)涵盖了来自全球90多个国家与地区的近7 000万件文献信息。系统基于成熟的全文检索引擎技术,引入先进的语义检索概念,在提供通用的检索手段以外,创新性地自主研发出了智能检索、相似检索功能。自主研发出的智能检索、跨语言检索、相似检索功能、在线机器翻译技术,使得复杂的关键词抽取及检索变得轻松容易。其中,在线机器翻

图 5-4　中国知识产权网中外专利数据库服务平台界面

译技术是中外专利数据库服务平台结合专利文献翻译服务的特点研发机器翻译技术,将多语言翻译解决方案成功应用至 B/S 构架系统,在保证翻译质量的同时又提高翻译效率。

网站不仅提供中外专利检索功能,还开发了专利在线分析系统和专利在线预警系统两个功能模块。专利在线分析系统可以对海量专利文献数据进行检索分析;专利预警是对企业产品和技术相关领域的专利信息进行收集、整理、分析与判断,并在线预警,为企业专利活动中的专利侵权和被侵权危机的早期征兆进行即时警示与监控。

4. 中国专利网

中国专利网(http:// www. cnpatent. com)由中国专利技术开发公司创建,是中国最大的从事专利技术与专利产品信息的发布,并为专利供需双方提供全方位服务的权威性中文网站。该网站具有强大的发布信息与展示功能以及完善的网络专利检索功能,并通过与世界最大的搜索引擎公司 Google 合作,利用最先进的网络信息匹配技术,为每一项网上发布的专利都匹配了与之技术或产品相关的生产、科研、贸易、投资、媒体等机构信息,为专利推广与合作提供了更广泛的机遇。

5.3 国外专利信息检索

5.3.1 欧洲专利局网站

欧洲专利局网站(http://worldwide. espacenet. com)是由欧洲专利局(EPO)、欧洲专利组织成员国及欧洲委员会共同研究开发的专利信息网上免费检索系统。该网站提供了自 1920 年以来世界上 50 多个国家公开的专利题录数据库及 20 多个国家的专利说明书。该网站是检索世界范围内专利信息的重要平台。该系统中各数据库收录专利国家的范围不同,各国收录专利数据的范围、类型也不同。

1. 数据库范围

EPO 各成员国数据库,收录欧洲各成员国最近 24 个月公开的专利。欧洲专利(EP)数据库,收录欧洲专利局最近 24 个月公开的专利。世界知识产权组织(WO)数据库,收录世界知识产权组织最近 24 个月公开的专利。以上数据库使用原公开语言检索近两年公开的专利,提供有专利全文扫描图像。在此之前的专利文献可通过世界范围专利数据库检索。世界范围专利数据库收录 80 个国家 7 000 多万件专利。在世界范围专利数据库所收录专利的国家中,收录题录、摘要、全文扫描图像、IPC 及欧洲专利分类(Ecla)信息的只有英、德、法、美少数几个国家,大部分国家只收录题录数据而未提供全文扫描图像。

2. 数据库检索方法

通过网址进入页面(图 5-5),该页面左侧列出了以下几种检索方法:快速检索(quick search)、高级检索(advanced search)、号码检索(number search)和分类号检索(classification search)。可检索以下 3 个数据库收录的专利信息:世界范围专利数据库、欧洲专利局专利数据库和世界知识产权组织专利数据库。

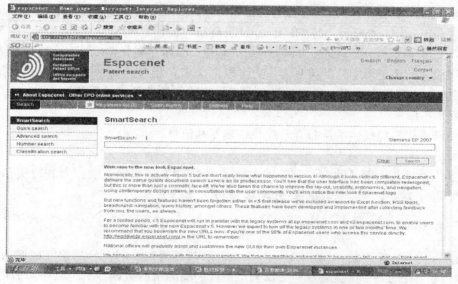

图 5-5 欧洲专利局专利数据库主页页面

（1）快速检索

点击"quick search"按钮，进入快速检索界面。在快速检索界面上提供了下拉式菜单选择数据库，可选择在世界范围专利、欧洲专利局专利、世界知识产权组织专利三个数据库中检索。检索字段提供了专利名称或摘要、人名或机构名称两个选项。检索结果列出命中专利的名称、发明人、申请人、公开日期、公开号、IPC 及 EC 分类号等信息。点击专利名称即可查看该专利的详细信息。选中专利名称右侧的"in my patent list"，所选记录将保存在"my patent list"中（可存放 20 条记录）。点击"my patent list"链接，可查看被保存的专利信息。

（2）高级检索

高级检索界面（图 5-6）提供了专利名称（keywords in title）、专利名称或摘要

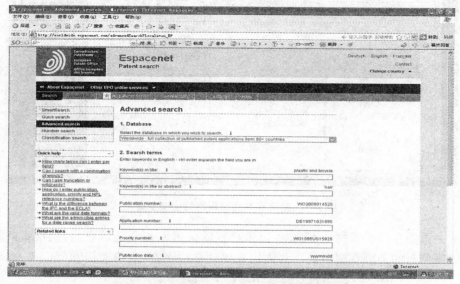

图 5-6 欧洲专利局专利数据库高级检索界面

（keywords in title or abstract）、公开号（publication number）、申请号（application number）、优先权号（priority number）、公开日（publication date）、申请人（applicant）、发明人（inventor）、欧洲专利分类（European classification）、国际专利分类（IPC）等10个检索字段，各检索字段之间为逻辑"与"的关系。用户可根据需求在相应的对话框中输入检索词，点击"search"按钮得到检索结果。检索结果及其显示格式与快速检索结果相同。

（3）号码检索

该检索界面专门提供了从公开号途径检索专利信息。

（4）分类检索

分类检索界面提供了欧洲专利分类的浏览及通过关键词检索欧洲专利分类信息的功能。其使用方法与中国专利数据库（知网版）的分类检索相似。

5.3.2 美国专利商标局网站

美国专利商标局网站（http://www.uspto.gov）是美国专利商标局建立的政府性官方网站，收录美国自1790年实施专利法以来至最近一周的所有美国专利。其中，1976年1月至目前的专利提供全文检索功能，可获得HTML格式的专利说明书及权利要求书，并提供专利全文扫描图像链接。1790年至1975年12月的专利只能通过专利号和美国专利分类号检索，并通过链接查看专利全文扫描图像。

1. 数据库检索方法

点击网站首页左侧"patent"下的"search"，进入的数据库检索主页面（图5-7）。

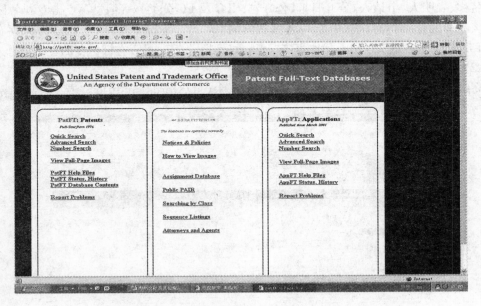

图5-7 美国专利商标局网站检索主页面

检索主页面左侧检索的是1790年以来授权的美国专利全文信息，右侧检索的是2001年3月以来公开的美国专利申请。两侧均提供3种检索方法：快速检索（quick search）、高级检索（advanced search）和专利号检索（number search）。

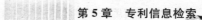

（1）快速检索

点击"quick search"按钮，进入快速检索界面（图 5-8）。

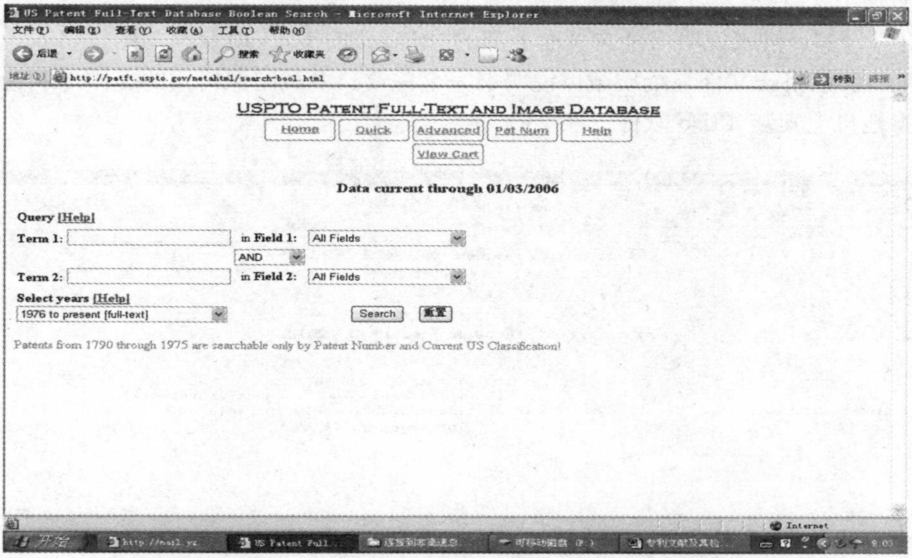

图 5-8　美国专利商标局网站快速检索界面

检索界面提供两个对话框，在对话框"Term1"和"Term2"中输入检索词，两者之间的逻辑关系有"and""or""andnot"，由下拉式菜单控制。检索字段选择下拉式菜单提供包括全文、专利名称、文摘、专利号、申请号、权利要求、说明书、美国专利分类法、国际专利分类法、发明人、代理人、审查人、申请日、出版日、国外优先权等多达 30 个检索字段，年代选择下拉式菜单选择检索时间范围。点击"search"即可获得检索结果，一次可显示 50 条记录。点击记录中有下划线部分，即可获得专利全文，检索结果可打印或下载。

（2）高级检索

点击"advanced search"，进入高级检索界面。检索界面提供一个对话框，在对话框中一次输入检索式，点击 search 即可完成检索。检索式支持布尔逻辑组配和短语表达，逻辑组配用"and""or""andnot"表示。如：tennis and（racqunet or racket）、television or（cathode and tube）、meedle andnot（（record and player）or sewing），短语用" "表示，如"bawling balls"。检索式中用符号"/"限定检索词所在字段。限定字段代码有 31 种，在检索界面中有详细的列表可供参考。如发明名称字段代码 TTL，TTL/（nasal or nose）或 TTL/nasal or TTL/nose 代表检索词限定于发明名称中，发明人字段代码 IN，IN/Dobbs 代表发明人为 Dobbt 的所有专利等。

（3）专利号检索

点击"patent number search"，进入专利号检索界面。

检索界面提供一个对话框，在对话框中输入专利号，点击"search"即可完成检索。因美国专利分为发明、外观设计、植物、重颁、防卫等类型，对话框下面给出各种专利的专利号表达方式。

2. 检索结果显示

检索结果一次可显示 50 条记录。点击记录下有下划线部分，显示该项专利 HTML 格式的说明书全文。

点击 HTML 格式说明书全文页面上部的"Image"按钮，该项专利的图像格式说明书全文(图 5-9)。该格式文件与纸质载体说明书完全一致。下载图像格式的美国专利说明书全文需在本地机上安装 TIFF 软件。

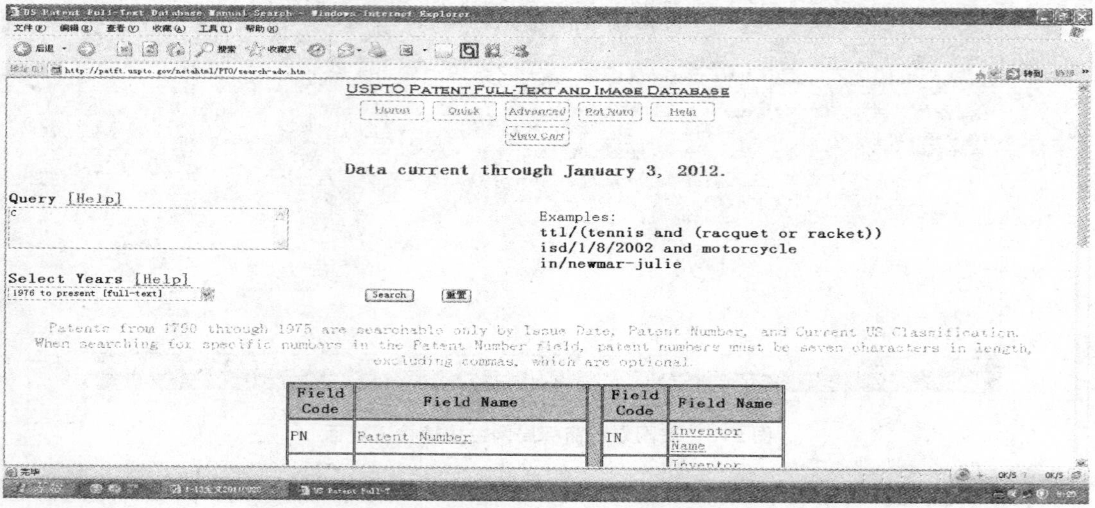

图 5-9 美国专利图像格式说明书全文

5.3.3 其他国家或组织专利数据库

1. 世界知识产权数字图书馆网站(http://ipdl. wipo. int)

世界知识产权数字图书馆(Intelectual Property Digital Library，简称 IPDL)由世界知识产权组织于 1998 年建立，主要收录有 PCT 国际专利公报数据库、PCT 国际专利全文图形数据库、马德里快报数据库、海牙快报数据库、健康遗产测试数据库和专利审查最低文献量科技期刊数据库。系统中不同信息的更新时间并不相同，有的每天更新，有的每周更新，有的每月更新。

2. 加拿大专利数据库网站(http://patentsl. ic. gc. ca/pntro-e. html)

该网站是由加拿大国家知识产权局(http://cipo. gc. ca)建立的政府官方网站，可通过英语、法语免费检索加拿大专利信息。该数据库收录了 1920 年以来的加拿大专利说明书文本及扫描图形信息。

1978 年 8 月 15 日以前授权的专利未收录文摘和权利要求信息，只能通过专利号、标题、发明人、分类号进行检索。

3. 澳大利亚知识产权局网站(http://ipaustralia. gov. au)

该网站提供澳大利亚 1975 年以来公开的专利申请的免费检索。点击网站主页上的"search database"，系统提供 4 个数据库：新专利方案数据库(new patent solution database)、专利主机题录数据库(patents mainframe bibliographic database)、澳大利亚公开

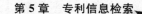
专利数据库（AU published patent date searching）和专利说明书全文数据库（patent specifications）。

4. 日本特许厅工业产权数字图书馆(http://www.jpo.go.jp)

该网站提供 1976 年以来公开的专利及 1993 年 1 月以来日本专利的法律状态信息。专利信息每月更新，专利法律状态信息每两周更新。通过关键词、公开号等字段进行检索。数据库支持英、日两种语言检索。英文界面提供日本专利的英文摘要信息，日文界面提供日本专利说明书全文信息。

5. 韩国专利数据库网站(kipris.or.kr/englisn/index.html)

该网站由韩国知识产权信息中心于 1998 年开始建立，于 2000 年 1 月开始通过互联网向公众提供免费专利信息检索服务。数据库提供韩国专利、商标等知识产权的韩文信息，并提供美国、日本、欧洲专利的英文摘要信息。首次访问该数据库的用户需要进行用户注册。

思考与练习

1. 我国专利有哪几种类型？授予专利权的发明创造必须具备什么条件？
2. 什么是专利制度？如何在我国申请专利？
3. 什么是失效专利？如何判断专利权是否失效？
4. 中国专利信息的检索途径有哪些？如何获取中国专利说明书全文？
5. Internet 上有哪些免费专利数据库？
6. 如何检索摩托罗拉公司在全球范围申请的专利？

第 6 章　标准信息检索

6.1　标准信息概述

　　标准是人类文明进程的必然产物,标准的起源可以追溯到远古时代。中国的五帝时代,黄帝设立了度、量、衡、里、亩五个量,夏禹以自己的身长和体重作为长度和质量的标准,治水时还制作了准绳为测量工具。秦始皇统一中国,在全国统一度量衡,标志着我国古代全国范围内标准化的实施。公元前 1500 年的古埃及纸草文献中即有关于医药处方计量方法的标准,是现存最早的标准。

　　现代意义上的标准产生于 20 世纪初。1901 年英国成立了第一个全国性标准化机构,同年世界上第一批国家标准问世。此后,美、法、德、日等国相继建立全国性标准化机构,出版各自的标准。中国于 1957 年成立国家标准局,次年颁布第一批国家标准。20 世纪 80 年代,已有 100 多个国家和地区成立了全国性标准化组织,其中 90 多个国家和地区制定有国家标准。

6.1.1　标准的基础知识

1. 标准的定义

　　《标准化工作指南 第 1 部分:标准化和相关活动的通用词汇》(GB/T 20000.1—2002)对标准的定义为:在一定的范围内获得最佳秩序,经协商一致制定并由公认机构批准,共同使用的和重复使用的一种规范性文件。并附注说明:标准宜以科学、技术和经验的综合成果为基础,以促进最佳的共同效益为目的。

　　国际标准化组织(ISO)的标准化原理委员会(STACO)以"指南"的形式给"标准"的定义:标准是由一个公认的机构制定和批准的文件。它对活动或活动的结果规定了规则、导则或特殊值,供共同和反复使用,以实现在预定领域内最佳秩序的效果。

2. 标准的类型

(1) 按适用范围划分

① 国际标准

　　国际标准是指国际标准化组织(ISO)、国际电工委员会(IEC)和国际电信联盟(ITU)制定的标准,以及国际标准化组织确认并公布的其他国际组织制定的标准。国际标准在世界范围内统一使用。

② 区域标准

　　区域标准又称为地区标准,泛指世界某一区域标准化团体所通过的标准。通常提到的区域标准,主要是指原经互会标准化组织、欧洲标准化委员会、非洲地区标准化组织等地区组织所制定和使用的标准。

③ 国家标准

国家标准是指由国家标准化主管机构批准发布,对全国经济、技术发展有重大意义,且在全国范围内统一的标准。

④ 行业标准

行业标准是指没有国家标准而又需要在全国某个行业范围内统一技术要求所制定的标准。当同一内容的国家标准公布后,则该内容的行业标准即行废止。

⑤ 地方标准

对没有国家标准和行业标准而又需要在省、自治区、直辖市范围内统一的工业产品的安全、卫生要求制定的标准。在公布国家标准或者行业标准之后,该地方标准即行废止。

⑥ 企业标准

企业标准是对企业范围内需要协调和统一的技术要求、管理要求和工作要求所制定的标准。企业标准由企业制定,企业标准一般以"Q"作为企业标准的开头。

(2) 按标准内容划分

① 基础标准

在一定范围内作为其他标准的基础并普遍使用,具有广泛指导意义的标准。包括名词术语、符号、代号、机械制图、公差与配合等。

② 产品标准

对产品结构、规格、质量和检验方法所做的技术规定。包括产品客观指标、产品质量指标、产品检测指标、产品储运指标等。

③ 方法标准

对通用性的方法,如试验方法、检验方法、分析方法、测定方法、抽样方法、工艺方法、生产方法、操作方法等制定的标准。

④ 安全标准

为保护人体健康、生命和财产的安全而制定的标准,是强制性标准,即必须执行的标准。

⑤卫生标准

以保障各类人群健康为直接目的而正式批准颁布的针对与人的生存、生活、劳动和学习有关的各种自然和人为环境因素及条件所作的一系列量值规定,并为保证实现这些规定所必须的技术行为规定。

⑥ 环境保护标准

以保护环境为目的制定的标准。包括环境质量标准、污染物排放标准、环境监测方法标准、环境样品标准、环境基础标准等。

⑦ 管理标准

管理标准是对标准化领域中需要协调统一的管理事项所制定的标准。管理标准按其对象可分为技术管理标准、生产组织标准、经济管理标准、行政管理标准、业务管理标准和工作标准等。

⑧ 服务标准

服务标准是指规定服务应满足的需求以确保其适用性的标准。服务指为满足顾客的需要,供方和顾客之间接触的活动以及供方内部活动所产生的结果。

（3）按成熟程度划分

① 强制性标准

在一定范围内通过法律、行政法规等强制性手段加以实施的标准。具有法律属性。强制性标准一经颁布，必须贯彻执行。否则对造成恶劣后果和重大损失的单位和个人，要受到经济制裁或承担法律责任。强制性标准主要是对有些涉及安全、卫生方面的商品规定了限制性的检验标准，以保障人体健康和人身、财产的安全。

② 推荐标准

推荐性标准又称为非强制性标准或自愿性标准。是指生产、交换、使用等方面，通过经济手段或市场调节而自愿采用的一类标准。

③ 试行标准

试行标准指内容还不够成熟，有待在使用实践中进一步完善修订的标准。

④ 标准草案

标准草案是指批准发布以前的标准征求意见稿、送审稿和报批稿。它是承担编制标准的单位或个人，根据任务书或工作计划起草的文稿。

3. 标准的编号

（1）国际、国外标准代号及编号

国际及国外标准号形式各异，但基本结构为"标准代号＋专业类号＋顺序号＋年代号"。其中：标准代号大多采用缩写字母，如"IEC"代表国际电工委员会、"API"代表美国石油协会、"ASTM"代表美国材料与实验协会等；专业类号因其所采用的分类方法不同而各异，有字母、数字、字母数字混合式 3 种形式；标准号中的顺序号按照标准发布的流水顺序号编排；年代号即标准发布年份（表 6-1）。

表 6-1　部分国外标准代号

代号	名称	负责机构
ANSI	美国国家标准	美国标准协会（ANSI）
API	美国石油协会标准	美国石油协会（API）
ASME	美国机械工程师协会标准	美国机械工程师协会（ASME）
ASTM	美国材料与试验协会标准	美国材料与试验协会（ASTM）
FDA	美国食品与药物管理局标准	美国食品与药物管理局（FDA）
SAE	美国机动车工程师协会标准	美国机动车工程师协会（SAE）
TIA	美国电信工业协会标准	美国电信工业协会（TIA）
BS	英国国家标准	英国标准学会（BSI）
DIN	德国国家标准	联邦德国标准学会（DIN）
VDE	德国电气工程师协会标准	德国电气工程师协会标准（VDE）
JIS	日本工业标准	日本工业标准调查会（JISC）
NF	法国国家标准	法国标准化协会（AFNOR）

（2）我国标准代号及编号

我国标准的编号由标准代号、标准发布顺序和标准发布年代号构成。

① 国家标准

我国国家标准的编号为：GB＋顺序号＋年代，有 3 种类型。

GB ××××－××，　　 如"GB 7718—1994" 强制性国家标准；

GB/T ××××－××，如"GB/T 3860—1995" 推荐性标准；

GB/＊ ××××－××，如"GB/＊ 1645—1998" 降为行业标准而尚未转化的原国
　　　　　　　　　　　　　　　　　　　　　　　　　家标准。

② 行业标准

我国行业标准的编号为：行业代码＋标准顺序号＋年代。如：

"FZ ××××－××" 纺织行业标准；

"FZ/T ××××－××" 纺织行业的推荐标准。

行业标准代号由汉语拼音大写字母组成，我国行业标准代号见表 6-2。

表 6-2　中国行业标准代号

标准代号	行业名称	标准代号	行业名称	标准代号	行业名称
CB	船舶行业	JC	建材行业	SJ	电子行业
CH	测绘行业	JG	建筑工业行业	SL	水利行业
CJ	城镇建设行业	JR	金融系统行业	SY	石油天然气行业
CY	新闻出版行业	JT	公路水路运输行业	SN	进出口检验行业
DA	档案工作行业	JY	教育行业	TB	铁路运输行业
DL	电力行业	LD	劳动和劳动安全行业	TD	土地管理行业
DZ	地质矿产行业	LY	林业行业	WB	物资管理行业
EJ	核工业行业	MH	民用航空行业	WH	文化行业
FZ	纺织行业	MT	煤炭行业	WJ	兵工民品行业
GA	公共安全行业	MZ	民政工作行业	WS*	卫生行业
GH	供销合作行业标准	NY	农业行业	XB	稀土行业
GJB	国家军用标准	QB	轻工行业	YC	烟草行业
GY	广播电影电视行业	QC	汽车行业	YB	黑色冶金行业
HB	航空工业行业	QJ	航天工业行业	YD	通信行业
HG	化工行业	SB	商业行业	YS	有色金属行业
HJ	环境保护行业	SC	水产行业	YY	医药行业
HY	海洋工作行业	SD	水利电力行业	ZY	中医药行业
JB	机械行业	SH	石油化工行业		

③ 地方标准。

我国地方编号由大写汉语拼音 DB 加上省、自治区、直辖市行政区划代码的前面两位数字（北京市 11、天津市 12、上海市 13 等）。

④ 企业标准

我国企业标准编号由大写拼音字母"Q"+"/"+"企业代号"组成。企业代号可用大写拼音字母或阿拉伯数字或者两者兼用所组成。

⑤ 指导性标准

1998 年通过《国家标准化指导性技术文件管理规定》出台了标准化体制改革，即在四级标准（国家标准、行业标准、地方标准和企业标准）之外，又增设了一种"国家标准化指导性技术文件"，作为对四级标准的补充。此类标准在编号上表示为"/Z"。如《集成电路 IP 核测试数据交换格式和准则规范》(SJ/Z 11352—2006)。

6.1.2　标准文献

标准文献是标准化工作的成果。标准文献主要是指与技术标准、生产组织标准、管理标准以及其他具有标准性质的文件所组成的特种科技文献体系。广义的标准文献是指记载、报导标准化的所有出版物。狭义的标准文献是指技术标准、规范和技术要求等，主要是指技术标准。

1. 标准文献的特点

① 每个国家对于标准的制定和审批程序都有专门的规定，并有固定的代号，标准格式整齐划一。

② 它是从事生产、设计、管理、产品检验、商品流通、科学研究的共同依据，在一定条件下具有某种法律效力，有一定的约束力。

③ 时效性强，它只以某时间阶段的科技发展水平为基础，具有一定的陈旧性。随着经济发展和科学技术水平的提高，标准不断地进行修订、补充、替代或废止。

④ 一个标准一般只解决一个问题，文字准确简练。

⑤ 不同种类和级别的标准在不同范围内贯彻执行。

⑥ 标准文献具有其自身的检索系统。

2. 标准文献分类方法

（1）中国标准文献分类法

中国标准文献分类法（CCS）是中国标准文献的通用分类方法。中国标准文献分类法的类目设置以专业划分为主，适当结合科学分类。序列采取从总到分，从一般到具体的逻辑系统。本分类法采用二级分类，一级类目的设置主要以专业划分为主，二级类目设置采取非严格等级制的列类方法。一级分类由 24 个大类组成，每个大类有 100 个二级类目（00～99）；一级分类由单个拉丁字母组成，二类分类由双数字组成。

（2）国际标准分类法

国际标准分类法（简称 ICS）是由国际标准化组织编制的标准文献分类法。它主要用于国际标准、区域标准和国家标准以及相关标准化文献的分类、编目、订购与建库，从而促进国际标准、区域标准、国家标准以及其他标准化文献在世界范围的传播。ICS 包含三个级别。第一级包含 40 个标准化专业领域，各个专业又细分为 407 个组（二级类），其中 134 个组又被进一步细分为 896 个分组（三级类）。国际标准分类法采用数字编号。第一级和第三级采用双位数，第二级采用三位数表示，各级分类号之间以实圆点相隔。如国际单位及其应用的ICS 号是 01.060.10。

3. 标准文献的作用

① 通过标准文献可了解各国经济政策、技术政策、生产水平、资源状况和标准水平。

② 在科研、工程设计、工业生产、企业管理、技术转让、商品流通中,采用标准化的概念、术语、符号、公式、量值、频率等有助于克服技术交流的障碍。

③ 国内外先进的标准可供推广研究,改进新产品,提高新工艺和技术水平依据。

④ 标准文献是鉴定工程质量、校验产品、控制指标和统一试验方法的技术依据。

⑤ 可以简化设计、缩短时间、节省人力、减少不必要的试验、计算,能够保证质量,减少成本。

⑥ 进口设备可按标准文献进行装备、维修配制某些零件。

⑦ 有利于企业或生产机构经营管理活动的统一化、制度化、科学化和文明化。

6.2　中国标准信息检索

我国的标准化工作自 1956 年制定国家标准开始,产生了大量的各级标准。累计颁布的国家标准近 6 万件,行业标准 10 多万件,地方标准近 3 万件。其中现行国家标准 2 万多件,行业标准 3 万多件,地方标准 1 万多件,企业标准 130 多万件。国内标准文献包括标准目录和标准全文,中国国家标准和行业标准全文为单行本出版,国家标准全文还以《中国国家标准汇编》和《中国国家标准分类汇编》的形式出版。标准全文数据库也收录国家标准和行业标准全文(需要订购)。标准网站也提供标准信息检索,但不提供免费标准全文。

我国标准信息可使用书本式标准检索工具和标准数据库获取。

6.2.1　标准检索工具

1.《中华人民共和国国家标准目录及信息总汇》

由国家标准化管理委员会编,中国标准出版社出版。收录批准、发布的全部现行国家标准信息,同时补充被代替、被废止国家标准目录及国家标准修改、更正、勘误通知等相关信息。2009 年版目录及信息总汇分上、下册出版,内容包括 4 个部分:国家标准专业分类目录;被废止的国家标准目录;国家标准修改、更正、勘误通知信息;索引。第一部分国家标准专业分类目录,按中国标准文献分类法(CCS)编排,收录截至 2008 年底前批准、发布的现行国家标准信息,条目共 22 918 项。目录中列出了 CCS 大类的代号(字母)及正文所在页码。

2.《中华人民共和国行业标准目录 2007》

该目录分为上、下册,收集了截至 2007 年 6 月底以前国务院有关部门发布的现行行业标准的目录,并按行业标准名称代号的字母顺序(以拼音字母排序)依次编排。每个行业的标准按中国标准文献分类号和标准编号由小到大顺序编排,分别给出分类号、标准编号、标准名称(部分标准名称为中英文对照)、采标情况、代替标准 5 项内容。在每个行业的目录前面列出相关的中国标准文献分类号及类名。书的最后附有按行业标准顺序号编排的索引,以方便读者查找。

3.《中国国家标准汇编》

这是一部大型综合性国家标准全集。自 1983 年起,按国家标准顺序号以精装本、平装本两种装帧形式陆续分册汇编出版。它在一定程度上反映了新中国成立以来标准化事业发展的基本情况和主要成就,是各级标准化管理机构,工矿企事业单位、农林牧副渔系统和科研、设计、教学等部门必不可少的工具书。《中国国家标准汇编》收入我国每年正式发布的全部国家标准,分为"制定"卷和"修订"卷两种编辑版本。"制定"卷收入上年度我国发布的、新制定的国家标准,顺延前年度标准编号分成若干分册,封面和书脊上注明"20××年制定"字样及分册号,分册号一直连续。各分册中的标准是按照标准编号顺序连续排列的,如有标准顺序号缺号的,除特殊情况注明外,暂为空号。"修订"卷收入上年度我国发布的、被修订的国家标准,视篇幅分设若干分册,但与"制定"卷分册号无关联,仅在封面和书脊上注明"20××年修订－1,－2,－3,……"字样。"修订"卷各分册中的标准,仍按标准编号顺序排列(但不连续);如有遗漏的,均在当年最后一分册中补齐。需提请读者注意的是,个别非顺延前年度标准编号的新制定的国家标准没有收入在"制定"卷中,而是收入在"修订"卷中。

6.2.2 国内标准数据库及网站

1. CNKI 中国标准数据库(http://dbpub.cnki.net/grid2008/dbpub/brief.aspx? id＝scsd)

中国标准数据库收录了所有的国家标准(GB)、国家建设标准(GBJ)、中国行业标准的题录信息,共计标准约 13 万条,标准的内容来源于中国标准化研究院国家标准馆。中国标准数据库每条标准的知网节集成了与该标准相关的最新文献、科技成果、专利等信息,可以完整地展现该标准产生的背景、最新发展动态、相关领域的发展趋势,可以浏览发布单位更多的论述以及在各种出版物上发表的信息。

该数据库采用国际标准分类法(ICS 分类)和中国标准分类法(CCS 分类)。用户可以根据各级分类导航浏览。该数据库免费检索,可以免费浏览题录摘要和知网节,全文下载需付费。

登录中国标准数据库页面(图 6-1)。数据库提供初级检索、高级检索、专业检索 3 种检索界面。

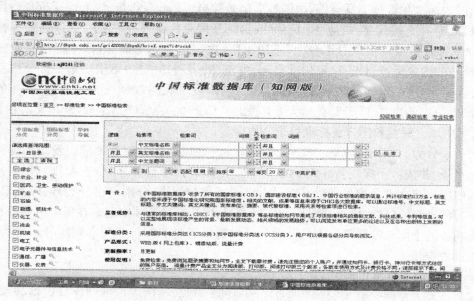

图 6-1　CNKI 中国标准数据库高级检索界面

数据库提供的检索对话框通过下拉式菜单可以选择通过标准号、中文标题、英文标题、中文关键词、英文关键词、发布单位、摘要、被代替标准、采用关系等 9 个字段进行检索。

2. 万方数据资源系统中外标准数据库

万方数据资源系统中外标准数据库收录了全部中国国家标准、某些行业的行业标准的题录信息。国外标准信息包括电气和电子工程师技术标准、国际标准化组织标准、国际电工标准、美英德等的国家标准以及某些国家的行业标准,如美国保险商实验室标准、美国机械工程师学会标准、美国材料实验协会标准、日本工业标准等。通过该数据库可以获得以上标准的题录信息,登录扬州大学图书馆镜像站进入万方数据库,选择中外标准数据库,进入检索页面(图 6-2)。

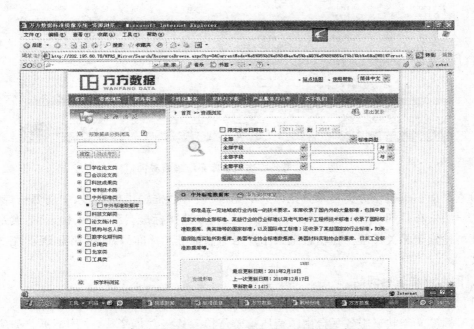

图 6-2 万方数据资源系统中外标准数据库检索界面

数据库提供 3 个对话框,通过下拉菜单可以选择数据库范围,每个对话框提供标准号、标准名称、发布单位、起草单位、发布日期、实施日期、中图分类号、中国标准分类号、国际标准分类号、关键词等 10 个检索字段,各对话框之间支持布尔逻辑组配。

3. 戴特标准全文数据库

戴特标准检索系统由重庆戴特科技有限公司出品,所有标准文件格式都采用 PDF 文件格式。国内外标准全文数据库包括:GB(中国国家标准)、HB(中国行业标准)、ANSI(美国国家标准)、ASME(美国机械工程师协会标准)、ASTM(美国材料与试验协会标准)、BS(英国国家标准)、DIN(德国国家标准)、IEC(国际电工委员会标准)、IEEE(美国电气与电子工程师协会标准)、ISO(国际标准化组织标准)、JIS(日本国家标准)、AF(法国国家标准)、UL(美国保险商实验室协会标准)以及国外其他的(API、ITU、UIC、ANSI/T 等等)国家和组织的标准。

登录扬州大学图书馆主页,点击"中文数据库",选择"标准数据库",进入戴特标准数据库系统(图6-3)。

图6-3　戴特标准数据库系统检索界面

检索页面左侧提供分类目录浏览检索功能,检索对话框提供标准号、中文名称、英文名称、分类号、发布日期、采用关系等6个检索字段。如选择标准名称,输入检索词"食品添加剂",即可检索出相关标准。在检索结果中点击所需标准的标准号,即可获得PDF格式的标准全文。

4. 国内标准信息网站

(1) 中国标准服务网国家标准文献共享服务平台(http://www.cssn.net.cn)

国家标准文献共享服务平台由国家质量监督检验检疫总局牵头,中国标准化研究院承担,向社会开放服务,提供标准动态信息采集、编辑、发布、标准文献检索、标准文献全文传递和在线服务等功能。该网站免费注册会员,会员登录可以获得强制性国家标准全文下载、行业标准信息检索等服务功能。

登录平台主页,点击"资源检索",网站提供强制性国家标准的检索与阅读、标准检索、技术法规检索、期刊检索、专著检索、标准内容指标检索等6种数据库。标准高级检索界面(图6-4)提供标准号、中文标题、英文标题、中文关键词、英文关键词、被代替标准、采用关系、中标分类号、国际分类号等9个检索字段人口,各字段之间可进行"与""或"逻辑组配。

图 6-4 中国标准服务网高级检索界面

（2）中国标准咨询网（http://www.chinastandard.com.cn）

网站收录的主要标准有：GB、GBJ、HB、ISO、IEC、EN、ANSI、BS、DIN、JIS、ASME、UL、IEEE 等国内外标准题录信息。该网站以付费会员制形式提供标准全文服务。网站高级检索（图 6-5）界面提供中文标准名称、发布日期、发布单位、实施日期、英文标准名称、采用关系、中国标准文献分类号、标准号等 8 个检索字段人口。各字段之间可进行"与""或"逻辑组配。

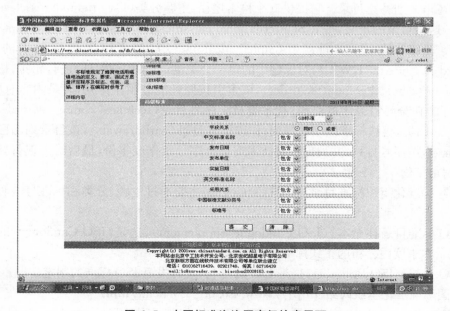

图 6-5 中国标准咨询网高级检索界面

6.3 国外标准信息检索

6.3.1 国际标准化组织标准

国际标准化组织(International Standardization Organization)简称 ISO,是一个全球性的非政府组织,是制定国际标准的国际性机构,成立于 1947 年 2 月,于 1951 年发布了第一个标准《工业长度测量用标准参考温度》。国际标准化组织的目的和宗旨是:"在全世界范围内促进标准化工作的开展,以便于国际物资交流和服务,并扩大在知识、科学、技术和经济方面的合作。"其主要活动是制定国际标准,协调世界范围的标准化工作,组织各成员国和技术委员会进行情报交流,以及与其他国际组织进行合作,共同研究有关标准化问题。ISO 是联合国经社理事会的甲级咨询组织和贸发理事会综合级咨询组织,此外,ISO 还与 600 多个国际组织保持着协作关系。中国是 ISO 创始成员国之一,也是最初的 5 个常任理事国之一。由于历史原因,1918 年 9 月中国标准化协会代表中国重新成为 ISO 正式会员。2008 年 10 月,中国成为 ISO 常任理事国。

国际标准由技术委员会(TC)和分技术委员会(SC)经过六个阶段形成。包括申请阶段、预备阶段、委员会阶段、审查阶段、批准阶段、发布阶段。若在开始阶段得到的文件比较成熟,则可省略其中的一些阶段。ISO 标准每 5 年重新修订、审定一次,目前 ISO 已经发布了 17 000 多个国际标准。

1. ISO 标准检索工具

《国际标准化组织标准目录》(ISO Catalogue)是检索 ISO 标准的主要检索工具,由国际标准化组织编辑出版,年刊,每年 2 月出版,用英文、法文对照本形式报导前一年全部现行标准,每年还出 4 期补充目录。它提供 5 个检索途径:主题分类(list of standards classified by subject),这是目录的正文,按 ICS(international classification of standard,国际标准分类法)标准分类表编排著录;字顺索引(alphabetical index),该索引采用标题中的关键词(keyword-in-context,KWIC),对标题中的每一个关键词(禁用词除外)进行轮排;标准序号索引(list in technical committee order),该索引按照标准号顺序排列,著录内容有标准号、TC 号、标准在分类目录中的页码;技术委员会序号目录(technical committee order),该目录先按 TC 归类,再按标准顺序号排列;作废标准目录(withdrawals),该目录列出已作废标准的标准号,按序号排列,并列出所属技术委员会序号及作废年份,最后给出现行标准的标准号及制定年份。

《国际标准化组织标准目录》(ISO Catalogue)主要通过主题、分类和标准号 3 种途径进行检索。

《ISO 标准目录补充本》(ISO Catalogue Supplement),这是《ISO Catalogue》的季度累积本,收录本季度内公布的正式标准和草案标准。

《ISO 通报》(ISO Bulletin),这是 ISO 的月刊,及时报道 ISO 标准的制定情况。

2. 国际标准化组织网站(http://www.iso.org/iso/home.htm)

该网站是发布 ISO 信息、检索 ISO 标准的权威官方网站。点击页面右上方的:"search",选择"advanced search",进入"高级检索"界面(图 6-6)。

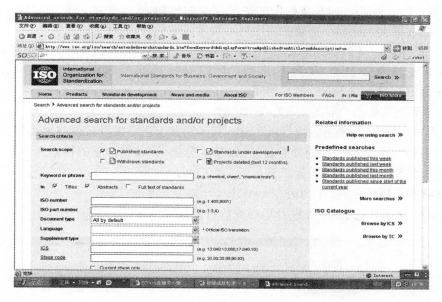

图 6-6　ISO 高级检索界面

该数据库提供关键词或短语(可选择在题名、文摘或全文中)、ISO 标准号、国家标准分号、文献类型、语种、补充类型、国家标准分类号(ICS)、标准状态代码、阶段截止日期、其他日期、委员会、分委员会等 12 个检索字段,各字段间默认为逻辑"与"运算关系。

检索结果为题录和文摘信息,需要全文可以订购。

6.3.2　国际电工委员会标准

国际电工委员会(International Electrotechnical Commission,简称 IEC)成立于 1906年,至今已有 100 多年的历史。它是世界上成立最早的国际性电工标准化机构,负责有关电气工程和电子工程领域中的国际标准化工作。

IEC 的宗旨是,促进电气、电子工程领域中标准化及有关问题的国际合作,增进各国间的相互了解。目前 IEC 的工作领域已由单纯研究电气设备、电机的名词术语和功率等问题扩展到电子、电力、微电子及其应用、通讯、视听、机器人、信息技术、新型医疗器械和核仪表等电工技术的各个方面。IEC 现在有技术委员会(TC)95 个;分技术委员会(SC)80 个。我国 1957 年参加 IEC,是 IEC 理事局、执委会和合格评定局的成员。

IEC 标准号的组成:①IEC ＋ 序号 ＋ 年号。如 IEC 434(1973),标准名称为"飞机上的白炽灯的 IEC 标准"。②IEC ＋ 序号(附加标记)＋ 年号。如 IEC871—1—1997,附加标记有两种:一是加数字,表示是该标准的分标准;二是加 A、B、C 等标记,以示与原标准有所区别。其他代码与 ISO 相同。

1. IEC 标准检索工具

(1)《IEC 标准出版物目录》(IEC Catalogue of IEC Publications)

该目录为年刊,由 IEC 中央办公室以英文、法文对照的形式编辑出版。它由两部分组成,提供两条检索途径,即标准号与主题词。

标准序号目录(number list of IEC publications)。

主题索引(subject index),按标准的主题词字顺排列,通过主题词查到对应的标准号。主题词分两级,即大主题和小主题。当用户不知道标准号时,可利用该索引。

《IEC Catalogue of IEC Publications》有对应的中文版,名为《国际电工标准目录》,该目录正文按 IEC 技术委员会(TC)号排列。后附有标准序号索引,其检索方法与《IEC Catalogue of IEC Publications》基本相同。

(2)《国际电工委员会年鉴》(IEC Yearbook)

记载内容与《IEC 标准出版物目录》一样,其区别在于它是按 IEC 的技术委员会(TC)的编号顺序排列的,是 IEC 标准的分类目录,以技术分类(TC)作为它的检索入口,它是《IEC 标准出版物目录》检索的辅助检索工具。

2. 国际电工委员会网站(http://www. iec. ch)

该网站是发布 IEC 信息,检索 IEC 标准的权威官方网站(图 6-7)。

图 6-7　IEC 主页

6.3.3　主要国家标准信息检索

1. 美国标准信息检索

美国国家标准学会(American National Standards Institute,简称 ANSI)负责制定与颁布美国国家标准。该协会建于 1918 年,是一个非赢利性质的民间标准化团体,但实际上已成为美国国家标准化中心,美国各界标准化活动都围绕它进行。它起着行政管理机关的作用。该学会本身很少制定标准,大约 4/5 的 ANSI 标准是从本国 70 多个专业团体所制定的专业标准中择取对全国具有重要经济意义的标准,经 ANSI 各专业委员会审核后升格为国家标准。已经提升为 ANSI 标准的专业标准也有可能会被取消。

美国国家标准化工作中最有影响的组织与团体有:联邦规范与标准(Federal Specification & Standards,简称 FS)、美国材料与试验协会(American Society for Testing and Materials,简称 ASTM)、美国机械工程师协会(American Society of Mechanical

Engineers，简称 ASME)、美国机动车工程师协会(Society of Automotive Engineers，简称 SAE)、美国电子电气工程师学会(Institute of Electrical and Electronics Engineers，简称 IEEE)、美国保险商实验室(Underwriters Laboratories，简称 UL)、美国全国防火协会(National Fire Protection Association，简称 NFPA) 、美国印刷电路学会(Institute of Printed Circuits，简称 IPC)。

ANSI 标准采用字母与数字相结合的混合标记分类法，目前共分为 18 个大类，每个大类之下再细分若干个小类，用一个字母表示大类，用数字表示小类。

美国国家标准号的构成如下：ANSI＋分类号＋小数点＋序号—年份，如：ANSI L 1.1—1981，标准名称为"Safety and Health Requirement for the Textile Industry"，"L1"在 ANSI 中代表纺织工程的分类号。

由行业标准升格为 ANSI 标准的构成形式"ANSI/原行业标准号—年份"，如：ANSI/AATCC 36—1981，标准名称为"Water Resistance：Rain Tent"。

美国标准检索工具有《美国国家标准目录》(Catalogue of American National Standards)，年刊，提供 3 条检索途径：①主题索引，按主题字顺排列；②分类途径，按分类字母顺序排列；③名称索引，按制定标准的行业协会的缩写字母顺序排列。

2. 日本标准信息检索

日本标准主要指日本工业标准(Japanese Industrial Standards，简称 JIS)，由日本通产省属下的日本工业标准调查会(Japanese Industrial Standard Committee，简称 JISC)制定。由日本标准协会负责发行。在国际上，JISC 代表日本参加国际标准化活动。

日本工业标准采用字母与数字相结合的混合标记分类法，用一个字母表示一个大类，共 17 个大类，大类之下再用数字细分为 146 个小类。但这些类别中不包含药品、化肥、农药、蚕丝、畜产、水产品和农林产品等，它们有另外的标准。

标准号的构成如下：JIS＋字母类号＋数字类号＋标准序号＋年份，如：JIS D 68 02—1990，其标准名称为"自动输送车辆的安全标准"。

日本标准检索工具：①《日本工业标准目录》(JIS 目录)，年刊，它包括分类目录和主题目录，分类目录按 JIS 的大类和小类的英文字母顺序排列；主题目录按日文的 50 音图字母顺序排列，供用户从分类途径和主题途径进行检索。②《日本工业标准年鉴》(JIS Yearbook)，是英文版的总目录，我国有不定期的中文译本。

3. 英国标准信息检索

英国国家标准(British Standard，简称 BS)，由英国标准学会(British Standards Institution，简称 BSI)负责制定。该学会成立于 1901 年，是世界上成立最早的国家标准化机构，它不受政府控制但得到了政府的大力支持。英国标准学会机构庞大而统一，其下设立有 300 多个技术委员会和分委员会。它的标准每 5 年复审一次。英国标准在世界上有较大影响，因为英国是标准化先进国家之一，它的标准为英联邦国家所采用，所以英国标准受到国际上的重视。

英国国家标准号的构成如下：①BS＋顺序号—年份，如 BS 1069—1997，其名称为"棉制帆布传送带标准"。②BS＋顺序号＋分册号—年份，如 BS 6912 pt.2—1993，其名称为"土方机械安全(第二部分)"。

检索英国国家标准的主要工具是《英国标准学会目录》(BSI Catalogue)，年刊，原名为

140

《英国标准年鉴》(British Standard Yearbook)。英国标准不分类,该目录可以从 BS 标准顺序号和主题途径进行检索。

4. 德国标准信息检索

德国国家标准由联邦德国标准学会(Deutsches Institut fur Normung,简称 DIN)制定。东西德国统一之后,DIN 标准已取代了东德国家标准(TFL),成为全德统一的标准。DIN 是一个经注册的私立协会,大约有 6 000 个工业公司和组织为其会员。目前设有 123 个标准委员会和 3 655 个工作委员会。

DIN 标准号构成如下:DIN+顺序号—年份,如 DIN 13208—1985。

DIN 的主要检索工具为:①《DIN 技术规程目录》(DIN Katalog fur Technische Regein),年刊,该目录采用德、英文对照形式。该目录除收录 DIN 标准之外,还收录国内其他机构出版的标准与技术规程,以及各州政府部门公布的技术法规。该目录正文采用 UDC 分类法编排,目录后附有德、英文主题索引和标准顺序号索引。②《英文版联邦德国标准目录》(DIN Catalogue——English Translations of German Standards),年刊,该目录收录近 4 000 个译成英文的德国标准,按 UDC 分类编排,并附有序号索引和主题索引等。

思考与练习

1. 什么是标准? 标准有哪些类型?
2. 标准文献的特点与作用是什么?
3. 如何检索中国国家标准和行业标准信息?
4. 如何获取中国国家标准全文?
5. 如何获取 ISO、IEC 标准信息?

第7章 学位论文、会议文献、科技报告信息检索

7.1 学位论文信息检索

7.1.1 学位论文概述

学位论文是学位申请者为申请学位而提交的论文,分为学士、硕士和博士学位论文。学位论文,尤其是博士学位论文,具有相当的学术价值,但其首要的作用还是为授予学位提供依据。学位论文要经过考核和答辩,无论是论述还是介绍实验装置、试验方法等都要十分详尽。要求既充分表达作者的研究成果,又反映作者获取知识和进行科学研究的能力,因此篇幅比较长。

1. 学位论文的特点

学位论文写作是本科生和研究生从事科学研究活动的主要内容,也是检验其学习效果,考察其学习能力、科学研究能力及学术论文写作能力的重要参照。学位论文开题及写作对于接受高等教育的大学生,尤其是硕士以上的研究生具有极其重要的意义。

学位论文的写作不同于一般的论文写作,它的要求更多、更严谨,而且学位论文写作已经形成一套完整的、规范化的操作程序,比如论文写作之前要做开题报告,写作中应该注意结构、观点、措辞等诸多方面。具体说来,学位论文的特点可以概括为以下几点:

具备一定规模与学术性。学位论文不同于一般的学术论文,一般的学术论文只要有一定的创造性意见,达到几千字的规模即可成文。学位论文则是对本科生或研究生多年学习成果及科研能力的检验,是要体现多年积累的学术科研水平的,所以其选题和规模均有相关规定。这些规定视不同院校而有所差别,不过学术性的要求是共同的、第一位的,而在规模方面,首要的衡量指标是论文字数。以国内大学为例,一般本科生的论文应达到 1 万字左右,硕士研究生论文 2 万~4 万,博士研究生论文则应达到 5 万字以上,当然根据学科不同字数要求也有差别。

结构严谨、观点明确。学位论文一般是经过较长时间的资料收集、经过慎重的选题而确定的观点较为成熟的作品,它不是概况介绍或调查报告、总结及争鸣一类的文章,而一定是作者深思熟虑之作,因而要求学位论文一定要观点明确、结构严谨。观点明确并不一定是正确的,只要鲜明、独立即可;而严谨的结构则体现在章节安排、段落层次以及上下文衔接等方面。

语言规范、措辞得当。学位论文虽属于非正式出版物,但其用语要求却等同于正式的出版物,即一定要规范。对于数字、标点、章节编号等要求均符合书写标准;要尽量使用书面语言,摒除口头用语;要避免出现敏感字眼和毫无根据的绝对性判断句等。

2. 学位论文的目的和要求

从目前我国学位制度看,学位论文是衡量作者是否达到一定学术水平的重要标志。无

论是本科生或是硕士研究生,学完规定课程后,都必须通过合格的毕业论文来获取学位证书。不同层次的学位论文,对作者有着不同的要求。

对于本科生,学位论文的基本要求应当是通过论文的写作,反映出作者运用在大学期间所学到的基本理论与知识,分析本学科某一问题的水平和能力。当然,通过毕业论文的写作,也是对本科生文字表达水平的考核。从对本科生的培养目标看,写论文是为了培养学生独立分析问题和解决问题的方法与能力,学习学术研究的方法,为将来从事实际工作或学术研究打基础。

硕士学位论文的写作,是硕士阶段最主要的科学研究实践活动,也是培养其独立科研能力和实际工作能力的有效手段。论文应反映出作者较高的分析和解决本学科基本理论和专业问题的水平与能力;同时,也应体现出一定的科研水平,如果有自己独创性的见解,则更为可贵。

总的说来,确定一篇学位论文的质量,应以国内相同专业发展程度为依据,以国际相同专业的发展程度作为参考。具体地说,可以从论文的创造性、理论和应用价值、选题难度、思想深度、内容可靠度、研究方法、文风、逻辑性和写作技巧等方面作为评估的客观标准。

7.1.2　学位论文信息检索

1. 国内学位论文数据库的检索

（1）中国知网中国博士学位论文全文数据库和中国优秀硕士学位论文全文数据库

中国知网(CNKI)的中国博士学位论文全文数据库和中国优秀硕士学位论文全文数据库是中国知识资源总库系列数据库之一,内容涉及哲学与人文社会科学、自然科学等领域。全文收录 1999 年至今,全国 420 家博士点和具有博士授予资格单位及 652 家硕士点的不涉及国家机密和重大技术机密的博、硕士学位论文。内容分为 10 大专辑,168 个专题和近3 600 个子栏目,内容每日更新,是目前国内相关资源最完备、质量最高、连续动态更新最快的学位论文数据库。

检索方法:通过中国知网(Http://www.cnki.net),在中国知识资源总库列表中,点击

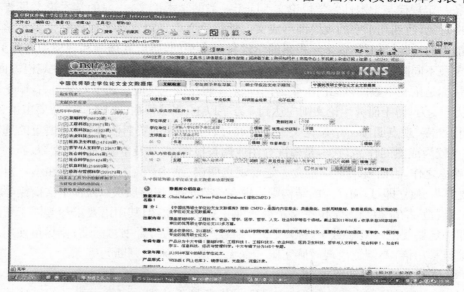

图 7-1　中国知网中国博、硕学位论文全文数据库检索页面

中国博士学位论文全文数据库或中国优秀硕士学位论文数据库,即进入相应的检索界面(图7-1)。系统提供的检索方式分为初级检索、高级检索和专业检索3种方式。

① 初级检索

从CNKI首页选中中国博士或硕士学位论文全文数据库后,系统默认的检索方式就是初级检索方式,页面左侧为导航区,用来帮助确定检索的专辑范围。初级检索的步骤如下:选取类目范围、选取检索字段、输入检索词、选择各项限制检索条件。

选取类目范围:在导航区的各专辑名称上单击,可以打开某专辑并查看其下一层的类目,直到找到需要的类目并在类目范围前的复选框中打"√",或者单击"全选"按钮,选择所有的类目范围。

选取检索字段:在"检索项"下拉列表中选取要进行关键词检索的限定字段,这些字段有题名、主题、关键词、摘要、作者、作者单位、导师、第一导师、导师单位、网络出版投稿人、论文级别、学科专业名称、学位授予单位、学位授予单位代码、目录、参考文献、全文、中图分类号、学位年度、论文提交日期、网络出版投稿时间。完成选择后,下一步的检索工作将在选中的字段中进行。

输入检索词:在检索词文本框中输入关键词,关键词为检索字段中出现的关键单词。

选择各项限制检索条件:时间、更新、范围、匹配、排序。

如果希望进一步缩小检索结果的范围,可以选中初级检索页面中的"在结果中检索"复选框,并在检索词输入文本框中输入新的检索词,单击"检索"按钮,即可在前次检索结果的基础上进行进一步缩小检索结果范围的检索。

② 高级检索

利用高级检索能进行快速有效的组合查询,查询结果冗余少,命中率高。

单击右上方转换工具条中的"高级检索",进入高级检索页面(图7-2)。高级检索页面列出多个检索词输入框和多个检索项下拉列表,检索项之间可以进行布尔逻辑组配,以实现

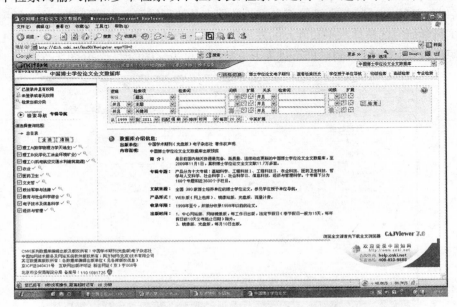

图7-2 中国知网中国博、硕学位论文全文数据库高级检索页面

复杂概念的检索,提高检索的效率。系统默认的逻辑关系是"并且"。高级检索同样可以进行检索的时间跨度、更新、范围、匹配和检索结果的排序方式选择。

③ 专业检索

专业检索允许用户按照自己的需要组合逻辑表达式,进行更精确的检索。例如若想检索篇名中包括"企业"并且关键词为"结构调整"的文献,可以在专业检索页面的检索框中直接输入"TI=企业 and KY=结构调整"。

④ 检索示例

通过中国知网旗下中国期刊网中国博、硕学位论文全文数据库,检索 2010 年以来,"经济史"方面的硕士学位论文,要求文章作者的单位是"扬州大学"。检索的具体步骤是:

登陆检索系统,进入中国硕士学位论文全文数据库高级检索页面。

在高级检索页面第一个检索项下拉列表中选择"主题"检索项,检索词文本框中输入"经济史";在第二个检索项下拉列表中选择"单位"检索项,检索词文本框中输入"扬州大学",两个检索项之间的逻辑组配关系是"并且"。

检索的限定条件是检索的时间跨度,检索的起始时间是 2010 年,单击"检索"按钮,进入检索结果页面。

本次检索符合检索式的检索结果有一条。若单击所选论文的篇名链接,可得到该论文的摘要、作者、作者单位、参考文献等其他详细信息,单击详细信息页面中的"整本下载"或"在线阅读",可对全文进行阅读研究。

(2)万方数据知识服务平台学位论文资源

万方数据知识服务平台学位论文资源(Http://www.wanfangdata.com.cn)是全文资源,收录自 1980 年以来我国各高等院校、研究生院以及研究所的硕士、博士以及博士后论文共计 136 万余篇。其中 211 高校论文收录量占总量的 70% 以上,每年增加约 20 万篇。数据内容包括:论文题名、作者、专业、授予学位、导师姓名、授予学位单位、馆藏号、分类号、论文页数、出版时间、主题词、文摘等信息。该数据库从侧面展示了中国研究生教育的庞大阵容以及中国科学研究的整体水平和巨大的发展潜力。在万方数据知识服务平台,点击主页界面上的资源栏目"学位论文"链接,即可进入万方数据学位论文的检索界面(图 7-3)。

图 7-3　万方数据知识服务平台中国学位论文全文数据库主页

检索方法：检索字段包括论文题目、作者姓名、学科专业、导师姓名、学位级别、授予单位、学位年度、中图分类号、关键词和馆藏号等等。提供的检索方式主要有简单检索、高级检索、经典高级检索和专业检索等。

① 简单检索

简单检索是万方中国学位论文全文数据库默认的检索方式。在简单检索页面上，学科专业目录分为：哲学、经济学、法学、教育学、文学、历史学、理学、工学、农学、医学、军事学、管理学12个类目，下面还进一步细分为二级或三级类目，以供用户逐级浏览。检索时，用户在简单检索的对话框输入恰当的检索词，单击"检索"即可。

② 高级检索

高级检索页面中，用户可以在标题、作者、导师、关键词、摘要、全文、学校、专业、发表日期、论文类型、排序等字段对话框中进行填写选择，进而对检索结果加以限制。

③ 经典高级检索

万方学位论文数据库的经典高级检索页面中，用户可以利用标题、作者、导师、学校、专业、中图分类、关键词、摘要、全文这几个字段中利用6个对话框对检索进行限制。

④ 专业检索

专业检索页面（图7-4）。专业检索页面的"检索表达式"输入框来输入表达用户检索提问的检索式，通常由检索词和逻辑运算符、截词符及系统规定的其他符号组成。常用的符号有3种。

图7-4　万方数据知识服务平台中国学位论文全文数据库专家检索页面

精确检索符号（""）。如果检索词中含有空格、括号、逻辑算符（"＊""＋"）、截词符（＄）等，或以数字符号开始的检索词必须使用双引号（""）括起来，以免产生错误。

布尔逻辑算符。多个检索词之间根据逻辑关系使用 or 或 and 链接。

字段限制符。系统提供的字段限制符有 ttitle、creator、source、key words 和 abstract

等,还可以使用排序字段限制符,如 core rank、cited count、date 和 relevance 等。

⑤ 检索示例

利用万方数据库资源系统的"学位论文数据库",查询近十年来有关"信息伦理学"方面的学位论文。

首先进入万方数据库资源系统,选择"学位",进入学位论文数据库。

万方默认的简单检索界面,在对话框中输入"信息伦理学"。按"检索"按钮。

符合检索要求的结果有 5 条。

在检索结果的左边,按照学科分类、授予学位类型、年份进行了分类。使用时可以根据需要按照这些提示进行进一步限制检索。

(3) CALIS 的高校学位论文数据库

中国高等教育文献保障系统(CALIS)高校学位论文数据库收录子项目由清华大学承建。到目前为止收录了包括北京大学、清华大学等全国著名大学在内的 83 个 CALIS 成员馆的硕士、博士学位论文,有 70 多家建立了本地学位论文提交和发布系统。

检索方法:键入网址 http://opac.calis.edu.cn,登录到 CALIS 联机公共数据库查询系统主页,选择学位论文数据库。提供简单检索和复杂检索两种方式。

① 简单检索

简单检索(图 7-5)提供论文摘要、作者、中文题名、外文题名、导师、论文关键词就、学校 7 个检索字段,还提供检索限制和检索结果的显示设置。

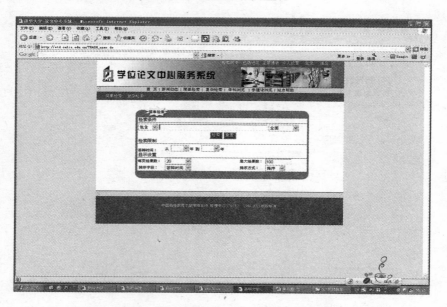

图 7-5 CALIS 高校学位论文数据库简单检索页面

② 复杂检索

复杂检索页面,提供了 4 个检索框,可以在 4 个检索框中选择不同的检索字段(有论文摘要、作者、中文题名、外文题名、导师、论文关键词、学校 7 个字段),输入检索词以及选择检索词出现的形式、组配方式等,来完成复杂检索。复杂检索还提供检索限制和检索结果的显示设置。

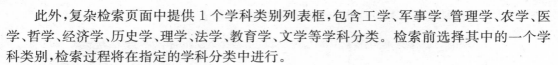

此外,复杂检索页面中提供 1 个学科类别列表框,包含工学、军事学、管理学、农学、医学、哲学、经济学、历史学、理学、法学、教育学、文学等学科分类。检索前选择其中的一个学科类别,检索过程将在指定的学科分类中进行。

（4）国内其他学位论文数据库

① 中国国家图书馆（NLC）馆藏博士论文库

该库(http://res4. nlc. gov. cn/home/index. trs? channelid=3)是国务院学位委员会指定的全国唯一负责全面收藏和整理我国学位论文的专门机构,也是人事部专家司确定的唯一负责全面入藏博士后研究报告的专门机构。此外,该中心还收藏部分院校的硕士学位论文、台湾地区博士学位论文和部分海外华人华侨学位论文。

② 北京大学学位论文库

该库(http://fulltext. lib. pku. edu. cn/was40/searchbrief. htm)收藏了该校学生毕业论文,包含了 1985—2003 年的学位论文的书目信息和部分文摘信息,部分获得授权论文可以提供浏览全文。

③ 清华大学学位论文服务系统

该库(http://etd. lib. tsinghua. edu. cn:8001/xwlw/index. jsp)收录了清华大学 1980年以来的所有公开的学位论文文摘索引。1986 年以来的论文绝大部分可以看到全文。为保护版权,学位论文全文为加密的 PDF 格式,需下载"阅读器插件"才能阅读,保存在本地的论文只能在本机阅读,不能通过邮件转发或复制到其他机器阅读。

④ 香港大学在线学位论文

香港大学在线学位论文网站(http://hub. hku. hk/handle/10722/1057),收录香港大学1941 年以来的 15 670 篇博硕学位论文文摘,其中 13 763 篇可以查看全文。

2. 国外学位论文数据库的检索

（1）PQDT

PQDT(ProQuest Dissertations & Theses)是美国 ProQuest 公司(原名 UMI 公司)出版的博硕士论文数据库,主要收录了来自欧美国家 2 000 余所知名大学的优秀博硕士论文,是目前世界上最大和最广泛使用的学位论文数据库。ProQuest 公司的博硕士论文文摘数据库(PQDT—A、B)可以提供自 1861 年至今的 160 万多篇博硕士论文的文摘信息,每年新收录的论文数量超过 6 万篇,确保用户可以检索到最新的论文信息。ProQuest 公司还向用户提供这些论文的前 24 页内容免费预览。

为了满足用户对博士论文全文的广泛需求,CALIS 组织了 PQDT 集团订购,建立了ProQuest 学位论文全文检索系统,并在北京大学图书馆(CALIS 全国文理中心)、上海交通大学图书馆和中国科技信息研究所(中信所)建有 3 个镜像站。如果参加了 CALIS 团购的用户,通过单位镜像站的链接,或者通过合法身份认证的 IP 地址,就可以进入其主页检索、浏览或下载学位论文全文。目前中国集团可以共享的论文已经达到 304 781 篇,涉及文、理、工、农、医等多个领域,是学术研究中十分重要的信息资源。

① 浏览检索

在主页界面上(图 7-6),默认检索界面即为浏览检索界面,浏览提供按学科浏览。该浏览方式是按照学科名称的字母顺序列出学科列表,单击相应学科名称链接,可以查看世界各地、各学校在该学科领域的论文出版情况。在每层列表项后面都有"查看文档"链接,单击

"查看文档"链接科技查看数据库中收录该学科的论文情况。

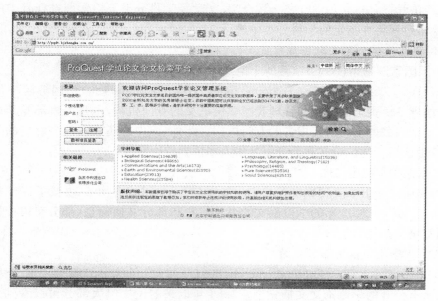

图 7-6　PQDT 学位论文数据库简单检索页面

② 高级检索

如果需要进行更为复杂的检索时,可以点击"advanced"按钮进入高级检索。高级检索界面(图 7-7)提供了标题、摘要、学科、作者、学校、导师来源、ISBN、出版号检索字段,并支持使用逻辑算符检索技术、截词检索技术和位置算符检索技术,还可以在同一页面中对论文的出版年度和语种进行限制。

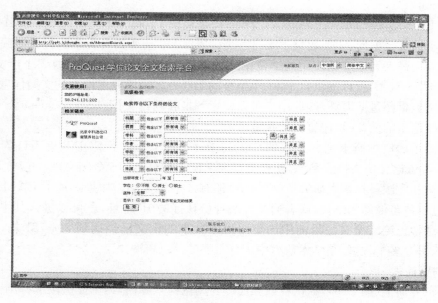

图 7-7　PQDT 学位论文数据库高级检索页面

高级检索规则：

系统支持布尔逻辑检索。采用布尔逻辑算符 and(与)，or(或)，not(非)链接检索词。

位置算符。W/n 表示两词间距小于 n 个单词，且前后位置任意；Pre/n 表示两词间距小于 n 个单词，且前后位置不变。

截词检索。采用" * "，放在词尾，可以检索到截词符为止的前几个字母相同的所有词。采用问号"?"可替代一个字母。

词组检索。若要进行词组匹配检索，应使用双引号表示，但两个单词组成的词组无需用双引号，系统默认为词组检索。

字段限定。高级检索中字段限定的一般形式为：(字段检索标志＝检索词)。

通过系统的帮助功能，可以了解更多检索规则的信息。

③ 检索示例

利用 PQDT 数据库，检索"2010—2011"年间，"达拉斯大学"(The University of Texas at Dallas)的学生撰写的"高分子材料"(Polymer)方面的全部学位论文情况，并构造符合检索条件的检索式。

检索步骤如下：

进入数据库高级检索界面，选择检索字段和输入检索词。针对检索课题的要求，在(图 7-7)高级检索页面中，选择学校、学位和学科名 3 个检索字段，在各个检索字段对应的文本框中输入检索词"The University of Texas at Dallas"和"Polymer"，选择检索词之间的逻辑组配为并列关系，同时在日期范围列表中选择检索的时间范围为"2010—2011"，然后单击"检索"按钮进行检索并获得检索结果。

在检索结果的题录格式页面的上方，可以获取本次检索任务的检索式，即"cat：(Pure Sciences，Chemistry，Polymer) sch：("The University of Texas at Dallas") and year：(2010—2011)"。本次检索获得 1 条命中记录。

(2) NDLTD 学位论文数据库

NDLTD(networked digital library of theses and dissertations)是由美国国家自然科学基金支持的一个网上学位论文共建共享项目，利用 Open Archives Initiative(OAI)的学位论文联合目录，为用户提供免费的学位论文文摘，还有部分可获取的免费学位论文全文。目前全球有 170 多家图书馆、7 个图书馆联盟、20 多个专业研究所加入了 NDLTD，其中 20 多所成员已提供学位论文文摘 7 万多条，可以链接到的论文全文大约有 30 000 篇。

和 ProQuest 学位论文数据库相比，NDLTD 学位论文库的主要特点就是学校共建、共享，可以免费获取。另外由于 NDLTD 的成员馆来自全球各地，所以覆盖的范围比较广，有德国、丹麦等欧洲国家和中国香港、中国台湾等地区的学位论文。但由于文摘和可获取的全文都比较少，适合作为国外学位论文的补充资源利用。

检索方法：登录 http：//www.ndltd.org，NDLTD 提供快速检索(quick search)和快速浏览(quick browse)两种检索方式。

快速检索。提供一个检索词输入框，输入检索词后单击 Go 按钮，即可实施检索。

快速浏览。快速检索提供机构(institution)列表、年份(year)列表和排序(sort by)列表，可以在不同的列表中进行选择并单击"Browse"按钮来获取检索结果。

7.2 会议文献信息检索

7.2.1 会议文献概述

会议文献(conference literature)是指在各类学术会议上形成的资料和出版物,包括会议论文、会议文件、会议报告、讨论稿等。其中会议论文是最主要的会议文献,许多学科中的新发现、新进展、新成就以及所提出的新研究课题和新设想,都是以会议论文的形式向公众首次发布的。

会议文献具有以下特点:专业性强、学术水平高;内容新颖、及时;信息量大、专业内容集中;可靠性高;出版形式灵活等。会议文献作为一种主要的科技信息源,其重要性和利用率仅次于科技期刊。

会议文献按照出版时间分为会前文献、会中文献、会后文献。

会前文献(preconference literature)。会前文献一般是指在会议进行之前预先印发与会代表的论文预印本(preprints)、论文摘要(advance abstracts)或论文目录。议程和发言提要、会议近期通讯或预告等。有些会议只出版预印本,会后不再出版会议录,在此情况下,预印本就是唯一的会议资料。

会中文献(literature generated during the conference)。会议文献包括开幕词、讲演词、闭幕词、讨论记录、会议简报、决议,也包括一些在开会期间发给参与者的论文预印本和论文摘要等。

会后文献(post conference literature)。会后文献主要指会议结束后正式发表的会议论文集,它是会议文献中的主要组成部分。会后文献经过会议的讨论和作者的修改、补充,其内容通常会更完整更准确。常见的会后文献形式有:会议录(proceeding)、会议论文集(symposium)、学术讨论论文集(colloquium papers)、会议论文汇编(transactions)、会议记录(records)、会议报告集(reports)、会议论文集(papers)、会议出版物(publications)、会议辑要(digest)等。

会议文献按出版形式划分为图书、期刊、科技报告、视听资料。

7.2.2 会议文献信息检索

根据会议文献自身的特点,用户主要通过以下两种途径来检索相关信息:一是直接根据会议文献的特征索取某篇会议论文,常用的检索途径包括论文题名、关键词、作者、分类号等;二是通过某届会议的举办特征检索这届会议上的相关信息和文献,通常使用会议名称、主办单位、会议时间、会议地点、出版单位等,此种检索途径要求对会议的举办及会议文献的出版事项比较了解。

1. 国内会议文献检索系统

(1) 中国重要会议论文全文数据库

中国知网(CNKI)的中国重要会议论文全文数据库的文献是由国内外会议主办单位或论文汇编单位书面授权并推荐出版的重要会议论文。重点收录1999年以来,中国科协系统及国家二级以上的学会、协会、高校、科研院所、政府机关举办的重要会议以及在国内召开的国际会议上发表的文献。其中，国际会议文献占全部文献的 20％以上，全国性会议文献超过总量的 70％，部分重点会议文献回溯至 1953 年。截至 2011 年 6 月，已收录出版国内外学术会议论文集近 16 300 本，累积文献总量 150 多万篇。

检索方法：该库提供快速检索、标准检索、专业检索、作者发文检索、科研基金检索、句子检索和来源会议检索 7 种方式。

① 快速检索

从 CNKI 首页选中"中国重要会议论文全文数据库"后，单击菜单中"快速检索"后，页面左侧为导航区，用来帮助确定检索的专辑范围。

选取类目范围：在导航区的各专辑名称上单击，可以打开某专辑并查看其下一层的类目，直到找到需要的类目并在类目范围前的复选框中打"√"，或者单击"全选"按钮，选择所有的类目范围。

在右侧快速检索文本框中输入检索词，单击"快速检索"。

如果希望进一步缩小检索结果的范围，可以在初步检索结果页中选中"在结果中检索"复选框，并在文本输入框中输入新的检索词，单击"快速检索"，即可在前次检索结果的基础上进行进一步缩小检索结果范围的检索。

对于检出的文献可以按照学科类别、会议论文集、主办单位、自主基金、研究层次、文献作者、作者单位、关键词、发表年度和不分组方式进行限制检索。

② 标准检索

标准检索是该库默认的检索方式。利用标准检索能进行快速有效的组合查询，查询结果冗余少，命中率高。

标准检索页面（图 7-8），分为输入检索控制条件和输入内容检索条件两部分，列出多个检索词输入框和多个检索项下拉列表，检索项之间可以进行 and（并且）、or（或者）、not（不包含）3 种布尔逻辑组配，以实现复杂概念的检索，提高检索效率。系统默认的逻辑关系是"并且"。标准检索可以按照会议召开时间、相关度、被引频次和下载频次进行排序。在初次检索结果的基础上可以进行"在结果中检索"。

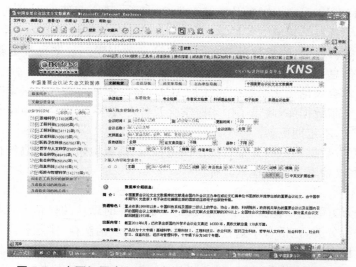

图 7-8　中国知网中国重要会议论文全文数据库标准检索页面

③ 专业检索

专业检索允许用户按照自己的需要组合逻辑表达式,进行更精确的检索。例如若想检索篇名中包括"企业"并且关键词为"结构调整"的文献,可以在专业检索页面的检索框中直接输入"TI=企业 and KY=结构调整"。

④ 作者发文检索

在该检索页面上有 3 个固定检索项:作者姓名、第一作者姓名和作者单位。其中作者单位可自行增加至 4 项。

⑤ 科研基金检索

在该检索页面的对话窗口可以输入基金名称,全称、简称、曾用名均可。

⑥ 句子检索

在该页面上,可以通过输入文章内容中包含的字句的方式检索文献。可设定字句出现在全文的同一句或同一段中,最多可将检索项增加至 2 项。

⑦ 来源会议检索

该页面上输入检索对话框包括会议时间、会议名称、会议级别(国际、全国、地方)、主办单位以及网络出版投稿人。

检索示例:通过中国重要会议论文数据库检索复旦大学俞吾金在各类学术会议上发表的论文。

在作者发文检索页面,选中"作者姓名"字段,在字段对话框中输入"俞吾金"。选中作者单位字段,输入"复旦大学"。

单击"检索文献"按钮,符合检索条件的结果有 18 条。按照不同的分组浏览,将可以对检索到的文献进行多角度分析整理。

(2) 万方数字知识服务平台会议论文数据库

万方数字知识服务平台会议论文数据库(Http://www.wanfangdata.com.cn)包括中文会议名录数据库、中国学术会议论文文摘数据库、中国医学学术会议论文文摘数据库和SPIE 会议文摘数据库,可以通过万方知识服务平台的网站免费检索。

中国学术会议论文文摘数据库(CACP)。该数据库由中国科学技术信息研究所于 1985年建立,收录了 1980 年以来由国际及国家级学会、协会、研究会组织召开的自然科学、工程技术、农林、医学等各科学领域的各种学术会议上的论文,每年涉及上千个重要的学术会议,是目前国内收集学科最全,收集数量最多的会议论文数据库。数据每月更新。非注册用户仅可以浏览简要信息,而获取论文文摘及全文需支付一定的费用。

中国医学学术会议论文文摘数据库(CMAC)。该数据库是解放军医学图书馆收集建立的医学学术会议文献数据库,收录了中华医学会及各专业学会、协会等单位每年召开的医学学术研讨会的论文,不定期更新。

检索方法:万方数据知识服务平台提供浏览检索、高级检索方式。高级检索下又细分为高级检索、经典高级检索和专业检索 3 种。

① 浏览检索

浏览检索是万方数据知识服务平台会议论文数据库时默认的检索方式(图 7-9)。它首先将学术会议进行分类,包括哲学宗教、社会科学总论、政治法律、生物科学、医药卫生、航空航天等 20 个类目。其下还按照年度进行二级分类。还按照会议主办单位分为 12 个类目,包括科协系统、学会、协会、高等院校、科研机构、企业、医院、出版机构、重点实验室、重点研究基地、党政机关和其他 12 个类目。

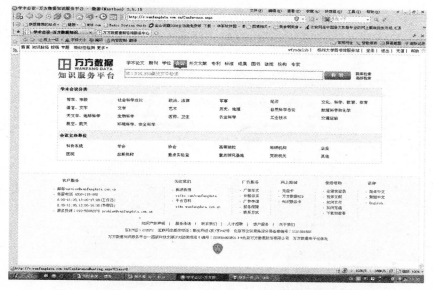

图 7-9 万方数字知识服务平台会议论文数据库浏览检索页面

② 高级检索

在高级检索页面,用户可以在标题、作者、期刊/会议名称、关键词、摘要、全文等字段对检索进行限制,还可以进一步通过发表/出版时间、排序、被引次数等条目限制检索。

在经典高级检索页面,用户可以通过标题、作者、作者单位、中途分类和关键词字段限制检索。

③ 专业检索

专业检索页面的"检索输入表达式"输入框来输入表达用户检索提问的检索式,通常由检索词和逻辑算符、截词符及系统规定的其他符号组成。

④ 检索示例

利用万方数字知识服务平台会议论文数据库检索 2008 年中国历史地理国际学术研讨会收录的论文。

首先进入万方数字知识服务平台,选择"会议"进入会议论文数据库。在学科分类中单击"历史和地理",选择 2008 后,页面收录了两场会议论文集,单击"2008 中国历史地理国际学术研讨会"。符合检索条件的记录共有 51 条。

(3) 中国会议论文数据库

国家科技图书文献中心(NSTL)的中国会议论文数据库(Http://www.nstl.gov.cn)收录了 1985 年以来我国国家级学会、协会、研究会以及各省、部委等组织召开的全国性学术会议论文。数据库的收藏重点为自然科学各专业领域,每年涉及 600 余个重要的学术会议,年增加论文 4 万余篇,每季度或每月更新。

外文会议论文数据库主要收录了 1985 年以来世界各主要学会、协会、出版机构出版的学术会议论文,部分文献有少量回溯。学科范围涉及工程技术和自然科学各专业领域。每年增加论文约 20 余万篇,数据每周更新。

检索方法:在国家科技图书文献中心主页上选中会议,进入中国会议论文数据库(图

7-10)。检索方法：首先选择检索字段，输入检索词，各检索词之间可进行布尔逻辑运算；其次选择相应的数据库也可以跨库选择；再次，设置查询的限制条件，比如馆藏范围、时间范围等，推荐使用默认条件。最后点击"检索"按钮进行检索。

图7-10　中国会议论文数据库检索页面

（4）国内其他会议文献检索系统

中国学术会议在线（图7-11），是经教育部批准，由教育部科技发展中心主办，面向广大科技人员的科学研究与学术交流信息服务平台。该平台将分阶段实施学术会议网上预报及在线服务、学术会议交互式直播/多路广播和会议点播三大功能。为用户提供学术会议信息预报、会议分类搜索、会议在线报名、会议论文征集、会议资料发布、会议视频点播、会议同步直播等。为高校提供了一个较好的学术交流平台。

图7-11　中国学术会议在线主页

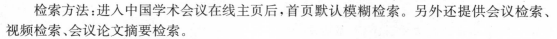
检索方法：进入中国学术会议在线主页后，首页默认模糊检索。另外还提供会议检索、视频检索、会议论文摘要检索。

2. 国外会议文献检索系统

（1）ISI 会议录数据库

ISI Proceedings 汇集了世界上最新出版的会议录资料，包括专著、丛书、预印本以及来源于期刊的会议论文，提供了综合全面、多学科的会议论文资料，是唯一能够通过 web 直接检索 12 000 多种国际上主要的自然科学、工程技术、社会科学和人文学术方面会议录文献的多学科数据库，汇集了全球学术领域内的会议、座谈会、研讨会及其他各种会议中发表的会议录文献，提供会议文献的书目信息、著者摘要（提供 1997 年以来的摘要），从 2002 年底开始提供 1999 年以来会议文献的参考文献列表，会议录文献回溯到 1990 年。

ISI Proceedings 数据库通过 ISI Web of Knowledge 平台提供检索，每周更新。在 ISI Web of Knowledge 平台的支持下，ISI Proceedings 建立了与许多文献资源的链接，比如 ISI Web of Science、INSPEC、BIOSIS Previews、CAB Abstracts 以及其他出版机构的全文数据库、图书馆馆藏 OPAC 系统等。ISI Proceedings 还提供了论文所引用的参考文献，以及与 ISI Web of Science 整合的参考文献连接与浏览。

检索方法：ISI Proceedings 数据库除检索页面中提供的快速检索（quick search）外，还提供普通检索（general search）和高级检索（advanced search）两种检索方式。

① 普通检索

普通检索是通过输入由布尔逻辑算符（not、and、or）、位置算符（same）、括号（）、精确检索符号（""）和截词算符（＊，？，＄）等所连接的关键词或词组，来实施特定主题的信息检索的一种方式。普通检索页面提供的主要检索字段主要包括

题名（topic）。题名字段检索在文章的标题、关键词以及文摘中进行，可以限定仅在标题中进行。该字段中提供更多示例 more examples 链接，为用户提供参考和帮助。

作者名称/团体作者名称（author/group author）。该字段提供按作者名称或团体作者名称进行检索，字段中还提供"author index"和"group author index"索引链接。

来源文献名称（source title）。提供按来源文献名称进行检索，字段中还提供"full source titles list"链接，供用户从全部来源文献的名称列表中进行查找和选择。

出版年（publication year）。供输入 4 位的检索年份，或者检索年份构成的时间段。

会议（conference）。提供按会议名称（conference title）、地点（location）、日期（date）、主办机构（sponsor）等进行检索。字段中也提供"more examples"链接。

会议录论文作者地址（address）。该字段供用户键入论文作者所在机构的地址缩写进行检索，还可以通过单击字段中的 abbreviations help 链接，核查和选择地址缩写。

普通检索页面还提供语种和文献类型限制（restrict research by languages and document types）选项，可以对检索结果进行进一步限制。

② 高级检索

高级检索可以将多个字段或历次检索步骤号码进行组配来构造检索式实施检索。用户既可以参照检索页面右上方提供的字段标识符（field tags）和布尔逻辑算符（booleans）构造检索式，也可以在"search history"显示框中选择不同的检索步骤号码，并选中显示框中的 and 或 or 组配构造检索式。单击"result"栏中的命中结果数量，即显示检索结果

列表。

（2）美国会议论文索引（CPI）数据库

《会议论文索引》（Conference Papers Index，CPI）由美国数据库快报公司于 1973 年创刊，原名为《近期会议预报》（Current Programs），1978 年改为现名，月刊。1981 年改由美国剑桥科学文摘社（Cambridges Scientific Abstracts Co.，CSA）编辑出版。从 1987 年起改为双月刊。本索引每年报道约 72 000 篇会议论文，及时提供有关科学、技术和医学方面的最新研究建站信息。《会议论文索引》现刊本包括分类类目表（citation section）、会议地址表（conference location）、正文和索引等部分。

美国会议论文索引数据库是《会议论文索引》（CPI）的网络版数据库，收录 1982 年以来的世界范围内会议和会议文献的信息，提供会议论文和公告会议的索引。每 2 个月更新 1 次，其学科范围主要涉及农学、生物化学、化学、化学工程、林学、生物学、环境科学、土壤学、生物工艺、临床学等领域。CPI 数据库是剑桥科学文摘数据库中的一个子库，国内引进此数据库的高校可以通过校园网直接进入。网址为 http://www.csa.com.

检索方法：CSA 提供快速检索，高级检索和检索工具 3 种检索方式。

① 快速检索（quick search）

首先选择检索主题领域（subject area）：从下拉式菜单中选择要检索的主题领域，或打开特定数据库（specific databases）选择合适的数据库进行检索，然后选择查询日期范围（date range）。

输入检索词：可以输入单词或词组，系统默认在所有字段检索。以空格分开的几个单词将作为严格的词组进行检索。可以使用布尔逻辑算符（and，or，not），字段限制符、截词符（＊）、位置算符（within）等组成检索式输入。如"ti＝datalink＊ and aircraft within 2 communication"。

② 高级检索

高级检索与快速检索相似，只是在多重检索字段框中输入检索词，再配合下拉式菜单作了一些检索的设定。

③ 检索工具

如果熟悉命令行检索方式，选择命令行检索（command search），利用字段代码将完整的检索式输入至命令行字段中进行检索。如果想要彻底改变检索策略，点选"clear"以清除所输入的内容。

点击词表检索（thesaurus），选择检索的主题域，进一步选择希望查看的叙词词表，输入希望查找的词组，点击"go"开始检索，系统将会给出相应的叙词词表。读者可以从词表中选择正式的规范化主题词，并可以选择其他的相关主题词开始检索。

（3）OCLC 会议文献数据库

OCLCpapersFirst 与 Proceedings（http://firstsearch.oclc.org/FSIP）。由 OCLC（Online Computer Library Center，Inc）创建，包括在世界范围的会议、座谈会、博览会、研讨会、专业会、学术报告会上发表的论文的索引，覆盖从 1993 年至今的资料，约 540 多万条记录，涵盖由大英图书馆文献提供中心（The British Library Document Supply Center，即 BLDSC）收集到的已出版的论文。

获取全文的方法：通过馆际互借向大英图书馆文献提供中心获取。

Proceedings 数据库包括与 PapersFirst 描述的论文有关的会议情况的记录,是 OCLCpapersFirst 的相关库,收录了世界范围内举办的各类学术会上发表的论文的目次,利用该库可以检索"大英图书馆资料提供中心"1993 年以来的会议录,了解各个会议的概貌和学术水平。数据库每周更新两次。

检索方法:系统提供基本检索和高级检索两种方式。

7.3 科技报告信息检索

7.3.1 科技报告概述

1. 科技报告的概念

科技报告是对科学、技术研究结果的报告或研究进展的记录。它可以是与政府部门签有合同的科研项目的报告,或是科技工作者围绕某一专题从事研究取得成果以后撰写的正式报告,或是研究过程中每一阶段进展情况的实际记录(也称研究报告)。许多最新的研究成果,尤其是尖端学科的最新探索往往出现在报告中。

随着科技和经济的发展,科技报告数量迅速增长,1945—1950 年产量在 7 500～10 万件之间,至 20 世纪 70 年代增至每年 5 万～50 万件,到 20 世纪 80 年代每年约达百万件,成为宝贵的科技信息源。目前,美、英、德、日等国每年产生的科技报告达 20 万件左右,其中美国占 80%,美国政府的 AD、PB、NASA、DOE 四大报告在国际上最为著名。

2. 科技报告的类型和特点

(1) 科技报告的类型

① 按内容划分。可分为基础理论研究报告和工程技术报告两大类。

② 按形式划分。可分为技术报告(technical reports,TR)、技术札记(technical notes,TN)、技术论文(technical papers,TP)、技术备忘录(technical memorandum,TM)、通报(bulletin)、技术译文(technical translations,TT)、合同户报告(contractor reports,CR)、特种出版物(special publications,SP)、其他(如会议出版物、教学用出版物、专利申请说明书及统计资料)等。

③ 按研究进展程度划分。科技报告按研究进展程度可分为初步报告(primary report)、进展报告(progress report)、中期报告(interim report)、年度报告(annual report)、总结报告(final report)。

④ 按保密程度划分。可分为绝密报告(top secret report)、机密报告(secret report)、秘密报告(confidential report)、非密限制发行报告(restricted report)、非保密报告(unclassified report)、解密报告(declassified report)。

(2) 科技报告的特点

① 内容新颖、专题具体。科技报告报道的题目大都反映的是新兴科学和尖端科学的最新研究成果,对问题研究的论述包括各种技术研究的整个实验过程中,研究方案的选择和比较,各种数据和图表、成功与失败原因的详尽分析等。具体内容翔实、数据完整可靠,技术专深全面,能代表一个国家的研究水平。

② 对新的科技成果反应迅速。由于有专门的出版机构和发行渠道,科研成果通过科技

报告的形式发表通常比期刊早 1 年左右。

③ 种类多、数量大。科技报告几乎涉及整个科学、技术领域以及社会科学、行为科学和部分人文科学。据统计，全世界每年出版的科技报告数量大约 100 万件以上。其中最多的是美国，约占 83.5%；其次为英国，占 5%；德国、法国各占 1.5%；日本、俄罗斯、加拿大等国也都有一定数量的科技报告。

④ 出版形式独特。科技报告的出版特点是各篇单独成册，以单行本形式出版发行，统一编号，由主管机构连续出版，有机构名称和统一编号。科技报告一般无固定出版周期，报告的页数不等。除一部分技术报告可直接订购外，多数不公开发行，尤其是属于军事、国防工业和尖端技术成果的科技报告，大多采用保密方式限制发行。

（3）科技报告的编号

科技报告都有一个编号，但各系统、各单位的编号方法不完全相同，代号的结构形式也比较复杂。国外常见的科技报告的代号，一般有以下几种类型。

① 机构代号。机构代号是科技报告的主要部分，一般以编辑、出版、发行机构名称的首字母在报告代号的首位，例如 DASAI——代表"美国原子能供需处"、AFM——代表"美国空军"。机构代号可以代表机构的总称，也可以代表下属分支机构，如 USAMC、ITC——代表"美国空军器材司令部-内部训练中心"（United States Army Materials Command,Internal Training Centre）。

② 分类代号。分类代号用字母或数字表示报告所属的专业门类，如用 P 代表物理学（physics），用编号 RL-7.6.10 中的 7 代表电气工程。

③ 日期代号和序号。日期代号和序号是用数字表示报告出版发行年份和报告的顺序号，如 PB 89—233597，其中 PB 代表机构，89 代表年份，233597 则表示序号。

④ 类型代号。类型代号主要代表科技报告的类型，一般可以用缩写字母或者数字两种形式表示。如 PR——进展报告（progress report）、QPR——季度进展报告（quarterly progress report）、TM——技术备忘录（technical memorandum）、TP——技术论文（technical papers）、TID——3 000 表示文献目录。

⑤ 密级代号。密级代号代表科技报告的保密情况，具体用法如表 7-1。

表 7-1　科技报告的密级代号

密级代号	含　义
ARR 级	绝密报告（advanced restricted report）
C 级	保密级（confidential）
S 级	机密级（secret）
R 级	限制发行（restricted）
D 级	解密级（declassified）
U 级	非保密级（unclassified）

也可以借助一些工具书来查找科技报告代号。例如美国专业图书馆协会出版的《报告代号词典》（Dictionary of Report Series Codes），或者美国《工程文献来源指南》（Directory of Engineering Document Sources）。

3. 科技报告原文的收藏单位

美国有两个科技报告收集发行中心，一个是美国商务部的国家技术情报服务处（National Technical Information Service，NTIS），该中心搜集公开的美国科技情报，由 NTIS 订购号可以向 NTIS 直接订购报告的复印件、缩微件；另一个是国防科技情报中心，该中心搜集有关军事的科技报告。

我国从 20 世纪 60 年代初引进书本型科技报告，从 60 年代中期开始，科技报告的引进逐步改为缩微胶片的全套订购。中国科学技术信息研究所是我国引进科技报告的最主要的单位；上海科技信息研究所也有四大报告的原文馆藏；中国国防科技信息中心收藏有大量的 AD 和 NASA 报告，AD 报告的公开、解密部分的收藏量已经达到 40 多万件，占其全部出版总量的 80%；中国科学院文献中心是收藏 PB 报告最全的单位；核工业部情报所收藏有较多的 DOE 报告。

7.3.2　科技报告信息检索

1. 中国科技报告信息检索

（1）国家科技成果数据库

中国知网（Http：//www. cnki. net/index. htm）的国家科技成果库收录了 1978 年以来所有正式登记的中国科技成果，按行业、成果级别、学科领域分类。每条成果信息包含成果概括、立项情况、评价情况、知识产权状况及成果应用情况、成果完成单位情况、成果完成人情况、单位信息等成果基本信息。成果的内容来源于中国化工信息中心，相关的文献、专利、标准等信息来源于 CNKI 各大数据库。成果按照《中国图书馆图书分类法》（第四版）进行中图分类和按照按 GB/T 13745《学科分类与代码》进行学科分类。

检索方法：可以通过成果名称、关键词、成果简介、中图分类号、成果完成人、第一完成单位、单位所在省市名称、合作完成单位检索项进行检索。

（2）万方数据知识平台科技成果资源

万方数据资源系统（Http：//www. wanfangdata. con. cn）提供 6 个科技成果类数据库。

① 中国科技成果数据库

中国科技成果数据库是科技部指定的新技术、新成果查新数据库。其收据范围包括新技术、新产品、新工艺、新材料、新设计，涉及自然科学各个学科领域。

② 科技成果精品数据库

该库信息是从各种科技成果中心精心挑选组成的，反映了我国科技成果的精粹。其收录范围包括新技术、新产品、新材料、新设计，涉及自然科学各个领域。

③ 中国重大科技成果数据库

该库收录国家级重大科技成果和省部级重大科技成果。

④ 科技决策支持数据库

该库提供国内若干领域的科技发展动态和趋势，同时也纳入部分国外信息，具有一定权威的信息。收录范围包括科技部主管的信息技术、先进制造技术、现代生物技术、材料技术、新能源技术、交通运输技术等 6 大领域，另外还涉及国家重大科技政策和企业综合管理等方面。

⑤ 国家级科技授奖项目数据库

国际级科技授奖项目数据库是在我国科技进步活动中为加速科技事业的发展,提高综合国力作出突出贡献的国家自然科学奖、国家技术发明奖、国家科学技术进步奖项目数据库。

⑥ 全国科技成果交易信息数据库

该数据库收录自然科学领域内各地、各行业的新技术、新工艺、新产品等国内可转让的适用新技术成果。

检索方法:万方科技成果检索提供简单检索、高级检索、经典高级检索和专家检索。具体检索方法可参照万方学位论文数据库和万方会议论文数据库的使用。

(3) 国研报告

"国务院发展研究中心调查研究报告"简称国研报告(http://www.drcnet.com.cn),是国务院发展研究中心专门从事综合性政策研究和决策咨询的专家不定期发布的有关中国经济和社会诸多领域的调查研究报告,内容丰富,具有很高的权威性和预见性。每年两百期,不定期出版,网络版每天在线更新,具有浏览、下载功能。

检索方法:进入国研网主页,在检索输入框中输入关键词,如果有多个关键词,关键词间可以适用逻辑算符连接。在该检索系统中,使用空格、"+"或"&"表示逻辑"与"的关系;使用字符"—"表示逻辑非的关系;使用字符"|"表示"或"的关系;使用字符"( )"表示表达式是一个整体单元。单击"检索"按钮,系统显示题名与摘要。选择欲查看全文的报告,并进一步单击报告的标题名称就可以看到报告的全文。

2. 国外科技报告信息检索

美国政府的四大科技报告,也叫美国政府的研究报告,包括 PB 报告、AD 报告、NASA 报告和 DOE 报告。这四大报告"历史最悠久,报告数量多,参考和利用价值大",在世界天文、宇航、生物、工业技术、能源、交通、环境、军事、信息技术和经济分析、行政管理等社会科学各领域,每年发行十万多篇,累积量都在几十万篇以上,占美国科技报告的 80% 以上,也占了全世界科技报告的大多数。四大科技报告的侧重点各有不同,PB 侧重于民用工程技术,AD 侧重于军事工程技术,NASA 报导航空航天技术,DOE 侧重于能源技术。

(1) 美国政府的四大科技报告简介

① PB 报告

1935 年,在第二次世界大战结束之时,美国从当时的战败国德、日、意、奥等国获得了一批战时机密资料。美国政府为了系统地整理和利用这批资料,于当年 6 月成立了美国商务部出版局(Office of the Publication Board),负责出版这些资料。每件资料都冠以出版局的英文名称的首字母 PB,故称为 PB 报告。

自 1970 年 9 月起,由美国商务部的国家技术情报服务处下设的国家技术情报服务处(National Technical SERvice,NTIS)管理这批报告,同时也负责收集、整理、报道和发行美国研究单位的公开报告,并继续使用 PB 报告号。至 1979 年底,PB 报告号已编到了 PB—301431,1980 年后开始使用新的编号(PB+年代—顺序号),这样是收藏号中含有时间信息,其中年代用公元年代后的末 2 位数字表示。如 PB 91—232021。

10 万号以前的 PB 报告主要是来自战败国的资料,内容包括科技报告、专利、标准、技术刊物、图纸及对战败国的科技专家的审讯记录等。当 20 世纪 50 年代的战时资料编完后,其机构仍然存在,后来的报告(10 万号之后)来源就转向美国政府机构、军事科研和情报部门、公司和国家合同单位、高校、研究所和实验所的科技报告,包括 AD 报告、NASA 报告、AEC 报告的公开部分,这 3 种报告也冠以 PB 代码,直到 1961 年 7 月。20 世纪 60 年代后,PB 报告的内容逐步从军事科学转向民用工程,如土木工程、城市规划、环境污染、生物医学、电子、原子能利用和社会科学等方面。

② AD 报告

AD 报告从 1951 年开始出版,原为美国武装部队技术情报局(Armed Services Technical Information Agency, ASTIA)收集、出版的科技报告。由 ASTIA 统一编号,称为 ASTIA 报告。现由美国国防技术情报中心(Defense Technical Information Center, DTIC)负责收集、整理和出版。

凡美国国防部下属的研究机构及其合同户提供的科技报告都统一编入 AD 报告,而其中非保密的报告再加编一个 PB 号公布,因此早期的 PB 号和 AD 号有交叉的现象。自 AD254980 之后,AD 不再以 PB 号码字样出现,使得每年的 PB 报告数量也相应减少,更多地转向民用。

AD 报告的来源包括美国陆军系统(1 000 个左右)、海军系统(800 个左右)、空军系统(2 000个左右)、公司企业和大学所属研究机构(数千家)和几乎所有的政府研究机构、外国的科研机构、国际组织的研究成果及一些译自原苏联等国的文献。AD 报告的内容绝大部与国防科技密切相关,涉及航天航空、舰船、兵器、核能、军用电子等领域,是目前国防科研部门使用价值和频率最高的大宗科技文献。目前,AD 报告的内容不仅包括军事方面,也广泛涉及民用技术,包括航空、军事、电子、通信、农业等多个领域。

AD 报告的密级有 4 种,机密(secret)、秘密(confidential)、内部限制(restricted or limited)、非密公开发行(unclassified)。AD 报告根据密级不同,编号也不同。1975 年以前,不同的密级用不同的号码区段区别,可以从编号最高位数字看出密级,最高位是 1 表示国内公开、秘密、机密混编,2、4、6、7 表示公开,3、5 表示秘密、机密,8、9 表示非密限制发行。1975 年以后,在编号前加不同的字母表示不同密级。

③ NASA 报告

NASA 报告是美国国家航空和航天局(National Aeronautics Space Administration, NASA)出版的科技报告,现在也简称 N 报告。NASA 的前身是 NACA(National Advisory Committee for Aeronautics)。

NASA 报告的内容侧重于航空和空间技术领域,如空气动力学、发动机及飞行器材、试验设备、飞行器制导及测量仪器等方面。该报告虽然主要侧重航空、航天科学方面,但由于它本身是一门综合性科学,与机械、化工、冶金、电子、气象、天体物理、生物等都有密切联系,因此,NASA 报告同时涉及许多基础学科和技术学科,是一种综合性的科技报告。

④ DOE 报告

DOE 报告,是美国能源部(Department of Energy, DOE)出版的报告。它原是美国原子能委员会(Atomic Energy Commission, AEC)出版的科技报告,称 AEC 报告。AEC 组织成立于 1946 年,1974 年撤销,成立了能源研究与发展署,它除了继续执行前原子能委员会的有关职能外,还广泛开展能源的开发研究活动,并出版 ERDA 报告,取代 AEC 报告。1977 年,ERDA 改组扩大为能源部。1978 年 7 月起,它所产生的能源报告多以 DOE 标号出现。AEC 报告的内容除主要为原子能及其应用外,还涉及其他学科领域。ERDA 和

DOE 报告的内容则由核能扩大到整个能源的领域。从 1981 年开始,能源部发行报告都采用"DE＋年代＋500 000"号码则表示从国外收集的科技报告,所以 DOE 报告从 1981 年以后又叫 DE 报告,DE 报告现年发行量约为 15 000 件(公开部分)。

DE 报告的来源主要为 5 大能源技术中心和 18 个大型实验室(如著名的匹兹堡能源技术中心、巴特尔斯维尔能源技术中心等,以及洛斯阿拉斯莫科学实验室、橡树岭国立实验室、诺尔斯原子动力实验室等),其他来源还包括俄罗斯、加拿大、以色列以及欧盟诸国。

DE 报告的内容涉及物理学、化学、材料学、武器与国防、军事科技、高级推进系统、军备控制等领域。

(2) 美国四大科技报告的网上检索

① 美国政府科技报告 NTIS 系统(http://www.ntis.gov)

美国政府科技报告 NTIS 系统由美国国家技术情报服务处(NITS)提供,主要检索美国政府的四大报告,可免费检索到 1990 年以后的而美国政府科技报告文摘,不提供全文。NTIS 系统提供几乎全部的 PB 报告,所有公开或解密的 AD 报告、部分的 NASA 报告和 DOE 报告。

在 NTIS 系统主页上,提供快速检索(qucik search)、高级检索(advanced search)两种检索方式。数据库提供的"search help"帮助信息可帮助用户方便、快捷地学会如何使用数据库。

快速检索(quick search)。在数据库检索页面中单击"quick search"选项卡,进入快速检索方式。在输入框中输入检索词,在字段下拉列表中选择相应的检索字段。所提供的 7 个检索字段:all、product No.、accession No.、keyword、title、abstract、author,单击"search"按钮进行检索。

高级检索(advanced search)。单击"advanced search"选项卡,进入高级检索方式。首先在"select"列表中选择搜索类型,有产品号(product No.)、关键词(keyword)、题名(title)、作者(author)和全部(all)供选择,再选择显示的结果数量(results),从 10～500,然后选择年度范围(from year\to year).

此外高级检索提供 5 种文本框:所有检索关键词(with all of the words)、精确短语(with the exact phrase)、至少包括其中一词(with at least one of the words)、不包括(exclude words)和来源机构(limit results by source agency)。单击"select source agency"链接,可以在弹出的窗口中选择来源机构。利用"limit results by collection"选项可以限制查询结果的类型。单击"search audio visual products only"复选框可以检索多媒体文件。利用"limit results by category"下拉列表选择分类。最后单击"search"按钮即可。

② STINET(Http://stinet.dtic.mil)

美国国防技术情报中心报告数据库(STINET),列出了美国国防科技信息网提供的其他信息资源和服务,也可检索和浏览文摘信息,也可下载全文。

③ NASA Technical Reports Server(NTRS)(Http://ntrs.nasa.gov/search.jsp)

NTRS 提供有关航空航天方面的科技报告,可以检索并浏览 NASA 报告全文。

④ DOE Information Bridge(http://www.osi.gov/bridge)

能够检索并获得美国能源部(Department of Energy)提供的研究与发展报告全文,内容涉及物理、化学就、材料、生物、环境、能源等领域。

⑤ GrayLIT Network(http：//graylit. osti. gov)

GrayLIT Network 包括 5 个数据库，可以检索并浏览美国政府报告，如 DTIC、NASA、DOE、EPA 报告，有全文。

思考与练习

1. 简述学位论文的特点。

2. 试列举国内主要学位论文数据库，简述其特点和检索方式。

3. 简述 PQDT 美国博硕学位论文文摘数据库的主要检索途径及检索方法。

4. 试列举收录中国会议文献的主要数据库，简述其规模、范围和特点。

5. 列举国内主要会议文献检索系统。

6. 什么是科技报告，科技报告的特点有哪些？

7. 试列举国内主要的科技报告检索系统，简述其规模、范围和特点。

8. 美国政府的四大科技报告的特点，及主要的网络检索系统。

第 8 章　网络信息检索

8.1　网络信息资源概述

网络信息资源是指以电子资源数据的形式将文字、图像、声音、动画等多种形式的信息存放在光、磁等非印刷的介质中，并通过网络通信、计算机或其他终端等方式再现出来的信息资源的总和。

因特网的发展，一方面拓展了人们获取信息的方式，使得人们能以更快的速度在全球范围内找到所需要的信息；另一方面，信息的海量增长又让人们发现，如果没有特定的检索技术和方法，所需信息很可能会淹没在丰富多彩又杂乱无章的信息海洋中。对于网络用户而言，认识网络信息资源分布的规律和特点，正确选择网络信息资源，是进行网络信息检索之前的必要课程。

8.1.1　网络信息资源特点

与传统的文献信息资源相比，它的分布具有以下特点。

1. 分散性

表现在链接分散和物理地址的分散。网络信息的分布并没有一个中心点，通过一条信息可以链接到更多相关或相似的信息；同样地，这条信息也可能是从另一个信息连接而来。这种前所未有的自由度使网络信息资源的共建和共享变得潜力无穷，同样地，也使得信息处于分散的状态。信息的快捷传播进一步加剧了网络信息的分散性，许多信息资源缺乏加工和组织。

2. 动态性

表现在 internet 的不断变化和存在状态的不稳定性。internet 上的 URL 地址、信息链接、信息内容处于经常变动中，信息资源的更迭、消亡无法预测。如号称最疯狂的新闻网站 hando. com 全天 24 小时发布新闻，平均 6 分钟更新一次，并且不存档；我们在日常浏览一些网站时也发现网络信息经常更迭。这种变化频繁的、不稳定的网络信息一方面提供了更为丰富多样的信息，另一方面，给网络用户查找信息也带来极大不便。

3. 不均匀性

表现在质量不均匀、分布不均匀。印刷型文献信息一般要经过严格的筛选，才能正式出版。而向网络发布信息有很大的随意性和自由度，缺乏必要的过滤、质量控制和管理体制，这就导致网络信息内容非常繁杂，学术信息、商业信息与个人信息混在一起，信息价值不一。实际上，在这庞杂的网络信息资源中，只有一部分能够真正用于高校图书馆的读者服务中。

4. 开放性

除了专业数据库之外,网络信息资源中更多的是非正式交流渠道发布的信息。网络提供了自由发表个人见解的广阔空间和获取非出版信息的丰富机会,包括正式出版物中不能得到的信息,如灰色文献、未成熟的观点、个人的研究心得、教学资料等等。同时,网络扩大了人际交流的空间,如新闻组、讨论组、邮件列表等,都为用户提供了更多的直接交流的机会。

8.1.2　网络信息资源类型

按照所采用的网络传输协议,网络信息资源可以划分为以下 5 种类型:

1. WWW 信息资源

万维网(亦作"网络""WWW""3W",英文"web"或"world wide web"),是一个资料空间。在这个空间中,每样有用的事物,均称为"资源",并且由一个全域"统一资源标识符"(URL)标识。这些资源通过超文本传输协议(HTTP, hypertext transfer protocol)传送给使用者,而后者通过点击链接来获得资源。从另一个观点来看,万维网是一个透过网络存取的互联超文件(interlinked hypertext document)系统。万维网常被当成因特网的同义词,实际上万维网是靠着因特网运行的一项服务。

2. FTP 信息资源

FTP 是文件传输协议(file transfer protocol)的英文简称,用于 internet 上的控制文件的双向传输。人们可以通过协议连接到因特网的一个远程主机上读取并下载所需文献。同时,它也是一个应用程序(application)。基于不同的操作系统有不同的 FTP 应用程序,而所有这些应用程序都遵守同一种协议以传输文件。在 FTP 的使用当中,用户经常遇到两个概念:"下载"(download)和"上传"(upload)。"下载"文件就是从远程主机拷贝文件至自己的计算机上;"上传"文件就是将文件从自己的计算机中拷贝至远程主机上。用 internet 语言来说,用户可通过客户机程序向(从)远程主机上传(下载)文件。

3. telnet 信息资源

telnet 协议是 TCP/IP 协议族中的一员,是 internet 远程登陆服务的标准协议和主要方式。它为用户提供了在本地计算机上完成远程主机工作的能力。在终端使用者的电脑上使用 telnet 程序,用它连接到服务器,以使用服务器的硬件、软件和信息资源。

4. 用户服务组信息资源

包括新闻组(usenet newsgroup)、电子邮件群(list serv)、邮件列表(mailing list)、专题讨论组(discussion Group)等。是由一组对某一特定主题有共同兴趣的网络用户组成的电子论坛,是因特网上进行交流和讨论的主要工具。新闻组是一种利用网络环境提供专题讨论服务的应用软件,是 internet 服务体系的一部分,在此体系中,有众多的新闻组服务器,它们接受和存储有关主题的消息供用户查阅。在新闻组上,每个人都可以自由发布自己的消息,不管是哪类问题、多大的问题,都可直接发布到新闻组上和成千上万的人进行讨论。这似乎和 BBS 差不多,但它比 BBS 有两大优势,一是可以发表带有附件的"帖子"(随着时代的发展,现在 BBS 也可以传附件了),传递各种格式的文件,二是新闻组可以离线浏览。但新闻组不提供 BBS 支持的即时聊天,也许这就是新闻组在国内使用不广的原因之一。

internet 有多种电子邮件服务程序,如邮件传递、电子交谈、电子会议、专题讨论及查询信息等。其中,电子邮件群(list serv)是目前功能最强的通信讨论组管理软件;而用户邮件列表(mailing list)则可使用任何一种电子邮件系统来阅读新闻和邮件,并允许向能够做出响应的人发送邮件。当用户使用任何一种电子邮件系统将信息发给一个 list serv 或 mailing list 时,它就被发送到改组的所有成员处,是一对多的交流工具。

5. gopher 信息资源

gopher 是一种基于菜单的网络服务程序,能为用户提供广泛、丰富的信息,并允许用户以一种简单、一致的方式快速找到并访问所需的网络资源。gopher 客户程序和 gopher 服务器相连接,并能使用菜单结构显示其他的菜单、文档或文件,并索引。同时可通过 telnet 远程访问其他应用程序。gopher 协议使得 internet 上的所有 gopher 客户程序,能够与 internet 上的所有已"注册"的 gopher 服务器进行对话。由于快速的发展,如今的 gopher 的特性很类似于信息传播系统,它可以被用来传播任何信息,当然也可以被用来作为商业客户服务系统等。

8.1.3 网络信息资源组织方式

网络环境为信息资源的管理制造了空前复杂的环境,对信息资源的组织与管理提出了更高的要求。目前,使用较为普遍的网络信息资源组织方式主要有文件方式、主题树方式、数据库方式、超媒体方式,其中数据库方式与超媒体方式是网络环境下文献资源组织方式的主流。

1. 数据库组织方式

即将所有获得的信息资源按照固定的记录格式存储组织,用户通过关键词及其组配查询就可以找到所需要的信息线索,再通过信息线索链接到相应的网络信息资源。其主要特点有:①能高速处理大量结构化和非结构化的数据。如今的关系数据库在 DBMS(数据库管理系统)中增加了对图形、图像、声音、超文本等多媒体数据的存储、管理、获取和处理功能,实现了从数据管理到对象管理的扩展,大大提高了信息管理的效率;面向对象数据库比传统数据库包含更多的数据语义信息,对复杂数据对象的表达能力更强。②以信息项作为数据的最小存取单位。数据库技术既可以存取数据库中某一个或某一组数据字段,也可以存取一个或一组记录,还可以根据用户需求灵活地改变查询结果集的大小,从而降低网络数据传输的负载。数据库方式对于信息处理也更加规范化,特别是在大数据量的环境下,其优点更为突出,但它对用户提出了一定的要求,要求用户必须掌握一定的检索技巧,包括关键词及其组配的选择。数据库方式是当前普遍使用的网络信息资源的组织方式。

2. 超媒体方式

超媒体方式是超文本技术与多媒体技术相结合的产物。它将文字、表格、声音、图形、图像、视频等多媒体信息以超文本方式组织起来,使人们可以通过高度链接的网络结构在各种信息库或知识库中自由"航行",找到所需要的任何媒体的信息或知识。超媒体方式在组织网络信息资源上的优点表现为:①具有联想式的信息组织方式。超媒体采用非线性的由节点和链组成的网状结构组织块状信息,类似于人类的联想记忆结构,用户可以在网络中主动浏览和"航行"。②具有图、文、声并茂的信息服务功能。超媒体技术把数字、文本、声音、图形、视频等有机地整合,方便地描述和建立各媒体信息之间的语义关系,能满足人们自然交流信息的过程。但是由于采用浏览的方式进行信息搜索,当超媒体网络过于庞大时,用户很难迅速而准确地定位于真正需要的信息节点上,也难以避免地会造成用户"迷航"的现象。因此,现代网络信息资源组织的方式最好是数据库方式和超媒体方式的结合,这也是网络信息资源组织的未来发展趋势。

8.2　搜索引擎

随着网络的发展,因特网上的资源以惊人的速度不断增长,人们在浩如烟海的信息面前无所适从,想迅速、准确地获取自己需要的信息,变得十分困难。为了解决用户的信息需求与网上资源的海量、无序之间的矛盾,20 世纪 90 年代,网络信息资源检索工具应运而生,这就是搜索引擎。"搜索引擎就像一只神奇的手,从杂乱的信息中抽出一条清晰的检索路径。"

搜索引擎(search engine)是指根据一定的策略、运用特定的计算机程序从互联网上搜集信息,在对信息进行组织和处理后,为用户提供检索服务,将用户检索相关的信息展示给用户的系统。

搜索引擎的工作原理可以阐述为:计算机程序通过扫描一定范围内每一篇文章或网页中的每一个词,建立以词为单位的倒排文件,检索程序根据检索词在每篇文章或网页中出现的频率,对包含这些检索词的文章或网页进行排序,最后输出排序的结果。换句话说,就是根据用户的查询请求,将含有特定单词的文章或网页列出来。

每个独立的搜索引擎都有自己的网页抓取程序(spider)。spider 顺着网页中的超链接,连续地抓取网页。搜索引擎抓到网页后,还要做大量的预处理工作,才能提供检索服务。其中,最重要的就是提取关键词,建立索引文件。其他还包括去除重复网页、分词(中文)、判断网页类型、分析超链接、计算网页的重要度/丰富度等。完成这些工作,就可以提供检索服务了。用户输入关键词,搜索引擎从索引数据库中找到匹配该关键词的网页。为了便于用户判断,除了网页标题和 URL 外,还会提供一段来自网页的摘要以及其他信息。

8.2.1　搜索引擎的分类

按照工作方式或者检索机制,搜索引擎主要可以分为目录型搜索引擎、索引型搜索引擎和元搜索引擎。

1. 目录型搜索引擎

目录型搜索引擎实质就是网站目录索引,就是将网站分门别类地存放在相应的目录中。用户提交网站后,目录编辑人员会亲自浏览用户的网站,由专业信息人员以人工或半自动的方式搜索网络信息资源,并将搜索、整理的信息资源按照一定的分类体系编制成一种等级结构式目录。这类搜索引擎往往根据资源采集的范围设计详细的目录体系,检索结果是网站的名称、地址和内容简介。因此用户在查询信息时,可以按分类目录逐层查找。也可以选择关键词搜索,如果以关键词进行搜索,返回的结果跟搜索引擎一样,也是根据信息关联程度排列网站的,只不过其中的人为因素要多一些。

原来一些纯粹的全文搜索引擎现在也提供目录搜索,如 Google 就借用 open directory

目录提供分类查询。而像雅虎(Yahoo)这些老牌目录索引则通过与 Google 等搜索引擎合作扩大搜索范围。在默认搜索模式下,一些目录类搜索引擎首先返回的是自己目录中匹配的网站,如国内搜狐、新浪、网易等;而另外一些则默认的是网页搜索,如雅虎。

目录型搜索引擎的特点是分类清晰,所收录的网络资源经过专业人员的鉴别和选择,确保了检索的准确性。但是,索引型搜索引擎的数据库规模相对较小,并且系统更新的速度受工作人员的限制,可能导致检索内容的查全率不高。

2. 索引型搜索引擎

索引型搜索引擎也称为机器人搜索引擎或关键词搜索引擎。它实际上是一个网站,与普通网站不同的是,它的主要资源是它的索引数据库,索引数据库的资源主要以 WWW 资源为主,还包括电子邮件地址、用户新闻组、FTP、gopher 等资源。

搜索引擎的自动信息搜集功能分两种。一种是定期搜索,即每隔一段时间,搜索引擎主动派出"蜘蛛"程序,对一定 IP 地址范围内的互联网站进行检索,一旦发现新的网站,它会自动提取网站的信息和网址加入自己的数据库。依靠超链接和 HTML 代码分析获取网页信息内容,并采用自动搜索、自动标引、自动文摘等规则和方式来建立和维护其索引数据库。

当用户以关键词查找信息时,搜索引擎会在数据库中进行搜寻,如果找到与用户要求内容相符的网站,便采用特殊的算法——通常根据网页中关键词的匹配程度、出现的位置、频次、链接质量等,计算出各网页的相关度及排名等级,然后根据关联度高低,按顺序将这些网页链接返回给用户。

索引型搜索引擎由自动跟踪索引软件形成索引数据库,数据库容量非常大,收录、加工信息的范围广、速度快,能向用户及时提供最新信息。但是由于标引过程缺乏人工干预,准确性较差,导致检索结果的误差较大。

索引型搜索引擎的特点是搜全率比较高。

3. 元搜索引擎

1995 年,一种新的搜索引擎形式——元搜索引擎(meta search engine)出现了。元搜索引擎又称集合型搜索引擎。元搜索引擎将多个独立的搜索引擎集成到一起,用户只需提交一次搜索请求,由元搜索引擎负责转换处理,之后提交给多个独立搜索引擎,并将从各独立搜索引擎返回的所有查询结果进行聚合、去重和排序等处理,将结果返回给用户。相对于元搜索引擎,可被利用的独立搜索引擎成为"源搜索引擎"(source search engine)或"成员搜索引擎"(component search engine)。元搜索引擎一般都没有自己的网络机器人及数据库,但在检索请求提交、检索接口代理和检索结果显示等方面,通常都有自己研发的特色元搜索技术。

元搜索引擎的主要精力放在提高搜索速度、智能化处理搜索结果、个性搜索功能的设置和用户检索界面的友好性上,查全率和查准率都比较高。目前比较成功的元搜索引擎有Metacrawler、Dopile、Ixquick、搜客等。

在搜索引擎发展进程中,元搜索引擎有一种初级形态称为集合式搜索引擎(all-in-one search page)。集合式搜索引擎以其方便、实用在网络搜索工具家族中占据一席之地。集合式搜索引擎是通过网络技术,在一个网页上链接很多个独立搜索引擎,检索时需点选或指定搜索引擎,一次输入,多个搜索引擎同时查询,搜索结果由各搜索引擎分别以不同的页面显示,其实质是利用网站链接技术形成的搜索引擎集合,而并非真正意义上的搜索引擎。集合式搜索引擎无自建数据库,不需研发支持技术,也不能控制和优化检索结果。元搜索引擎的基本工作流程如图 8-1 所示。

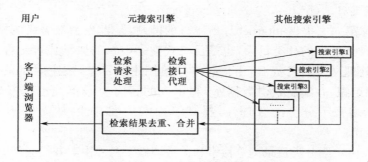

图 8-1 元搜索引擎的基本工作流程

8.2.2 搜索引擎的发展趋势

现在的搜索引擎以关键字搜索为主,人们将关键字输入搜索框以获取相关信息,但事实上,整个流程并没有考虑到搜索者的行为习惯、教育程度、社会地位等个性化背景,加之推送搜索结果方式的单一,这使得目前的搜索引擎所达到的效果,只实现了人们期望值的 5%～10%。因此未来的搜索引擎的发展趋势会进一步向智能化、个性化发展。

1. 智能化

智能检索是利用分词词典、同义词典、同音词典改善检索效果,同时可以在概念层面上进行辅助查询,通过主题词典、上下位词典、相关同级词典检索处理,形成一个知识体系或概念网络,给予用户智能知识提示,最终帮助用户获得最佳的检索效果。

知识搜索是搜索引擎发展进入智能化阶段的一个过程,就是建立在以用户需求为基础上的知识整合传播。智能搜索与机器搜索的不同在于,它建立了完善的互动机制,例如评价、交流、修改等。当用户提出一个问题之后,可以利用很多人的智慧帮助用户进行搜索,然后给出用户最准确的答案。对非专业人士来说,搜索引擎提问框往往显得过于宽泛。很多用户搜索时,都带着问题,因此爱用问句。面对用户的搜索长串,知识搜索确实是最好的解决途径。这也是搜索引擎未来的一个重要发展方向。

2. 个性化

个性化趋势是搜索引擎的一个未来发展的重要特征和必然趋势之一。可以通过搜索引擎的注册服务的方式来组织个人信息,然后在搜索引擎基础信息库的检索中引入个人因素进行分析,获得针对不同的个人得出不同的搜索结果。

网络搜索引擎针对人性化提出的改进,必然会为传统搜索引擎发展开辟出新空间。使用户的个性化的需求得到满足。绝大部分用户在进行信息查询时,并不会特别关注搜索结果的多少,而更看重结果是否与自身的需求相吻合。因而对于动辄便有几十万、几百万文档的搜索结果而言,不仅不便于使用,还需要用户花费大量的时间进行筛选。基于此现象,将用户感兴趣、有用的信息优先提交,通过挖掘用户浏览模式的方式提供个性化搜索,必将是搜索引擎未来的发展趋势。

8.2.3 常用搜索引擎

1. 目录型搜索引擎

（1）雅虎分类目录（http://search.yahoo.com）

雅虎是全球第一家提供 internet 导航服务的网站，是世界上最著名的网络资源目录。雅虎的分类目录是最早的分类目录，也是目录式搜索引擎的典型代表。雅虎主要采用人工方式采集和处理网络信息资源，由信息专家编制主题目录，按主题目录对网络资源进行筛选、归类和组织，并编制索引数据库，利用人的智力克服单纯由搜索软件自动分类所带来的缺陷，增强了分类的合理性，提高了检索的准确性，从而保证了目录编制的质量。

雅虎主要提供主题分类目录浏览检索和关键词检索两种检索方式。

主题分类的信息组织方式是一种按层次逐级分类的类目体系。在基本大类之下细分不同层次的子类目，层次越深，主题专指性越强，逐级链接，最后与其他的网站、web 页、新闻组资源、FTP 站点等相链接，从而形成一个由类目、子类目构成的可供浏览的相当详尽的目录等级结构，可以逐层进行检索，也可以直接输入关键词对分类网站进行搜索（图 8-2）。

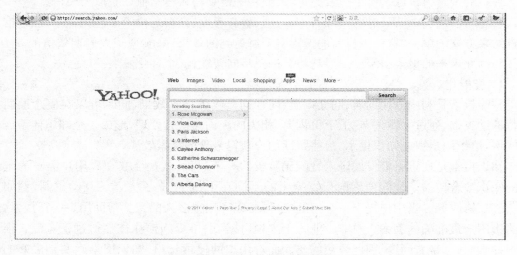

图 8-2　Yahoo 搜索引擎界面

1999 年 9 月，雅虎中国网站（www.yahoo.com.cn）开通。2005 年 10 月，中国雅虎由阿里巴巴集团全资收购。中国雅虎开创性地将全球领先的互联网技术与中国本地运营相结合，并一直致力于以创新、人性、全面的网络应用，为亿万中文用户带来最大价值的生活体验。目前中国雅虎网站更加专注为广大网民提供互联网门户资讯、邮箱、搜索等基础应用服务。中国雅虎依靠其强大的国际品牌资源、领先的网络技术和丰富的在线营销经验，位居国内同行业网站前列。

以关键词搜索时，网站排列基于分类目录及网站信息与关键字串的相关程度。包含关键词的目录及该目录下的匹配网站排在最前面。

雅虎的分类检索与主题检索之间是可以自由跳转的，这就提供了一个可以全方位检索信息的平台。

（2）Galaxy(http://www.galaxy.com)

Galaxy 是由商业网络通信服务公司 EINet 于 1994 年 1 月创建的，目前属于 Logika 公司。它是 internet 上较早按专题检索 WWW 资源，提供全球信息服务的目录型网络信息资源检索工具之一。Galaxy 最初成功的最大原因在于它不仅包含 web 搜索，同时包含gopher 和 telnet 搜索。

Galaxy 收录的网络资源有网站、网页、新闻、域名、公司名录等。它将所收录的网络资源分为 16 大类，包括商业、社区、技术、政府、人文学科、娱乐、医学、参考、科学、社会科学、购物、旅行、地区、体育、健康、家居(图 8-3)。

图 8-3　Galaxy 搜索引擎界面

网站提供主题分类目录浏览检索和关键词检索两种检索方式。

2. 索引型搜索引擎

（1）百度搜索

百度(Baidu)是国内最早的商业化全文搜索引擎，2000 年 1 月由李彦宏、徐勇两人创立于北京中关村，致力于向人们提供"简单，可依赖"的信息获取方式。"百度"二字源于中国宋朝词人辛弃疾的《青玉案·元夕》词句"众里寻他千百度"，象征着百度对中文信息检索技术的执著追求。2005 年，百度在美国纳斯达克上市，目前，百度已经成长为全球最大的中文搜索引擎。

百度由最初的常用的新闻网页等搜索产品出发，致力于开发更多的产品。目前已经有数十种产品投入使用。

作为全球最大的中文搜索引擎公司，百度一直致力于让网民更便捷地获取信息，找到所求。用户通过百度主页，可以瞬间找到相关的搜索结果，这些结果来自于百度超过数百亿的中文网页数据库。秉承"用户体验至上"的理念，除网页搜索外，百度还提供 MP3、图片、视频、地图等多样化的搜索服务，给用户提供更加完善的搜索体验，满足多样化的搜索需求。

"互联网的中心正在从以'信息'为中心变成以'信息＋人'为中心，从百度空间的推出，到百度推出搜人平台,可见百度用户以人为主的展现和沟通需求非常凸显。"百度产品副总裁俞军表示:"百度'搜索＋社区'的产品体系,从百度贴吧、知道、空间等在线社区产品,扩展到百度 Hi 这样的客户端社区产品,进一步强调了人与人之间的沟通,相信这也是搜索未来发展的大趋势。"

信息获取的最快捷方式是人与人直接交流,为了让那些对同一个话题感兴趣的人们聚集在一起,方便地展开交流和互相帮助,百度贴吧、知道、百科、空间等围绕关键词服务的社区化产品也应运而生,而百度 Hi 的推出,更是将百度所有社区产品进行了串联,为人们提供一个表达和交流思想的自由网络空间。

此外,百度也致力于电子商务的发展,比如百度联盟、百度推广等的开发。

随着无线网络的发展以及手机用户的增多,百度顺应时势,推出了手机地图等产品,这种与时俱进、不断进取的精神,使得百度在搜索市场上保持了强大的生命力,以及不断增长的市场份额。

百度通过搜索引擎把先进的超链接分析技术、内容相关度评价技术结合起来,在查找的准确性、查全率、更新时间、响应时间等方面具有优势。用户可以通过百度主页,在瞬间找到相关的搜索结果。同时,许多搜索联盟会员,通过各种方式将百度搜索结合到自己的网站,使用户不必访问百度主页,在上网的任何时候都能进行百度搜索。百度还提供 WAP 与 PDA 搜索服务,用户可以通过手机或掌上电脑等无线平台进行搜索(图 8-4)。

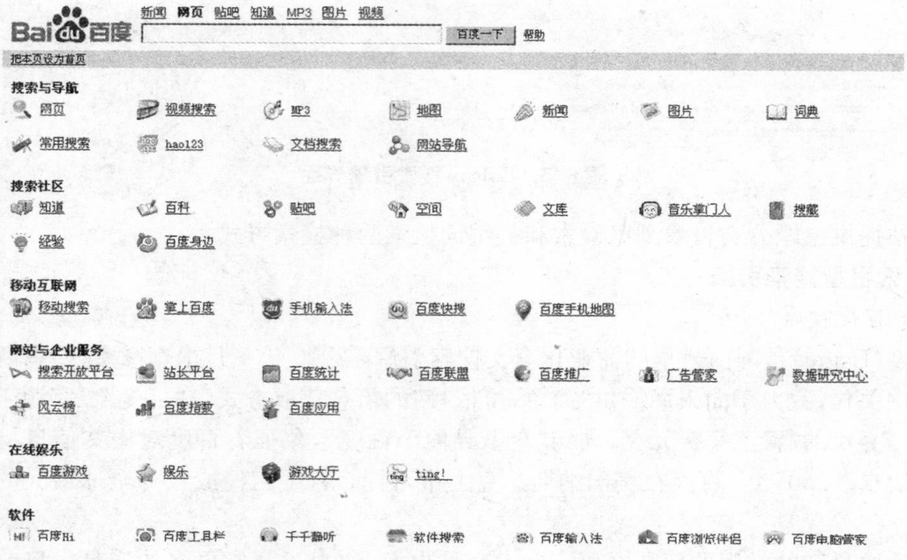

图 8-4　百度产品

(2) Google 搜索

Google(http://www.google.com)是斯坦福大学的两位博士生 Larry Page 与 Sergey Brin 于 1998 年 9 月在美国硅谷共同创建的,旨在提供全球最优秀的搜索引擎服务,通过其强大、迅速而方便的搜索引擎,为用户提供准确、翔实、符合需要的信息。目前越来越多的公司都依赖 Google 来加强其网站的搜索能力。继 2000 年 7 月 Google 代替 Inktomi 成为雅虎公司的搜索引擎后,2002 年 10 月雅虎正式宣布与 Google 续约,继续采用

Google 提供网页搜索服务,同时,它将原来默认的目录网站搜索结果改为网页搜索。

在搜索框内输入需要查询的内容,单击"Google 搜索"按钮进行检索。Google 具有自己独特的语法结构,它不支持 and、or 和"＊"等符号的使用,而是自动带有 and 功能。Google 不区分英文字母大小写。用户也可以使用 Google 的高级搜索功能,在高级搜索方式下,用户可以确定搜索条件,除了可对关键词的内容和匹配方式进行限制外,还可以从语言、文件格式、日期、字词位置、网域、使用权限、搜索特定网页和特定主题等方面进行检索条件和检索范围的限定。此外,Google 允许用户按照个人爱好设置"使用偏好",并可保存以供将来使用(图 8-5)。

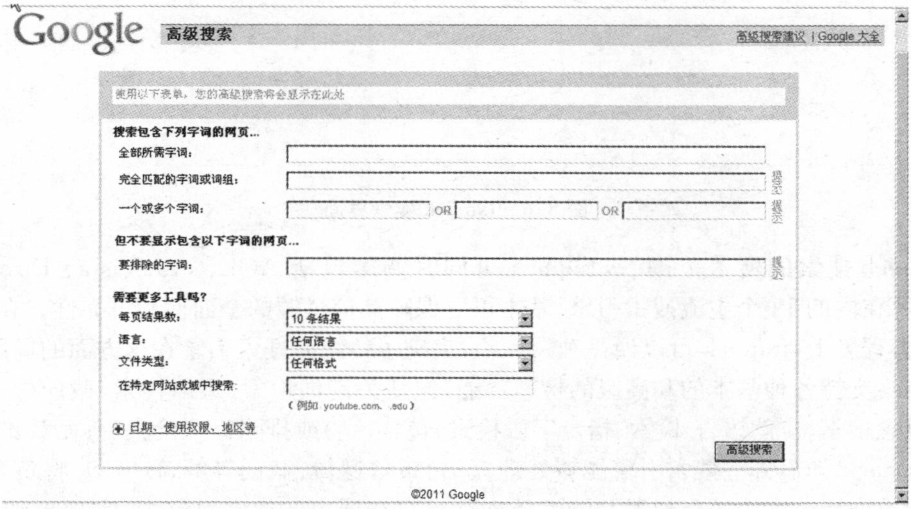

图 8-5　Google 高级检索界面

Google 学术搜索:在 Google 的主界面,点击"更多"菜单里面的"学术搜索",或者直接在地址栏里输入 http://scholar. google. com 都可以进入学术搜索。

2006 年 1 月,Google 公司宣布将 Google 学术搜索(Google scholar)扩展至中文学术文献领域。Google 学术搜索是一项免费服务,可以帮助快速寻找学术资料,如专家评审文献、论文、书籍、预印本、摘要以及技术报告。作为此次扩展的一部分,Google 学术搜索在索引中涵盖了来自多方面的信息,信息来源包括万方数据资源系统、维普资讯,著名大学出版的学术期刊、公开发行的学术期刊、中国大学的论文以及网上可以搜索到的各类文章。Google Scholar 同时提供了中文版界面(http://scholar. google. com),供中国用户更方便地搜索全球的学术科研信息。

Google 学术搜索根据相关性对搜索结果进行排序,最相关的信息显示在页面上方。在可能的情况下,Google 会搜索全文,而不仅仅只是摘要部分,给予用户对学术内容最为全面深入的搜索,与此同时也加强了搜索结果的相关性。

3. 元搜索引擎

(1) Ixquick(http://ixquick. com)

Ixquick 由一家荷兰公司 Surfboard Holding BV 于 1998 年在纽约建立。利用 Ixquick 进行搜索时,用户实际上是在同时利用多个流行的搜索引擎展开搜索。其搜索界面如图

图 8-6　Ixquick 搜索界面

从 web 搜索的覆盖范围看，Ixquick 可同时调用包括 AOL、AltaVista、Direct Hit、Yahoo 等在内的 14 个主流搜索引擎，基本可以保障其信息源的全面性和可靠性。在检索性能的完善程度上，Ixquick 可以说是独树一帜，突破了传统元搜索引擎在这方面的局限性，主要表现在：支持各种基本的和高级的检索功能，包括关键词检索、短语检索、截词检索、布尔检索、概念检索、自然语言 检索、指定字段检索、包含（＋）或排除（－）检索等；尤其难能可贵的是，Ixquick 知道哪些搜索引擎能够处理短语、布尔逻辑、截词等等，Ixquick 将负责把"翻译"后的查询请求直接递交到那些能够处理这些复杂请求的搜索引擎中，实现更加有针对性的搜索服务，瞄准更加高、精、专的检索结果。另外，为了方便用户了解和使用这些高级检索功能，Ixquick 以表格的形式和具体的检索实例，给用户提供了最清晰和实用的帮助。

Ixquick 对于目标搜索引擎采取充分肯定和接纳的态度，以该记录被多少个搜索引擎所青睐为基本衡量标准，独创了"星星体系"。Ixquick 只获取每个搜索引擎返回的前十条记录，如果一条记录被一个搜索引擎列入前十位了，它将获得一颗星星，如果被两个搜索引擎列入前十位了，它将获得两颗星星，依此类推。谁获得的星星最多，Ixquick 自然认为它就是最好的，将被安排在检索集合的首要位置上。正是由于采用了这样一种机制，保证了Ixquick 有异乎寻常的检索速度和准确率。

支持全球搜索，支持甚至包括中文、日文和朝鲜语在内的 18 种语言。无论用户使用何种语言，Ixquick 都会对本地和国际性的搜索引擎调用后集中搜索，以便您能准确找到所需的信息。

（2）MetaCrawler(http://www.metacrawler.com)

MetaCrawler 是 1994 年由华盛顿大学的 Erik Selberg 和 Oren Etzioni 开发的，是最早的一个多元型搜索引擎，曾被评为综合性能最优良的多元搜索引擎。2000 年加入 InfoSpace Network 服务，隶属于 InfoSpace 公司（图 8-7）。

图 8-7 MetaCrawler 搜索界面

8.3 网络学术信息检索

网络学术资源是指网络资源中进入学科领域,并具有学术价值的那部分资源。由于信息来源广泛,所以网络学术资源信息量极大,这也导致了其内容庞杂,质量不一。网络学术资源是对商业数据库的补充,也是我们学习书本外知识的重要来源。其内容大致可以分为网络资源指南、开放获取资源、专业博客以及其他来源的网络资源。

8.3.1 网络资源指南

1. 各图书馆专业资源整合

许多著名大学图书馆及公共图书馆是网络学术信息资源研究的前沿,是十分可靠的参考信息的发源与集散地。一些著名图书馆的网络资源导航做得非常出色,具有很高的参考价值。

(1) 清华大学图书馆推荐网络学术站点系统(http://wr.lib.tsinghua.edu.cn/ref)

网络免费学术资源是对图书馆现有订购资源的补充,为广大读者尤其是学生提供了容易获取的信息资源。本站点系统汇集了一批由图书馆馆员在浩瀚的网络中精挑细选出来的优秀的学术网络资源,并按学科导航和类型导航进行了组织揭示,力求简明实用。可以依据所学专业,查找需要的文献资料;也可以根据所需信息的类型,在预印本、学位论文、标准等目录下浏览。另外,此站点还特别推出了不少贴近学生生活的实用资源,为读者带来国内外的精品课程,为留学申请工作提供帮助。

"推荐网络学术站点"功能全面,分类清晰,可通过一级目录、二级目录或站内检索快速查找所需的资源。另一个突出特色是设计有多种互动功能,读者可以对使用过的站点评分评级,也可以留言点评。同时,系统提供了资源推荐功能,让用户参与到系统资源建设中,点击左上方"推荐网络资源"链接,填写站点名称、网址、类型、分类、描述等信息即可提交站点。读者发表的评论和推荐的站点,经管理员审核后发布。这样就聚合了读者的力量,"人人为我,我为人人",更好地实现网络资源的整合与利用(图 8-8)。

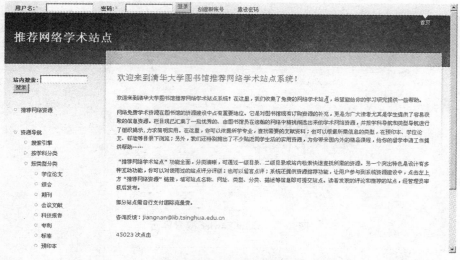

图8-8 清华大学图书馆推荐网络学术站点系统

(2) 南京大学图书馆网络资源导航系统(http://lib.nju.edu.cn/docs/main.php)

本系统搜集了许多开放存取期刊、学术搜索引擎、预印本服务的网站,并按照学科列举了数学、物理、化学等学科的预印本服务器地址,列举了一部分"深网资源"。深网资源是用户通过一般搜索引擎无法获取的那一部分网络资源,但是它们的数据量又十分庞大,并具有较高的权威性和较高的质量。

(3) 上海交通大学图书馆的网络导航系统(http://www.lib.sjtu.edu.cn/view.do?id=145)

包括了环境、材料等16类重点学科网上资源导航以及免费全文网站导航、国内外主要图书馆站点导航等。

(4) CALIS重点学科网络资源导航库

"重点学科网络资源导航数据库"是国家"211工程"中国高等教育文献保障系统(CALIS"十五"重点建设项目之一)。该项目以教育部正式颁布的学科分类系统作为构建导航库的学科分类基础,建设一个集中服务的全球网络资源导航数据库,提供重要学术网站的导航和免费学术资源的导航。

导航库建设的学科范围涉及除军事学(大类)、民族学(无重点学科)之外的所有一级学科,共78个。

2. 学科信息门户网站

信息门户网站能够提供大量按不同分类方法组织的网站链接及网站内容描述,用户可以根据关键词搜索或主题领域浏览等方式寻找所需的网站地址,从而发现未知的、有价值的资源。国内外比较有代表性的门户网站如:PINAKES是链接各类门户网站的门户,通过它的门户列表可以找到国外一些比较常用的学科门户网站;EEVL是为高等教育和科研团体提供高质量的工程资源的门户服务网站;DutchESS荷兰电子主题服务门户是一个网上主题服务门户资源,该门户提供对网上资源的索引,为学生和学术科研者提供高质量的,与学术界相关的资源;中国国家科学数字图书馆(CSDL)学科信息门户网站是国内比较有影响力的门户网站,分为数学物理学科信息门户、化学学科信息门户、生命科学学科信息门户、资源环境学科信息门户、图书情报学科信息门户等。

8.3.2 开放获取(OA)资源

开放存取(open access,简称 OA)是国际科技界、学术界、出版界、信息传播界为推动科研成果利用网络自由传播而发起的运动,是在基于订阅的传统出版模式以外的另一种选择。这样,通过新的数字技术和网络化通信,任何人都可以及时、免费、不受任何限制地通过网络获取各类文献,包括经过同行评议过的期刊文章、参考文献、技术报告、学位论文等全文信息,用于科研教育及其他活动。从而促进科学信息的广泛传播、学术信息的交流与出版,提升科学研究的共享程度,提高科学研究的效率,保障科学信息的长期保存。

开放获取资源是网络上重要的共享学术信息资源,是获取学术信息的一种新模式。有研究表明,在很多学科领域,开放获取的文章比非开放获取的文章具有更大的研究影响力。

信息资源的开放获取有 4 个途径。

(1) 开放获取仓储(open access repository)

对于有版权,但是出版社允许进行自存储(self-archiving)的作品,作者可以放到信息开放存取仓库中,例如论文、专著等。对于没有版权的作品,作者可以直接放到信息开放存取仓储中,例如讲义、PPT 等。

(2) 开放获取期刊(open access journals)

是一种论文经过同行评审的、网络化的免费期刊,全世界的所有读者可以从此类期刊上获取学术信息,并且没有价格及权限的限制。

(3) 个人网页

对于有版权,但是出版社允许进行自存储的作品,作者可以放到个人网页上。对于没有版权的作品,作者可以直接放到个人网页上。

(4) 公共信息开放使用,比如专利、标准等

关于开放获取的资源越来越多,下面列举几个国内外的开放获取地址。

1. 国内的开放获取资源

(1) 中国科技论文在线(http://www.paper.edu.cn)

中国科技论文在线是经教育部批准,由教育部科技发展中心主办创建的科技论文网站,每日更新。中国科技论文在线根据文责自负原则,审核作者所投论文是否遵守国家相关法律,是否具有一定学术水平,是否符合中国科技论文在线的基本投稿要求,如通过审核,将在一周内发表。此外,还采取"先公开,后评审"的方式,聘请同行专家对在线发表的论文进行评审,并将评审出的优秀论文收录在《中国科技论文在线优秀论文集》中。中国科技论文在线可为在本网站发表论文的作者提供该论文发表时间的证明,并允许作者同时向其他专业学术刊物投稿,以使科研人员新颖的学术观点、创新思想和技术成果能够尽快对外发布,并保护原创作者的知识产权。

中国科技论文在线将服务的对象分为注册用户和非注册用户两类。非注册用户则只能以访客的身份,对本网站进行部分检索、浏览和下载。注册用户可以使用本网站的所有功能,享受更多便捷服务,包括投稿、评论、定制、添加私人标签、收藏站内外各类资讯、加入感兴趣的学术圈子等用户个性化功能,用户可以在个人空间中进行投稿,使用模板写好论文后,只需选择文章语种、学科、是否评审等简单几项内容,无需再填写论文题目、摘要、资助及多位作者信息,即可上传论文,文章通过初审并编辑后即可发表在网上。如文章被其他期刊

收录,可以填写收录情况,同时用户还可以自行打印刊载证明及申请打印邮寄星级证明。

网站提供简单检索、高级检索以及论文浏览三种检索方式。简单检索提供对题名、作者、摘要等的简单搜索;高级检索提供全文、题目、作者、作者单位、摘要、关键词、语言、发表时间等的组配检索,并提供相关度、发布时间、下载次数等三种排序方式。网站开辟有首发论文、优秀学者论文、自荐学者论文、科技期刊论文等栏目,可以按照类别分类浏览。

(2) 中国预印本服务系统(http://www.nstl.gov.cn/preprint/main.html? action=index)

中国预印本服务系统于 2004 年 3 月 15 日正式开通,该系统由中国科学技术信息研究所与国家科技图书文献中心联合建设,是一个以提供预印本文献资源服务为主要目的的实时学术交流系统。

该系统由国内预印本服务子系统和国外预印本门户(SINDAP)子系统构成。国内预印本服务子系统主要收藏的是国内科技工作者自由提交的预印本文章,可以实现二次文献检索、浏览全文、发表评论等功能。

系统实现了用户自由提交、检索、浏览预印本文章全文、发表评论等功能。用户可以经过简单的注册后直接提交自己的文章电子稿,并在随后根据自己的需要和改动情况追加、修改所提交的文章。系统将严格记录作者提交文章和修改文章的时间,可以向作者提供发表文章时间的证明,便于作者在第一时间公布自己的创新成果。由于中国预印本服务系统只对作者提交的文章进行简单审核,因而具有交流速度快、可靠性高的优点,避免了由于学术意见不同等原因而导致的某些学术观点不能公之于众的遗憾。

系统收录的预印本内容主要是国内科研工作者自由提交的科技文章,一般只限于学术性文章。科技新闻和政策性文章等非学术性内容不在收录范围之内。系统的收录范围按学科分为五大类:自然科学;农业科学;医药科学;工程与技术科学;图书馆、情报与文献学。除图书馆、情报与文献学外其他每一个大类再细分为二级子类,如自然科学又分为数学、物理学、化学等。

中国预印本服务系统完全按照文责自负的原则进行管理。系统不拥有文章的任何版权或承担任何责任,在系统中存储的文章,作者可以自行以任何方式在其他载体上发表。中国预印本服务系统鼓励作者将预印本文章投递至传统期刊发表,一旦文章在传统期刊上发表,作者可以在预印本系统中修改该文章的发表状态,标明发表期刊的刊名和期号,以方便读者查找。

(3) 电子预印本奇迹文库(http://www.qiji.cn/eprint)

奇迹文库是国内最早的中文预印本服务,创建于 2003 年 8 月,是由一群中国年轻的科学、教育与技术工作者创办的非盈利性质的网络服务项目。奇迹文库是完全由科研工作者个人维护运作的预印本文库,在经济和行政上不依赖于任何学术机构。其目的是为中国研究人员提供免费、方便、稳定的 e-print 平台,并宣传提倡开放获取(open access)的理念。目前奇迹电子文库设有数学、物理学、化学、材料科学、生命科学和计算机科学等分类。

(4) Cnplinker(http://cnplinker.cnpeak.edu.cn 或 http://cnplinker.cnpeak.com)

由中国图书进出口(集团)总公司开发并提供的国外期刊网络检索系统,于 2002 年底开通运行。目前本系统共收录了国外 1 000 多家出版社的 18 000 多种期刊的目次和文摘数据,并保持时时更新。其中包括 7 000 多种"open access journals"供用户免费下载全文。除为用户提供快捷灵活的查询检索功能外,电子全文链接及期刊国内馆藏查询功能也为用户迅速获取国外期刊的全文内容提供了便利。

2. 国外的开放获取资源

（1）e-print arXiv（http://arxiv.org/）

e-print arXiv 是美国国家科学基金会和美国能源部资助，于 1991 年 8 月由美国洛斯阿拉莫斯（Los Alamos）国家实验室建立的电子预印本文献库。其建设目的在于促进科研成果的交流与共享，帮助科研人员追踪本学科最新研究进展，避免研究工作重复等。主站点设在康奈尔大学，在世界各地设有 17 个镜像站点，我国在中科院理论物理研究所设有镜像站点。

至 2011 年，e-print arXiv 建立已经有 20 年的历史了，其文献量呈稳步增长趋势。目前 arXiv 含有大约 70 万篇论文，每年收到大约 75 000 篇论文。每周大约有 40 万个不同的人下载大约 100 万次论文。

arXiv 目前包含物理学、数学、非线性科学、计算机科学等 4 个学科。收录的论文除作者提交的外，还包括美国物理学会（American Physical Society）等 12 种电子期刊全文，但不包括非学术性信息，如新闻或政策性文章等。著录项目包括：文献出处、收录时间、arXiv 存档号、标题、作者、文摘、学科主题分类，并提供参考文献和被引用情况的链接。数据库的全文文献有多种格式（例如 PS、PDF、DVI 等），一般可选择较为通用 PDF 格式浏览全文。

收入该数据库中的论文可以随时受到同行的评论，论文作者也可以对这种评论进行反驳。论文作者在将论文提交 e-print arXiv 的同时，也可以将论文提交学术期刊正式发表。论文一旦在某种期刊上发表，在 e-print arXiv 的该论文记录中将加入正式发表期刊的有关信息。由于 arXiv 采取双向交流的方式，即用户不但可通过 WWW 界面或 E-mail 方式检索或获取文献，而且还能随时上传文献，因此 arXiv 的更新频率很高，几乎是每日更新。

arXiv 界面提供浏览式检索和布尔逻辑检索功能。

（2）DOAJ（Directory of Open Access Journal）（http://www.doaj.org）

2003 年 5 月由瑞典的德隆大学图书馆（Lund University Libraries）开发，最初收了 350 种期刊，截至 2010 年底已收录开放存取期刊 5 874 种。该目录收录的均为学术性、研究性期刊，具有免费、全文、高质量的特点。其质量源于所收录的期刊实行同行评审，或者有编辑作质量控制，对学术研究有很高的参考价值（图 8-9）。

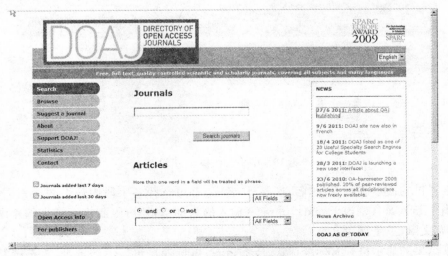

图 8-9　DOAJ 检索界面

180

　　DOAJ 按期刊的学科主题分为 17 类，包括 agriculture and food sciences，arts and architecture，biology and life sciences，business and economics，chemistry，earth and environmental sciences，general works，health sciences，history and archaeology，languages and literatures，law and political science，mathematics and statistics，philosophy and religion，physics and astronomy，science general，social sciences，technology and engineering.

　　DOAJ 提供期刊检索和文献检索。在 DOAJ 首页 Journals 检索框中输入检索条件可以检索期刊。关于文献检索，DOAJ 只提供一种文献检索方式：提供两组检索词输入框，通过下拉菜单来限定检索词出现的字段，包括所有范围、题名、期刊题名、国际标准刊号、作者、关键词、摘要；两组检索词之间可选择下拉式布尔逻辑算符"and、or、not"进行组配；检索式如果多于一个词，将被作为词组处理。

　　检索后，系统列出检索结果的简要信息，默认每页显示 10 条结果，可点击浏览摘要信息和全文。全文以 PDF 格式或 HTML 格式显示。

　　(3) HighWire press (http://highwire.stanford.edu)

　　是全球最大的提供免费全文的学术文献出版商，于 1995 年由斯坦福大学图书馆创立。目前已收录电子期刊 1 500 多种，文章总数已达 600 多万篇，其中超过 210 万篇文章可免费获得全文，这些数据仍在不断增加。通过该界面还可以检索 Medline 收录的 4 500 多种期刊中的 1 200 多万篇文章，可看到文摘题录。HighWire press 收录的期刊覆盖以下学科：生命科学、医学、物理学、社会科学(图 8-10)。

　　HighWire press 收录的期刊提供检索和浏览两种查找方式。

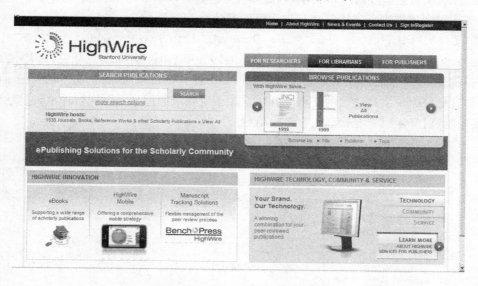

图 8-10　HighWire press 检索界面

　　检索提供的检索字段有：题名、摘要、作者等，并可选择各字段内输入的检索词的关系：any(相当于 or)、all(相当于 and)、phrase(输入的为词组)还可限制检索结果的年限和文献类型(所有文章、只是评论文章)。

　　检索结果的显示格式有标准格式、压缩格式，可选择每页显示的记录数，选择结果排序

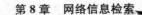
方式(按相关度、按出版时间)。

浏览功能提供按题名、出版者、主题3种方式进行浏览。

该网站提供免费注册的功能,注册后可以使用"my highwire"窗口以及"alert"功能。

(4) 开放获取期刊门户(Open J-Gate)(http://www.openj-gate.com)

Open J-Gate 提供基于开放获取期刊的免费检索和全文链接。这些期刊是综合类的,也包含有生物医学类期刊。它由 Informatics (India) Ltd 于 2006 年创建并开始提供服务。其主要目的是保障读者免费和不受限制地获取学术及研究领域的期刊和相关文献

Open J-Gate 的主要特点有:

① 资源数量大。目前为止,Open J-Gate 系统地收集了全球约 9 372 种期刊,包含学校、研究机构和行业期刊。其中超过 6 000 种学术期刊经过同行评议(peer-reviewed)。

② 更新及时。Open J-Gate 每日更新。每年有超过 30 万篇新发表的文章被收录,并提供全文检索。

③ 检索功能强大,使用便捷。Open J-Gate 提供 3 种检索方式,分别是快速检索(quick search),高级检索(advanced search)和期刊浏览(browse by journals)。在不同的检索方式下,用户可通过刊名、作者、摘要、关键字、地址、机构等进行检索。检索结果按相关度排列。

④ 提供期刊"目录"浏览。用户通过该浏览,可以了解相应期刊的内容信息

8.3.3 专业论坛、博客

1. 学科专业论坛(BBS)

论坛作为一个网络交流的公开场所,可以自由地发表自己的观点,这有利于学科争鸣的开展,但是正是因为论坛的开放性,在利用这些资料的时候就要具有鉴别的眼光。

(1) 诺贝尔学术资源网(http://bbs.ok6ok.com/index.php)(图 8-11)

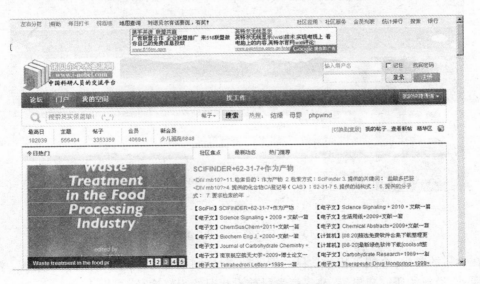

图8-11 诺贝尔学术资源网主页

（2）北大中文论坛（http：//www.pkucn.com/index.php）（图 8-12）

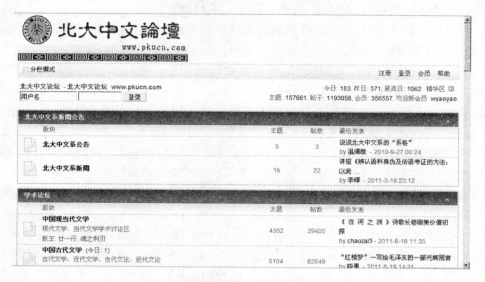

图 8-12　北大中文论坛主页

2. 学术博客

（1）上海交通大学图书馆学科博客

在学科馆员制度不断发展的推动下，使得针对学科服务的学科博客应运而生。比如上海交通大学图书馆的学科博客，针对不同的学科开设博客（图 8-13）。

图 8-13　上海交通大学图书馆学科博客

在学科博客中，介绍了相关学科的发展动态，学科的国际或者国内的会议情况，学科的相关活动，最新的研究成果等，是了解学科前沿状况的很好途径（图 8-14）。

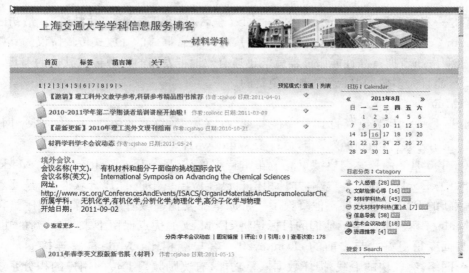

图 8-14 上海交通大学图书馆学科博客

（2）专家个人主页或博客

博客（blog），又叫"网络日志"，它是一种特别的网络个人信息的发布形式，一个 blog 就是一个网页，博客和个人主页并没有本质上的区别。方兴东在《博客——E 时代的盗火者》中说过：blog 是"个人主页 2.0 版"，博客就是一个带有留言和发布功能的个人主页。个人主页需要一定的技术和昂贵的维护费用以及足够的信息资源。博客却不同，博客技术是通过一些软件工具，帮助任何一个普通用户实现零编辑、零技术、零成本、零形式的网上个人发表。博客自身的低成本进入以及成功的商业运作模式决定了博客能走出传统个人主页的困境，迅速发展成为网络上重要的个人信息发布平台。个人（或单位）将日常生活、工作、学习中值得记录的人和事，个人的感悟与思考，所积累的知识与信息等内容，以文字、图片、音频、视频等形式发布在网上，与大家共享信息资源，就是"weblog"或"blogger"。博客有一项功能，就是可以超链接指向其他的博客（也可以是其他地方），充分利用超链接，拓展日志知识范围以及与其他博客的联系，blogger 通过这个功能聚集，形成一个个"知识分享（共用）"的团体。

8.3.4 其他网络学术信息

1. 天网（Maze）

天网（Maze）是北京大学网络实验室于 2003 年开发的一款资源和功能非常强大的 PIC（personal information center）个人信息中心文件系统。目的是解决当前 FTP 服务器的缺陷以及它所导致的在 FTP 搜索引擎内找到资源却无法有效下载的问题，为广大网友提供一种文件共享的新方法、文件下载的新途径。相比其他 P2P 软件，天网更加注重的是以人为本，诚信交流的原则。因为在天网的共享资源里面具有极其多的学术文件，集文件的共享、查询、下载为一身，既是网上资源搜索的强力引擎，也是资源下载的利器，不仅可以通过天网的共享功能直接下载，还可以像其他 BT 软件一样通过"种子"的发布达到资源共享及下载的目的。

184

2. BT

BT 是一种互联网上新兴的 P2P 传输协议,全名叫"BitTorrent"(比特流)。最初的创造者是 Bram Cohen,现在则独立发展成一个有广大开发者群体的开放式传输协议。其好处是不需要资源发布者拥有高性能服务器就能迅速有效地把发布的资源传向其他的 BT 客户软件使用者,而且大多数的 BT 软件都是免费的。

3. eMule

eMule 是一个开源免费的 P2P 文件共享软件,基于 eDonkey2000 的 eDonkey 网络,遵循 GNU 通用公共许可证协议发布,运行于 Windows 下。

2002 年 5 月 13 日,本名亨德里克·布雷特克鲁兹(Hendrik Breitkreuz)的 Merkur,不满意当时的 eDonkey2000 客户端,并且相信自己能做出更出色的 P2P 软件,于是便着手开发了一款新的 P2P 共享软件。他凝聚了一批原本在其他领域有出色发挥的程序员在他的周围,eMule 工程就此诞生。他们的目标是将 eDonkey 的优点保留下来,加入新的功能,并使图形界面变得更好。与之前的 eDonkey2000 客户端相比,eMule 能够连接 eDonkey 和 Kad 两个网络,有较快的下载、损坏数据恢复功能,有奖励频繁上传的用户的积分系统。另外,eMule 以 zlib 压缩格式传输数据以节约带宽。

思考题

1. 网络信息资源有哪些特点?
2. 按照所采用的网络传输协议,网络信息资源有哪些类型?
3. 按照工作方式或者检索机制,搜索引擎主要可以分为哪些类型?
4. 请比较目录型搜索引擎和索引型搜索引擎。
5. 什么叫元搜索引擎?
6. 试述网络学术信息检索有哪些途径。
7. 请列举国外的开放获取资源门户网站。
8. 请列举国内的开放获取门户网站。

第 9 章 人文社会科学信息检索

9.1 人文社会科学信息检索概述

9.1.1 人文社会科学

人文科学是指以人的内心活动、精神世界以及作为人的精神世界的客观表达的文化传统及其辩证关系为研究内容,以人的情感、心态、理想、信仰、文化、价值等作为研究对象的学科。

人文科学的研究范畴包括:语言学、哲学、文学、历史学、考古学、法学以及具有人文主义内容和采用人文主义方法的其他学科,如军事学、宗教学、民族学、人口学、传播学、人文地理学和文艺学等学科。

社会科学是指研究各种社会现象、社会运动变化及发展规律的各门学科的总称。社会科学用客观和系统的方法研究社会体制、社会结构、社会政治与经济进程以及不同群体或个人之间的互动关系。

社会科学包含的范围包括经济学、政治学、社会学及社会心理学、教育学等学科。

9.1.2 人文社会科学信息检索的特点

1. 课题综合性强

课题综合性强,包括两个方面:一是课题本身大,包括古今中外许多问题,或者说,它本身是由许多个小课题组成的一个综合课题;二是课题涉及面广,涉及多种学科知识,需要查阅多种学科文献,才能满足课题需要。由于当代人文社会科学正朝着纵向分化和横向综合两大趋势发展,一方面社会科学领域各学科相互渗透,不断分化和综合,形成许多新的分支学科,另一方面许多自然科学中的理论、方法被引进人文社会科学研究领域中来,形成许多新兴的交叉学科,如生态经济学、数学语言学、数理历史学等,因此,扩大了人文社会科学的研究领域,同时也对人文社会科学信息检索提出了更高的要求。日益专深和综合的研究课题,光从单一的角度检索信息资料已不能满足课题的需要,而必须通过更加全面、系统的文献检索与之相适应。

2. 检索范围的时间跨度大

检索范围的时间跨度与课题本身的要求和目的有关,尤其是一些综合性较强的大课题或者有关人物和历史的课题,往往需要从历史学的角度去分析研究问题。此外,人文社会科学研究的自身特点就是注重历史资料的积累,研究中不仅要了解新观点,而且要充分利用前人已取得的成果。所以,人文社会科学文献检索更重视回溯性检索,检索范围的时间跨度一般较大。

3. 综合运用各种工具书

在读书治学过程中,有时一个问题查阅一本书便可解决,但在更多的情况下,要综合运用多种工具书才能获得圆满的答案。例如,哲学的专门术语较多,对同一哲学概念,不同的哲学派别有不同的解释。哲学的很多文献都是阐述各学派的理论观点的,而一个学派的形成,一个理论体系的建立,往往需要较长一段时期。因此,有关哲学概念方面的信息检索除了利用解释性的辞典之外,主要是利用累积性索引,还可以查阅一些年鉴和文摘等,这样,综合运用各种类型工具书,就会得到较为圆满的结果。

9.2 人文社会科学信息检索

9.2.1 政治、法学信息检索

1. 政治、法学数据库

(1) 法意数据库(Law Yee)(http://www.lawyee.net)

法意数据库(Law Yee)是由北京大学实证法务研究所研发的一个专业法律信息网上查询系统,提供全球领先、最具实用价值的中文法律信息服务。北京大学法意网开设高校频道、企业频道、律师频道及法律咨询频道,定向满足各种类型用户的个性化服务需求。

北京大学法意拥有法规数据库、案例数据库、合同数据库等三大基础数据库群组。

法规数据库群涵盖国家法律库、行政法规库、司法解释库、部委规章库、行业规范库、地方法规库、中英文逐条对照法规库、新旧版本逐条对照法规库、法规解读库、法条释义库、香港法规库、澳门法规库、台湾法规库、国际条约库、外国法规库、中国古代法规库、立法资料库、政报文告库等 18 个数据库。

案例数据库群涵盖最高法院指导案例库、中国司法案例库、媒体报道案例库、仲裁案例库、行政执法案例库、香港案例库、澳门案例库、台湾案例库、国际法院案例库、外国法院案例库、中国古代案例库、教学参考案例库等 12 个数据库。

合同数据库群涵盖中文合同范本库、英文合同范本库、中英文对照合同库、合同法律风险库等 4 个数据库。

此外,北京大学法意网提供 14 个特色专题数据库检索服务,包括法学论著库、法律文书库、法学辞典库、统计数据库、金融法库、WTO法律库、仲裁法库、劳动法库、房地产法库、知识产权库、审判参考库、法务流程库、司法考试库、法律人库。

北京大学法意设置快速检索、法规高级检索、法规逐条检索、案例高级检索、跨库复合检索等智能检索模块。

(2) 国信中国法律网(http://www.ceilaw.com.cn)

国信中国法律网的数据库是由国家信息中心开发部法规信息处提供,采用会员制的服务方式,服务项目有:新法规联机查询、国家法规数据库、人民法院报特辑、国家强制性标准、法律理论专刊、律师事务所名录。

(3) 万方中国法律法规全文数据库

该库包括自新中国成立以来全国人大及其常委会颁布的法律、条例及其他法律性文件,

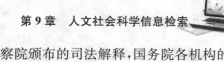

国务院颁布的行政法规,最高人民法院和最高人民检察院颁布的司法解释,国务院各机构的部门规章,各地方性法规和地方政府规章,以及国际条约与国际惯例等全文内容。全库分为国家法律、司法解释、行政法规、部门规章、地方法规、人民法院案例分析、合同范本、人民法院判案文书、国际条约与国际惯例等 9 个分库。

（4）博利群公司法律系列光盘库

北京博利群电子信息有限责任公司与其他机构联合开发了一系列法律法学方面的光盘数据库,这些光盘数据库大部分提供两种版本:局域网版和 web 版。包括《中国法律法规大典》《中国法律年鉴全文数据库》《中国法学文献题录索引汇编》《民事程序、实体法学参考资料》《诉讼法文献索引及全文》等。

（5）Lexis Nexis 数据库

LexisNexis 为 Reed Elsvier 集团下属的公司,专业从事法律、商业、新闻信息和出版服务。lexis. com 法律专业数据库拥有 15 563 个法律资料来源,是面向法律专业人员设计的大型综合法律资料数据库。其中包括:美国联邦和州政府、美国国际商业委员会、国际商务管理局约 300 年的法律全文案例,美国最高法院从 1790 年 1 月到现在的案例和最高法院上诉案例;美国地方法院从 1789 年到目前的案例,来自破产法庭、国际贸易法庭、税务法庭、商标和专利权上诉法庭、退伍军人上诉法庭、商业和军事法庭的判决书及 50 个州中各级别法院的判决书;自 1988 年至现在的所有联邦律法包括联邦记录、联邦法规、美国首席检察官意见、联邦获取规则和增补在内的所有联邦规则;50 个州的州宪法、法院规则与美国首席检察官意见;超过 600 种法律评论杂志中的法律评论等。同时,lexis. com 法律专业数据库也包括了欧洲的联邦法律和法规,欧洲、美国、日本和其他国家近 24 年来的全文专利资料,大不列颠及北爱尔兰联合王国、加拿大、澳洲、新加坡和香港等世界绝大多数国家和地区的法律法规和案例等。

lexis. com 的检索分为资料来源检索（search）、研究任务浏览（search advisor）、文件检索（get a documrnt）、谢泼德引证检索（shepard's）。

（6）Westlaw International 数据库（http://www. westlaw. com）

Westlaw International 是世界上最大的法律出版集团 Thomson Legal Regulatory's 于1975 年开发的,是为国际法律专业人员提供的互联网搜索工具,是当今世界上最大的法律数据库之一。通过 Westlaw International 可以立即获取案例、法规、表格、条约、商业资料等等。该数据库的主要包括:美国法律分析全库、美国联邦主法全库、美国主法全库、美国州省主法全库、加州法律、美国劳工和雇佣法律资料库、美国和加拿大法律评论和报刊、美国诉讼资料库、纽约法律、业务交易表格资料库、美国税法——Mertens and Casey、美国移民法、移民手册和法律库、美国专利增强型资料库、美国保险法资料库、美国税法、美国证券资料库、美国破产法文库、美国破产服务（律师版）、英国民事诉讼法、英国刑法、英国公司业务、英国知识产权、英国人权、英国业主和租客、澳大利亚贸易惯例汇集、澳大利亚财经服务法汇集、澳大利亚公司法汇集、澳大利亚主法汇集、加拿大主法、欧盟搜索资料库、香港主法、Derwent 世界专利法律资料库、世界新闻、国际知识产权、世界报刊、国际商业仲裁（新刊物）。

（7）Worldwide Political Sdence Abstracts 数据库（http://www. csa. com）

Worldwide Political Science Abstraets 提供国际性政治学方面期刊的文摘和索引信息,

主题包括国际关系、公共管理、法律、政策等。虽然这是个文摘数据库，但检索结果中有全文的链接，有电子全文的文献可直接链接到各出版商的全文数据库中，但只有拥有全文使用权的用户才能直接打开全文。另外，自 2004 年开始，数据库增加了被引文献链接功能，即可直接链接到那些引用了当前文献的所有文献的文摘信息页，以方便了解是哪些文献引用了该篇文献。

（8）IPSA 国际政治学文摘数据库（http://www.silverplatter.com）

IPSA 国际政治学文摘数据库（international political science abstracts）是美国国际政治学协会创建的一个权威的政治学数据库。该数据库提供世界范围内政治学领域学术期刊和年鉴中文献的目录和摘要。内容包括政治方法和理论、政治思想、政治管理制度、国际关系、国家和区域研究等。其中 95% 的文献包含英文摘要，其余为法语，但文献题名则全部是英语。收录时间为 1989 年至今，每年新增约 7 400 条记录。

2. 政治、法学网络资源

（1）北京大学法律信息网（http://www.chinalawinfo.com）

北京大学法律信息网是北京大学英华科技公司和北京大学法制信息中心共同创办的大型综合性法律网站，主要内容包括法规中心、法学文献、天问咨询、法律动态、英华司考，另外网站还提供《北大法律周刊》（PKU Law weekly）的免费订阅服务。

（2）中国律师网（http://www.chineselawyer.com.cn）

中国律师网是中华全国律师协会的官方网站，是全国律师业务交流、了解信息动态的平台，中华全国律师协会会刊《中国律师》杂志的全部文章都在该网站发布。

（3）法律帝国（http://www.fl365.com）

法律帝国是一个法律专业资讯网站，由北京和众思商务咨询有限公司制作，提供中英文法律咨询、商务咨询、投资咨询。其中"法律论文"栏目收录有各种毕业论文、学术论文，用户可以通过购买"检索阅读卡"的方式获取文献。

（4）西湖法律图书馆（http://www.lawbook.com.cn）

西湖法律图书馆是以西湖法律书店为基础的专业网上书店，提供法律数据库、法学论文、裁判文书、律师黄页、法治动态、司法考试资料、图书信息、书刊目录、法律书摘、著者介绍、出版社介绍等资料，其中法学论文可全文浏览。

（5）法律服务网——中国法律法规信息系统（http://www.icclaw.com.cn）

法律服务网是由全国人大信息中心与北京开元讯业科技有限公司开发研制的法律法规查询系统。现有法律法规及其相关信息共计 18 万多件，内容包括：法律及有关法律问题的决定；行政法规及规范性文件；司法解释及文件；典型案例及法院裁判文书；国务院各部委及其机构制定的规章和文件；地方性法规、自治条例和单行条例、地方政府规章及文件；部分法律法规的英文译本；已失效和已被修正的法律法规及文件；香港、澳门、台湾地区的法律法规；国际条约、公约以及我国与其他各国签订的各项协定；世界其他各国的部分法律法规；WTO 规则及中国加入 WTO 法律文件；法律法规的立法相关资料；合同、文书范本。

（6）中国民商法律网（http://www.civillaw.com.cn）

该网是由中国人民大学民商事法律科学研究中心建设的一个专业性强、学术气氛浓厚的网站，设立理论法学、动态报道、商事法学、民事法学、法律学人、法学教室、判解研究等频道。

（7）政治文化研究网（http://www.tszz.com）

由天津师范大学政治文化研究所主办，2001 年 7 月开通。网站开设了学术论坛、学人文库、政治思想家、政治学理论、网上政治学、精品书屋等栏目。除此之外还对政治文化研究所的概况、研究生教育,学术动态、研究所建设等进行介绍。网站上提供的文章均能阅读全文。

(8) 中国政治学(http://www. polisino. org/)

由华中师范大学政治学研究院主办。栏目包括科社与国际共运、政治学理论、中外政治制度、国际政治、国际关系、外交学、政治社会学、地方政府学等。网站上提供的文章均能阅读全文。

(9) Findlaw(http://www. findlaw. com)

Findlaw 是 1996 年由美国北加利福尼亚法律图书馆的一个工作小组开发的专业法律搜索引擎,主要为使用者提供法律信息的网络导航。Findlaw 提供关键词检索和分类目录查询。分类目录针对使用者的不同身份、不同检索需求和检索方法、习惯,分为公众(for the public)、律师(for the legal professionals)、商业人士(for small business)、社团律师(for corporate counsel)、学生(for students)等。

(10) 美国国会法律图书馆(http://www. loc. gov/law/guide)

美国国会法律图书馆 150 年前通过立法设立法律图书馆部门,为美国国会、联邦法院和机构、公众提供学术研究的法律信息。外国法律的翻译亦由法律图书馆精于 50 种不同语言的法律专家分别担任。该馆收藏有美国和世界各国的法律文献 200 余万件,有"比较法律数据库",收集数据 1 200 余万条。建立"全球法律信息网",将会员国的法律资料提供网上查询。同时收藏有世界上最全的官方公报。有些资源只有会员才可以查询使用。

(11) 澳大利亚法律信息协会[Australasisan Legal Information Institute(AustLⅡ)] (http://www. austlii. edu. au)

由悉尼大学法律系和新南威尔士大学合作创办,澳大利亚法律信息协会是网上最大的法律资源之一,收藏包括澳大利亚大部分判决和立法的全文数据库。还有很多分类更细的数据库和澳大利亚网上法律索引。另外,世界法律数据库还提供超过 50 个国家立法的全文和 20 多个国家的判例法。

(12) WorldLII(http://www. worldlii. org)

提供全球法律目录和搜索引擎;提供二次资源检索服务,广泛链接了世界上许多著名的法律评论和著名站点;提供世界法律研究向导。

(13) Political Science Resources on the Web (http://www. lib. umich. edu/govdocs/polisci. html)

由密歇根大学图书馆于 1996 年建立的网站,属于密歇根大学文献中心的一部分。专门收集政治学方面的网站网址,内容分为区域研究、政治理论、政治方法学、国外政治、国际关系等,另外,还提供政治学相关的学位论文、期刊以及文章的索引信息。

9.2.2 哲学、心理学、社会学、教育学信息检索

1. 哲学、社会学、心理学、教育学数据库

(1) ERIC 教育学文摘数据库(http://www. eric. ed. gov)

ERIC(教育信息资源中心)全称是 Educational Resources Information Center,是由美国教育部倡议发起的一个教育资源信息系统,是美国教育文献的国家书目数据库,也是世

界上最大的教育信息数据库。该数据库于 2004 年 9 月向公众免费开放，最初的资源主要为期刊或非期刊资源的书目信息，文献收录的年代为 1966—2004 年。但现在，数据库收录的资源已经扩展到部分全文，即检索结果中有全文标志的文献均可免费阅读和下载全文。

ERIC 数据库除通过该同站发布外，还可以通过多个检索系统进行检索，如 EBSCOhost、OCLC 的 First Search 等系统，均可提供 ERIC 数据库内容的检索。

（2）PsycINFO 心理学文摘数据库（http://www. apa. org/psycinfo/）

PsycINFO 是美国心理学会（American Psychological Association，简称 APA）出版的著名的心理学相关的文摘索引数据库，收录的数据自 1887 年始，1967—1995 年间的大部分数据包含有文摘信息，1995 年后的所有数据均包含文摘信息。数据更新为每周更新。PsycINFO 中的文献覆盖全球 50 多个国家和地区。

（3）PsycARTICLES™ 心理学全文期刊库（http://www. apa. orgjpsycarticles/）

PsycARTICLES™ 全文期刊库收录美国心理学协会（American Psychological Association，简称 APA）、美国心理学协会教育出版基金会、加拿大心理学协会和 Hogrefe& Huber 所出版的期刊。该数据库收录了 52 种顶级刊物的全部内容（广告和编委会成员列表除外），收录的信息自 1988 年始。

（4）Sociological Abstracts（http://www. csa. com/factsheets/socioabs-set-c. php）

Sociological Abstracts 是 CAS（Cambridge Scientific Abstracts）公司提供的一个社会学文摘索引数据库，主要收录全球与社会学、社会和行为科学相关的文献文摘索引信息。这些文献主要来源于 1809 种期刊或连续出版物，以及图书、学位论文、会议论文等。最早的文献从 1963 年始，但大部分来源于 2001 年以后出版的社会学方面的重要期刊。数据库为每月更新，每年更新数据近 30 000 条，至 2005 年 7 月，数据库记录数已达 659 000 条。

（5）ProQuest Psychology Journals（http://www. proquest. co. uk/products/psychology_ft. html）

ProQuest Psychology Journals 是 ProQuest 公司的心理学期刊全文数据库，收录了来自美国、加拿大和英国数百种心理学及相关领域的顶级刊物 420 种。数据库中的文摘信息最早从 1971 年开始，全文信息则最早从 1987 年开始，其中图像、全文部分收录了对心理学及相关领域研究至关重要的数据、表格、图表、图片及图例等内容。

（6）ProQuest Education Journals（http://www. proquest. co. uk/products/education. html）

该数据库收录了教育学及相关领域的 330 种期刊。数据库中的文摘信息最早从 1971 年开始，全文信息则最早从 1987 年开始，全文部分收录了对教育学及相关领域研究至关重要的数据、表格、图表、图片及图例等内容。学科涉及成人教育、高等教育、中等教育、初等教育以及特殊教育等等。

（7）Social Work Abstracts Plus（http://www. csa. com）

社会工作文摘数据库是由美国国家社会工作者协会开发的数据库，收录的数据自 1977 年起，主要收录有关社会工作领域的 400 多种美国和国际期刊中的研究论文、学位论文等，包括的主题如无家可归、艾滋病、儿童及家庭福利、老年化、物质资源滥用、法规、社区组织。这个数据库可以通过美国剑桥科学文摘（CSA）进行检索。

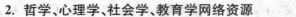

2. 哲学、心理学、社会学、教育学网络资源

（1）哲学在线（http://www.philosophyol.com/pol04/resource）

哲学在线，是中国人民大学哲学系主办的专业中文哲学网站，"211"工程信息资源系统之哲学信息资源系统。内容包括哲学动态（学界新闻、学人新著、哲学评论、研究综述）、哲学研究（哲学总论、马哲研究、中国哲学、西方哲学、伦理学、宗教学、科学哲学、美学、逻辑学）、哲学资源（哲学网站指南、电子书刊网站、中国古代典籍、中国现代文献、西方传统经典、西方现代文献）、哲学教育（哲育动态、哲学基础、哲学教育、教学资料、技能训练、专业指南）、哲学家、爱智论坛等。网站内容丰富，除以上信息外，还包含了大量的可免费下载的哲学方面的论文全文。

（2）中国科学哲学（http://www.chinaphs.org）

中国科学哲学，由中国自然辩证法研究会科学哲学专业委员会和山西大学科学技术哲学研究中心共同创建。主要提供国内外哲学研究的有关信息，免费提供论文目录和文摘。

（3）中国教育和科研计算机网（http://www.edu.cn）

中国教育和科研计算机网，简称 CERNET，1994 年 11 月创建，是由国家投资建设、教育部负责管理、清华大学等高等学校承建和管理的全国性学术计算机互联网络。该站点分为中国教育、教育资源、科研发展、教育信息化、CERNET、校园之窗等栏目。

（4）中国教育信息网（http://www.chinaedunet.com）

中国教育信息网是由教育部信息中心建立的一个中国教育综合信息网站，设有教育动态信息、基础教育与职业教育信息、学校与教育机构检索、中国教育现状、中国 CAI 之窗、国内外重要教育站点链接、服务窗、教育人才市场、教材与图书信息、教仪供销网、招生信息、软件下载等栏目。它是国内最有影响的教育领域宣传站点。

（5）中国教育资源网（http://www.gzy.com.cn）

中国教育资源网由中央电教馆和国讯教育集团共同组建，开辟有多媒体网络教学资源库、智能试题库、网络自习中心、多媒体交互实验室、活学活用英语等栏目。

（6）中国社会学网（http://www.sociology.cass.net.cn）

由中国社会科学院社会学研究所主办，主要栏目有社会学家（介绍了一些著名社会学家的简历及研究成果）、学者书库（介绍近年来出版的有关社会学方面的专著）、论文典藏（收集了 2003 年以来公开发表的社会学方面的期刊论文，大部分论文可免费阅读或下载全文）、研究工具（收集了大量的社会学相关的研究工具和软件以及这些工具和软件的介绍）等等，另外，网站还收集了全国社会学机构、社会学研究者个人主页、社会学相关期刊，发布最新学术动态。

（7）社会学人类学中国网（http://www.sachina.edu.cn）

提供新闻、学术文章、书籍、期刊文献、数据、学者、网刊、bolg（博客）、wiki（维基）、bbs（论坛）等各种内容的服务，让社会学研究者及时了解、掌握社会学人类学研究的最新动态、进展、理论成果等全方位信息。

（8）社会学吧（http://www.sociologybar.com）

由国内社会学研究者建立的网站，设置的栏目众多，主要有学术动态、社会评论、社会学人、理论方法、运用研究、分支学科、人类民俗、社保人口、社会工作、城市研究、性别研究、三农中国、社会心理、网友文集、学人文集、网络资源、网址导航等。网站资源丰富，收录了大量的原创文章及转载论文,大部分文章和论文可免费浏览和下载 HTML 格式的全文。

(9) http://library. nlx. com

西文哲学数据库(intelex past masters philosophy texts),由 Intelex 公司出版,是最大的哲学文献数据库,全面而详细地收录了有关柏拉图、亚里士多德、休姆、霍布斯、洛克以及其他古典哲学家的电子版文献。是一个收费数据库。

(10) International Archive of Education Date(IAED) (http://www. icpsr. umich. edu/IAED/)

数据来源于 National Center for Education Statistics(NCES),系统由 ICPSR(Interuniversity Consortium for Political and Social Research)开发和维护,收集国家、州或省、地方、私人机构等与各级教育相关的数据,数据内容包括教育投入,教学方法的变化,教育成果等。网站内容主要包括两部分,一是数据和调查(Data & Surveys);二是在线数据分析系统[Data Analysis System(DAS)],数据、文件以及报告均可直接下载,在线数据分析系统也允许用户对已选择的数据进行在线分析。

(11) The Educator's Reference Desk(http://www. eduref. org)

The Educator's Reference Desk 提供了 2 000 多个课程计划、3 000 多个教育信息网站以及有关教育资源使用方面的问题回复。教育资源内容包括咨询服务、教育水平、教育管理、教育技术、评估、家庭生活、普通教育、图书馆、参考资源、特殊教育、学科、教学等。

(12) Education-fine(http://www. leeds. ac. uk/educol)

提供教育学资源的免费检索和获取,资源包括会议文献、工作论文以及其他电子文献,这些文献均可免费获得全文,全文格式为 HTML 格式和 DOC 格式,可以按题名、作者、主题等途径进行检索。

(13) Social Psychology Network(http://www. socialpsychology. org)

号称因特网上最大的社会心理学研究数据库,目前收集了 1 900 多个社会心理学相关的网站链接,另外还包括 3 个附属网站:the Society of Experimental Social Psychoiogy(SESP. org, http://www. sesp. org)、the Society for Personality and Social Psychology(SPSP. org, http://www. spsp. org)、Research Randomizer (Randomizer. org, http://www. Randomizer. org,一个基于 web 的随机取样和随机分析的工具)。

(14) Psychology World Wide Web Virtual Library(http://www. clas. ufl. edu/users/gthursby/psi)

收集了大量的心理学相关资源,内容分为心理学相关学院或系科、基础心理学理论、图书和出版物、临床社会工作、心理学网站名录、E-mail 列表及新闻组、职业和心理学史、期刊和图书馆在线资源、精神健康资源、专业协会、宗教心理学、学校心理学、压力管理、超越个人的心理学等。

(15) Articles, Research & Resources in Psychology(http://www. kspope. com)

免费提供各种心理学期刊上的文章全文,如 American Psychologist、Journal of Consulting & Clinical Psychology、Clinical Psychology、Science & Practice and Psychology、Public Policy & Law,以及儿童、道德和法律方面的图书全文内容,另外还提供了其他心理学研究方面的资源,文章内容按学科进行了分类,所有内容均免费。

(16) History & Theory of Psychology Eprint Archive(http://cogprints. soton. ac. uk)

这是一个免费发布和获取与心理学历史和理论研究有关的学术论文网站,网站上的文章均来自作者个人的上传。文献类型除了传统的期刊论文外,还包括会议论文、多插图的文章、稍长的短文、综述文献等。提供检索和浏览功能,所有文章均可免费获得全文,全文格式有 HTML 和 PDF 等。

(17) The SocioWeb(http://www. socioweb. com)

社会学网络资源导航系统,至 2005 年 8 月,共收集了 600 多个社会学方面的网址链接。对这些网站按主题进行了分类,如 articles and essays、market place、sociological associations、sociology topics、giants of sociology、online directories、sociological theories、surveys and statistics、learning sociology、online journals and blogs、sociology in action、university departments。除收集网站外,还收录了社会科学相关的教材和图书。

9.2.3　经济、管理信息检索

1. 经济、管理数据库

(1) 国务院发展研究中心信息网(http://www. drcnet. com. cn)

国务院发展研究中心信息网(简称"国研网")创建于 1998 年 3 月,是国务院发展研究中心信息中心主办、北京国研网信息有限公司承办的大型经济类专业信息网络服务平台。

国研网开设的栏目有:《国研报告》《宏观经济》《金融中国》《世界经济与金融评论》《中国行业经济》《财经数据》《高校管理决策参考》等。其中《财经数据》为统计数据类资源,其他为报告类文献资源。

(2) 中国资讯行数据库(http://www. chnainfobank. com)

中国资讯行(China InfoBank)是香港专门收集、处理及传播中国商业信息的高科技企业,其数据库(中文)建于 1995 年,内容包括实时财经新闻、权威机构经贸报告、法律法规、商业数据及证券消息等。目前,已拥有 90 亿汉字总量、近 1 000 万篇文献的网上数据库,并以每日逾 2 000 万汉字的速度更新。网站提供以下几种主要数据库:中国经济新闻库、中国商业报告库、中国统计数据库、中国企业产品库、中国上市公司文献库、香港上市公司资料库、中文媒体库、中国法律法规库、Infobank 环球商讯库、中国人物库、中国医疗健康库、香港上市公司文献库、政府机构库、名词解释库、English Publications。

(3) 中国经济信息网(http://www. cei. gov. cn)

中国经济信息网简称中经网,是国家信息中心组建的以提供经济信息为主要业务的专业性信息服务网络,于 1996 年 12 月 3 日正式开通。中经网包括的数据库有:中外经济动态全文库、中国权威经济论文库、中国行业季度报告、中外上市公司资料库、中国经济统计数据库、中国法律法规库、中国地区经济发展报告、中国企业产品库等。

(4) 中国宏观经济信息网(http://www. macrochina. com. cn)

中国宏观经济信息网由国家计委所属的中国宏观经济学会、中宏基金等机构共同发起的宏观经济专业网站,中宏数据库是由国家计委所属的宏观经济研究院中国宏观经济学会、中国宏观经济信息网联合研制的经济数据库。中宏数据库由 19 个大型数据库组成,包含 74 个子数据库,涵盖了 20 世纪 90 年代以来宏观经济、区域经济、产业经济、金融保险、投资消费、世界经济、政策法规、统计数据、研究报告等方面的内容,目前中宏数据库历史数据量超过 90 万条,文字量超过 20 亿字,每日更新量 200~600 条,约 40 万~90 万字。

（5）中国经济研究中心（CCER）（http://www.ccerdata.com）

北京大学中国经济研究中心（简称 CCER）创办于 1994 年 8 月,是集研究、教学和培训于一体的非营利性实体机构。数据库内容包括资本市场、货币市场、宏观数据和高频数据四大模块.

（6）Business Source Premier（BSP）（http://search.epnet.com）

BSP 为 EBSCO 公司提供的全文数据库之一,是为商学院和与商业有关的图书馆设计的。收录各类出版物 7 000 多种,包括学术类期刊 900 多种,贸易和一般商业杂志 1 200 多种,专著上百种,国家经济报告 1 200 多种,产业报告和年鉴 3 000 多种以及市场研究报告 500 种。全文出版物超过 6 800 种。学科领域包括管理、市场、经济、金融、会计、国际贸易等。BSP 收录了世界上最著名的商业类期刊,特别是在管理学和市场学方面。

（7）ABI/Inform Global （full image version）（http://proquest.umi.com）

ABI/Inform Global（full image version）是 ProQuest 公司提供的商业经济及管理期刊论文数据库,是世界著名的商业经济及管理期刊论文数据库,内容覆盖商业、金融、经济、管理等领域,涉及这些行业的市场、企业文化、企业案例分析、公司新闻和分析、国际贸易与投资、经济状况和预测等方面,收录学术期刊和贸易杂志 2 600 余种,其中近 1 400 种有全文,包括多种重要学术期刊。

（8）EMERALD 系列数据库（http://www.emeraldinsight.com）

Emerald 由英国 Bradford 大学管理中心的学者在 1967 年所创立,是世界一流的管理学、图书馆学的专业出版社。Emerald 是世界上出版管理学、图书馆学和信息服务领域期刊最多的出版商,同时还出版工程学、科技应用方面高水准的专业刊物。目前 Emerald 提供的数据库大多与管理学有关,包括 Emerald Management Xtra、Emerald Fulltext、Emerald Management Reviews 等。

（9）IMID：Institute of Management International Database（http://www.csa.com）

该数据库由 Chartered Management Institute 管理学院的信息研究者汇编而成。数据包括 35 000 多篇期刊论文以及 25 000 本图书,为管理学领域的研究者提供基本的研究资源,内容上注重管理技术和方法,同时兼顾理论与实践。数据库收录文献自 1980 年至今。覆盖以下范围:

Key management functions-planning, marketing, operaUons, hnance, HRM;

Perennial topics-change management, appraisal, strategy;

New disciplines-knowledge, networking, e-business;

New trends-customer relationslup management, enterprise resource planning;

AlUl sectors-public, private, manufacturing, service, education;

All leveis-chief executives, directors, middle and first-line managers, tudents.

2. 经济、管理网络资源

（1）中国经济学教育科研网（http://www.cenet.org.cn）

中国经济学教育科研网（简称 CENET）于 1998 年 12 月由北京大学中国经济研究中心创办,现由中国经济学年会秘书处主办,是国内外经济学教育科研领域信息发布的大型专业

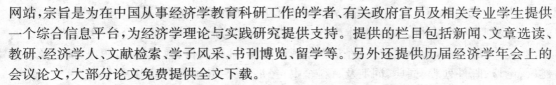

网站,宗旨是为在中国从事经济学教育科研工作的学者、有关政府官员及相关专业学生提供一个综合信息平台,为经济学理论与实践研究提供支持。提供的栏目包括新闻、文章选读、教研、经济学人、文献检索、学子风采、书刊博览、留学等。另外还提供历届经济学年会上的会议论文,大部分论文免费提供全文下载。

(2) 清华大学中国经济研究中心(http://www.ncer.tsinghua.edu.cn)

中国经济研究中心致力于对整个亚太地区特别是中国经济所面临的经济与战略问题进行高层次的研究。中心定期组织学术讨论、研讨会和国际会议。中心通过其自行编辑的杂志、研究报告系列、专题论文、书籍和会议论文集发表其研究成果。同时,中心还通过通讯季刊向广大公众提供其研究活动方面的信息。多数出版物均备有中、英文两个版本。网站栏目包括中心简介和中心宗旨、中心组织和研究领域、学术论文和研究动态、学术报告和学术会议、工作人员和研究人员等。

(3) 中国科学院世界经济与政治研究所(http://www.iwep.org.cn)

中国科学院世界经济研究所于 1964 年 5 月 19 日正式建立,1981 年世界经济研究所与社科院世界政治研究所合并,建立了世界经济与政治研究所。世界经济与政治研究所研究领域广泛,学科交叉性强,既有与社会科学学科的交叉,也有自然科学学科的交叉。注重理论与现实问题研究并举,尤其重视重大现实问题的研究,为政府决策提供了大量的理论依据。网站内容包括学术活动信息、学术文章、学术论坛、国际政治、海外传真、学术刊物、学术著作等。

(4) 中国知识管理中心(http://www.kmcenter.org)

设置的栏目有知识新闻、研究文库、专栏、案例分析、应用方案、KM 与 IT、论坛、博客等。其中研究文库按学科进行分类,专栏提供管理学专家的研究论文。另外,还设置了一些专题栏目,包括知识管理实践、知识管理案例、知识管理工具、知识管理词典、个人知识管理、竞争情报、框架研究、商业智能(BI)、知识共享、知识管理人才、KM 翻译计划等。网站上大部分内容为免费。

(5) Knowledge Management—WWW Virtual Library(http://www.brint.com/km)

该网站主要提供有关知识管理的免费论文、图书、实例研究、工具、技术以及提供知识管理信息的网络链接。

(6) BetterManagement.com(http://www.bettermanagement.com)

在线提供企业管理方面的教育资源和临近的会议信息。主题包括管理行为、决策管理、营销管理、财政管理、IT 管理、风险管理、领导和管理能力以及其他管理学科。提供的内容有管理学相关文章、webcasts、在线学习以及相关的书籍。会议信息主要集中于全球性的会议,地方会议主要报道拉美和欧洲各国的会议。大部分的文章可免费阅读全文。

(7) RePEe(http://www.repec.org)

是由来自 49 个国家的 90 多名志愿者鼎力合作,共同致力于促进经济学研究成果的传播而建立的经济学论文网站。该站点拥有世界上最大的经济学文献数据资料库。文献类型包括研究论文、期刊文章和软件。该网站为免费网站。

(8) RFE—Resources for Economists on the Internet(http://rfe.org)

是供经济学家使用的网上经济学资源。这个由 Bill Coffe 建立、美国经济学会(American Economic Association)赞助的网站,对互联网上的经济学资源进行了科学的分类,列出了大量的网上经济学资源,学院派和非学院派的经济学家,甚至是业余爱好者,都可以在此找到有用的资料。网站基本内容包括以下各类:新闻传媒、学术会议、组织协会、顾问咨询、经济预测、数据、学术交流、经济学系或研究院、应用软件、教学材料、职位、资助及学术建议、论坛、邮件列表、词典、词汇及百科全书、经济学家、其他网上索引等。

（9）美国国家经济研究局（NBER）（http://www.nber.org）

美国国家经济研究局创立于 1920 年,是一个民间的、非盈利性、非党派性的研究机构,其宗旨是促进对经济运作的更深理解。该局有一个庞大的工作论文库,每周都有新增工作论文充实进来,可免费浏览或下载。《美国经济评论》《经济学季刊》《政治经济学杂志》《经济研究评论》等世界顶尖经济期刊上的论文很多来自 NBER。

（10）亚太管理论坛（http://www.apmforum.com）

包括亚太地区经济、市场、管理、商业的相关信息。其中联机版杂志《亚洲商业战略》通过向人们提供有关亚洲经济的专门分析以及研究论文、资源链接等方式为人们展示了亚洲经济发展趋势的战略观点。

9.2.4 历史及古籍信息检索

1. 历史及古籍数据库

（1）中国基本古籍库

中国基本古籍库是运用现代信息技术手段,对构成中国传统文化的基本文献进行数字化处理的宏伟工程。由北京大学教授刘俊文总策划、总编纂、总监制,北京爱如生数字化技术研究中心投资开发,安徽黄山出版社发行。

中国基本古籍库共分为 4 个子库、20 个大类和 100 个细目,以独有的 ABT 数据格式,承载上自先秦、下迄民国的 10 000 余种历代典籍的全文数据和超过 15 000 余个珍贵版本的图像数据。用户还可以通过其独有的 ADK 工具包,利用典籍提要、作者通检、版本速查、新康字典等 4 种工具,排除古籍整理和研究的疑难和障碍。

（2）国学宝典（http://www.gxbd.com）

该数据库由北京国学时代文化传播有限公司开发,按四库分类法共收入古籍 3 800 多部,总字数逾 8 亿字。选书时充分吸收了清代学者和当代学人有关古籍整理的主要成果,收书种类和总字数均超过《四库全书》,一批通俗小说和戏曲均为《四库全书》未收的。目前每年还以 2 亿～3 亿字的速度扩充数据库。收录标准为:历代经典名著、各学科的基本文献、经过整理具有一定史料价值和研究价值的文献、用户所需的其他文献。选择底本的标准为:完整本（非选本或残本）、母本或现存最早的版本及精校本、经整理的标点本。大部分文献附有内容提要,包括作者简介、内容组成、版本等相关信息,增加了数据库的附加值。数据库有单机版、web 均可进行全文检索。

（3）《龙语瀚堂》典籍数据库（http://www.dragoninfo.cn）

该典籍数据库是中国古代典籍与汉字处理技术汇聚的结晶,建立在 Unicode 扩展技术之上,采用四字节编码技术,可处理 7 万多种汉字,并且内容均可复制粘贴到 MS-Office 软件中,为用户查阅、认知生僻字、罕用字提供便捷的途径。包括字书类数据库、殷周金文库、中国古钱及古印库、考古及文字学书目库、简帛库、台湾"国学报告"数据库、中国音韵库、小学类数据库、金文文献库、古籍核心期刊库、甲骨文库等。

（4）文渊阁四库全书电子版（http：//www. sikuquanshu. com）

自 1999 年出版后，迪志文化出版有限公司针对不同学术用户或个人的需要，先后推出"原文及标题检索版""原文及全文检索版""原文及全文检索版（网络版）"及"个人版"。

"原文及全文检索版"，简称"全文版"，包含 470 多万页原书页的原文图像，逾 7 亿汉字的全文检索。"全文版"提供全文检索、分类检索、书名检索及著者检索等 4 种检索功能。另附 8 种"关联字"检索，避免因汉字的不同写法使检索有所遗漏。而书页亦提供"全文文本"与"原文图像"两个阅读界面供对照，以便查证资料。用户亦可复制原文图像及文本，或在原文内容页上撰写个人笔记及添加标点。"全文版"同时提供打印功能，检索结果、内容页及笔记均可随时打印。"全文版"备有多项辅助工具，例如《四库大辞典》《中华古汉语字典》、古今纪年换算、干支/公元年换算及八卦、六十四卦表等转换工具，有助研究工作。

（5）书同文公司系列数据库（http：//www. unihan. com. cn）

包括《中国历代石刻史料汇编》《十通》及《四部丛刊》全文检索系统

（6）ABC-CLIO 历史数据库（http：//www. abc-clio. com）

包括的数据库有：《历史与生活》（America：History and Life），收录美国、加拿大从史前史至当代史的历史数据库；《历史文摘》（Historical Abstracts），这是一个综合的历史学文摘数据库，收录除美国与加拿大之外的世界各国的历史与文献信息。

（7）Gale 现代世界历史资源中心（http：//www. galegroup. com）

该数据库将 Gale 集团 50 年来独家拥有的珍贵历史参考资料进行无缝整合，具有很高的研究参考价值。内容包括取自 Gale 独家拥有的 Primary Source Microfilm 的 1 400 种原始历史档案、Gale 独家拥有的权威参考书内容、150 种全文学术期刊的全部文章（全文）以及著名的历史新闻来源、1 400 多份由权威专家精心挑选的历史地图及地图集、900 多份插图。

（8）《二十五史》全文检索系统（http：//202. 114. 65. 40/net25/defauh. asp）

《二十五史》全文检索阅读系统（网络版）由南开大学组会数学研究中心、天津永川软件技术有限公司开发。可进行全文阅读和检索。

2. 历史及古籍网络资源

（1）台湾"中央研究院"汉籍电子文献（旧称瀚典全文检索系统）（http：//hanji. sinica. edu. tw/index. html）

台湾"中央研究院"汉籍电子文献（瀚典全文检索系统）是迄今最具规模的中文古籍数据库，也是目前网络中资料整理最为严谨的中文全文数据库。它包含整部《二十五史》、整部阮刻《十三经》、超过 2 000 万字的台湾史料、900 万字的大正藏以及其他典籍，合计字数13 400 万字，并以每年至少 900 万字的速率增长，蔚为壮观。数据库部分资料的查询属于有偿服务（需付费取得密码方能检索），部分资料属有条件开放（能够检索古籍，但不能全文浏览，检索结果只能显示少量段落），大部分资料则免费开放，不仅提供查询，还可全文浏览古籍。

（2）台湾"国家图书馆"（http：//www. ncl. edu. tw）

台湾"国家图书馆"典藏善本古书 12 000 余部，包罗宋、元、明、清各朝刊本及珍罕手稿、钞写本，内容兼括经、史、子、集四部，是研究学术的重要材料，广为海内外汉学界所重视。多年前曾全数摄成微卷，以方便读者使用，现将善本古书的各页影像数字化并开发了一系列古籍文献资料数据库,包括"国家图书馆"善本丛刊影像先导系统明人诗文集初编、古籍影像检索系统、中文古籍书目数据库、台湾地区家谱联合目录、古籍全文检索系统、汉学研究中心等。

（3）台湾"中央研究院"历史语言研究所（http://www.ihp.sinica.edu.tw）

该所全文影像资料库有：

傅斯年图书馆珍藏图籍全文影像数据库：整合已数字化之善本图籍影像与书目数据库,线上阅览原文影像。需依相关规定申请账号使用。

文物图像研究室数据库检索系统：可以检索简帛金石数据库目录和全文、居延汉简补编图像、汉画论文目录、武氏祠图像系统、安丘董家庄汉墓图像、番社采风图。以上数据库,皆可全文检索,部分数据库可浏览图像。

汉籍电子文献初校稿建文件数据库：包含了《宋会要》、《明神宗实录》等,但只限所内使用。

明清档案工作室：收录明清二朝档案资料,包括诏令、题奏、移会、贺表、三法司案卷、实录稿本、各种黄册、簿册等。

内阁大库档案：是清宣统元年整修内阁大库档案时由其中移出的一部分。内容包括诏令、题奏、各种黄册、簿册等,共计311 914件。

傅斯年图书馆藏台湾公私藏古文书影本影像数据库：台湾民间契约文书,包括买卖租典田地房产契字、分家分管财产阄书合约书、田地收租账本、丈单执照等,其中有为数不少的平埔契;此外,尚有寺庙、宗教台账、祭祀公业、族谱、户籍资料、各种诉讼和人身文件、书院学生作文本及其他民间私人文件。限于傅斯年图书馆馆内使用。该网站还有一些书目及档案资料库。

（4）中国国家图书馆（http://www.nlc.gov.cn）

中国国家图书馆开发了一系列古籍特色资源：碑帖菁华、敦煌遗珍、西夏碎金、数字方志、民国期刊等。

（5）诗词总汇（http://www.sczh.com）

诗词总汇网站是以中华旧体诗词的搜集、整理、创作为主的公益性网站,其中诗词搜索大全版收录古代诗词近27万首,并在不断增加中;诗词搜索精简版收录点击率较高的1万余首诗词,绝大多数有注释和赏析文章。

（6）国学网（http://www.guoxue.com）

该网站由北京国学时代文化传播有限公司创办,是一个集传统文化传播与学术交流为一体的综合性网站。开发的系列数据库有：国学宝典、历代史书数据库、《十三经注疏》数据库、书画文献数据库、唐朝文献数据库、词典工具数据库、李白论文数据库、目录文献数据库、经学历史数据库。但数据库的利用需付费。

（7）唐诗宋词网（http://www.shiandci.net）

该网站有网站论坛、文集等。其专栏有唐诗、宋词等。唐诗专栏有唐诗综述、诗人介绍、佳句欣赏、个人诗集、诗书画、唐诗三百首、全唐诗。宋词专栏有宋词目录、宋词概述、宋词全集、宋诗百首、佳句欣赏、诗人介绍、中秋赏月。

（8）古籍电子书连线（http://skhlkyss.edu.hk/~lkylsk/bookmark/syssm.htm）

该网站古籍定义为含清代以前的典籍。依经书、史书、诸子、辞赋、诗词曲、启蒙书、总集、小说、评论、工具书等排列,内容非常丰富。

(9) 历史频道(Historychannel)(http://www.historychannel.com)

该网站由美国A&E Television Networks公司主持,由Hearst股份公司、ABC公司和NBC公司合作而成。内容来自电视节目、期刊、图书、网络资源、音乐CD以及录像等。由6个独立的网站组成,历史类专栏有历史频道(the history channel)、国际历史频道(history channel international)。历史频道收录内容主要为美国历史,包括历史文献、原始的短篇报道、历史学家访谈录、百科全书词条等。国际历史频道收录美国以外的其他国家的历史信息资源。

(10) 世界历史文档(World History Archive)(http://www.hartford-hwp.com/archives/index.html)

收集了很多历史学相关的文献,大多数可免费下载全文。网站提供分类浏览的功能,第一级按地区分类,如The Wortd、The Americas、Asia & Oceania、Africa、Europe,而后根据每一地区的特点又逐级往下一层一层地分类,沿着分类可以找到所需要类别的历史学研究文献。

(11) 中国世界古代史研究网(http://www.cawhi.com)

由陈德正博士建立维护的个人网站。设有学术组织、网文选粹、学界信息、资料索引、学者风采、教参资料、古史论坛、论著选刊、大家访谈、考研信息、论著评介、原创空间等栏目。

(12) 史学连线(http://saturn.ihp.sinica.edu.tw/~liutk/shih)

由台湾"中央研究院"历史语言研究所主办,收集了很多与史学相关的网站,内容包括史学新闻、史学机构、史纲总表、中国史、世界史、台湾史、专史、博物馆、图书查询等。

(13) 中华文史网(http://www.historychina.net)

为国家清史编委会网上工程。主要栏目包括清史纂修、清史研究、中华文史、清史数字图书馆、文化社区、新闻中心。除清史数字图书馆对会员开放外,其他所有资源均可免费阅读全文。

9.2.5 文学、艺术及其他学科信息检索

1. 文学、艺术及其他学科数据库

(1) 故宫期刊图文数据库(http://www.npm.net)

该数据库由威华文化国际事业股份有限公司制作,汇集丰富的中华历史文物及精彩论述之研究报告,全数收录于《故宫文物月刊》《故宫季刊》《故宫学术季刊》《故宫通讯(英文双月刊)》等4份故宫定期出版的刊物中。根据统计,将近30万份的研究报告里,约有6 000万字及9万张图片,涵盖了国内外200余位作者。

(2) Music, art & the Performing Arts(http://www.chadwyck.com)

Chadwyck-Healey公司的Music, Art & the Performing Arts系列数据库,主要包括:Art Theorists of the ltalian Renaissance、Film Index International(FII)、Film Indexes Online、International Index to Music Perodicals(IIMP)、International Index to Music Periodicals Full Text、International Index to the Performing Arts(IIPA)、International Index to the Performing Arts Full Text等。

电影文献索引(FII)和英国电影协会(British Film Institute)合作,收录了 BFI 的 1900 至 2003 年大部分电影与人物索引。有电影检索、人物检索、快速检索功能。

音乐期刊文献电子索引(IIMP)共涵盖 400 多种发行于 20 个国家的音乐期刊,目前已回溯到 1874 年,包括学术性期刊和通俗性音乐杂志。

表演艺术资料数据库(IIPA)为在表演艺术,如舞蹈、电影、戏剧、马戏、木偶戏、魔术等各方面收录完整的期刊索引资料库。IIPA 更能提供表演艺术资讯及研究领域里一个新的、即时的书目资料,收录超过 29 种学术性和通俗性的表演艺术期刊,同时也有部分期刊的回溯资料,有些甚至回溯到该期刊创刊号,并定期增加引用纪录另外也为各种性质的文件编制索引,如传记简介、会议报告、音乐唱片分类目录等,自 1998 年起的每一项资料都有摘要。

(3) Literature Online(LION)(英美文学全文资料库)

包含 123 种全文学术期刊,提供 1998 年后的当代评论,网罗重要的主题与方法学。提供超过 35 万篇作品,包括英美的诗歌、戏剧及散文,从中世纪的英国诗和戏剧到 1750 年后的非裔美国诗歌皆涵盖在内。

(4) 威尔逊艺术文摘(http://www.hwwilson.com)

该数据库原是书目索引数据库,现已扩展为部分全文数据库,是美国 Wilson 出版公司的网络数据库之一。目前收录世界范围内的艺术类专业期刊 378 种以上,包括英语、法语、德语等。文献类型有期刊、年鉴、博物馆快报以及一些索引刊物中的文摘条目。学科范围涉及艺术各个门类,如广告、建筑、艺术史、工艺、时装等。索引数据从 1984 年起,文摘数据从 1994 年起,其中 90 多种期刊有全文,但全文从 1997 年开始,还有网络艺术资源链接以及与 Wilson 其他网络版、艺术类数据库的链接,如"当代艺术史数据库""艺术图像图书馆"。

(5) CSA Arts & Humanities(CSA 艺术与人文系列数据库)(http://www.csa.com)

该系列数据库包含如下数据库:

- ART Bibliographies Modern;
- ATLA Religion Database;
- Avery Index to Archirectural Periodicals;
- BHI:British Humanities Index;
- Bibliography of the History of Art;
- DAAI:Design and Applied Arts Index;
- Index Islamicus;
- Linguistics and Language Behavior Abstracts;
- MLA International Bibliography;
- The Philosopher's Index;
- RILM Abstracts of Music Literature.

(6) MLA International Bibliography(http://edina.ac.uk/mla)

MLA International Bibliography 为全球语言文学数据库,收录自 1981 年至今有关语言、文学、民俗等书目资料。取材于 3 000 多种刊物,每年约增加 40 000 多项资料。包括主题有:非洲语言学、国际语言学、印欧语言学、理论及描述语言学、比较及历史语言学、非语言沟通、非洲文学、意大利文学、美国文学、拉丁美洲文学、巴西文学、英国文学、现代希腊文学、东欧文学、荷兰文学、法国文学、葡萄牙文学、西班牙文学、德国文学、斯堪的纳维亚文学、文学批评、文学理论。每季更新。

2. 文学、艺术及其他学科网络资源

（1）香港文学资料库：http://hklitpub.lib.cuhk.edu.hk

香港文学资料库,该数据库由香港中文大学图书馆与中国语言及文学系合作,是首个有关香港文学的数据库,收录 20 世纪 20 年代起刊于香港学报及期刊之文章。目前已有条目 50 000 条,包括书本资料、文学期刊、报章文艺版及学术会议论文等,其中还收录了一批早年香港报章文艺版的珍贵资料,以及著名作品的初版版本,是香港目前最完备的文学数据库。

网站作品主要以香港作家为主,现阶段主要刊载以中文发表的现代文学资料,之后将加入香港古典文学及外语资料。文学期刊则包括了中国大陆、香港及台湾出版的学报上有关香港文学的论文。

（2）台湾文学资料库：http://dcc.ndhu.edu.tw/literature

台湾文学资料库,该网站把台湾地区文学作为一个研究课题以提高研究水平。专栏有典藏作家:有关作家小传、年表、书目、相关品评及报纸期刊等汇编资料。议题导读:台湾古典文学、现代文学、母语文学及少数民族文学等相关议题的概论。影音收藏:作家访谈、演讲的影音资料。声韵之美:闽南语声韵学的解析、探讨、使用以及林正三先生声音示范教学。该网站可检索全文。

（3）中华诗词网：http://www.zhsc.com

中华诗词网,由中华诗词学会主办,是汇集中国古典诗歌、展示当代中华诗词创作风貌的大型免费网站。网站及时报道诗词创作,交流、出版等方面的信息,介绍古今诗、词、曲大家的生平和创作成就,推荐古今文艺理论家关于诗、词、曲方面的论著文章,并收集了有关诗词的书画、动画、音像资料。

（4）中国民间故事网：http://www.6mj.com

中国民间故事网,为读者提供丰富的民间故事。内容包含民间故事、神话传说、传奇故事、现代故事、爱情故事、校园故事、诗联趣话等。

（5）英文文学资料库：http://www.eng.fju.edu.tw/English_Literature/el-main.htm

英文文学资料库,该网站由台湾地区辅仁大学创办,目标是为了促进英文文学作品的了解赏析、分类收集、触类旁通、深入研究。介绍文学文本的主要构成,如主题、技巧、流派、历史背景等,以便台湾地区学生更好地了解与欣赏。同时鼓励学生对英文文学和本地当时的文学进行比较研究。并有前沿问题研究资料、作者的照片、相关艺术作品、相关链接与学术论文等。

（6）免费古典文学网站：http://www.classic-literature.co.uk

免费古典文学网站,英国古典文学图书馆开放的电子图书网站,包括英国、美国、意大利、法国、爱尔兰及苏格兰部分作家的作品,有浪漫小说、剧作、诗歌、童话故事、演讲(如林肯的就职演说)、商业金融书籍和部分食谱。

（7）亚洲艺术文献库：http://www.aaa.org.hk

亚洲艺术文献库,于 2000 年成立,是香港首个专门收集亚洲当代艺术资料的非营利机构。为增进了解亚洲艺术、推动亚洲艺术发展,收集、整理和编藏相关的出版文献和影音资

料,并让公众使用。

(8) 艺术百科:http://www.artcyclopedia.com

艺术百科,是一个提供艺术作品的综合性网站,根据世界上百余个大型艺术展览馆和博物馆网站中的所有艺术家的信息、图像档案的实体制作而成的网络数据库,曾被美国图书馆协会(ALA)的评价网络信息资源的 MARS 项目评为 2001 年的 25 个最佳网站之一,由现居住在加拿大 Calgary 信息技术专家 John Malyon 开发维护。该网站索引了 1 200 多个艺术网站,提供 30 000 多个链接,包括 7 500 多个著名艺术家的约 90 000 件作品。另外,这里还提供了多种检索途径,可以根据艺术家名、作品名、展览馆名称或地点去检索,也可根据主题、艺术流派或运动等途径检索。

(9) 因特网电影数据库:http://www.imdb.com

因特网电影数据库(the internet movie database),是一个综合性强、简单易用的电影参考网站。其中心数据库包括 225 万个电影记录,涉及 18 万部电影和 56 万个人物。其检索项目包括演员、导演、编剧、谱曲、摄影、编辑、背景、服装、制片等。另外还包括电影奖项、人物信息等。

(10) 神州戏曲网:http://www.szxq.com

神州戏曲网,是一个专门介绍中国戏曲的网站,主要以介绍京剧信息为主,也介绍如豫剧、越剧、黄梅戏等地方戏曲的信息。网站设有戏曲新闻、演出团体、经典剧目、地方戏曲、梨园轶事、戏曲擂台、在线视听、名家名段、戏曲学堂、我是票友、戏曲商城等栏目。

(11) 中国舞蹈网:http://www.woodao.com/index.html

中国舞蹈网,以学生、教师和舞蹈表演者为主要服务对象的专业舞蹈网站。设有舞坛新闻、舞蹈文章、舞蹈图片、舞蹈下载、舞蹈论坛、音乐星空、人才热线、网址导航等栏目。用户注册成会员后可以免费下载古典、现代、民族、芭蕾等舞蹈的影音资料。

(12) 引语起点:http://www.ixquick.com

引语起点,是收集引语类网站的指南目录,即为引语类的搜索引擎。网站包括了大量著名的引语数据库的链接,并将这些网站分列成几个门类。网站还提供了一些引语的搜索引擎链接,用户还可以通过网站集成的 17 个国际搜索引擎进行查询。

(13) 中国民俗网:http://www.chinesefolklore.com

中国民俗网,是大道影业公司与中央民族大学民俗文化中心联合创建、经营的公益性网站。是集知识性、趣味性、学术性于一体,服务于不同年龄层次、不同学术和知识需要的专业性网站。网站开设有 20 个主要栏目,涵盖了饮食、居住、服饰、交通、信仰、人生仪礼、民间文学等方面的内容。网站还特别推出了民俗论坛、民俗考察、民俗 ABC 等特色栏目。

思考与练习题

1. 什么是人文科学?什么是社会科学?它们各自的学科范围有哪些?

2. 人文社会科学信息有哪些特点?

3. 人文社会科学信息的功能有哪些?

4. 人文社会科学信息检索的特点有哪些?

5. 什么是工具书？与普通图书相比有哪些特点？

6. 工具书一般有哪些类型？

7. 如何鉴别和选择工具书？

8. 从所学专业领域出发，在本校图书馆网站上找出所有相关的专业数据库。

9. 通过网络搜索，制作一份所学专业的网络资源列表，作为获取专业学术资源的重要参考。

10. 举例说明专业数据库资源与专业网络资源在信息检索与利用中各自的优劣。

第 10 章　理工科信息检索

10.1　理工科信息概述

自然科学包括理、工、农、医四大学科门类,其中理学是自然科学的基础学科,偏重科学理论研究,工学是对基础理论的应用,偏重技术应用的研究。理学和工学构成了科学和技术的主要组成部分。在理学门类下又设有数学、物理学、化学、天文学、地理学、地球物理学、大气科学、海洋科学、力学等 16 个学科;工学门类下设有地矿、材料、机械、仪器仪表、能源动力、电气信息、土建、水利、测绘、环境与安全、化工与制药、交通运输、海洋工程、轻工纺织食品、航空航天、武器、工程力学等 21 个学科。

理学中数理化是最基础的学科,也是发展比较完善的学科。数理化专业文献的检索工具门类很齐全,如知识性手册、词典、图表等参考性检索工具等,数量很多,如《CRC 简明数学百科全书》《麦克劳·希尔物理学百科全书》《有机化合物词典》等。随着科学技术的发展,物理、化学、生物学等自然科学各领域与电子、工程、计算机等各应用学科领域相互交叉渗透,部分专业界限也不是很明显,由此带来相关或相近专业文献内容的交叉渗透,以及专业文献分散刊载在相关专业或综合性刊物上,给文献的利用带来不便,例如《科学文摘》,除了报道物理学方面的文献外,也包括部分《工程索引》所收录的应用科学文献,如电工学、计算机与系统、自动控制、工业信息技术、环境工程、制造与加工工程、材料科学、机械工程、固体及其超导性等。工学中工程技术类专业具有很强的积累性和继承性,对工程技术、研究人员来说,通过专业信息检索,才能及时掌握与本专业有关的技术信息,并推动技术不断创新和发展。

本章重点阐述理学和工学专业的信息检索,专业数据库重点介绍外文权威检索工具。

10.2　理工科信息检索

10.2.1　数学信息检索

1. 数学数据库检索

(1) MathSciNet:美国《数学评论》(Mathematical Review)

① MathSciNet 概述

MathSciNet(http://www.ams.org)是美国数学学会(American Mathematical Society,简称 AMS)出版的关于数学研究文献的书目数据及评论的网络版数据库,包括印刷版的《数学评论》(Mathematical Reviews)和检索期刊《最新数学出版物》(Current Mathematical Publications,

CMP)的全部内容。MathSciNet 全面收录 1940 年以来世界上的数学文献,回溯数据可至 1864年,每年增加书目数据 10 万条、评论 4 万个,收录的文献内容涉及数学及数学在统计学、工程学、物理学、经济学、生物学、运筹学、计算机科学中的应用等,数据来源于期刊、图书、会议录、文集和预印本等,是检索各国数学文献的重要工具。目前,中国有 160 多种数学期刊被其选评。MathSciNet 中的书目数据每日更新,评论内容随后添加(图 10-1)。

图 10-1　MathSciNet 主页

② 基本检索

在 MathSciNet 主页上方点击"MathSciNet"进入 MathSciNet 检索主页(图 10-2)。

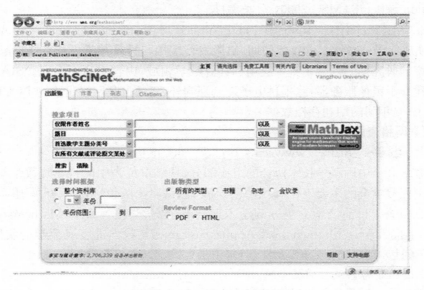

图 10-2　MathSciNet 检索主页

MathSciNet 数据库检索主页提供了 4 种基本检索方式:出版物检索、作者检索、期刊检索、引文检索的信息检索,系统默认出版物检索。系统提供 13 个检索入口,包括仅限作者姓名、作者姓名加编者(译者)等、题目、该评论中的任何词语、杂志名称、研究机构的特定代码、系列名称、首选或第二位的数学主题分类、《数学评论》条目号、评论员姓名、在所有文献或评论原文某处出现、参考文献。MathSciNet 检索主页提供 4 个检索输入框,允许最多同时 4 个检索词,字段间选择逻辑运算符进行组配。

检索输入框下方可进行检索条件限制,如出版物类型、评论格式等。主页上方的"请先选择"可对显示结果进行限制,如是否显示参考文献、标题全文还是简称、语种、评论格式、字型等。

点击工具栏"作者检索"按钮,可实现按作者姓名检索,要求作者"姓"和"名"之间用","连接,如"lin,zhigui"等。

点击"杂志检索"按钮,通过输入杂志名称的缩写、杂志名称、部分名称或者刊号(ISSN)检索杂志信息,可检索超过 1 900 多份最新的杂志,能直接链接到 1 396 222 篇原文。

"引文检索"(Citation)数据最早回溯到 1997 年,系统提供作者被应用的信息、杂志被引用的信息、按主题检索和按年检索几种检索方式,大部分参考文献列表直接从源文献提取。

③ 其他检索

点击 MathSciNet 检索主页工具栏上"免费工具箱",可进行数学主题分类检索、浏览最新杂志、最新出版物、合作者之间的距离的查询。

(2) Zentralblatt MATH :德国《数学文摘》网络版

Zentralblatt MATH 是德国《数学文摘》网络版,收录自 1868 年以来的数学文献评论,提供约 300 万篇文章可供检索,拥有 120 万个 DOI 全文链接。Zentralblatt MATH 由 European Mathematical Society,FIZ Karlsruhe,Heidelberg Academy of Sciences 编辑,Springer-Verlag 出版。Zentralblatt MATH 所有条目按照 Mathematics Subject Classification Scheme (MSC 2000) 分类编排。

(3) SIAM (Society for Industrial and Applied Mathematics) Journals Online

SIAM 成立于 20 世纪 50 年代初期,出版发行应用与计算数学方面的 10 余种期刊,这些同行评审的研究期刊涵盖了整个应用和计算数学领域,内容丰富而全面。SIAM 于 2005 年在本地建立了镜像服务器,除提供电子期刊现刊外,还通过其网络出版物 LOCUS 提供所有 1952－1996 年间的期刊存档数据。

2. 数学网络资源

(1) 中国数学会:http://www.cms.org.cn/cms/index.htm

中国数学会是中国科学技术协会的组成部分,挂靠单位为中国科学院数学与系统科学研究院。中国数学会的主要工作有:组织学术交流、编辑出版数学刊物、开展国际学术交流、举办数学竞赛等。目前该学会主办的学术期刊有《数学学报》《Acta Mathematica Sinica》《应用数学学报》《Acta Mathematical Applicatae Sinica》《数学进展》《数学的实践与认识》《应用概率统计》《数学通报》和普及性刊物《中学生数学》《中等数学》。

(2) 中国数学与系统科学信息网:http://www.chinamath.cn

中国数学信息网是由中科院数学与系统科学研究院主办,中国数学会、中国系统工程学会、中国运筹学会、国家基金委数理学部协办的综合性全国数学与系统科学信息交换的门户网站,旨在为科研人员和数学教师服务,提供与数学研究和数学教学有关的一切有价值的信

息和国内优秀数学专业期刊网络版的信息检索(免费)、全文下载(计费)服务。

（3）博士家园数学专业网站：http://www.bossh.net

属于综合性全国数学信息交换网站,纯学术,非经营性,仅供个人学习交流之用,旨在为科研人员和数学教师服务,提供与数学研究和数学教学有关的一切有价值的信息和国内优秀数学资源检索,内容包括 matlab 等数学软件、计算数学、概率统计、组合图论、几何拓扑、代数数论、分析方程、运筹控制、信息论和数学史等。

（4）中国数学建模网：http://www.shumo.com/home

始建于 2002 年,网站提供数模新闻、数模优秀论文下载、数模邮报、数模论坛等多项服务。

（5）物理数学学科信息门户：http://phymath.csdl.ac.cn

物理数学学科信息门户是中科院国家科学数字图书馆 2002 年首批启动的 22 个项目之一,该门户提供的信息资源主题覆盖数学、物理学及其相关领域,其中,数学分类采用美国《数学评论》和德国《数学文摘》采用的《数学主题分类表》,资源内容包括数据库、软件、图书、专利、会议、搜索引擎、参考信息源等。

（6）美国数学学会：http://www.ams.org

美国数学学会（American Mathematical Society,简称 AMS）创建于 1888 年,多年来一直致力于促进全球数学研究的发展及其应用,也为数学教育服务。AMS 出版物包括数学评论（mathematical reviews）及多种专业期刊和图书,提供网络版的文摘、全文数据库等。访问 http://www.ams.org/journals 可以浏览该学会部分期刊的全文信息。

（7）EMIS 欧洲数学信息服务：http://www.maths.soton.ac.uk/EMIS

EMIS 为用户免费提供多种信息服务,包括 EMS 出版物（Journal of the EMS）、MATH（世界数学领域内关于抽象数学和应用数学的最全面、持续时间最长的文摘和评论数据库）、MATHDI（关于数学和计算机教育的参考工具）、Electronic Geometry Models（供发布或浏览几何学、拓扑学等广泛数学主题的电子版模型）等数据库和电子图书馆的资源检索、会议预报、活动预告等。

（8）德国数学指南：http://www.mathguide.de

德国数学指南,是基于因特网的指向数学领域学者相关信息的入口,是数学信息的主题网关,附有学科和类型目录,以及一个检索引擎。相关资源被描述和评价,并且不断补充新的资源。

（9）南开大学数学图书馆：http://www.mathlib.nankai.edu.cn

1985 年,世界著名数学大师陈省身教授创建南开大学数学研究所的同时,创办南开大学数学图书馆。该图书馆门户网站,可查询本馆书目及期刊数据、电子资源、最新到馆书目以及本馆最新动态等。该网站由教育部 CALIS 资助。

10.2.2　物理信息检索

1. 物理数据库检索

（1）Scitation 平台——美国物理学会/美国物理研究所全文电子期刊数据库（APS/AIP）

① Scitation 平台概述

Scitation 平台由美国物理研究所（American Institute of Physics, AIP）开发,是一个包含了 AIP、APS（American Physical Society,美国物理学会）、ASME（American Society of

Mechanical Engineers，美国机械工程师协会）等许多权威的科学工程领域学会期刊的在线平台，还包括 SPIN。目前 Scitation 平台收录了 27 个出版社近 200 种科技期刊，任何 Scitation 平台出版物订户都可以使用该平台浏览和检索功能以及个性化服务。访问 http://scitation.aip.org（图 10-3）。

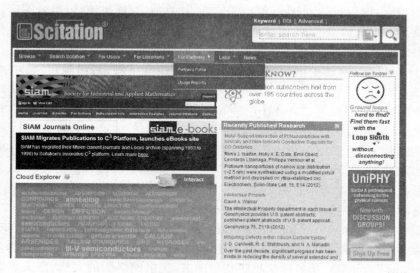

图 10-3　Scitation 主页

② 检索方法

浏览：用户在首页点击"browse"按钮，可以浏览期刊。系统提供 3 种浏览方式：按字母顺序浏览（alphabetically）、按出版社浏览（by publisher）、按学科分类浏览（by category listing）。点击期刊名称可以浏览该刊各期的内容，点击刊名下的"current issue"浏览最新一期的论文，选择刊名下"browse archives"工具按钮浏览该刊以前的内容。

标准检索（standard search）：点击工具栏上"search scitation"进入"标准检索"界面（图 10-4）。

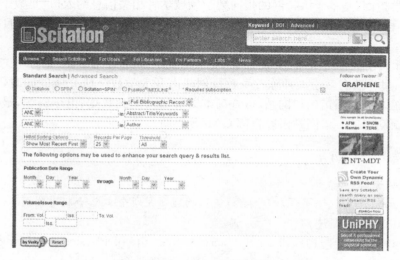

图 10-4　Scitation 标准检索界面

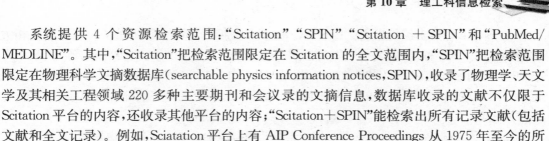

系统提供 4 个资源检索范围："Scitation""SPIN""Scitation ＋ SPIN"和"PubMed/ MEDLINE"。其中，"Scitation"把检索范围限定在 Scitation 的全文范围内，"SPIN"把检索范围限定在物理科学文摘数据库（searchable physics information notices，SPIN），收录了物理学、天文学及其相关工程领域 220 多种主要期刊和会议录的文摘信息，数据库收录的文献不仅限于 Scitation 平台的内容，还收录其他平台的内容；"Scitation＋SPIN"能检索出所有记录文献（包括文献和全文记录）。例如，Sciatation 平台上有 AIP Conference Proceedings 从 1975 年至今的所有文摘记录，而全文记录则是从 2000 年开始至今的。如将检索范围设定为 Scitation，会无法检索到 2000 年之前的记录。所以，我们推荐用户以 Scitation＋SPIN 范围进行检索操作。

标准检索界面提供 3 个检索输入框，不同输入框之间的检索词实行布尔逻辑组配。系统对检索词默认为词根运算，如输入 perturbation，可检索出以 perturb 为词根的词如：perturbs、perturbing、perturbation 等。系统提供的检索字段有：文摘/题目/关键词、作者、作者单位、文摘、题目、关键词、标题词、期刊名称或代码、引文作者等。

高级检索（advanced search）：在标准检索页面上点击"advanced search"进入高级检索（图 10-5）。高级检索要求用户利用检索技术中的布尔逻辑算符和字段代码等组成较为复杂的检索表达式。

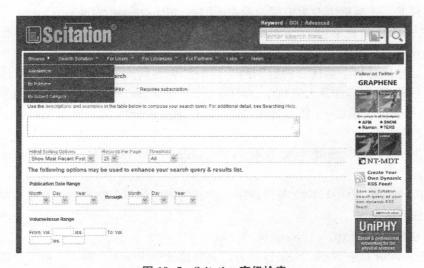

图 10-5　Scitation 高级检索

不论是标准检索还是高级检索，检索输入框下方区域均为检索条件限制，用户可进行"出版日期范围""卷期范围"（volume/issue range）等限定。

③ 检索结果

检索结果首先显示题录信息，包括篇名、作者、出处和全文链接。在题录信息中点击篇名，即可看到文献的全记录格式，即包含文摘信息的记录格式。文摘下面会显示参考文献列表，并建立超链接，用户可以便捷地链接到相关参考文献。

系统提供 HTML 和 PDF 两种全文显示方式。

（2）INSPEC 数据库——英国《科学文摘》（Science Abstracts，SA）的网络版（http://www.isiknowledge.com）

英国《科学文摘》创刊于 1898 年，由英国电气工程师学会（The Institute of Electrical

Engineers，IEE)负责编辑出版。INSPEC 是《科学文摘》的网络版，覆盖了全球发表在相关学科领域的 4 200 种期刊(其中 1/5 为全文)，2 000 种以上会议录、报告、图书等，文献来自于 80 多个国家和地区，涉及 29 种语言，收录年代自 1969 年开始，目前数据量已达 800 万条记录，并且以每年 40 万条新文献的速度增加。INSPEC 的所有文献都含有目录和摘要，数据每周更新。

INSPEC 数据库内容涉及声学、天文学和天体物理学、原子和分子物理学、生物物理学和医学物理学、基本粒子物理学、能源研究、环境科学、气体、流体动力学和等离子体、地质物理学、仪器和测量、材料科学、数学和数学物理、核物理、光学(包括激光)、物理化 学、量子力学、热动力学、电路和元件、发电和供电、电磁场和波、电子元件和材料、电子仪器、电光学、电子系统和应用、雷达和无线电导航、远程通讯、计算数学、计算机应用、计算机硬件和软件、控制系统与信息科学、系统与控制论等，是物理和工程领域中最全面的二次文献数据库之一，也是理工科最重要的文献数据库之一。

(3) 英国物理学会全文电子期刊数据库(Institute of Physics，IOP)

IOP 包括 Journal of Physics 系列(A-E)在内的 56 种物理学领域的核心期刊，数据回溯到 1874 年，涵盖了物理学各个方面，包括理论物理、应用物理，以及一些交叉学科，如生物物理、医学物理等。该数据库专为中国而设立了网站(http://iop. calis. edu. cn)。

(4) 美国地球物理协会(American Geophysical Union，AGU)全文电子期刊数据库(http://www. agu. org)

AGU 是以地球科学为核心内容的跨学科的综合性研究站点，收录美国地球物理协会出版的 19 种期刊，内容涉及大气科学、海洋学、空间科学、地球科学、行星研究等领域的最新会议消息、历届会议描述、专著、期刊介绍等，信息来源于全球 50 000 余位科学家的研究进展和研究成果。

(5) CPD——中国物理学文献数据库(Chinese Physics Database)(http://www. phyab. ac. cn/)

创建于 1987 年，由中科院文献情报中心建成的国内最早的物理专业文献数据库。

2. 物理网络资源

(1)物理资源网：http://physweb. 51. net

物理资源网成立于 2001 年，宗旨是为广大的物理学工作者和物理系的学生提供网络服务，以提高物理教学科研水平。本网站主要内容是对 internet 中的物理资源进行系统的介绍，重点介绍了美国和欧洲主要国家的物理网站和物理期刊。

(2) 中国物理学会：http://www. cps-net. org. cn

该网站包括以下主要内容：学术活动、国际信息、学会出版物、分支机构链接等。通过该网站可直接访问中国物理学会主办的期刊如《物理学报》(中、英文)《大学物理》《高能物理与核物理》《物理学进展》《化学物理学报》等，具有期刊检索功能，可进行期刊卷、期选择、关键词字段检索，大部分期刊回溯到创刊，可直接实现全文的阅读与下载。

(3) 物理数学学科信息门户：http://phymath. csdl. ac. cn(见 P208)

(4) 加拿大物理学杂志：http://haly. ingentaselect. com

NRC Research Press 出版，主题内容包括分子物理学、元素微粒学、核能物理学、液体动力学、电磁学、光学、数理物理学等。

(5) 美国物理学会：http://www.aps.org/

美国物理学会(The American Physical Society,简称 APS),成立于 1899 年,在全球拥有会员 4 万多人,是世界上主要的物理学专业学会之一。该网站主要内容包括 APS 出版物、物理会议、物理资源、物理教育等。APS 出版的物理评论系列期刊:《Physical Review》《Physical Review Letters》《Reviews of Modern Physics》,分别是各专业领域颇受尊重、被引用次数较多的科技期刊之一,其数据最早可以追溯到 1893 年。目前 APS 通过 Scitaition 平台提供其科技期刊的全文服务。物理资源指的是非 APS 的物理资源,内容包括美国和部分欧洲的物理站点、物理类出版物、世界主要国家的物理学会等。物理会议栏目列出了最近两年的物理会议,包括会议提交论文的摘要、会议报告等。

(6)《科学在线》(Science Online)网站：http://www.sciencemag.org

《科学在线》(Science Online)是由 AAAS 美国科学促进会出版,Highwire 提供平台服务的综合性电子出版物,内容包括《科学》《今日科学》《科学快讯》《信号转导知识环境》和《衰老科学知识环境》等期刊内容。

(7) Nature 网站：http://nature.calis.edu.cn

英国著名杂志《Nature》是世界上最早的国际性科技期刊,1869 年创刊。Nature 网站不仅提供 1997 年 6 月到最新出版的《Nature》期刊信息,而且可以查阅 Nature 出版集团(The Nature Publishing Group)出版的其他 8 种研究月刊、6 种评论月刊,以及 3 种重要的物理与医学方面的参考工具书。

(8) 中国光学期刊网数据库：http://www.opticsjournal.net

中国光学期刊网数据库是依托中科院科技期刊改革项目建立起来的,目前全文收录了国内比较权威的 30 种光学期刊和光学会议论文,是目前光学领域收录期刊信息最全的学术专业资源网。本着电子出版优先的理念,目前更新速度远超各大数商,面向开设光学或者光学相关交叉学科的高校和研究所免费开放。

(9) 科学数据库-高能物理科学数据库：http://ihepdb.ihep.ac.cn

高能物理科学数据库是中科院高能物理研究所承担建设的综合科技信息数据库的一个组成部分,包括 3 个主题方面的数据内容:宇宙线观测数据库、高能天体物理数据库和核分析数据库。合作单位包括国家天文台、清华大学、上海交通大学、南京大学、中国科技大学等,该数据库通过共享应用系统可实现数据的 7×24 小时检索。

10.2.3　化学信息检索

1. 化学数据库检索

(1) SciFinder——美国《化学文摘》(Chemical Abstracts)的网络版

① SciFinder 概述

美国《化学文摘》(Chemical Abstracts,CA),1907 年创刊,由美国化学学会所属的化学文摘社(Chemical Abstracts Service,CAS)编辑出版,现刊每周出一期,每卷 26 期,是当今世界上久负盛名、应用非常广泛的化学化工文献检索工具,被誉为"打开世界化学化工文献的钥匙"。CA 报道的内容几乎涉及化学家感兴趣的所有领域,其中除包括无机化学、有机化学、分析化学、物理化学、高分子化学外,还包括冶金学、地球化学、药物学、毒物学、环境化学、生物学以及物理学等诸多学科领域。CA 的期刊收录多达 9 000 余种,另外还包括来自

47个国家和3个国际性专利组织的专利说明书、评论、技术报告、专题论文、会议录、讨论会文集等,涉及世界200多个国家和地区60多种文字的文献。到目前为止,CA已收文献量占全世界化工化学总文献量的98%。

1996年CAS推出了光盘版《化学文摘》——CA on CD,其内容与印刷版《化学文摘》相对应。1995年CAS的推出网络版化学资料数据库(SciFinder),目前是世界上最大的化学信息数据库。针对不同用户,SciFinder分为商业版(SciFinder)和学术版(SciFinder Scholar)两个版本。SciFinder Scholar特别为高校等研究单位推出,囊括了《化学文摘》创刊以来的所有期刊文献和专利摘要,以及4 000多万的化学物质记录和所有CAS登记号内容,并整合了Medline医学数据库、欧美等近50多家专利机构的全文专利资料。

SciFinder Scholar于1998年推出,目前版本是SciFinder Scholar 2007。与光盘版相比,SciFinder Scholar的最大特点在于可对检索结果进行分析、排序和二次检索。

② SciFinder Scholar检索方法

下载、安装好SciFinder Scholar的客户端软件之后,点击软件"SciFinder Scholar 2007"即进入检索主菜单(图10-6)。

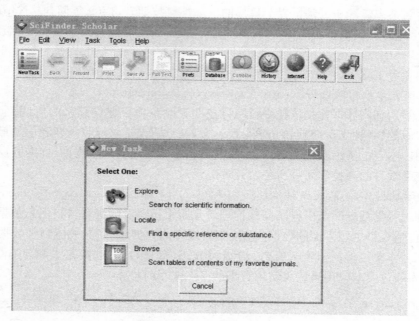

图10-6　SciFinder Scholar检索主页

检索主页有3种检索方式:explore、locate、browse。

• explore检索。分成三大类:explore literature(可按照research topic、author name和company name/organization三大途径进行检索);Explore Substances(可通过画出chemical structure或输入molecular formular来查找化学物质);explore reactions(可通过画出反应途径查找特定的反应过程)(图10-7)。

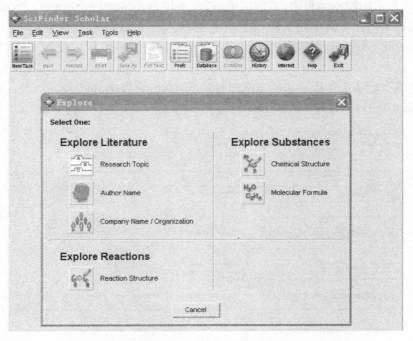

图 10-7　Explore 检索方式

　　检索时，SciFinder Scholar 智能检索系统会自动考虑同义词、单复数、不同拼写形式、缩写、截词等，所以 SciFinder Scholar 检索不需要使用"﹡"等截词符。关键词之间也不需要实行布尔逻辑组配，因为系统在处理检索结果后会给出所有可能的组合方式，当输入多个检索关键词时，尽量使用介词来连接检索词，例如"medicine for cancer"。

　　点击"explore literature"，在检索输入框输入检索主题，例如 medicine for cancer，得到检索结果（图 10-8）。

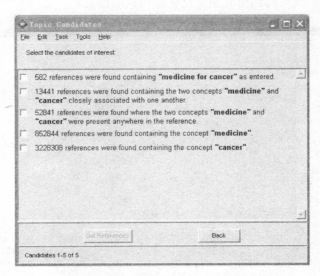

图 10-8　Explore Literature 检索结果

图 10-8 所示的检索结果中,备选项中以"closely associated with one another"结尾的,表示输入的检索词在文摘中处于同一个句子里,结果一般比较符合检索需求。以"present anywhere in the reference"结尾的,表示输入的检索词在文摘中任一位置都能找到,检索结果会更多。

在选中的检索结果备选项前的方框内打"√",点击下方的"get references"显示相关的题录信息(图 10-9)。

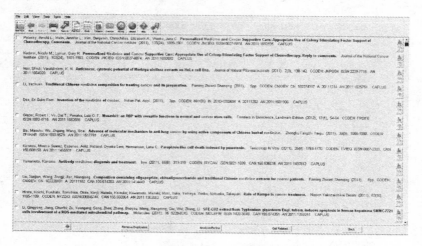

图 10-9 Explore Literature 检索结果题录信息显示

点击题录信息右首的"显微镜"图标显示该篇文献的相关信息,包括文摘、索引、引文等。点击"显微镜"图标下的"纸张"图标可链接到该篇文献所在的全文数据库。

"explore substances"可进行分子式和化学结构式检索。化学结构式检索是 SciFinder Scholar 的一大特色,使用时只要在空白处绘制所需查询的化学结构式(图 10-10),点击下方的"get substances"就可得到所有相关化学结构式的信息。

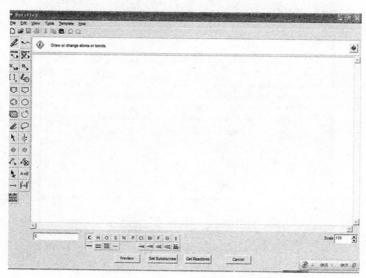

图 10-10 Explore 化学结构式检索界面

• locate 检索。locate（查找特定的文献或物质）分为"locate literature"和"locate substance"两大部分。"locate literature"（定位文献）：可按照 bibliographic information（文献信息定位：作者姓名、期刊名、文献题名等）以及 document identifier（文献号定位：专利号、标识号、CA 文摘号等）进行特定文献的检索；"locate substance"（定位物质）：按照 substance identifier（物质标识号、化学名称、CAS 登记号）查找特定的化学物质。

• browse 检索。利用 browse 的功能可以浏览期刊内容，如图 10-11 在期刊列表中选中感兴趣的期刊，查看需要的论文，系统默认为该期刊最新一期的目录，可点击"select"选择查看所有年份的期刊文献。

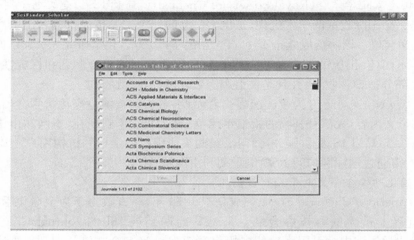

图 10-11　Browse 检索主页

（2）Kirk-Othmer Encyclopedia of Chemical Technology 数据库：http://online library.wiley.com

在化学化工领域中，Kirk-Othmer Encyclopedia of Chemical Technology 无疑是一部具有重要参考价值的大型参考工具书。它主要介绍各种重要化工产品的性质、制法、近期的经济信息、分析与规格、毒性与安全以及用途等有关内容，同时还对化学化工的基本原理、化工单元操作和流程等问题进行了探讨。

本数据库是由纸印版转化而成相应的 DVD 形式出版，逐年增加册数资料。该光盘数据库是第 4 版 27 册完整资料数据库。与第 3 版相比，在对原有章节内容进行更新的基础上扩充了分析化学、生物工艺学、材料科学、计算机技术、能源及其转化技术等 20 世纪 90 年代出现的一些新兴技术的内容和一些有关环境方面的章节，例如污染控制、毒物学以及循环再生技术等。同时第 4 版与前版本的明显区别还在于增加了由公认的化工各个领域专家学者所著的 1 200 多篇论述各自领域技术、设备及方法的文章，因此从专业性和权威性的角度来看，在内容方面，该数据库在化学化工领域占有无可替代的重要地位。

（3）John Wiley 数据库

Wiley 作为全球知名的学术出版机构，拥有世界第二大期刊出版商的美誉，以期刊的质量和学术地位见长，出版超过 400 种的期刊，拥有众多的国际权威学会会刊和推荐出版物，被 SCI 收录的核心刊达 200 种以上，主要分布在化学化工、生命科学与医学、计算机科学、工程技术、地球科学（包括环境科学）、数学与统计学、物理科学、心理学、经济与管理类等学科。

216

Wiley 也是最早进入电子出版物领域的出版商，在 1997 年就将期刊电子化，目前全文在线期刊已超过 363 种，您可以通过访问、浏览、查询 John Wiley & Sons 出版公司的在线出版平台：http：//www. interscience. wiley. com 了解期刊和在线出版物的情况，并免费获得样刊或试用。

John Wiley 数据库中包含化学化工专业数据的有：化学图书馆（chemistry library）；分析化学、物理化学和光谱学辑（analytical chemistry，physical chemistry and spectroscopy collection）；有机化学和生物化学辑（organic chemistry and biochemistry collection ）；生命科学和医学馆（ life and medical sciences library）；医学科学辑（medical sciences collection）；分子生物学辑（Molecular Biology collection）等。

（4）英国皇家化学学会（Royal Society of Chemistry，简称 RSC）全文电子期刊数据库

RSC 是一个国际权威的学术机构，是化学信息的一个主要传播机构和出版商。每年组织几百个化学会议。该协会成立于 1841 年，是由约 4.5 万名化学研究人员、教师、工业家组成的专业学术团体，出版的期刊及数据库一向是化学领域的核心期刊和权威性的数据库。RSC 期刊大部分被 SCI 收录，并且是被引用次数较多的化学期刊。

http：//www. rsc. org 专为中国国内读者而设，可检索英国皇家化学学会出版的 23 种电子期刊的全文内容，大部分刊物的检索年代范围从 1997 年到现在，本网站由中国高等教育文献保障系统（CALIS）提供服务，面向已经购买使用权的学校和机构用户。1997 年以前出版的刊物，需通过国际网访问 RSC 电子期刊主网站。

（5）美国化学学会全文电子期刊数据库

ACS（American Chemical Society）成立于 1876 年，一直致力于为全球化学研究机构，现已成为世界上最大的科技协会之一。ACS 的期刊被 ISI 的 Journal Citation Report（JCR）评为化学领域中被引用次数较多的化学期刊。ACS 全文电子期刊数据库目前包括 34 种期刊，内容涵盖生化研究方法、药物化学、有机化学、普通化学、环境科学、材料学、植物学、毒物学、食品科学、物理化学、环境工程学、工程化学、应用化学、分子生物化学、分析化学、无机与原子能化学、资料系统计算机科学、学科应用、科学训练、燃料与能源、药理与制药学、微生物应用生物科技、聚合物、农业学等学科。ACS 全文电子期刊数据库的主要特色：除具有一般的检索、浏览等功能外，还可在第一时间内查阅到被作者授权发布、尚未正式出版的最新文章（articles ASAPsm）；用户也可订制 E-mail 通知服务，以了解最新的文章收录情况；ACS 的"article references"可直接链接到 Chemical Abstracts Services（CAS）的资料记录，也可与 PubMed、Medline、GenBank、Protein Data Bank 等数据库相链接；具有增强图形功能，含 3D 彩色分子结构图、动画、图表等；全文具有 HTML 和 PDF 格式可供选择。（访问地址：http：//pubs. acs. org）

（6）Beilstein/Gmelin CrossFire 化学数据库：http：//cn-www. reaxys. com（国内网）

Beilstein 和 Gmelin 为当今世界上最庞大和享有盛誉的化合物数值与事实数据库，编辑工作分别由德国 Beilstein Institute 和 Gmelin Institute 进行。前者收集有机化合物的资料，后者收集有机金属与无机化合物的资料。

Beilstein/Gmelin Crossfire 化学数据库以电子方式提供包含可供检索的化学结构和化学反应、相关的化学和物理性质，以及详细的药理学和生态学数据在内的最全面的信息资源。目前这两套数据库约有超过 700 万种有机化合物，100 万种无机和有机金属化合物，14 000 种玻璃和陶瓷，3 200 种矿物和 55 000 种合金。收录的资料有分子的结构、物理化学性质、制备方法、生物活性、化学反应和参考文献来源，最早的文献可回溯到 1771 年。其中收

录的性质数值资料达 3 000 万条,化学反应超过 500 万种。数据库提供多途径检索的方式,可用化合物的全结构或部分结构进行检索,也可以文字或数值进行分子性质检索,功能强大。

Beilstein/Gmelin CrossFire 化学数据库由 Elsevier 公司的子公司——德国 MDL Information Syetem 出版发行。

2. 化学网络资源

(1) 美国化学文摘社（CAS）"Common Chemistry"网站:http://www.commonchemistry.org

CAS 推出的一个全新的免费网络资源。Common Chemistry 网站包含约 7 800 种应用广泛的化学物质以及元素周期表上的所有 118 种元素。用户可以根据 CAS 登记号或化学名称轻松地搜索并确认该物质的详细内容,如 CAS 登记号、化学名称或别名、分子式、化学结构,有些还可提供交互式的维基百科链接。

(2) ChemSpider 搜索引擎:http://www.chemspider.com

ChemSpider 由英国皇家化学学会(RSC)推出,提供超过 2 500 万的化学结构,化学性质和来自 400 多个数据源的相关信息,可直接在线检索。

(3) 化学深层网统一检索引擎 ChemDB Portal :http://www.chemdb-portal.cn

中国科学院过程工程研究所"多相复杂系统国家重点实验室高性能计算与化学信息学"课题组建立的网络化学化工信息资源集成检索平台的系列工具之一,它是一个利用深层网检索技术在线检索多来源数据库的化学检索引擎。ChemDB Portal 的特色功能包括:化合物结构检索和化学子结构检索、多来源物性数据的统一检索、多来源 MSDS 统一检索、化学品供应商统一检索、化合物各类数据的集成 、其他工具及信息的集成、随处可用的化合物检索入口、从一个化合物得到更多化合物、可操控的 3D 化学结构显示、数据的自动扩展等。

(4) ChemFinder 数据库:http://chemfinder.cambridgesoft.com

可通过化学物质的名称、分子式以及 CAS 号查询物质的一些基本信息。该数据库的使用和查询均为免费。

(5) 中国国家科学数字图书馆化学学科信息门户:http://www.chinweb.com.cn

化学学科信息门户是中国科学院知识创新工程科技基础设施建设专项"国家科学数字图书馆项目"的子项目,提供权威和可靠的化学信息导航,整合化学文献信息资源系统及其检索利用。化学学科信息门户的建设基础是中国科学院过程工程所建立的 internet 化学化工资源导航系统 ChIN。

10.2.4　工程信息检索

1. 工程数据库检索

(1) Engineering Village 2——美国《工程索引》网络版

① Engineering Village 2 概述

美国《工程索引》(The Engineering Index,简称 EI)。EI 公司创建于 1884 年,是世界较为全面的工程技术领域中具有权威性的二次文献数据库。20 世纪 70 年代 EI 开始出版光盘,1995 年开始,EI 公司推出基于 web 方式的网络信息集成服务产品系列,称为 Engineering Village。1992 年开始,EI 公司开始收录中国期刊,并于 1998 年在清华大学图书馆建立了 EI 中国镜像站,开始向国内高校提供基于 web 方式的 Engineering Village 信息服务。2002 年 Engineering Village 2 取代了 Engineering Village 推出 compendex web 数据库服务。EI compendex web 是《工程索引》的 internet 版本，文献收录范围比光盘版广，它的数据包括 EI 光盘版与 EI PageOne 两部分内容，收录自 1970 年以来的工程索引数据。EI compendex web 每年新增 500 000 条工程类文献，文摘来自 2 600 种工程类期刊、会议论文和技术报告。20 世纪 90 年代以来，数据库又新增了 2 500 种文献来源。

EI 收录的文献内容涉及应用科学与工程技术领域的各个学科，主要包括土木、环境、地质、生物工程、矿业、冶金、石油、燃料工程、机械、汽车、核能、宇航工程、电气、电子、控制工程、化工、农业、食品工程、工业管理、数理、仪表等。每年报道的学科侧重点不同，主要以当今世界工程技术领域的科研重点为主要对象。EI 摘录的文献主要是各专业学会、高等院校、研究机构、政府部门和公司企业的出版物。文献类型有期刊论文、会议文献、技术报告、技术专著、学位论文、技术标准等，其中期刊论文占 53%、会议文献占 36%、图书占 6%、科技报告占 5%。一般不报道专利及纯理论方面的文献（1969 年前曾收录美国的专利文献）。

目前国内常见的 EI compendex web 检索平台有两种，分别是 Dialog @ Site 和 Engineering Village 2 检索平台。Dialog@Site 提供从 1995 年以来的美国工程索引数据库，与 Engineering Village 2 的检索方法基本相同。

② Engineering Village 2 检索

Engineering Village 2 提供简单检索、快速检索和专家检索 3 种检索方式，并通过"browse index"查询作者、作者单位、来源出版物的收录情况。Engineering Village 2 还可利用"thesaurus"即叙词表提供的规范化术语，从主题词角度进行检索，是关键词检索的补充，叙词表显示的词间关系，可帮助我们选择检索词。

• 快速检索。系统默认快速检索方式。该方式可实现多字段间的布尔逻辑关系组配（图 10-12）。

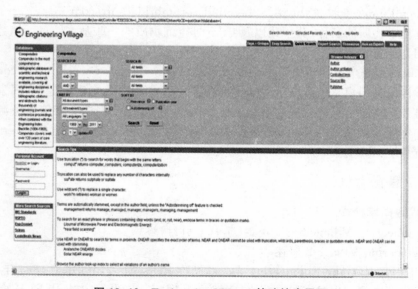

图 10-12 Engineering Village2 快速检索界面

快速检索（quick search）能够进行直接快速的检索，其界面允许用户从一个下拉式菜单中选择要检索的途径（字段）。系统提供 3 个检索输入框，允许用户将输入不同检索框中的检索词用布尔逻辑算符 and、or 和 not 连接起来，进行逻辑组配检索。

利用检索输入框下方的"limit by"进行检索条件限定,包括 document type(文献类型)、treatment type(文献性质)、languages(语种)、年份、sort by(排序)。默认的文献类型是期刊论文,英文语种,1969 到当前的文献,按相关度排序(relevance)。

输入检索词并对检索条件限定后,点击"search"即执行检索。

- 专家检索(expert search)。利用专家检索,可以在特定的字段内进行检索;也可以采用布尔运算符(and, or, not)连接检索词。根据需要,还可使用括号指定检索的顺序,运算时括号内检索项优先处理。例如:[(plastic * or polypropylene or pvc) and (treatment * or prevent * or degradat *)] wn ti

- 索引浏览。点击检索主页右上方"browse index"可浏览作者、作者机构、引文、来源出版物题名、受控词表等收录情况(图 10-13)。

图 10-13　浏览索引

此外,Engineering Village 2 还提供"easy search"实现单一字段的简单检索。

③ 检索结果处理

检索结果显示为基本题录信息,包括题名、作者(作者单位)和来源(图10-14)。

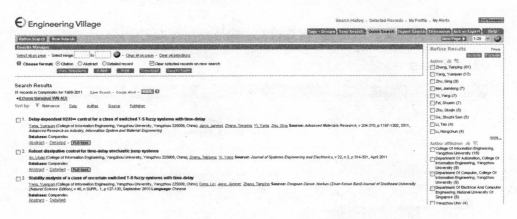

图 10-14　检索结果题录显示

题录信息显示页面上方是"results manager"即检索结果管理区域,包括检索记录的"√"选(全选或指定范围)和清除,以及显示格式的选择,如 citation(题录格式)、abstract(文摘形式)、detailed record(全记录形式),系统默认 citation,即题录格式。

检索结果的处理方式包括:浏览选项(view selections)、打印(print)、邮件发送(E-mail)、下载(download)等。

④ Engineering Village 2 的检索技术

输入规则:系统不区分大小写,检索词输入大小写均可。

词干检索:在快速检索(quick search)中,系统自动执行词干检索。如输入 mechani 后,系统会将 mechani,mechanic,mechanical,mechanisation,mechanise,mechanised,mechanism 等检出。如果要取消该功能,可选快速检索页面上的"autosmmming off"复选框。

截词符:用星号" * "表示,放置在词尾,如输入 comput * ,将检索出含有 computer,computerized,computation,computational,computability 等检索词的所有文献。

逻辑算符:逻辑算符用 and,or,not 表示。在快速检索中,如果 3 个文本输入框中都有检索词输入,系统首先以选中的逻辑关系组配检索前两个输入框中的检索词(默认逻辑关系为 and),然后再将第三个输入框中的检索词与上述检索结果以设定或默认的逻辑关系组配检索。高级检索中,可使用括号指定检索的顺序,括号内的检索操作优先于括号外的检索操作,如果检索式比较长,可以使用多重括号。如果不加括号,Engineering Village 2 将按照从左到右的顺序运算。

(2) IEL:IEEE/IEE Electronic Library

① IEL 概述

IEL 数据库提供美国电气电子工程师学会(IEEE)和英国电气工程师学会(IEE)出版的 275 种期刊、7 213 种会议录、3 889 种标准的全文信息。IEEE 学会下属的 13 个技术学会的 18 种出版物可以浏览全文,且数据回溯的年限也比较长;其他出版物一般只提供 1988 年以后的全文检索。部分期刊还可以看到预印本(accepted for future publication)全文。

IEEE 和 IEE 是世界知名学术机构。IEL 数据库包含了二者的所有出版物,其内容包括计算机、自动化及控制系统、工程、机器人技术、电信、运输科技、声学、纳米、新材料、应用物理、生物医学工程、能源、教育、核科技、遥感等,许多专业领域位居世界第一或前列。

② 检索方法

• 检索(search)。IEL 检索主页默认检索方式是 search 方式(图 10-15)。

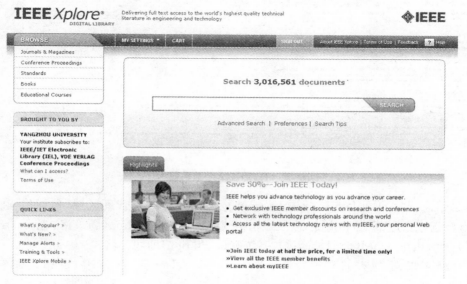

图 10-15 IEL 检索界面

检索主页左首上方的"browse"栏目内,选择 Journals & Magazines、Conference Proceedings 或 Standards,分别进入对应出版物的快速浏览界面。在快速浏览界面中有两种方式可供选择,一种是在输入框内键入关键词,点击"search"按钮,可快速查出含有该关键词的期刊(会议录、标准等)名称;另一种是按字母顺序浏览期刊(会议录、标准等)名称列表。再点击期刊(会议录、标准)名称,查看各期论文全文信息。

* 高级检索(advanced search)

点击主页检索输入框下面的"advanced search",进入高级检索界面(图10-16)。

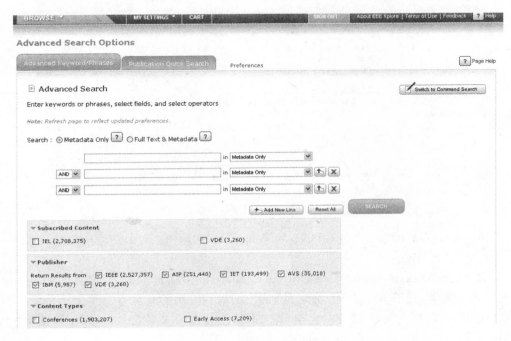

图 10-16　IEL 高级检索界面

高级检索通过输入词或字组,在多字段间以逻辑组配方式进行检索。高级检索方式下系统默认 3 个检索输入框,点击输入框右下方的"add new line"工具按钮,增加检索输入框,最多可在 9 个字段间进行逻辑组配检索。点击输入框旁边的"×"取消检索输入框。

输入框下面是限制检索选项,包括文献来源、文献主题、文献类型、检索年限、检索结果等。

③ 检索结果处理

在检索界面点击"search"按钮后,出现检索结果页面(search result)(图10-17)。

IEL 检索结果显示所有检索命中文献的题录列表,包括篇名、著者、文献出处(出版物名称、卷、期等)、文摘链接、全文链接(PDF 格式)。默认按相关度排序,每页显示 25 条记录。

点击"abstractplus"或题录信息右上角的"quick abstract"直接打开文摘信息。

点击 "full text：PDF"则可以打开 PDF 格式的全文信息。结果信息显示中 JNL 为期刊类型文献,CNF 为会议录,STD 为标准文献。

在该页面的检索框中输入检索词可以进行二次检索或重新检索。

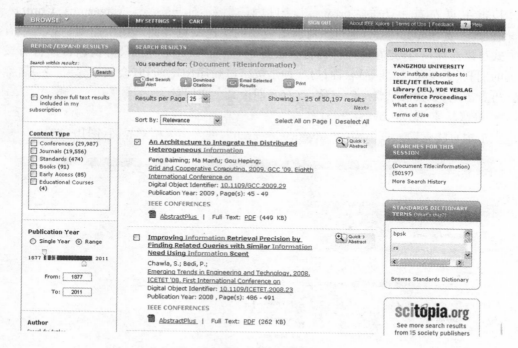

图 10-17　检索结果题录信息

题录信息上方是检索结果处理区域，可下载题录、将选中结果发送电子邮件、打印等。

（3）SPIE 数据库

SPIE（International Society for Optical Engineering，国际光学工程学会）成立于 1955 年，是致力于光学、光子学和电子学领域的研究、工程和应用的著名专业学会。它是一个非赢利性组织，在全球大约有 15 000 名会员。SPIE 会议录收录了自从 1963 年以来由 SPIE 主办的或参与主办的、超过 5 000 卷的会议论文，汇集了大量原始的、新颖的、先进的研究记录，被各国的大学、政府和企业图书馆收藏，其会议论文也被世界上主流的数据库，如 Physics Abstracts，EI Compendex，Chemical Abstracts，INSPEC，International Aerospace Abstracts，Index to Scientific and Technical Proceedings 等引用。可以说，SPIE 会议录汇集了光学工程、光学物理、光学测试仪器、遥感、激光器、机器人及其工业应用、光电子学、图像处理和计算机应用等领域的最新研究成果，已成为光学及其应用领域科技人员极为重视和欢迎的情报源，是国际著名的会议文献出版物。

目前 SPIE 数字图书馆包含了从 1998 年到现在的会议录全文（会议录从第 3 245 卷起，约 70 000 篇论文。）和期刊全文，同时也收录了 1992 年起的大多数会议论文的引文和摘要（会议录第 1 784～3 244 卷）。到 2004 年底，所有内容将回溯至 1990 年（会议录第 1 200 卷），包含超过 200 000 篇会议和期刊论文。同时，每年都会有大约15 000 篇新的论文增加。

SPIE 数字图书馆除了包含上述著名的会议录外，还出版了 4 种专业期刊：《光学工程》（Optical Engineering）、《生物光学杂志》（Journal of Biomedical Optics）、《电子成像杂志》（Journal of Electronic Imaging）、《微印刷、微制造和微系统杂志》（Journal of Microlithography，Microfabrication，& Microsystems）。

（4）ASCE Online Research Library

ASCE(The American Society of Civil Engineers)，美国土木工程师学会，成立于 1852 年，至今已有 150 多年的悠久历史，是历史最久的国家专业工程师学会。现在，ASCE 已是全球土木工程领域的领导者，所服务的会员来自 159 个国家，超过 13 万名专业人员。为了鼓励工程师之间分享更多的信息，ASCE 已和其他国家的 65 个土木工程学会达成了合作协议。

ASCE 也是全球最大的土木工程信息知识的出版机构，每年有 50 000 多页的出版物。2005 年学会出版物包括 30 种技术和专业期刊、会议录，以及各种图书、委员会报告、实践手册、标准和专论等。ASCE 出版的期刊大部分被 SCI、EI 收录，是土木工程学科的重要核心期刊。

ASCE Online Research Library 是全球最大的土木工程全文文献资料库。它收录了 ASCE 所有专业期刊（回溯至 1993 年）和会议录（回溯至 2003 年，及 1998—2002 年间的部分会议录），总计超过 33 000 篇全文、300 000 页资料；每年新增约 4 000 篇文献。研究者可以在此一站式检索土木工程领域的核心资源。

（5）ASME 数据库

ASME(American Society of Mechanical Engineers)，美国机械工程师协会，成立于 1880 年。现今它已成为一家拥有全球超过 125 000 会员的国际性非赢利教育和技术组织。ASME 也是世界上最大的技术出版机构之一，每年召开约 30 次大型技术研讨会议，并举办 200 个专业发展课程，制定众多的工业和制造业行业标准。现在 ASME 拥有工业和制造行业的 600 项标准和编码，这些标准在全球 90 多个国家被采用。

ASME 数据库包含 22 种专业期刊，其中有 19 种被 JCR 收录。数据库通过 AIP 开发的 Scitation 平台检索电子资源，在此用户可实现对期刊、参考文献的浏览和对其他数据库的链接。ASME 期刊涵盖的学科包括：基础工程（能量转换、能量资源、环境和运输、一般工程学、材料和结构）、制造（材料储运工程、设备工程和维护、加工产业、制造工程学、纺织工程学）、系统和设计（计算机在工程中的应用、设计工程学、动力系统和控制、电气和电子封装、流体动力系统和技术、信息存储和处理系统）。

现在，ASME 开发了 ASME Digital Library 平台提供其所有出版物的电子访问服务，并于 2008 年正式投入使用。目前，平台已可以访问所有期刊的电子资源，并免费提供邮件推送目录和 RSS FEED 服务。

（6）Emerald 工程图书馆：http://info. emeraldinsight. com/products/engineering/index. htm

EEL(Emerald Engineering Library)电子期刊全文库是 Emerald 数据检索平台的一个数据库，收录 17 种高品质的同行评审工程学期刊，几乎全被 SCI、EI 收录，内容涵盖先进自动化、工程计算、电子制造与封装、材料科学与工程。

2. 工学网络资源

（1）国家工程技术研究中心（http://www. cnerc. gov. cn）

中国国家工程技术研究中心是国家科技发展计划的重要组成部分，是研究开发条件能力建设的重要内容。目前，已有 141 个国家工程技术研究中心分布于农业、能源、制造业、信息与通信、生物技术、材料、建设与环境保护、资源开发利用、轻纺、医药卫生等领域，遍及全国 20 多个省市自治区。

224

（2）全球机械文献资源网（http://www.gmachineinfo.com）

中国国家工程技术图书馆的网站。该馆开发了"国外机电工程文献文摘数据库""国外机电工程汉化篇名数据库"。以每年投入数百万元采集的上千种外文原版科技期刊和会议文献为数据源，将其中涉及装备制造业的科技论文与技术评论文章的有关信息，编成文摘，录入数据库，每年可新增数据十余万条。

（3）国家科技图书文献中心（http://www.nstl.gov.cn）

国家科技图书文献中心（NSTL）是根据国务院领导的批示于 2000 年 6 月 12 日组建的一个虚拟的科技文献信息服务机构，成员单位包括中国科学院文献情报中心、工程技术图书馆（中国科学技术信息研究所、机械工业信息研究院、冶金工业信息标准研究院、中国化工信息中心）、中国农业科学院图书馆、中国医学科学院图书馆。网上共建单位包括中国标准化研究院和中国计量科学研究院。该中心按照"统一采购、规范加工、联合上网、资源共享"的原则，采集、收藏和开发理、工、农、医各学科领域的科技文献资源，面向全国开展科技文献信息服务。

（4）中国能源网（http://www.china5e.com）

中国能源信息第一平台。中国能源网是一个涵盖能源领域各方面信息的综合网站。

（5）中国科学院电工研究所（http://www.iee.ac.cn）

（6）清华大学建筑数字图书馆（http://166.111.120.55:8001）

（7）水信息网（http://www.hwcc.gov.cn/pub/hwcc/index.html）

（8）中国矿业网（http://www.chinamining.com.cn）

（9）国际环境联合会研究服务报告（http://www.cnie.org/nle/crs_main.html）

（10）美国能源部信息通道（http://www.osti.gov/bridge）

（11）英国全球能源研究中心（http://www.cges.co.uk）

思考与练习

1. MathSciNet 的检索方式有哪些？查询"林枝桂"老师的文章被引用的信息。

2. Scitation 平台检索的资源内容有哪些？

3. SciFinder Scholar 的检索方式有哪些？根据 CAS 登记号查找特定的化学物质采用哪种检索方式？

4. 利用 SciFinder Scholar 检索"MCM—22 分子筛的合成与应用"的文献，并对该领域的研究现状进行检索分析。

5.《EI》收录的文献内容与类型是什么？Engineering Village 2 平台中"快速检索"的字段和检索条件限定选项有哪些？

6. 在 Engineering Village 2 中检索"计算机在微波滤波器设计中的应用"，并分析检索结果。

7. IEL 数据库的全称是什么？收录的主要文献类型有哪些？

第 11 章　农学信息检索

11.1　农学信息概述

农业科学是一门综合性的学科,包括作物学、园艺学、农业资源与环境、植物保护、畜牧学、兽医学、林学、水产、草学等学科,其相关学科有生物学、数学、物理、化学、生态学、医学、工业技术、天文学、地理学、环境科学等。它涉及世界各地农业科技、政策、机构科研活动,集农、牧、林、副、渔为一体,具有综合性、多样性、时效性、持续性等特点。

中国是一个农业大国,农业信息资源的开发与利用是保障国家农业发展的重要组成部分,它对我国农业科研与生产的作用举足轻重。但我国目前农业增长中科技进步贡献率仅为 36.11%,远低于世界发达国家水平,其重要原因是科技成果转化率低,农业科技信息的利用率不高。

农学信息检索同样存在一些方法和技巧,应注意多角度、多渠道、多途径、多功能挖掘资源。传统的纸质文献,由于其收藏内容的不完整性、检索查找的不方便性、反映信息的时滞性,资源利用率不高,而电子资源具有类型丰富、传播范围广、传播速度快、动态性强、反映信息及时、使用及保存方式简单易行等优点,日益得到用户们的广泛使用。国内外比较常用的综合性数据库有 CNKI、维普、万方、Elseviser、Springlink 等,这些数据库收集了各学科的文献,覆盖面广、信息量大、著录也较规范,但相对而言,使用农学专业数据库更能方便、快捷、准确地获取、传播和利用农学信息。因此,本章重点介绍国内外重要的农学数据库及相关网络资源。

11.2　农学信息检索

11.2.1　农学数据库检索

1. 中文数据库

（1）中国农业科技文献数据库

中国农业科技文献数据库由中国农业科学院科技文献信息中心研制,以中国农业科学院科技文献信息中心丰富的馆藏资源为依托,涵盖了我国 1 000 多种科技期刊、专著、会议论文、学术报告、专利等文献,内容涉及农学、园艺、植物保护、土壤肥料、畜牧、农业工程、农产品加工、农业经济等。数据库始于 1986 年,每年更新数据 10 万余条。它是国内信息量最大、文摘率最高、文献时间跨度最长的综合性中文农业科技文献数据库,也是农业科技信息机构、科研院所、教学单位、科技推广部门进行文献信息查询中最全面、最可靠、最专业的信息资源。20世纪90年代初,该数据库的部分数据被转让给万方数据公司。

（2）中国生命科学文献数据库

中国生命科学文献数据库（Chinese Biological Abstract，CBA）原名"中国生物学文献数据库"，由中国科学院上海生命科学信息中心开发，是生命科学专业文摘型文献数据库，收录了我国生命科学及相关学科科技工作者在国内刊物中发表的研究文献，可供生物学、医学、化学、农学等领域的科学研究及教学人员使用。收录年限1950年至今，每年更新约1万条数据，累计44万条数据。该库内容涉及普通生物学、细胞学、遗传学、生理学、生物化学、生物物理学、分子生物学、生态学、古生物学、病毒学、微生物学、免疫学、植物学、动物学、昆虫学、人类学、生物工程学、药理学及其他相关科学技术领域，旨在为中国生物科学及相关学科领域的研究开发与教育工作者提供更好的生物科学文献服务。

CBA目前有网络版、光盘版和印刷版《中国生物学文摘》3种版本，网络版数据库每2周更新1次，并将加工中的数据做出标记后进行发布，极大地缩短数据库文献收录的时滞，最短时差仅2周。光盘版每季度更新。

（3）中国农业知识仓库

中国农业知识仓库（China Agriculture Knowledge Database，CAKD）是CNKI中国知识资源总库中行业知识仓库之一，也是目前世界上最大的连续出版的农业专业知识数据库。该数据库收录了农业科技期刊、食品工业、农村实用工业技术期刊1 000多种，农经及综合管理类期刊500多种，中国农科院、中国农业大学等我国农业类院校及有博、硕士培养资格单位的优秀博、硕士学位论文，中国农学会等国家二级以上学会、协会、高等院校、科研院所、学术机构等单位的相关论文，300家重要报纸中有关农业行业的最新新闻、行业动态信息。整个数据库检索分19个大专题：粮食作物、经济作物、蔬菜种植、食用菌栽培、果树种植、花卉栽培、畜类饲养、禽类饲养、经济动物饲养、林业与草场、水产渔业、食品加工、农业基础建设、农业生产资料、现代农业模式、海外农业、农村科普、新农村建设及致富经，累计全文文献500多万篇。

（4）热带农业数据库

热带农业数据库由海南三亚农业局完成，包括三亚市的粮食作物4类8个品种，蔬菜8类25个品种，热带水果和经济作物11个品种，畜牧7大类几十个品种的信息，共28 045条，涉及粮食生产、蔬菜生产、热带水果和经济作物生产、畜牧养殖、农业政策法规、农业基础知识等6个部分。该数据库具有贴近热带农业生产实际的特点，农民可以通过拨打服务热线电话、登陆服务网站和观看电视3种方式来获得该库提供的服务，实现了"三电合一"的信息服务模式。

2. 外文数据库

（1）国际三大农业数据库 CAB、AGRIS、AGRICOLA

目前，国际上最著名的农业综合数据库是CAB、AGRIS、AGRICOLA，除AGRICOLA有100余种全文电子期刊以外，其他均为书目、文摘型数据库。如果要全面了解国际农业科技的发展动态，这三大农业数据库是农业科技人员必查的数据资源。

① 数据库概况

CAB的全称为"Commonwealth Agricultural Bureaux International"，1993年6月该机构改名为国际农业及生物科学中心（International Center for Agriculture and Bioscience），该机构是世界上最大的、重要的农业情报机构。它是一个国际性的非营利组织，现由36个成员国共同管理。该组织设有总部，下设10个分局和4个研究所，其主要任务是提供世界

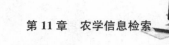

范围的农业、林业以及应用生物学、社会学、经济学、工程学和医学等相关领域的信息服务。CAB 的出版物类型有 6 种，包括文摘杂志、注释书目、评论、书籍、参考工具以及病虫害防治的图表说明，其中最重要的是文摘杂志。CAB 文摘创刊于 1928 年，是从 14 000 多种期刊和其他科学出版物中挑选出的有关农业科学各学科的重要进展情报。这些出版物选自 100 多个国家 40 多种语言。1973 年，CAB 的机读磁带问世，1975 年，CAB 的磁带被收入 Dialog、ESA/IRS、DIMDI 等系统，用户与 Dialog 系统联机，即可查到 CAB 数据库中存储的农业文献。1980 年，中国农科院情报所引进了 CAB 文摘磁带。CAB 数据库是目前世界上规模最大、收录最齐全的农业及相关学科的文摘性检索工具。

AGRIS (International Information System for the Agricultural Sciences and Technology)数据库是联合国粮农组织（FAO）的国际农业科技信息系统于 1975 年建立的农业书目数据库，收录了 FAO 编辑出版的全部出版物和 180 多个参加国和地区的 146 个 AGRIS 中心和 22 个国际组织提供的农业文献信息，每一个中心负责提供本范围之内的符合 AGRIS 主题范畴的书目索引，自 1979 年以后部分数据提供了文摘。数据库收录的主题内容侧重农业总论、地理与历史、教育推广与情报、行政与方法、农业经济、发展与农村社会学、植物科学与生产、植物保护、收获技术、林业、动物科学、渔业与水产养殖、农业机械与工程、自然科学与环境、农业产品加工、人类营养、污染 17 个方面。收录文献类型有期刊和连续出版物、专著、学位论文、科技报告等，其中连续出版物占 70% 左右，报告、学位论文占 20% 左右。文献量约有 320 多万条，每年更新递增量约 13 万条，每季度更新 1 次。AGRIS 数据库中的每一条文献记录均采用英、法、西班牙及其他文种进行著录。

AGRICOLA(Agricultural Online Access)数据库为美国国家农业图书馆编辑的书目型数据库，其文献资料主要由美国农业部国家农业图书馆（NAL）、食品和营养情报中心（FNIC）、美国农业经济中心（AAEDC）、加拿大农业部（AG-Canada）等机构提供。早期以题录为主，近年有部分文摘，年报道量约 13 万条。该库建立于 1973 年，其前身是 1970 年开始的 CAJN 机读检索系统，最初收录刊物约 6 000 多种，近年来美国国家农业图书馆与联合国粮农组织进行分工，决定 AGRICOLA 数据库选用刊物约 2 000 种。收录文献类型除期刊、连续出版物外，还包括专著、学位论文、计算机软件、技术报告、专利、音像资料等。其主题范围包括农、林、牧、水产、兽医、园艺、土壤等整个农业科学领域及动物、植物、微生物、昆虫、生态等生命基础科学及环境科学、食品科学等。

② 数据库检索

CAB、AGRIS、AGRICOLA 检索平台有 Dialog、Ovid、WebSPRIS、WinSPRIS、STN 等，本书介绍基于 Ovid 平台的三大数据库的检索。

美国 Ovid Technologies 公司是世界知名的数据库提供商，属于 Wolters Kluwer 子公司之一。于 2001 年 6 月与银盘公司(Silver Platter Information)合并，组成全球最大的电子数据库出版公司。Ovid 将多种资源集中在同一平台 OvidSP 上，并通过资源间的链接实现数据库、期刊及其他资源在同一平台上检索及浏览，目前拥有 300 多个数据库。

登录 Ovid 平台，点击数据库前的"ⓘ"按钮可查看该数据库的介绍，直接点击想要检索的数据库名称进入单库检索，或者"√"选想要检索的数据库，点击"select resource(s)"按钮，进入跨库检索（图 11-1）。Ovid 平台共有 6 种检索模式：基本检察、题录检索、检索工具、字段检索、高级检索、多字段检索，其检索系统支持使用布尔逻辑算符(and、or、not)、截词符(字尾截词

"＄"、中间或字尾截词"＃"及"？"）等进行检索表达式的组配和检索范围的限定。

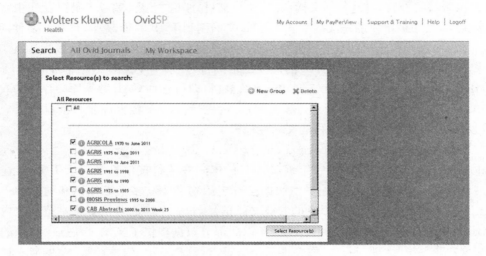

图 11-1　Ovid 选择数据库页面

· 基本检索（basic search）

基本检索是 Ovid 平台默认的检索界面（图 11-2），在检索框内输入词、词组或短语即可进行检索，可以限定（limits）检索文献的出版年份、语种、出版类型等。此外，如果在检索框下勾选"include related terms"（包含相关词汇），系统会扩展检索所输入的检索词汇，包含同义词、缩写和异体字。

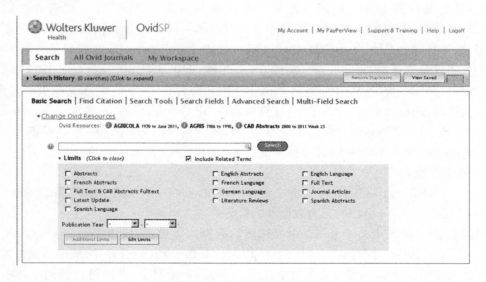

图 11-2　Basic Search 页面

· 高级检索（advanced search）

高级检索（图 11-3），其模式有一个检索框和 4 个选项，可将检索词限定于关键词（keyword）、作者（author）、标题（title）或期刊（journal）4 个字段中检索。检索框下方也有条件限制栏（limits），方式同基本检索。

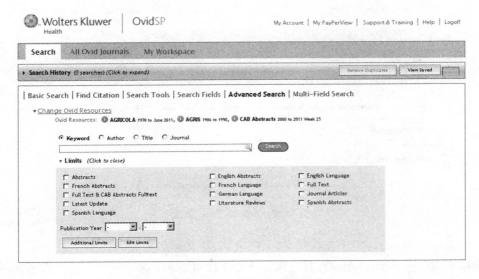

图 11-3　Advanced Search 页面

- 题录检索(find citation)

此检索模式用于快速查找特定线索的期刊文章,在论文标题(article title)、期刊名称(journal name)、作者姓(author surname)、出版年(publication year)、卷(volume)、期(issue)、起始页(article first page)、唯一标识符(unique identifer)、数字对象标识符(DOI)等一个字段或多个字段中进行检索(图 11-4)。

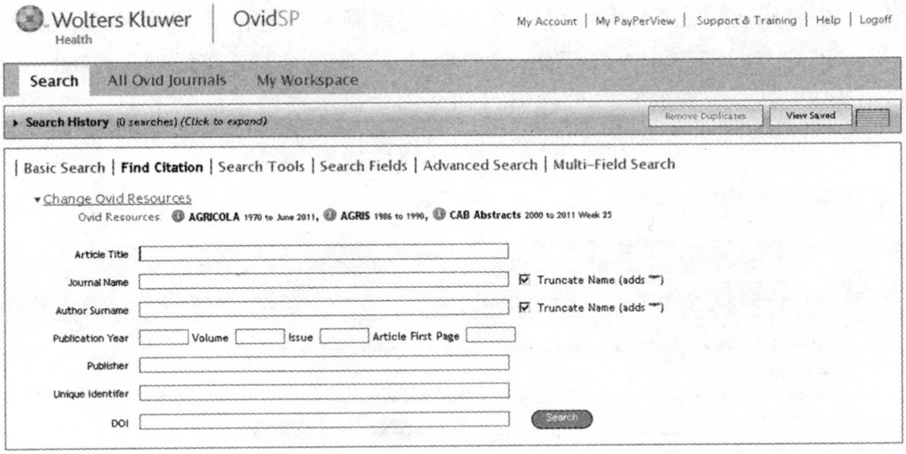

图 11-4　Find Citation 页面

- 检索工具(search tools)

检索工具除了能帮助用户找出某一主题词以外,更能有效地查询与主题词相关的所有其他主题词,有利于用户查全查准。该模式有 1 个检索框和 5 个工具选项:叙词表(thesaurus)、轮排索引(permuted index)、范围注释(scope note)、下位词扩检(explode)、分类号(classification codes),如图 11-5 所示。

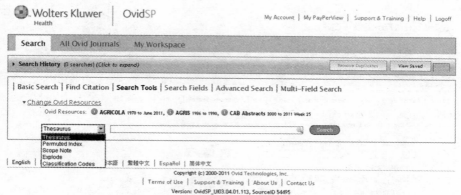

图 11-5　Search Tools 页面

叙词表(thesaurus)：用于查找同义词、广义词、狭义词和相关词。

轮排索引(permuted index)：只需输入一个字即可查询，提供按学科属性组织的树状结构表(tree)，便于用户通过学科属性了解词与词之间的关系。

范围注释(scope note)：提供简单的主题词定义及如何应用，帮助用户快速浏览主题词定义。

下位词扩检(explode)：自动将所有下位词用布尔逻辑算符"or"连接并执行检索。

分类号(classification codes)：工具可以不用在检索框中输检索词，直接点击"search"即可，除了 AGRIS 没有学科分类外，CAB 和 AGRICOLA 都有各自的学科分类，每个学科后面列有文献篇数，可以在前面的复选框中"√"，点击"continue"后浏览结果。

· 字段检索(search field)

如图 11-6 所示，该模式下用户可以将检索词限制在选定的字段中检索，CAB 提供 45 种字段，AGRIS 和 AGRICOLA 各提供 46 种字段，各库的字段有部分不同，跨库检索时，检索字段显示为 83 个。所有的字段名称缩写和全称均显示在检索框的下面，如果想了解某字段的定义还可以在该字段全称处点击，系统会弹出窗口供查看。

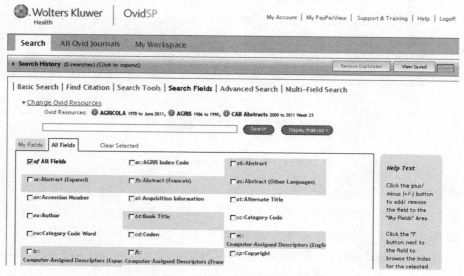

图 11-6　Search Field 页面

- 多字段检索(multi-field search)

如图 11-7 所示,该模式提供了多个检索输入框及其对应的字段选项,若需要检索更多字段还可以点击检索框下的"add new row"(新增字段)增加检索框。上下检索框之间选择用布尔逻辑运算(and、or、not)组配。

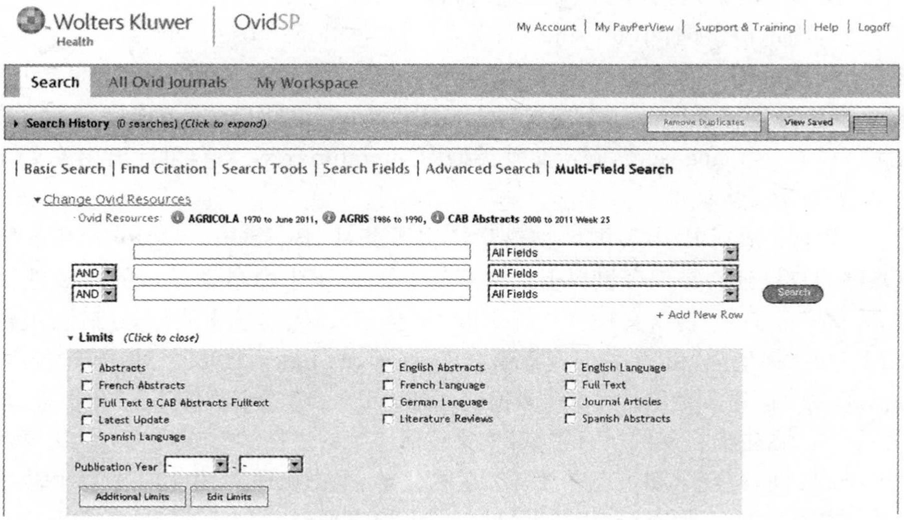

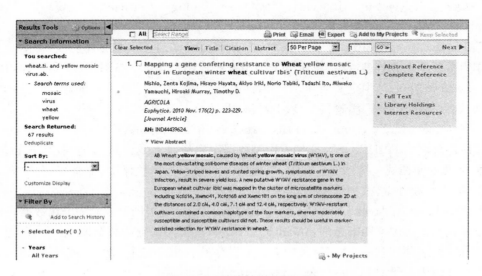

图 11-7　Multi-Field Search 页面

③ 检索结果的显示与输出

无论采用何种检索方式检索,检索结果都会以列表方式显示在检索界面的下方(图 11-8)。

图 11-8　检索结果显示页面

Ovid 提供 4 种检索结果处理方式,即打印、E-mail、输出及个性化服务。记录默认显示格式为:记录顺序号、标题、作者、检索数据库、文献出处和部分文摘信息。每条记录右侧还

232

提供了其摘要数据、完整数据、全文、馆藏信息及网络资源链接。每条记录左侧显示用户的检索信息，包括使用的检索词、检索结果总条数等，并对检索结果从年代、主题、作者、期刊、数据库资源、出版类型等角度进行筛选。

④ 检索实例

检索"小麦黄花叶病"方面的英文综述文献。

分析课题，确定检索词：小麦（wheat）；黄花叶病（yellow mosaic virus）。

检索步骤：登录到三大农业数据库 Ovid 平台，选择"multi-field search"的"all field"检索。在输入框中分别输入"wheat""yellow mosaic virus"，并用"AND"连接，然后在"Limits"下限定语种为"english language"，限定文献类型为"literature reviews"，可检出相关文献。

（2）BIOSIS Previews

BIOSIS Previews（BP）由美国生物科学情报服务社（Biosciences Information Services，简称 BIOSIS）编辑出版，是现今世界上最大最完整的关于生命科学领域的权威性文摘数据库。该数据库综合了《生物学文摘》（BA, 1969 年至今）、《生物学文摘——综述、报告、会议》（BA/RRM, 1980 年至今）和《生物研究索引》（BioResearch Index, 1969—1979 年）的内容，收录了世界上 100 多个国家和地区的 5 500 多种期刊和 1 650 多个会议的会议录和报告，报道学科范围广泛，基本涵盖生命科学的所有领域，主要包括传统的生物学（如植物学、动物学和微生物学）、生物医学、农业、药理学和生态学、医学、生物化学、生物物理学、生物工程学和生物工艺学等学科，每年大约增加 56 万条记录，数据每周更新，检索平台有 Dialog、Ovid、ISI、STN 等。

（3）ProQuest 农业与生物学期刊库

ProQuest 是 ProQuest Information and Learning 公司（原名 UMI/Bell & Howell，成立于 1938 年）创建的全文检索系统。其出版物收录了 20 000 多种期刊、7 000 多种报纸，150 多万篇硕博论文，20 多万种绝版书及研究专集，内容覆盖 1 000 多个学科和专业。其中，ProQuest Agriculture Journals、ProQuest Biology Journals、ProQuest Agricola Journals 是三种常用的涉农数据库。

① ProQuest Agriculture Journals（PAJ，ProQuest 农业期刊数据库）

作为重要的农业信息资源，该库以美国国家农业图书馆的 AGRICOLA 文摘索引为基础，收录 328 种期刊，其中全文期刊 315 种，涉及专业领域包括水产业和渔业、动物科学和兽医科学、农作物耕作系统、植物科学、农业经济、食品及人类营养、林业等。

② ProQuest Biology Journals（PBJ，ProQuest 生物学期刊数据库）

该库以著名的 BasicBIOSIS 文摘索引型数据库为基础，收录 498 种期刊，其中全文期刊 448 种，涉及专业领域包括系统生物学、生物化学及分子生物学评论、植物细胞、生物科学、生物化学、生物物理学、植物学、细胞学和组织学等。

③ ProQuest Agricola Journals（Agricola Plus Text，美国国家农业图书馆数据库）

该库是以美国国家图书馆的 AGRICOLA 文摘索引为基础的数据库，收录 120 多种期刊全文和 800 多种期刊的文摘，涉及的文献类型有图书、视听资料、期刊、报告、专题文章等，其中全文文献来源于 ProQuest Agriculture Journals。

（4）Foreign Agricultural Scientech Documentation Database

Foreign Agricultural Scientech Documentation Database（FASDD，国外农业科技文献数据库）是由中国农业科学院科技文献信息中心开发建设的数据库，于 1996 年开始研建，

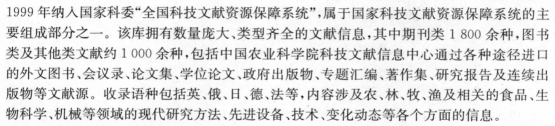

1999 年纳入国家科委"全国科技文献资源保障系统",属于国家科技文献资源保障系统的主要组成部分之一。该库拥有数量庞大、类型齐全的文献信息,其中期刊类 1 800 余种,图书类及其他类文献约 1 000 余种,包括中国农业科学院科技文献信息中心通过各种途径进口的外文图书、会议录、论文集、学位论文、政府出版物、专题汇编、著作集、研究报告及连续出版物等文献源。收录语种包括英、俄、日、德、法等,内容涉及农、林、牧、渔及相关的食品、生物科学、机械等领域的现代研究方法、先进设备、技术、变化动态等各个方面的信息。

(5) ASABE 数据库

ASABE(American Society of Agricultural and Biological Engineers,美国农业生物工程师学会)成立于 1907 年,是一个教育与科研机构,致力于农业、食品与生物系统的工程应用。ASABE 在线技术文库收录了该学会出版的多种文献信息。涵盖学科有农业、食品、生物学。

国家科技图书文献中心(NSTL)联合购买了 4 种期刊和 1 种综合数据库,主要是 Applied Engineering in Agriculture、Biological Engineering、Journal of Agricultural Safety and Health、Transactions of the ASABE、Resource Magazine。

(6) ESA 电子期刊

ESA(Ecological Society of America,美国生态学会)成立于 1915 年,是大学、政府机构和非政府机构的联合体。利用生态学家之间的交流来发展生态科学,提高对生态科学重要性的认识,增加供生态科学研究用的信息资源,促使决策者在制定环境政策时更多地依靠生态科学。该联合体成员都从事相关研究、教育和实际工作,为环境问题的研究提供了广泛的知识,其中包括生态技术、自然资源管理、生态恢复、臭氧和全球气候变化、生态系统管理、物种灭绝和生物多样性的丧失、栖息地的变化和破坏等多方面。

NSTL 购买了 ESA 的 4 种网络版期刊使用权,主要是 Frontiers in Ecology and the Environment、Ecology、Ecological Applications、Ecological Monographs,另外可免费查阅 BULLETIN of the Ecological Society of America。

(7) NRC Online Journals

NRC(National Research Council Canada,加拿大国家研究委员会) 是加拿大的国家研究和发展机构,在农业科学、生物信息学、生命科学、环境和可持续发展技术、石油分子技术、纳米技术、分子科学、光电子科学等领域享有非常高的声誉和地位。NRC 从 1929 年以来一直出版学术性期刊,在线提供该出版社 17 种期刊 1996 年以来的全文获取。

NSTL 购买了 NRC 出版的网络版期刊使用权,为国内学术型用户和有需求的政府部门提供使用,用户不需要访问国际网,直接登陆 http://www.ingentaconnect.com/content/nrc,通过 Ingenta 的中国服务器来查阅期刊全文;订购用户也可直接登陆 NRC Research Press 网站,通过上述各期刊的链接查询并获取全文。

(8) Zoological Records

Zoological Records(动物学记录)于 1865 年由 Thomson Scientific 联合美国生物科学信息服务社(BIOSIS)和伦敦动物协会(Zoological Society of London)共同创建,直至 2003 年已发展成为世界上最完整的检索动物学和动物科学文献的数据库。该库数据涵盖动物学研究的每个方面,主要包括动物形态学、寄生生物学、生理学、遗传学、动物地理学、系统分类学、生物技术、行为学、生物化学、进化学、生态学、遗传学等,重点强调生物多样性、生物系统和分类学信息。Zoological Records 收录了由生物学家精选的数据,来自100多个国家的5 000多种国际性期刊,约1 500种非期刊出版物,包括专业期刊、杂志、通讯、专论、书籍、评论和会议录。文献检索类型分为书籍和专论、会议录、评论集、会议和期刊论文,并提供专门索引(specialized index),为多样化的信息提供了一个整体结构,使得检索更加有效。

(9) Plant Sciences Abstracts

Plant Sciences Abstracts(植物科学文摘)由美国剑桥科学文摘社(CSA)出版,提供植物科学文献的文摘和题录,内容涉及植物科学的方方面面,主要包括病理学、共生、生物化学、遗传学、生物技术、技术和环境生物学等。专业人员每年要从有关植物科学的250种重要期刊中仔细筛选出约23 000条新记录添加到数据库中,自1994年至2001年10月,数据库已有181 890多种记录,月更新约1 200条新记录,与其对应的印刷版期刊是《Current Advances in Plant Science》。

(10) Entomology Abstracts

Entomology Abstracts(昆虫学文摘)由美国剑桥科学文摘社(CAS)出版,收集和概括了遍及全球的数百万已被鉴定的昆虫物种和类昆虫物种(从远古的化石到最新发现的物种)以及对物种进行研究的重要信息,包括昆虫、节肢动物、多足类、栉蚕、陆地动物,主要领域涵盖分类学、发展史、形态学、生理学、解剖学、生物化学、繁殖、发育、生态学、行为、遗传学、进化和化石等。Entomology Abstracts为研究人员提供了一条切实可行的研究、发现新昆虫物种的途径。

(11) Aquatic Sciences and Fisheries Abstracts

Aquatic Sciences and Fisheries Abstracts(ASFA,水生生物科学与渔业文摘)由美国剑桥科学文摘社(CSA)出版,是联合国水生生物科学与渔业信息系统(Aquatic Sciences and Fisheries Information System, ASFIS)的组成部分,其涵盖领域主要有水产养殖、水产有机物、水污染、咸水和淡水环境、资源保护、环境保护、环境质量、水产业、湖沼学、海洋生物技术、海洋环境、气象学、海洋学、政策和法规、野生生物管理等。该库由5个子数据库组成(ASFA 1:biological sciences and living resources;ASFA 2:ocean technology, policy and non-living resources;ASFA 3:aquatic pollution and environmental quality;ASFA 4 aquaculture abstracts;ASFA 5 marine biotechnology abstracts),收录了世界范围内5 000余种期刊以及书籍、报告、会议录、译文和内部限量发行的文献,语种主要为英语,兼有来自世界各地的40多种其他语言。

(12) Food Science and Technology Abstracts

Food Science and Technology Abstracts(FSTA,食品科学技术文摘)由国际食品情报服务处出版,是当今最大、最权威的涉及食品科学、食品技术、与食品相关的人类营养的文摘数据库。FSTA收录的文献72.7%来自40多种语言、90多个国家出版的1 800种期刊论文,另有100种其他出版物,包括18.4%的专利、4.5%的法规和标准、3.1%的评论、1.3%的书籍、报告、学位论文和会议录,主题涵盖解析技术、自动化、生物化学、生物技术、商业、饮食、化学、消费研究、经济学、工程学、发酵食品、食物成分、食品加工和安全、冷冻食品、功能食品、卫生学与毒理学、婴幼儿食品及营养学、食品销售、微生物学、新设备、营养、包装、物理学、公共卫生、质量控制、科技开发、标准及法规、存储、运输和分配以及常用食品、食品法、食品工程等。文献检索类型分为书籍和专论、会议录、评论集和会议、期刊论文、专利、标准、学位论文和规章制度。

11.2.2 农学网络资源

1. 中文农学网络资源

（1）中文专业搜索引擎

① 农搜（http://www.sdd.net.cn）

农搜拥有 600 万个农业合作网站，是目前全球数据量最大的中文农业搜索引擎，由中国农业科学院农业信息研究所多媒体技术研究室开发，2006 年 6 月农搜 1.0 版本上线。

农搜采用独特的智能页面分析技术，实现了中文农业网页信息的结构化索引，用户输入关键词后，返回的结果分成了农业科研单位、农业专家人才、农业实用技术等分门别类的相关网页信息集，在专业化、大众化信息服务的基础上，实现了精准、个性化的信息服务。

② 搜农（http://www.sounong.net）

搜农，全面服务三农的搜索引擎，是在国家科技支撑计划项目——"现代农村信息化关键技术研究与示范项目（农村信息协同服务技术研究与应用课题）"资助下取得的一项重大创新成果，也是第一个面向我国农业企业、农村用户、农业专业技术协会以及广大农业科技人员提供农业通用搜索与农产品供求、农业实用技术、政策新闻等专题的垂直搜索引擎。与传统的搜索引擎相比，它能更加贴近农业领域的需求，更加符合农业用户的需求信息。

目前，中国搜农从复杂自适应系统角度，建立了全新的复杂自适应搜索模型，开发并部署了 6 200 多个软件机器人承担 web 农业信息的采集、清洗、分类、聚类、排序、发布等系列工作，基本实现了 web 信息处理工作的自动化，代替了农业信息服务采、编、发等系列繁重的人工劳动，大大降低了农村网络信息服务成本。

③ 其他农业搜索引擎

- 365 农业搜索：http://so.ag365.com
- 农业搜索——中国农业电子商务网：http://www.3nong.cc/wz/search.asp
- 超农网农业搜索：http://www.086ny.com
- 农业搜索——安徽农网：http://so.ahnw.gov.cn
- 农业搜索：http://www.sonong.cn
- 三农搜索网：http://www.3nss.com/Portal/Default.aspx
- 新农搜索：http://www.xinnong.com/tv

（2）中文农学信息网站

① 中华人民共和国农业部（http://www.moa.gov.cn）

中华人民共和国农业部是主管农业与农村经济发展的国务院职能部门，发布中国政府的农业计划、政策、研究拟定农业发展战略、规划、法律、法规草案，指导中国农业的发展等。

② 中国农业信息网（http://www.agri.gov.cn）

中国农业信息网是农业部信息中心主办的官方网站，也是国内最有影响的农业网站之一。主要提供农业管理信息、国内外农业动态、分析预测、农业政策法规、数据资料、行政通知、行政审批、网上展厅、批发市场、价格行情以及大量的专题信息等。

③ 中国农业在线（http://www.agrionline.net.cn）

由中国农业大学和北京绿远公司主办，依托大专院校人才和资源进行信息服务，设有

新闻、科技、教育、专家论坛、经济、专题、人才、法律、企业、商城等栏目。

④ 国家农业科学数据共享中心（http://www.agridata.cn）

国家农业科学数据共享中心是由科技部"国家科技基础条件平台建设"支持建设的数据中心试点之一。中心建设由中国农业科学院农业信息研究所主持，中国农业科学院部分专业研究所、中国水产科学研究院、中国热带农业科学院等单位参加，按照作物、动物、水产、热带作物、草地与草业、农业区划、农业资源与环境、农业微生物、农业生物技术与生物安全、食品工程与农业质量标准、农业信息与科技发展、农业科技基础等12大类，分年度进行数字化信息资源的加工与整合，建成各类分中心数据库，并对逐年增加的主体数据库进行更新和维护。

⑤ 中国农业科技信息网（http://www.cast.net.cn）

中国农业科技信息网由中国农业科学院主管，中国农业科学院科技文献信息中心主办，内容包括科技要闻、科学技术、科技资源库、政策法规、农业标准、成果与专利、科学研究、国际合作、市场信息、科技咨询、农业网站搜索引擎等。"科学技术"收集了农业各个专业的实用技术；"政策法规"收集了中华人民共和国国务院、全国人民代表大会、农业部和有关部委1949年以后发布的有关农业的政策法律、法规；"农业标准"收集了有关的农业行业标准化；"市场信息"发布来自农业部市场信息司的最新、权威的价格行情、分析预测、供求信息中心"农业网站搜索引擎"收录了国内外大量的农业网站；"科技资源库""成果与专利"仅供中国农业科学院内部用户使用。

⑥ 中国作物种质资源信息网（http://icgr.caas.net.cn）

中国作物种质资源信息网由中国农业科学院作物科学研究所组织建立和负责管理，是目前世界上最大的植物遗传资源信息系统之一，包括国家种质库管理和动态监测、青海国家复份库管理、32个国家多年生和野生近缘植物种质圃管理、中期库管理和种子繁种分发、农作物种质基本情况和特性评价鉴定、优异资源综合评价、国内外种质交换、品种区试和审定、指纹图谱管理等9个子系统，700多个数据库，130万条记录，涵盖了粮、棉、油、菜、果、糖、烟、茶、桑、牧草、绿肥等作物的野生、地方、选育、引进种质资源和遗传材料信息。

⑦ 国家水稻数据中心（http://www.ricedata.cn）

国家水稻数据中心由水稻生物学国家重点实验室和中国水稻研究所科技信息中心共同建立，提供水稻分子生物学研究、分子辅助育种以及品种的区域实验、审定和生产应用等信息。具体栏目包括优质种质、突变体、分子标记、基因&QTL、本体、品种、水稻百科、文献资料及国稻论坛等，建立了水稻生物数据和育种需求之间的桥梁，为育种家进一步提高水稻育种效率提供数据支撑，也为分子生物学了解基因与相关农艺性状的关系提供渠道，实现水稻综合信息资源的共享。

⑧ 中国生物多样性信息系统（http://cbis.brim.ac.cn）

中国生物多样性信息系统的信息中心由中心系统和5个学科分部组成。中心系统位于中国科学院植物研究所，5个学科分部分别是动物学分部（中国科学院动物研究所，北京）、植物学分部（中国科学院植物研究所，北京）、微生物学分部（中国科学院微生物研究所，北京）、内陆水体生物学分部（中国科学院水生生物研究所，武汉）和海洋生物学分部（中国科学院南海海洋研究所，广州）。

⑨ 九亿网（http://www.new9e.com）

　　九亿网是中国农村科技信息服务网的主力网站,集农业知识、信息、商贸为一体,提供农业经济、粮食、饲料、林果、畜牧、种业、水利等农业技术,在科技部的支持下,建立农业信息技术体系,传播农业科技政策法规、新技术、新品种、特种养殖等方面的信息。

　　⑩ 其他农业相关网站

- 中国农业网址导航:http://www.n123.org
- 中国农业网址大全:http://www.ny3721.com
- 中国农业科学院:http://www.caas.net.cn
- 中国数字农村网:http://www.szncnet.cn
- 农博网:http://www.aweb.com.cn
- 中国农业网:http://www.zgny.com.cn
- 中国农网:http://www.zgnw.com.cn
- 中国兴农网:http://www.cnan.gov.cn/
- 金农网:http://www.jinnong.cn/

2. 外文农学网络资源

(1) 外文专业搜索引擎

① Agricultural Network Informationenter(http://www.agnic.org)

Agricultural Network Informationenter(AgNIC,农业网络信息中心)是由美国国家农业图书馆、Lang-Grant 大学及其他机构合作建立的网上农业信息搜索引擎,可按关键词或主题检索,主题主要包括农业经济、生态、管理、污染、法规、动物、林业、科学与技术、食品与人类健康等。

② Agriscape Search(http://www.agriscape.com)

Agriscape 网站 1999 年 4 月在美国普林斯顿建立,主要提供农业及相关产业的导航服务。该网站将所收录的内容划分为观光农业、公司、教育科研、图片、有机农业、拍卖、园艺、期刊、图书馆、政府、组织、导航目录 8 个大类,各大类中再进行细分,并提供会议、市场、新闻、天气等方面的服务,其目标是发展成为农业信息、农业贸易和农业技术的信息中心。

(2) 外文农学信息网站

① Food and Agriculture Organization of the United Nations(http://www.fao.org)

Food and Agriculture Organization of the United Nations(FAO,联合国粮农组织)成立于 1943 年。该网站可供免费检索 1975 年以来的 AGRIS 数据库,还免费提供各国有关农业、林业、渔业、食品等生产和贸易数据的统计数据库。此外,该网站还具有多语种检索功能,除英语外,还有法语、西班牙语、阿拉伯语和汉语等。

② Consultative Group on International Agricultural Research(http://www.cgiar.org)

Consultative Group on International Agricultural Research(CGIAR,国际农业研究咨询组)以自然资源的有效管理来推动农业的可持续发展,其研究中心由国际上 16 个农业研究中心组成,得到世行、联合国粮农组织、联合国发展计划署、联合国环境计划署的支持。该中心网站图示给出了各中心的地理位置及其链接,还提供新闻、会议、检索、出版物、研究成果、图片等主题的超链入口。

③ euroAgriNet(http://www.euroagri.net)

euroAgriNet(欧洲农业网)是一个适用于农业及农业综合企业的信息系统,界面友好,主要为农业工作人员和农业综合企业提供虚拟论坛园地,网址链接包括政府机构、商务公司和协会等。

④ EFITA(http://efita.org)

EFITA(欧联邦农业信息技术网)是欧洲农业研究网站,通过该网站上的"网上农业"选项,可进入按国家名称编排的欧洲25个国家的网址,该网站还具有检索功能,并提供各种农业应用软件、农业站点、农业技术、生物能源、研究成果、期刊、会议、述评等农业信息的查找。

⑤ United States Department of Agriculture(http://www.usda.gov)

United States Department of Agriculture(USDA,美国农业部)网站,提供了美国及世界各地有关农业、经济动物、水产、作物、化肥和农药杀虫剂、食物消费和支出、水果、蔬菜、综合、园艺、国际农业、牲畜、奶牛、家禽、农村开发、土壤、农业教育、价格和市场、消费等方面的大量信息及统计数据。

⑥ American Society of Agronomy(https://www.agronomy.org)

American Society of Agronomy(ASA,美国农学会)提供了有关会议、教育、出版物、科学研究情况的信息,以供农学和相关学科人员之间的科研、教育和专业交流。

⑦ Food Safety Information Center(http://www.nal.usda.gov/foodsafety)

Food Safety Information Center(FSIC,美国食品安全信息中心)是美国国家农业图书馆的几个主题导向信息中心之一。FSIC主要是食物引起的疾病教育信息中心,提供关于由食物引起疾病的信息资料及食品安全培训资料数据库。

⑧ National Agricultural Library(http://www.nalusda.gov)

National Agricultural Library(NAL,美国国家农业图书馆)是世界上最大的农业图书馆,成立于1862年,1962年成为国家图书馆,为美国的4个国家图书馆之一。它是世界上最著名的农业图书馆,是美国农业部农业研究服务局的一个组成部分。该站点免费提供NAL的馆藏目录(包括图书、期刊、视听资料等)检索以及农业联机数据库(AGRICOLA)的免费检索,并可获得NAL的其他资源信息。

⑨ World Aquaculture Society(https://www.was.org)

World Aquaculture Society(WAS,世界水产学会)是一个由来自100多个国家的3 000多成员组成的非营利性组织,该网站提供各水产学会、水产机构等目录以及世界水产会议信息。通过"publications"(出版物)选项,可检索多种水产通讯和水产杂志,提供全球性水产养殖的各种信息。

⑩ 国外其他著名农业网站

• 国际农业研究咨询组:http://www.cgiar.org

• 粮食、农业与渔业网经济合作发展组织(OECD):http://www.oecd.org/department

• 国际物种信息系统:http://www.isis.org/Pages/default.aspx

• 国际水稻研究所:http://beta.irri.org

• 粮食网:http://www.grainnet.com

• 国际畜牧网:http://www.wattnet.com

• 国际奶业联合会:http://www.idfa.org

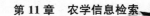

· 世界动物卫生组织:http://www.oie.int

思考与练习

1. 简述农业科学的特征。

2. 中文农学数据库有哪些?

3. 概述世界三大农业数据库。

4. 利用世界三大农业数据库(CAB、AGRIS、AGRICOLA)查找有关病虫害(pest)对野生水稻(wild rice)培育影响方面的文献。

5. 除了世界三大农业数据库(CAB、AGRIS、AGRICOLA)外,还有哪些相关外文农学数据库? 举出 5 种。

6. 了解中外文农学专业搜索引擎并学会使用。

7. 了解中外文农学信息网站并学会使用。

8. 查找联合国粮农组织(FAO)在线统计数据库的网址。

第 12 章　生物医学信息检索

12.1　生物医学概述

　　生物学是研究生物各个层次的种类、结构、发育和起源进化以及生物与周围环境关系的学科。人是生物的一种，也是生物学的研究对象。20 世纪特别是 1940 年以来，生物学吸收了数学、物理学和化学等学科的成就，逐渐发展成一门精确的、定量的、深入到分子层次的科学，现代生物学是一个有众多分支的庞大的知识体系，根据研究内容，分为分类学、解剖学、生理学、细胞学、分子生物学、遗传学、进化生物学、生态学等。

　　医学是以保护和增进人类健康、预防和治疗疾病为研究内容的科学。医学按其本质来说属于自然科学范畴，在现代科学技术体系中处于应用科学的地位。由于在人们的健康、疾病以及防治疾病的措施中，包含大量的精神的和社会的因素，因此医学的内容又有与思维科学和社会科学交叉的部分。在整个医学体系中，既有系统的科学知识，又有庞大的技术手段，是科学与技术的统一体。医学既是一种理论体系，又是一种实践体系，是理论与实践的统一体。医学的社会职能在于保障和促进人类在生理上、心理上、社会上的健康发展，在社会生产中，它保护劳动力，促进生产力的发展。根据研究领域的不同，医学被细分为许多不同的学科，包括基础医学、临床医学、检验医学、预防医学、特种医学及传统医学等。

　　生物医学的发展也越来越多地依靠与物理学、化学、数学、计算机科学及工程技术等多学科的交融，学科交叉研究成为推动生物医学向更广、更深层次发展的主要动力。

　　生物医学已经成为当今自然科学领域发展最快的学科，为 21 世纪最受关注的科学领域之一，很多发达国家已将生命科学和生物医学作为科学研究重点。

　　生物医学信息资源增长迅速，数量庞大，与物理、化学、计算机技术等学科存在广泛交叉，信息相对分散，为生物医学信息的查找带来困难。近年来，生物医学领域免费获取的信息资源增长迅速，网上免费信息资源已经成为生物医学信息资源的重要组成部分，因此我们应加强对网上免费资源获取与利用能力的培养。综合性数据库（如 CNKI、万方、维普、EBSCO、SCI、Elsevier 等）包含有生物医学信息资源，前面有关章节已经对此进行了介绍。本章主要对生物医学领域常用的、权威的专业数据库和网站进行介绍和推荐。

12.2　生物医学信息检索

12.2.1　生物医学数据库检索

1. 中文数据库检索

（1）中国生物医学文献数据库

中国生物医学文献数据库（China Biology Medicine disc，CBMdisc）是由中国医学科学

院医学信息研究所于 1994 年研制开发的中文医学文献数据库,它主要收录 1978 年以来 1 600 余种中国生物医学期刊,以及汇编、会议论文的文献记录,总计超过 400 万条记录,年增长量约 35 万条。涵盖了《中文科技资料目录(医药卫生分册)》、中文生物医学期刊目次数据库(CMCC)中的题录。学科涉及基础医学、临床医学、预防医学、药学、中医学以及中药学等生物医学领域的各个方面。

CBMdisc 注重数据的深度加工和规范化处理,中国生物医学文献数据库的全部题录均根据美国国立医学图书馆《医学主题词表》(即 MeSH 词表),以及中国中医研究院图书情报研究所新版《中医药学主题词表》进行了主题标引,并根据《中国图书馆分类法》第四版进行了分类标引。全部题录均进行主题标引和分类标引等规范化加工处理,其检索系统与目前国际流行的 Medline 光盘及 PubMed 检索系统相兼容,功能完备,多种词表辅助检索。

(2) 中国中医药数据库检索系统

中国中医科学院中医药信息研究所自 1984 年开始进行中医药学大型数据库的建设,目前数据库总数 40 余个,数据总量约 120 万条,包括中医药期刊文献数据库、疾病诊疗数据库、各类中药数据库、方剂数据库、民族医药数据库、药品企业数据库、各类国家标准数据库(中医证候治则疾病、药物、方剂)等相关数据库。

多类型的中医药数据库,以其充实的数据成为中医药学科雄厚的信息基础。所有的数据库都可以通过中医药数据库检索系统提供中文(简体、繁体)版联网使用,部分数据提供英文版,所有数据库还可以获取光盘版。

中医药数据库检索系统可以实现单库与多库选择查询。单表数据库检索可选择最专指的一个数据库进行相应字段的检索。

(3) 中国生命科学文献数据库

中国生命科学文献数据库(Chinese Biological Abstract,CBA)原名"中国生物学文献数据库",由中国科学院上海生命科学信息中心开发,是生命科学专业文摘型文献数据库,收录了我国生命科学及相关学科科技工作者在国内刊物中发表的研究文献,可供生物学、医学、化学、农学等领域的科学研究及教学人员使用。收录年限 1950 年至今,每年更新约 10 000 条数据,累计 44 万条数据。学科范围覆盖了普通生物学、细胞学、遗传学、生理学、生物化学、生物物理学、分子生物学、生态学、古生物学、病毒学、微生物学、免疫学、植物学、动物学、人类学、生物工程学、药理学以及生物学交叉与相关科学技术领域。目前有两种版本:网络版和光盘版。

2. 外文数据库检索

(1) Medline

Medline(美国医学索引数据库)是美国国立医学图书馆(National Library of Medicine,NLM)编辑出版的国际综合生物医学信息书目数据库。NLM 是目前国际上重要的生物医学文献信息服务中心,自 1997 年 6 月 26 日 NLM 宣布 Medline 数据库在 Internet 网上实现免费检索以来,Medline 数据库大大加强了医学信息资源交流、获取和利用,促进了医学科学的发展。

Medline 的内容涵盖 3 种重要的纸本医学文献检索工具:《Index Medicus》(医学索引)、《Index to Dental Literature》(牙科文献索引)、《International Nursing Index》(国际护理索引)。内容涉及 70 多个国家的 4 300 多种生物医学期刊的 900 多万条文献题录,并以每天 1 000 多条题录的速度递增,其中70%以上的记录来源于英文期刊。内容涉及医学、护理学、牙科学、兽医学、药学、环境和公共卫生等,其中许多文献记录可在出版商的允许下得到完整的论文。

多种检索平台提供 Medline 数据库检索功能,如 Web of Science、EBSCOhost、EMbase,NLM 本身提供两个在线的文献检索系统:PubMed 和 Internet Grateful Med (IGM)。

PubMed 主要用以对 Medline 的免费检索,其用户界面友好、收录文献范围广、数据库更新速度快、链接点多,部分还可在网上免费直接获得全文,于是成为网上检索生物医学文献使用频率最高的免费医学网站,也是检索生物医学文献最重要、最理想的工具。下面就 PubMed 检索系统为例介绍 Medline 的使用方法。

① PubMed 检索系统概括

PubMed(http://www.ncbi.nlm.nih.gov/pubmed)是由美国国立医学图书馆(NLM)附属国立生物技术信息中心(National Center for Biotechnology Information,NCBI)研制开发、基于 web 的完全免费的文摘型生物医学文献检索系统,是 NCBI 开发的 Entrez 检索系统的重要组成部分之一。PubMed 除收录有 Medline 外,还包括 DNA/蛋白质序列和三维结构资料的分子生物学数据库等,还提供诸多临床信息和近 100 种期刊的全文。

PubMed 检索系统中除包括经规范化处理的 Medline 记录(标有[PubMed-indexed for Medline])外,还包括 Medline 的来源期刊出版商提供的尚未经规范化处理的记录(标有[PubMed-in process])和一些非 Medline 收录期刊出版商以电子方式提供添加的记录(标有[PubMed-as supplied by publisher]),因此通过 PubMed 检索系统检索的记录将更加全面、快捷。

② PubMed 快速检索特点

直接登陆 PubMed 网站(图 12-1),默认在 PubMed 数据库检索,在主页检索框中直接输入主题词、著者名、刊名等任意检索词或检索式,直接点击"search"可直接返回检索结果。

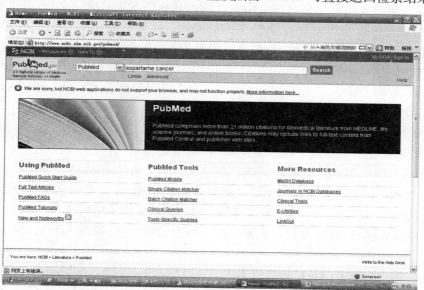

图 12-1 PubMed 主页

主页面的快速检索系统支持以下几种功能。

· 自动词语匹配功能（automatic term mapping）。可以实现词语的自动转换和匹配，主要通过 4 个表来进行：MeSH 转换表（MeSH translation table）、刊名转换表（journal translation table）、短语表（phrase list）、著者索引表（author index）。在检索提问栏内输入一个或若干个检索词，系统将依次到以上 4 个表中进行词语匹配，直到找到相匹配的词为止。如键入"aspartame cancer"，系统会自动转换成（"aspartame"［MeSH terms］ or "aspartame"［all fields］）and（"neoplasms"［MeSH terms］ or "neoplasms"［all fields］ or "cancer"［all fields］）进行检索。

· 截词功能（truncation）。使用"＊"作为通配符进行截词检索。如键入"bacter＊"，系统会找到 bacteria，bacterium，bacteriophage 等。

· 词组检索功能（phrase searching），也叫强制检索功能。把词组加上双引号（""），系统将会自动关闭词汇转换功能，将其作为一个词组在全部字段种进行检索。

· 布尔检索。支持布尔逻辑检索，运算符号必须大写，分别是逻辑"与"（and），逻辑"或"（or），逻辑"非"（not）。运算顺序是从左到右执行，可以通过"（）"改变运算次序。

· 限定检索。有字段限定检索，日期和日期范围的限定检索，语种、文献类型等其他限定检索。

③"Limits"检索

点击主页"Limits"，可进入条件限制检索界面（图 12-2）。可对检索结果进行记录更新时间、文献类型、语种、人或动物、性别、文献数据子库、年龄、字段等多种条件进行限定，提高检索效果。

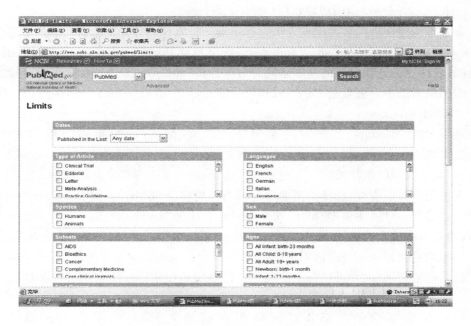

图 12-2　PubMed 的"Limits"检索页面

需要指出的是，"Limits"的各个选项在经过设定后，必须经过解除设定或重新设定，否则对后面的检索一直有效。

④ "advanced"检索

点击主页面的"advanced"可进入高级检索界面(图 12-3)。

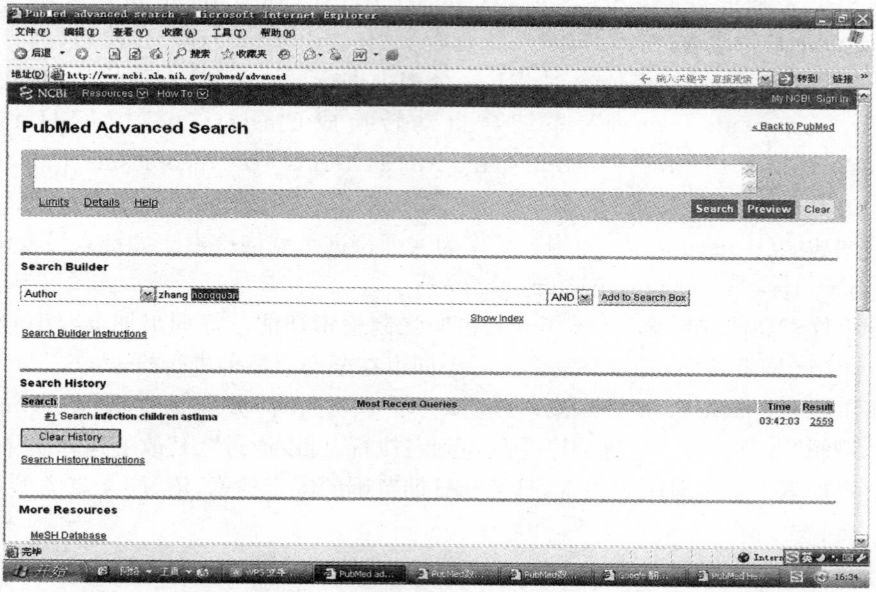

图 12-3   PubMed 的"Advanced"检索页面

高级检索界面的检索主要包括 3 个部分,一是检索条件构建框(search builder),二是检索框(serch box),三是检索历史显示区(search history)。

检索条件构建框可以帮助检索人员选择正确的检索词。首先根据需要选择恰当的检索字段,输入检索词,并可点击"show index",系统会自动显示与检索者输入的检索词相关的词,供检索者选择。选择合理的布尔运算符后再点击"add to search box",系统将检索词添加到上面的检索框中。可重复上述步骤构建检索式,完成后点击"Search",即可执行检索。

⑤ MeSH database

主题标引是 Medline 数据库的重要特色之一,Medline 数据库的叙词有主题词(headings)和副主题词(subheadings)两种,副主题词是对主题词概念的进一步限制和划分,使主题词/副主题词的组配成为一个更专指的概念,满足某一专题文献的检索。

为方便用户方面查找、选择恰当的主题词进行检索,PubMed 提供了 MeSH databse 检索界面。点击 PubMed 主页中"more resource"栏目下的"mesh database",即可进行主题词检索,在检索框中输入检索词,点击"search"进入,系统会把非主题词自动转换为主题词,并把与之相关的主题词一并列出供用户选择(图 12-4)。点击选中的主题词,可进一步对其进行副主题词的限定选择,并可进行不扩展和加权等限制检索。系统默认进行扩展和不加权检索。

如检索角膜塑形治疗近视的副作用方面的文献,可以采用 "orthokeratologic procedures/adverse effects"[Mesh] and "Myopia"[Mesh]进行检索,提高检索的查准率。

另外 PubMed 具有 Journals in NCBI Databases 全文链接检索功能,可以通过主题、刊名或刊名缩写以及 ISSN 等进行查找期刊相关信息。

图 12-4　Pubmed 的"Mesh Database"检索界面

（2）EMbase

EMbase（荷兰医学文摘数据库）是 Eleviers Science 公司编辑出版的大型生物医学及药学文摘书目数据库，是纸本检索工具荷兰《医学文摘》（Excerpta Medica）的在线版本，该数据库也是目前世界上最常用的生物医学文献之一。

2003 年 Elsevier Science 公司将 1974 年以来的 EMbase 900 多万条生物医学记录与 1966 年以来的 Medline 中 600 万条不重复的数据相结合，形成了 EMbase.com。

EMbase.com 涵盖 70 个国家/地区出版的 5 000 多种刊物，在直观友好的界面上同步检索 EMbase 和 Medline，涵盖了整个临床医学和生命科学的广泛范围，涵盖学科范围有可替代药物、药物研究、药理学、配药学、药剂学、药物副作用、毒理学、人体医学（临床与实验），以及与人体医学相关的基础生物医学、生物工程、生物工艺与仪器、生物技术、保健策略与管理、药物经济学、公众、职业与环境保护、污染、药物依赖性与滥用、精神病学、康复与理疗、法医学、兽医学、牙科医学、护理学、心理学、替代性动物实验，特别涵盖了大量的欧洲和亚洲的医学刊物。

EMbase.com 检索界面友好，提供"search""EMtree""journals"和"authors"4 个检索项，满足用户不同的检索要求。"search"提供快速检索（quick search）、高级检索（advanced search）、字段检索（field search）、药物检索（drug search）、疾病检索（disease search）和文章检索（article search）。EMtree 词库是 EMbase.com 最强大的检索工具之一，EMtree 由 48 000 多个受控叙词（也可以称为优先词）组成等级体系，共 15 个大类。EMtree 还包含了近 200 000 同义词，指引从入口词查到 EMbase.com 使用的受控叙词。

快速检索基本检索规则：使用自然语言检索，可用单词或词组进行检索，词组检索需加单引或双引号；词序无关，不区分大小写；支持布尔运算；支持通配符检索，在检索词的末尾加上"＊"号，表示检索词的派生检索。在检索词的中间或末尾加上"?"，表示一个可变字符；支持临近检索，"＊n"表示两个检索词直接可间隔 n 个词。

检索结果可按相关性或出版年等进行排序，显示格式有简短记录或详细记录等。并可进行打印、保存、发送等结果输出，系统具有数据分析工具，可对检索结果进行分析。

（3）BIOSIS Previews

① BIOSIS Previews 简介

BIOSIS Previews（生物学文摘）由原美国生物学文摘生命科学信息服务社编辑出版，是 Biological Abstracts（生物学文摘，简称 BA）和 Biological Abstracts/RRM（Reports, Review, Meetings)整合的网络版本，广泛收集了与生命科学、医学和农业科学等方面的有关资料，涵盖了包括传统生物学（植物学、生态与环境科学、微生物学、医学、药理学、动物学等）、交叉科学（生物化学、生物医学、临床医学、遗传学、公告卫生学等）和诸如仪器、实验方法等相关研究的广泛研究领域。

BIOSIS Previews 涵盖了近 5 500 种生命科学期刊和非期刊文献，如学术会议、研讨会、评论文章、美国专利、书籍、书籍章节和软件评论等，收录了 1926 年至今的 90 个国家和地区的文献资料超过 1 800 万条的记录，其中北美占 30%，欧洲及中东占 52%，亚洲和澳洲 14%，是目前世界上生命科学和生物医学研究领域的著名检索工具之一。

BIOSIS Preview 具有人性化的检索系统，检索项目包括有机体名称、分类、化学和生物化学、疾病与综合征、地理位置、分子序列数据、方法和仪器以及行业。BIOSIS Previews 在文献标引过程中采用其独有的关联性标引，其特色在于能够标引出每一个检索字段和控制字汇之间的关联性，可使研究人员快速准确地查找相关数据。

② BIOSIS Previews 检索

BIOSIS Previews 数据库检索平台有 Dialog、Ovid、Web of Knowledge 等。本书以 Web of Knowledge 检索平台为例介绍 BIOSIS Previews 数据库检索方法。

登陆 ISI Web of Knowledge 检索平台，默认进入多库统一检索界面，点击"选择一个数据库"进入 BIOSIS Previews 单库检索界面（图 12-5）。

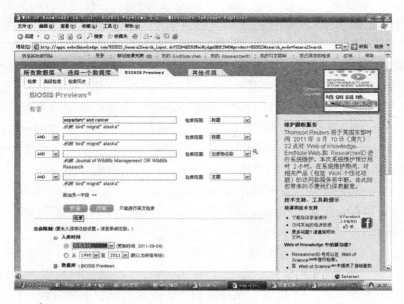

图 12-5　BIOSIS Previews 的 Web of Knowledge 检索界面

BIOSIS Previews 检索系统支持以下技术。

· 布尔逻辑运算, and、or、not, 不区分大小写。

· 精确短语查找, 需请用引号("")括住短语;以连字号、句号或逗号分隔的两个单词, 则词语也将视为精确短语。

· 位置运算符 same, 两个检索词出现在同一句子中, 词顺可颠倒。

· 截词检索, "?"代表任意一个字符, "＊"代表一个多个字符。

Web of Knowledge 检索平台提供普通检索和高级检索。普通检索界面提供主题、标题、作者、团体作者、出版物名称、编者、地址、出版年、分类数据、主题概念、概念代码、化学和生化名称、会议信息、识别码、语种、出版类型、文献类型和分类注释共 17 个检索入口。其中作者、团体作者、出版物名称、地址、分类数据、主题概念和概念代码字段提供索引。高级检索支持使用两个字母的字段标识、布尔逻辑运算符、括号和检索式引用来创建检索式的专业检索。

（4）Evidence-Based Medicine Reviews

Evidence-Based Medicine Reviews（EBMR, 循证医学数据库）是医药界人士及医学相关研究人员研发的一套数据库, 收录了 1991 年以来医学研发中具有临床实证基础的资料。该数据库汇集了重要的循证医学文献, 提供临床医生、研究者使用, 并可作为临床决策和科学研究的基础, 可节省阅读大量医学文献报告的时间。该数据库主要源自 4 个数据库。

① ACP Journal Club（American College of Physicians, 美国内科医师学会出版）, 库中包含 Evidence Based Medicine 和 ACP Journal Club 两种循证医学期刊的内容。每月至少过滤 50 种以上的核心期刊, 搜寻最佳的原始文章及评论性文章。

② Cochrane 临床对照试验注册资料库（Cochrane Controlled Trials Register, CCTR）, 所有的资料来源于协作网内各系统评价小组和其他组织的专业临床试验资料库以及 Medline 和 EMbase 上被检索出的随机对照试验（Randomized Controlled Trials, RCT）和临床对照试验（Clinical Controlled Trials, CCT）。该数据库还包括了全世界 Cochrane 协作网的成员从有关医学杂志会议论文集和其他来源中收集到的 CCT 报告。目前 CCTR 收录了 1948 年以来全世界已发表的所有 RCT 和 CCT300 000 篇有关健康保健控制、实验样品参考型书目资料, 其中包括中国中心提交的 RCT。

③ Cochrane 系统评价资料库（Cochrane Database of Systematic Review, CDSR）, 该库收集了协作网中 49 个 Cochrane 系统评价组在统一工作手册指导下对各种健康干预措施制作的系统评价, 包括全文和研究方法。目前主要是根据随机对照试验完成的系统评价, 并随着读者的建议和评论以及新的临床试验的出现不断补充和更新。Cochrane 图书馆以每年新生产 200～300 多个系统评价的速度递增, 协作网所制作的系统评价几乎涵盖了整个临床医学领域。

④ 疗效评价文摘库（Database of Abstracts of Reviews of Effectiveness, DARE）, 该库是专门收录评论性文章的全文数据库, 是 National Health Services'Centre Reviews and Dissemination（NHS CRD）组织出版, 该组织把部分经过评估后挑选的、具有学术价值的医学期刊文章集合成 DARE。包括非 Cochrane 系统评价（非 Cochrane 协作网成员发表的系统评价）的摘要和目录, 是对 Cochrane 系统的补充。DARE 的特点是其系统评价的摘要包括了作者对系统评价质量的评估。与 CDSR 不同的是该文摘库只收集了评论性摘要题目

及出处，而没有全文，并且不一定符合 Cochrane 系统评价的要求。

（5）Micromedex

Micromedex（美国临床暨循证医药学数据库）数据库是由美国 Thomson Healthcare（汤姆生卫生保健信息集团）制作的事实型医药知识数据库。该数据库由医药学专家针对全世界 2 000 余种医药学期刊文献进行分类、收集、筛选后，按照临床应用的需求，编写为基于实证的综述文献，直接提供给专业人士使用，不仅节约了医师查询的时间，还提高了临床效率，减少了对原始文献的需求，而且数据库检索界面也十分简便易学，是广大医务界人士查找信息的重要工具。

目前该库包括 5 个方面的信息。

① Drug Information 药物咨询数据库：提供使用者药品的详细咨询服务，其中包含药品介绍、使用剂量、药物交互作用等等。

② Disease Information 疾病医学数据库：提供医学上常用的一般疾病与急诊、慢性疾病的实证医学相关信息，资料包括常见与特殊的临床症状、检验结果和用药须知。

③ Toxicology Information 毒物医学数据库：提供药品的毒性分析并提供详细的处理步骤及治疗方法。

④ Complementary & Alternative Medicine Information 另类医学数据库：此系列涵盖补充食品医学、食疗、传统医疗法，以及对病人的卫教资料，以相关的医学报道方式说明，并提供病患相关的医疗教育信息。

⑤ Patient Education Information 病患卫教数据库：提供病患关于疾病和用药的常识，以及长期医疗照顾的须知。

（6）Derwent Biotechnology Resource

Derwent Biotechnology Resource（德温特生物技术资源）由英国 Thomson Derwent 和美国科学信息研究所（Institute for Scientific Information，ISI）创建，收录了描述生物技术领域研究进展的 20 多种语言的 1 100 多种国际性期刊论文、40 多家权威专利机构提供的专利、国际会议的文摘，主题覆盖生物技术的方方面面，包括遗传工程、生物化学工程、发酵、细胞培养和废物处理。2002 年初，主题又扩展到生物信息学、功能基因组学、药物基因组学、生物芯片和组织工程等。

2002 年以前的每条记录都有主控索引的详细摘要，包括改进的分类系统，约有 37% 的记录来自德温特世界专利索引，文献记录还包括 ISI 提供的完整的书目信息和作者摘要。

（7）Genetics Abstracts

Genetics Abstracts（遗传学文摘）由美国剑桥科学文摘社（CAS）出版，它是重组 DNA 技术与传统遗传学不断发展和结合的产物，提供从微生物、植物到人类各个方面的遗传学文献，反应了 DNA、分化和发育、RNA、蛋白质合成、核糖体、核蛋白以及染色体、酶和遗传调控等领域的最新进展和重要信息。作为生命科学的重要资源，Genetics Abstracts 直接或间接地对与人类基因组计划有关的研究人员和研究所起到显著的作用。

（8）International Pharmaceutical Abstracts

International Pharmaceutical Abstracts（IPA，国际药物学文摘数据库）是美国药师协会（American Society of Health-System Pharmacists，ASHP）编辑出版的著名药学及保健方面文献的综合书目数据库，该数据库由美国卫生系统药师协会联合制作，其药物学文摘包括

1970 年以来世界制药业完整的索引目录,提供药物使用和开发各阶段的信息及专业的药物使用和专业培训等各方面信息。此外,重要的药物学会议发言摘要也包括在其中。1985 年起该数据库收录范围扩大到有关论述相关条例、法律、人力资源和薪资方面报道的药物期刊。1988 年 IPA 开始收录美国医院药师学会(ASHP)的主要会议推荐的论文文摘,现在还收集 AphA(美国公告卫生学会)和 AACP(美国药学院联盟)年会演讲文摘,并计划收录药学院硕士和博士论文文摘。该数据库的收录内容包括药学领域的临床实践、理论、经济、科学等方面,有关临床研究的文摘还包括研究设计、病人数量、剂量、剂型、剂量时间表等。IPA 的文献来源为世界范围内与健康、医疗、化妆品等共 850 多种期刊和美国国内的所有药剂期刊,共 35 万多条记录。用户可通过关键词、期刊名、商标名、PA 号码、化学物质登记号、题名等多种算途径进行检索,还可以对检索条件进行限制。

(9) Toxline

Toxline 数据库(毒理学数据库)是毒理学和环境卫生领域的文献数据库,它涵盖了 1996 年以来 16 个不同数据库或检索工具中的毒理学领域和与毒理学相关的化学药品学、农药学、环境污染学、诱变学和畸形学方面的期刊书目文摘资料,另外也有专著、技术报告、学位论文、通信、会议文摘等资料,内容包含化学、药理学、杀虫剂、环境污染等。该数据库由美国国家医学图书馆出版发行,文献资料来自于 Tozicity Bibliography(毒性学书目)和 Developmental and Reproductive Toxicology(发育与生殖毒理学文摘)。Toxline 由两个部分构成,后者是美国联机医学文献分析和检索系统的毒理学和环境卫生期刊文献子集。该数据库不包括化学文摘、生物学文摘和国际药学文摘方面的信息。

Toxline 提供的检索方式主要为快速检索和高级检索。快速检索包括关键词、标题、著者、刊名和任意字段 5 个检索途径,用户可以根据所选的检索途径在检索框中输入一个或多个检索词。高级检索分为菜单式检索和命令式检索。

12.2.2　生物医学网络资源

1. 中文生物医学网络资源

(1) 中国医药信息网(http://www.cpi.gov.cn)

中国医药信息网是由国家食品药品监督管理局信息中心建设的医药行业信息服务网站,始建于 1996 年,专注于医药信息的搜集、加工、研究和分析,为医药监管部门、医药行业及会员单位提供国内外医药信息及咨询、调研服务。

该网站共建有 20 余个医药专业数据库,主要内容包括政策法规、产品动态、市场分析、企事业动态、国外信息、药市行情等,现已成为国内外医药卫生领域不可缺少的重要信息来源。

(2) 北京大学生物信息中心(http://www.cbi.pku.edu.cn/chinese)

北京大学生物信息中心(CBI)成立于 1997 年,是欧洲分子生物学网络组织 EMBnet 的中国国家节点。几年来,已经与欧洲生物信息学研究所(EBI)、国际蛋白质数据库和分析中心(ExPASy)等多个国家的生物信息中心建立了合作关系,为国内外用户提供了多项生物信息服务。

该中心建立了 20 多个国外著名生物信息资源镜像,涵盖了从单个基因表达调控到基因组研究、从 DNA 序列到蛋白质结构功能,以及文献查询、网络教程等各个方面,为生命科学

工作者提供全面的生物信息资源服务。

（3）国家食品药品监督管理局网站（http://www.sda.gov.cn/WS01/CL0001）

国家食品药品监督管理局网站由国家食品药品监督管理局主办，是了解我国食品药品监管系统相关法规、政策信息、行政审批程序、工作报告、统计年报、最新动态等信息的权威网站，该网站提供药品、医疗器械、保健食品、化妆品等数据库的查询。

（4）中华人民共和国卫生部网站

卫生部网站（http://www.moh.gov.cn/publicfiles//business/htmlfiles/wsb/index.htm）由中华人民共和国卫生部主办，是了解我国卫生系统相关政策法规、最新工作动态、人事信息、卫生标准、卫生统计等相关信息的权威网站，该网站还提供执业医师注册查询、执业护士注册查询、健康相关产品查询、医学图书查询功能。

（5）丁香园（http://www.dxy.cn）

丁香园生物医药科技网成立于2000年7月23日，自创办以来一直致力于为广大医药生命科学专业人士提供专业交流平台。凭借着专业精神和深厚积累，专业交流不断深入和发展，丁香园已从最初每天只有数人查看的留言板逐步发展壮大成为国内规模最大、最受专业人士喜爱的医药行业网络传媒平台。内容涉及专业医学知识和对医药产品的信息和讨论等。

（6）生物秀（http://www.bbioo.com）

生物秀创建于2003年，通过先进的网络技术为生物医药领域提供各种应用和信息化服务，经过多年的发展，目前生物秀旗下已经拥有技术先进和功能完善的多个网站系统，包括生物秀主站、易生物B2B商务平台、中国生物科学论坛、生物部落（SNS）、生物秀知道、生物百科，生物秀视频系统等。这些系统彼此独立而又相互交叉，共同构成一个行业内最完善的网络服务体系。

（7）生物谷（http://www.bioon.com）

生物谷创建于2001年，生物谷内容包括生物学、医学、药学、实验、产业、培训、会议、考试等。采用科学的分类方法组织，有方便的网上查询功能。该网站通过网站和论坛互动发展的模式，为广大生物医药专业科研人员、医务工作者和管理者、生物医药院校师生、广大网民提供各类国内外最新的动态信息，内容丰富的资料、文献以及学术探讨、经验交流、沟通信息、互相促进的场所。

2. 外文生物医学网络资源

（1）World Health Organization（http://www.who.int/search/en）

World Health Organization（WHO，世界卫生组织）是联合国负责全球卫生事业的专门机构，始建于1948年。WHO的宗旨是力求使各民族达到卫生的最高可能水平，WHO现有192个成员国，因为其全球性，它所提供的信息资源对发展中国家卫生保健的理论和实践具有重要参考指导价值。WHO丰富的信息资源整合为220个主题。既有各种具体疾病，也有各种公共卫生、环境、社会医学等重大问题。它所出版的一些工作报告、病情信息、标准、指南等等，对各国卫生事业发展都有指导意义。

（2）U.S. Food and Drug Administration（http://www.fda.gov）

U.S. Food and Drug Administration（FDA，美国食品与药品管理局）负责管理食品、药物、医疗器械、生物制品、动物喂养与药物、化妆品、放射-辐射产品审批、安全与药效等项目，

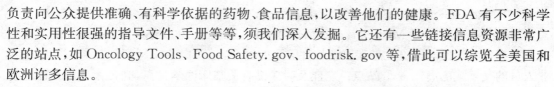

负责向公众提供准确、有科学依据的药物、食品信息，以改善他们的健康。FDA 有不少科学性和实用性很强的指导文件、手册等等，须我们深入发掘。它还有一些链接信息资源非常广泛的站点，如 Oncology Tools、Food Safety. gov、foodrisk. gov 等，借此可以综览全美国和欧洲许多信息。

（3）National Institutes of Health(http://www. nih. gov/about)

National Institutes of Health(NIH, 美国国立卫生研究所)是美国公共健康服务中心的下属部门之一，隶属美国卫生与人类服务署（HHS），初创于 1887 年，作为美国最主要的医学与行为学研究和资助机构，NIH 已经成为美国政府健康研究关注的焦点，成为世界最具影响的医学研究中心之一。NIH 共拥有 27 个研究所及研究中心和一个院长办公室。NIH 本身设有国立医学图书馆(NLM)，负责编辑出版 Medline。NIH 不仅有下属实验室从事医学研究，还全力支持各大学、医学院校、医院等的非政府科学家及其他国内外研究机构的研究工作，并协助进行研究人员培训、促进医学信息交流。网站分卫生信息（Health Information)、科研基金(Grants & Funding Opportunities)、新闻(News & Events)、NIH 科研培训与资源、下设机构(Institutes, Centers & Offices)、HIH 介绍(About NIH)五大类目，用户可按需深入各栏获取信息，用户从该网站可获取美国医学卫生最新的研究信息、政策等。

（4）National Center for Biotechnology Information (http://www.ncbi. nlm. nih. gov)

National Center for Biotechnology Information(NCBI, 美国国立生物技术信息中心)由美国国立医学图书馆 1988 年建立，是一个权威的生物信息门户网站，该中心的主要任务为：储存和分析分子生物学、生物化学、遗传学知识创建自动化系统；从事研究基于计算机的信息处理过程的高级方法，用于分析生物学上重要的分子和化合物的结构与功能；促进生物学研究人员和医护人员应用数据库和软件；努力协作以获取世界范围内的生物技术信息。

NCBI 首先创建 GenBank 数据库，在重点开发 GenBank 的同时，又于 1991 年开发了 Entrez 数据库检索系统。该系统整合了 GenBank、EMBL、PIR 和 Swiss-Prot 等数据库的序列信息以及 Medline 有关序列的文献信息，并通过相关链接，将它们有机地结合在一起。NCBI 还提供了其他数据库，包括在线人类孟德尔遗传(OMIM)、三维蛋白结构的分子模型数据库(MMDB)、人类基因序列集成(UniGene)、人类基因组基因图谱(GMHG)、生物门类(Toxonomy) 等数据库。

（5）BioMed Central(http://www. biomedcentral. com)

BioMed Central(英国生物医学中心)是生物医学领域的一家最重要的开放存取杂志出版商，目前出版近 220 种可开放访问的生物学和医学领域期刊，可供世界各国的读者免费检索、阅读和下载全文。BioMed Central 大多数期刊发表的研究文章都即时在 PubMed Central 存档并进入 PubMed 的书目数据库，同时还被 Scirus, Google, Citebase, OAIster 等数据库收录。其期刊管理系统集投稿、同行评审和编辑于一体，对期刊论文采用全面和严格的同行评审的方式保证了期刊论文的质量。主题涉及麻醉学、生物化学、生物信息学、生物技术、血液紊乱、癌症、心血管紊乱、细胞生物学、化学生物学、临床病理学、临床药理学、皮肤病学、发育生物学、生态学、应急医学、内分泌紊乱、进化生物学、兽医学、动物学等。BioMed Central 提供的服务项目还包括 F1000 Biology、F1000 Medicine 等。

(6) Medscape (http://www.medscape.com)

Medscape(医景)是 Medscape 公司研制建立的,诞生于 1995 年 6 月,是 web 网上最大的免费提供临床医学全文文献和医学教育资源的网点,是面向临床医师和其他医疗卫生专业人员的交互式的商用 web 站点。它能及时提供有关临床医学信息,其最大优点是能免费获得许多重要文献的全文,并提供免费药物检索和最新动态医学新闻等。该网站涵盖临床与预防医学共 30 多个学科与主题,定期更新内容。其学术会议内容概述新颖丰富,继续教育功能很强,是国际互联网上少见的宝贵资源,常被其他重要学术网站和国内资深专家转述引用。其公共卫生和预防医学站点有教育资源、会议资源、资源中心、病人教育、公共卫生与预防医学图书馆、包含有多种公共卫生及预防医学杂志、参考工具书及图书资源、论坛等栏目,可检索大量的预防医学及公共卫生方面的文献信息。

(7) Medical Student(http://www.medicalstudent.com)

Medical Student(医学生)网站选材精而少,它着重于医学教育。涵盖基础、临床、预防医学 30 多个学科,影像资源丰富,所推荐的各种教科书注重教学实用。有些网站很有特色,如它所推荐的生化学、矫形外科等教材,儿科学、放射学、综合性网址目录、神经外科论坛等,可谓独具匠心。在内科学部分,除链接内科各大系统资源外,还推荐医学算法(medical algorithms),该网站提供 7 000 多个网上免费医学运算公式,覆盖 45 个医学学科。

(8) Doctors'Guide (http://www.docguide.com/general-practice/popular/30days)

Doctors'Guide(医生指南)为临床各学科或专题提供最近期刊论文或其他医学新闻信息,它所提供的病例讨论常引导医生深入学习。此外,它提供各学科国际会议消息,比较全面,综合医学、综述论文多。

(9) Biology Links(http://mcb.harvard.edu/BioLinks.html)

Biology Links(生物学链接)网站由哈佛大学分子与细胞生物学系制作,实质上是一个生物学的导航系统,主要内容有生物化学与分子生物学、生物分子与生物化学数据库、教育资源、进化论、免疫学、在线生物学杂志与论文、Zebrafish 链接等。另外,还提供了许多有用资料的链接,如本专业的搜索引擎、图表、部分数据库、软件等等。

(10) MedExplorer(http://www.medexplorer.com)

MedExplorer(医学探索)网站是医学方面的搜索引擎,1996 年建立,帮助人们从浩瀚的因特网上查找与医学/健康有关的信息。专题包括男性、女性、老人与儿童健康、性健康、过敏问题、疾病中心、癌症中心、健康中心等。提供站内搜索和 web 搜索,并设定了多达 60 个的限定词,用以查找精确的结果。

(11) National Center for Genome Resources (http://www.ncgr.org)

National Center for Genome Resources(NCGR,美国国家基因组资源中心)是一个非营利性研究组织,主要由国家科学基金会(NSF)、美国农业部和卡内基研究会等机构支持。NCGR 不仅通过协作、数据管理、创造性的软件发展途径为科学家们提供关于生物信息学方面的解决方案,而且发展那些便于科学家们能更好地理解生物学数据的技术。其创建维护的 DNA 序列关系数据库 Genome Sequence Database(GSDB)收集、管理并且发送完整的 DNA 序列及其相关信息,以满足主要基因组测序机构的需要。

(12) European Bioinformaties Institute (http://www.ebi.ac.uk)

European Bioinformaties Institute(EBI,欧洲生物信息学研究所)1994 年成立于英国剑

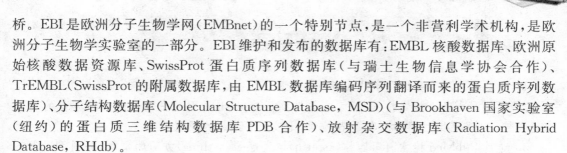

桥。EBI 是欧洲分子生物学网(EMBnet)的一个特别节点,是一个非营利学术机构,是欧洲分子生物学实验室的一部分。EBI 维护和发布的数据库有:EMBL 核酸数据库、欧洲原始核酸数据资源库、SwissProt 蛋白质序列数据库(与瑞士生物信息学协会合作)、TrEMBL(SwissProt 的附属数据库,由 EMBL 数据库编码序列翻译而来的蛋白质序列数据库)、分子结构数据库(Molecular Structure Database,MSD)(与 Brookhaven 国家实验室(纽约)的蛋白质三维结构数据库 PDB 合作)、放射杂交数据库(Radiation Hybrid Database,RHdb)。

(13) High Wire Press (http://highwire. stanford. edu)

High Wire Press 是全球最大的提供免费全文的学术文献出版商,于 1995 年由美国斯坦福大学图书馆创立。最初仅出版著名的周刊《Journal of Biological Chemistry》,目前已收录电子期刊 710 多种,文章总数已达 230 多万篇,其中超过 77 万篇文章可免费获得全文,这些数据仍在不断增加。通过该网站还可以检索 Medline 收录的 4 500 种期刊中的 1 200 多万篇文章,可看到文摘题录。High Wire Press 收录的期刊覆盖以下学科:生命科学、医学、物理学、社会科学。

(14) Medical Matrix(http://www. medmatrix. org)

Medical Matrix 是一种由概念驱动的免费全文智能检索工具,包括 4 600 多个医学网址,1994 年由堪萨斯大学创建,现由美国 Medical Matrix LLC 主持,是目前最重要的医学专业搜索引擎。该网络检索具有内容全、不受限的临床医学资源的全方位列表,将站点根据性质、评估、内容、特色和临床内容水平分级,是一个可免费进入的 internet 临床医学数据库,提供了关键词搜索和分类目录搜索,最适合临床医师使用。

(15) Health on the Net Foundation(http://www. hon. ch)

HON 是 1995 年建立于瑞士的一个非赢利性国际组织,其主要目的是为职业医师和普通用户提供实用可靠的网上医药卫生信息资源,还制定了医药卫生网站开发者的道德规范。HON 的特色服务是提供了两个重要的医学专业搜索引擎(MedHunt 和 HONselect)、影像(多媒体)资源和专题档案(HONdossier)。HON 针对不同的对象患者/个人(patients/individuals)、医学专业人员(medical professionnals)和网站发行者(web publishers)有不同的界面。网站主要包括如下信息服务:HONselect 是一个多功能智能型的搜索引擎,具有英文、法文、德文、西班牙文和葡萄牙文 5 个版本。它采用美国国立医学图书馆的 MeSH 词表组织网络医学信息资源,允许用户查询 MeSH 词的释义和等级结构,而且通过 MeSH 词表将 4 个独立的数据库(Medline、HONmedia、DailyNews、MedHunt)集成在一起,采用统一的检索界面对 MeSH 词、网站、权威科技论文、医药卫生领域新闻和多媒体资源提供一体化检索。

(16) Bioline international (http://www. bioline. org. br)

Bioline International 是一家提供发展中国家出版的高质量学术期刊开放获取的非赢利电子服务机构。收录了巴西、古巴、印度、印度尼西亚、肯尼亚、南非、乌干达、津巴布韦等发展中国家的数十种经同行评审的期刊,目的是使国际学术界了解发展中国家的生命科学研究成果。

思考与练习

1. 请说出几种重要的医学外文专业数据库。

2. 熟悉 PubMed 检索技术,检索有关肿瘤(neoplasms)引起贫血(anemia)方面的英文综述文献。分别通过主题和关键途径检索,比较检索结果的区别。

3. 通过 PubMed 检索阿司匹林(aspirin)诱发哮喘(asthma)方面的文献,分别采用和不采用主题词的加权和扩展方法进行检索,比较检索结果的区别。

4. 想了解我国医学卫生方面的最新出台的法律法规应到什么网站查找?

5. 想了解我国食品药品相关的政策信息及相关业务流程应到什么网站查找?

6. 提供免费期刊全文的网站有哪些?

7. 想了解世界健康报告及相关数据应到哪个网站查找?

第 13 章　　信息分析与利用

信息检索的目的是为了利用信息、创造信息。我们在得到所需的信息后,所要做的第一件事情就是对信息进行分析,然后在此基础上,创造信息。

13.1　信息分析

信息分析以及在此基础上的预测,是信息研究的重要组成部分,其核心是信息分析,其目的是信息预测。

信息分析与预测活动在国外比较普遍,从事这一活动的多为一些专业化的机构和团体,包括政府机构、工商部门、信息服务单位、科学研究机构、行业协会和社会团体,其中尤以专业化的信息预测机构居多,如美国的兰德(Rand)公司和斯坦福国际咨询研究所、日本的野村综合研究所、英国的伦敦国际战略研究所等。

13.1.1　信息分析概述

1. 信息分析的概念

信息分析就是运用科学的理论、方法和手段,对大量的(通常是零散、杂乱无章的)信息进行加工整理与价值评价,形成有助于问题解决的新信息,进而对其未来的发展状态进行分析预测,为决策提供科学的依据的过程。信息预测是建立在信息分析基础上的对未知或未来信息的科学预测。

信息分析是信息预测的基础。没有信息分析,信息预测只能建立在零散无序甚至掺杂有主观成分在内的无直接使用价值信息的基础上,这是无法科学地进行信息预测的。

信息预测又是信息分析的拓展和延伸。没有信息预测,信息分析只能停留在揭示事物运动规律这一粗浅层次上,而不能达到利用规律的目的。

在一个具体的信息分析与预测活动过程中,一般来说,仅仅在已知信息基础上经过一次信息分析和一次信息预测是远远不能达到预期目的的。一个实际的信息分析与预测活动过程往往是一种建立在已知信息基础上的信息分析、预测、再分析、再预测的交叉往复、螺旋式上升的过程,在很多情况下甚至难以将其严格区分开来。

2. 信息分析的类型

由于信息分析涉及社会的方方面面,采用各种各样的研究方法,所以根据不同的划分标准,可以将信息分析划分成各种不同的类型。

（1）按方法划分

信息分析的类型也可以按照采用的方法来划分。一般可以分为定性分析方法和定量分析方法两种。定性分析方法一般不涉及变量关系,主要依靠人类的逻辑思维功能来分析问题;而定量分析方法肯定要涉及变量关系,主要依据数学函数形式来进行计算求解。定性分析方法包括比较、推理、分析与综合等;定量分析方法包括回归分析法、时间序列法等。值得指出的是,由于信息分析问题的复杂性,很多问题的解决既涉及定性分析,也涉及定量分析,因此定性分析和定量分析方法相结合的运用越来越普遍。

（2）按内容划分

按信息分析内容划分,可分为跟踪型、比较型、预测型和评价型信息分析。

① 跟踪型信息分析

跟踪型信息分析是基础性工作,无论哪种领域的信息分析研究,没有基础数据和资料都难以工作。它又可分为两种:技术跟踪型和政策跟踪型,常规的方法是信息收集和加工,建立文献型、事实型和数值型数据库作为常备工具,加上一定的定性分析。这种类型的信息分析可以掌握各个领域的发展趋势,及时了解新动向、新发展,从而做到发现问题、提出问题。

② 比较型信息分析

比较是确定事物间相同点和不同点的方法,在对各个事物的内部矛盾的各个方面进行比较后,就可以把握事物间的内在联系,认识事物的本质。比较型信息分析是决策研究中广泛采用的方法,只有通过比较,才能认识不同事物间的差异,从而提出问题、确定目标、拟定方案并作出选择。比较可以是定性的,也可以是定量的,或者是定性、定量相结合的,许多技术经济分析的定量方法常常被采用。

③ 预测型信息分析

所谓预测,就是利用已经掌握的情况、知识和手段,预先推知和判断事物的未来或未知状况。预测的要素包括:人——预测者;情况和知识——预测依据;手段——预测方法;事物未来和未知状况——预测对象;预先推知和判断——预测结果。根据不同的划分标准,预测可以分成许多不同的类型,如按预测对象和内容可以分为经济预测、社会预测、科学预测、技术预测、军事预测等。

社会的现代化管理就是体现在以预测为基础的战略管理上,预测型信息分析涉及的范围非常广泛,大到为国家宏观战略决策进行长期预测,小到为企业经营活动提供咨询的短期市场预测。预测型信息分析工作的方法大致上可以分为定性预测和定量预测两大类。例如经济预测中不同产业部门的产值、利润、就业人数、出口贸易都可以用作定量分析的数据来源,采用回归分析、时间序列分析、投入产出分析等方法进行预测;而对于那些政策性强、时间跨度大、定量数据缺乏的预测问题,则更多地需要依靠专家的直觉和经验。

④ 评价型信息分析

评价一般需要经过以下几个步骤:前提条件的探讨;评价对象的分析;评价项目的选定;评价函数的确定;评价值的计算;综合评价。评价的方法有多种多样,如层次分析法、模糊综合评价法等。进行评价时要注意选择合适的变量和评价指标,同时评价往往涉及对比,因此评价对象的可比性值得考虑。评价是决策的前提,决策是评价的继续。评价只有与决策联系起来才有意义,评价与决策之间没有绝对界限。

13.1.2　信息分析程序

1. 选题

选题就是选择信息课题,明确研究对象、研究目的和研究内容。选题是信息分析与预测工作的起点,选题准确、迎合用户多样化的信息需求,就等于信息分析与预测工作成功了一半。正如爱因斯坦所说:"提出一个问题往往比解决一个问题更重要,因为解决问题也许仅仅是一个数学上或实验上的技能而已,而提出新的问题、新的可能性,从新的角度去看待旧的问题,都需要创造性和想象力,而且标志着科学的真正进步。"①

(1) 课题来源

课题来源有三种渠道:上级下达、用户委托、自选。第一、二类课题必须按要求完成,按时提交报告。第三类选题能否形成课题,需要评审。

(2) 选题原则

① 政策性原则——选题必须以各项政策为依据。

② 必要性原则——与国民经济和社会发展需要相吻合的、与用户的信息需要相一致的新选题。

③ 可能性原则——研究人员的专业特长、研究基础、研究能力和条件。

④ 效益性原则——经济效益和社会效益是效益性原则的两个方面,坚持社会效益优先。

2. 研究框架设计

课题一经确定,就要进行框架设计,拟定课题计划。首先是开题报告:阐明选题的意义、预期目标、研究内容、实施方案、进度计划、经费预算、人员组织及论证意见等。开题报告获准后,制订更详细的研究框架和工作计划、研究方法和技术路线、产品形式和提交方式、完成时间和实施步骤等。

3. 信息搜集

(1) 文献调查

文献调查主要用于文献信息的搜集。一般有系统检索法、追溯检索法和浏览检索法。

(2) 社会调查

社会调查是搜集非文献信息的主要途径。既包括对人的访问,也包括对实物、现场的实地考察,如现场调查、访问、发放调查表、样品搜集等。

4. 信息整理、评价和分析

整理的过程就是信息的组织过程,目的是使信息从无序变为有序,成为便于利用的形式;评价的过程则是对整理出来的原始信息进行价值评判的过程,目的是筛选出有用信息,淘汰无用或不良信息。这两个过程通常交替进行,没有明显的先后之分,而且随着一个过程的深入,另一个过程也进入到更深的层次。其共同作用的结果是使搜集到的信息成为有序且有用的信息。

经过整理和评价后的信息还远远不能达到使用的要求,只有运用科学的方法,通过系统、深入的信息分析预测,去粗存精,去伪存真,由此及彼,由表及里,才能透过现象揭示出研

---

① 爱因斯坦. 物理学的进化. 上海:上海科学技术出版社,1962:66.

258 究对象本身所固有的、本质的规律，达到满足用户信息需求的目的。

信息整理、评价和分析的结果要与选题的针对性相呼应，应能回答该项研究须要解决的主要问题。

5. 编写研究报告

按照用户的信息需求，经过前述一系列环节之后，编写研究报告，并通过进一步的传递、利用和反馈满足用户的实际需要。

一般来说，研究报告由题目、文摘、引言、正文、结论、参考文献或附注等几部分组成，并应包括以下主要内容：拟解决的问题和要达到的目标；背景描述和现状分析；分析研究方法；论证与结论。

13.1.3 信息分析方法

信息分析方法有很多种，如常用逻辑方法、专家调查法、文献计量学方法、层次分析法、内容分析法、回归分析法、时间序列分析法等。现简单介绍几种。

1. 常用逻辑方法

常用逻辑方法有比较、分析与综合、推理 3 种。

（1）比较

比较就是对照各个事物，以确定差异点和共同点的逻辑方法。比较是人类认识客观事物、揭示客观事物发展变化规律的一种基本方法。有比较才能有鉴别，有鉴别才能有选择和发展。

比较通常有时间上的比较和空间上的比较两种类型。时间上的比较是一种纵向比较，即将同一事物在不同时期的某一（或某些）指标（如产品的质量、品种、产量、性能、成本、价格等）进行对比，以动态地认识和把握该事物发展变化的历史、现状和趋势。空间上的比较是一种横向比较，即将某一时期不同国家、不同地区、不同部门的同类事物进行对比，以找出差距，判明优劣。在实际工作中，时间上和空间上的比较往往是相互结合的。

在比较时，应注意以下几点：注意可比性，确立一个比较的标准，注意比较方式的选择，注意比较内容的深度。

（2）分析与综合

分析就是把客观事物整体按照研究目的的需要分解为各个要素及其关系，并根据事物之间或事物内部各要素之间的特定关系，通过由此及彼、由表及里的研究，达到认识事物目的的一种逻辑方法。

综合是同分析相对立的一种方法。它是指人们在思维过程中将与研究对象有关的片面、分散、众多的各个要素（情况、数据、素材等）联结起来考虑，从错综复杂的现象中探索它们之间的相互关系，从整体的角度把握事物的本质和规律，通观事物发展的全貌和全过程，获得新的知识、新的结论的一种逻辑方法。

分析与综合是辩证统一的关系，具体体现在：一方面，两者既相互矛盾又相互联系。分析是把原本是一个整体的复杂事物分解为各个简单要素及其联系，即化整为零；综合与此相反，是将构成事物整体的各个要素按照其间本质的固有的联系重新综合为一个整体。综合必须以分析为基础，没有分析，对事物整体的认识只能是抽象的、空洞的，认识就不能深入；只有分析而没有综合，认识就可能囿于枝节之见，不能通观全局。事实上，任何分析总要从某种整体性出发,离不开关于对象整体性认识的指导,否则分析就会有很大的盲目性;同样,任何综合离开分析这个基础,就无法进行概括和提炼。只有将分析和综合这两种方法结合起来使用,才能得到较全面的认识。另一方面,两者在一定条件下可以相互转化。人们对事物的认识是一个由现象到本质、由局部到全局、由个别到一般的过程。但现象与本质、局部与全局、个别与一般本身是相对的。就某一层次来说,对该层次事物的认识,相对其上一层次而言,是现象、局部、个别,但相对其下一层次却又是本质、全局、一般。可见,人们对某一层次的研究,对其上一层次来说是分析,但对其下一层次来说却又是综合。这种转化关系体现了人们对客观事物的认识是一个不断深化和提高的过程。

可见,在信息分析与预测中,分析与综合总是结合在一起使用的。没有分析的综合,或者没有综合的分析,都很难保证信息分析与预测的质量。

(3) 推理

推理就是在掌握一定的已知事实、数据或因素相关性的基础上,通过因果关系或其他相关关系顺次、逐步地推论,最终得出新结论的一种逻辑方法。

任何推理都包含三个要素:一是前提,即推理所依据的那一个或几个判断;二是结论,即由已知判断推出的那个新判断;三是推理过程,即由前提到结论的逻辑关系形式。

在推理时,要想获得正确的结论,必须注意两点:一是推理的前提必须是准确无误的;二是推理的过程必须是合乎逻辑思维规律的。

根据推理的思维方向,推理分为演绎推理、归纳推理和类比推理。它们分别是由一般到个别、由特殊到一般以及由个别到个别(或由一般到一般)的逻辑思维方向。

根据组成推理的判断类别,推理分为直言推理、假言推理、选言推理、联言推理、关系判断推理和模态判断推理。

在信息分析与预测中,经常使用的推理有直言推理、假言推理和归纳推理 3 种。

2. 专家调查法

专家调查法或称专家评估法,是以专家作为索取信息的对象,依靠专家的知识和经验,由专家通过调查研究对问题作出判断、评估和预测的一种方法。

20 世纪 60 年代以后,专家调查法被世界各国广泛用于评价政策、协调计划、预测经济和技术、组织决策等活动中。这种方法比较简单、节省费用,能把有理论知识和实践经验的各方面专家对同一问题的意见集中起来。它适用于研究资料少、未知因素多、主要靠主观判断和粗略估计来确定的问题,是较多地用于长期预测和动态预测的一种重要的预测方法。

专家调查法种类很多,下面重点介绍德尔菲法和头脑风暴法。

(1) 德尔菲法

德尔菲法(Delphi)的名称来源于古希腊的一则神话,德尔菲是古希腊的一个地名,当地有一座阿波罗神殿,传说众神每年来此聚会,以占卜未来。

德尔菲法最早出现于 20 世纪 50 年代末期。当时美国政府组织了一批专家,要求他们站在苏军战略决策者的角度,最优地选择在未来大战中将被轰炸的美国目标,为美军决策人员提供参考。在 1964 年,美国兰德公司的赫尔姆和戈尔登首次将德尔菲法应用于科技预测中,并发表了《长远预测研究报告》。此后,德尔菲法便迅速在美国和其他许多国家广泛应用。

德尔菲法除用于科技预测外,还广泛用于政策制定、经营预测、方案评估等方面。发展

260 到现在,德尔菲法在信息分析研究中,特别是在预测研究中占有重要的地位。

德尔菲法是在专家个人判断和专家会议调查的基础上发展起来的,它是一种按规定程序向专家进行调查的方法,能够比较精确地反映出专家的主观判断能力。

① 德尔菲法的特点

匿名性。从事预测的专家彼此互不知道其他有哪些人参加预测,他们是在完全匿名的情况下交流思想的。德尔菲法采取匿名的发函调查的形式,它克服了专家会议调查法易受权威影响,易受会议潮流、气氛影响和其他心理影响的缺点。专家们可以不受任何干扰地独立对调查表所提问题发表自己的意见,而且有充分的时间思考和进行调查研究、查阅资料。匿名性保证了专家意见的充分性和可靠性。

反馈性。由于德尔菲法采用匿名形式,专家之间互不接触,仅靠一轮调查,专家意见往往比较分散,不易作出结论,为了使受邀的专家们能够了解每一轮咨询的汇总情况和其他专家的意见,组织者要对每一轮咨询的结果进行整理、分析、综合,并在下一轮咨询中反馈给每个受邀专家,以便专家们根据新的调查表进一步地发表意见。

统计性。在应用德尔菲法进行信息分析与预测研究时,对研究课题的评价或预测既不是由信息分析研究人员做出的,也不是由个别专家给出的,而是由一批有关的专家给出的,并对诸多专家的回答必须进行统计学处理。所以,应用德尔菲法所得的结果带有统计学的特征,往往以概率的形式出现,它既反映了专家意见的集中程度,又可以反映专家意见的离散程度。

② 德尔菲法的实施过程

明确预测目标,制订实施计划。德尔菲法的预测目标通常是在实践中涌现出来的大家普遍关心且意见分歧较大的课题。此阶段的主要任务是选择和规划预测课题,明确预测项目,并且制订相应的实施计划。

选择参加预测的专家。专家应该有代表性,专家的权威程度要高,专家要有足够的时间和耐心填写调查表,专家的人数一般控制在 15～50 人。

编制调查表。调查表是获取专家意见的工具,是进行信息分析与预测的基础。调查表设计的好坏,直接关系到分析与预测的效果。在制表前,设计人员应对课题及其相关背景情况进行调查,以保证提问的针对性和有效性。常见的调查表有:目标途径调查表、事件实现时间调查表、要求对问题做出一定说明的调查表、技术(方案、产品)评价调查表。

反馈调查以及专家意见的统计分析与预测。经典的德尔菲法一般包括以下 4 轮的征询调查,且在调查过程中包含着每轮间的反馈。

第一轮:由组织者发给专家不带任何附加条件,只提出预测问题的开放式的调查表,请专家围绕预测主题提出预测事件。组织者汇总、整理专家调查表,归并同类事件,排除次要事件,用准确术语提出一个预测事件一览表,并作为第二步的调查表发给专家。

第二轮:请专家对第一轮提出的每个事件发生的时间、空间、规模大小作出具体预测,并说明事件或迟或早发生的理由。组织者统计处理调查表中的专家意见,统计出专家总体意见的概率分布。

第三轮:将第二轮的统计结果连同据此修订了的调查表(包括概率分布或事件发生的中位数和上下四分点)再发给专家,请专家充分陈述理由(尤其是在上下四分点外的专家,应重述自己的理由)并再次做出预测。组织者回收专家们的调查表,与第二轮类似地汇总、整理、

统计分析与预测,形成第四轮调查表。

第四轮:将第三轮的统计结果连同据此修订了的第四轮调查表再发给专家,专家再次评价和权衡,做出新的预测,并在必要时作出详细、充分的论证。组织者依然要将回收的调查表进行汇总整理、统计分析与预测,并寻找出收敛程度较高的专家意见。

(2) 头脑风暴法

头脑风暴法(brain storming),也称为专家会议法,是借助于专家的创造性思维来索取未知或未来信息的一种直观预测方法,头脑风暴法一般用于对战略性问题的探索,现在也用于研究产品名称、广告口号、销售方法、产品的多样化研究等,以及需要大量的构思、创意的行业,如广告业。

① 头脑风暴会议的组织要素

除了偶发性的个人头脑风暴法以外,我们在绝大多数场合里所说的头脑风暴法是指以头脑风暴会议为基础的集团头脑风暴法。

头脑风暴会议的组织要素有:主持人、与会专家和会议长度。

主持人。由熟悉该研究对象的方法论专家担任;主持人要充分地说明策划的主题,提供必要的相关信息,创造一个自由的空间,让各位专家充分表达自己的想法;善于营造活跃气氛,善于引导和沟通,把握会议的主题和节奏。

与会专家。优先考虑学识渊博、思想活跃、思维敏捷、善于联想的人员;参会专家不分职位、级别,一律平等,最好地位相当,以免产生权威效应,影响其他专家创造性思维的发挥;专家人数不宜过多,应尽量适中,一般 5~12 人为宜。

会议长度。会议的时间应当适中,时间过长,容易偏离主题,时间太短,很难获取充分的信息;一般以 20~60 分钟为宜;为了保证会议的高效,发言要尽量简练到位,不要加以过多的阐述和发挥。

② 运用头脑风暴法的五条原则

禁止批评他人的建议,只许完善。

最狂妄的想象是最受欢迎的。

重量不重质,即为了探求最大量的灵感,任何一种构想都可被接纳。

鼓励利用别人的灵感加以想象、变化、组合等,以激发更多更新的灵感。

不准参加者私下交流,以免打断别人的思维活动。

③ 实施步骤

每人用头脑风暴法独自写下尽可能多的建议。

每人轮流发表一条意见。

在活页纸或黑板上记下每一条意见,所有的意见应随时可见。

必要时,主持人应设法激发更多的观点。

在无新的意见产生后,主持人可要求专家解释、确认先前发表的意见。

④ 头脑风暴法案例

有一年,美国北方格外严寒,大雪纷飞,电线上积满冰雪,大跨度的电线常被积雪压断,严重影响通信。电信公司经理应用奥斯本发明的头脑风暴法,尝试解决这一难题。

他召开了一种能让头脑卷起"风暴"的座谈会,参加会议的是不同专业的技术人员,要求他们必须遵守以下原则:第一,自由思考。即要求与会者尽可能解放思想,无拘无束地思考问题并畅所欲言,不必顾虑自己的想法或说法是否"离经叛道"或"荒唐可笑"。第二,延迟评判。即要求与会者在会上不要对他人的设想评头论足,不要发表"这主意好极了""这种想法太离谱了"之类的"捧杀句"或"扼杀句"。至于对设想的评判,留在会后组织专人考虑。第三,以量求质。即鼓励与会者尽可能多而广地提出设想,以大量的设想来保证质量较高的设想的存在。第四,结合改善。即鼓励与会者积极进行智力互补,在增加自己提出设想的同时,注意思考如何把两个或更多的设想结合成另一个更完善的设想。

按照这种会议规则,大家七嘴八舌地议论开来。有人提出设计一种专用的电线清雪机;有人想到用电热来化解冰雪;也有人建议用振荡技术来清除积雪;还有人提出能否带上几把大扫帚,乘坐直升机去扫电线上的积雪。对于这种"坐飞机扫雪"的设想,大家心里尽管觉得滑稽可笑,但在会上也无人提出批评。

相反,有一工程师在百思不得其解时,听到用飞机扫雪的想法后,大脑突然受到冲击,一种简单可行且高效率的清雪方法冒了出来。他想,每当大雪过后,出动直升机沿积雪严重的电线飞行,依靠高速旋转的螺旋桨即可将电线上的积雪迅速扇落。他马上提出"用直升机扇雪"的新设想,顿时又引起其他与会者的联想,有关用飞机除雪的主意一下子又多了七八条。不到1小时,与会的10名技术人员共提出90多条新设想。

会后,公司组织专家对设想进行分类论证。专家们认为设计专用清雪机,采用电热或电磁振荡等方法清除电线上的积雪,在技术上虽然可行,但研制费用大,周期长,一时难以见效。那种因"坐飞机扫雪"激发出来的几种设想,倒是一种大胆的新方案,如果可行,将是一种既简单又高效的好办法。经过现场试验,发现用直升机扇雪真能奏效,一个久悬未决的难题,终于在头脑风暴会中得到了巧妙地解决。

3. 文献计量学方法

文献计量学方法包含一系列描述文献信息流动态特征的经验定律和规律。这些经验定律和规律源于实践,又反过来对实践产生指导作用。下面在简要介绍几个典型的经验定律和规律的基础上,探讨文献计量学在信息分析与预测中的应用。

(1)布拉德福定律及其应用

布拉德福定律是文献计量学最基本的定律之一,是关于专业文献在登载该文献的期刊中数量分布规律的总结。

布拉德福定律是由英国著名文献学家 B. C. Bradford 于 1934 年率先提出的描述文献分散规律的经验定律。其文字表述为:如果将科技期刊按其刊载某学科专业论文的数量多少,以递减顺序排列,那么可以把期刊分为专门面对这个学科的核心区、相关区和非相关区。各个区的文章数量相等,此时核心区、相关区、非相关区期刊数量成 $1:n:n^2$ ……的关系($n>1$)。

布拉德福定律不仅对情报学的理论研究有重要影响,而且实际应用相当广泛,如对于确定核心期刊、制定文献采购策略、藏书政策、优化馆藏、检验文献服务工作情况、掌握读者阅读倾向、文献检索利用等方面都有一定指导作用。

布拉德福定律在信息分析与预测中的应用主要体现在文献信息的搜集环节上。我们知道,文献信息是信息分析与预测的主要信息源。但文献信息通常量大、面广,而对于一个特定主题的信息分析与预测课题而言,所需要的仅仅是其中极少的一部分。这种矛盾限制了人们对文献信息的利用。

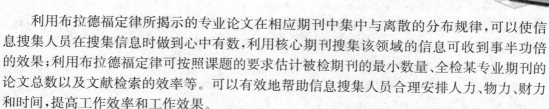

　　利用布拉德福定律所揭示的专业论文在相应期刊中集中与离散的分布规律,可以使信息搜集人员在搜集信息时做到心中有数,利用核心期刊搜集该领域的信息可收到事半功倍的效果;利用布拉德福定律可按照课题的要求估计被检期刊的最小数量、全检某专业期刊的论文总数以及文献检索的效率等。可以有效地帮助信息搜集人员合理安排人力、物力、财力和时间,提高工作效率和工作效果。

　　布拉德福定律也可用于研究某一学科发展的特点以及学科之间的交叉影响和相互渗透关系,并以此确定某些新学科的生长点。例如,对某一学科主题而言,布拉德福定律中的核心区往往由该学科内比较成熟的方向的期刊构成;相关区往往由该学科内不太成熟的方向以及与该学科关系最紧密的其他学科的期刊构成;次相关区以及后继各区的期刊构成与相关区类似,但在成熟性以及与该学科的关系上依次减弱。分析这些变化,可以帮助我们推测该学科的哪些方向发展得比较成熟、哪些不太成熟,以及哪些学科与该学科有交叉影响和相互渗透关系。

　　(2) 洛特卡定律及其应用

　　洛特卡定律是由美国学者 A. J. 洛特卡在 1926 年率先提出的描述科学生产率的经验规律,又称"倒数平方定律"。它描述的是科学工作者人数与其所著论文之间的关系:写两篇论文的作者数量约为写一篇论文的作者数量的 1/4,写三篇论文的作者数量约为写一篇论文作者数量的 1/9,写 n 篇论文的作者数量约为写一篇论文作者数量的 $1/n^2$……,而写一篇论文作者的数量约占所有作者数量的 60%。该定律被认为是第一次揭示了作者与数量之间的关系。

　　洛特卡定律的数学表达式为:$f(x) = C/x^2$

　　式中,x 表示科学工作者发表的论文数量;$f(x)$ 表示发表 x 篇论文的著者出现的频率(即在所统计的著者总数中所占的比例);C 为常数。洛特卡还用数学方法定出了 C 的极限值为 $6/\pi^2 \approx 0.6079$。

　　洛特卡定律在信息分析与预测中的应用是明显的。例如,我们可以利用它来预测著者数量和文献数量,从而便于搜集信息、掌握文献信息流的变动规律、预测科学家数量的增长和科学发展的规模及趋势等。

　　(3) 齐普夫定律及其应用

　　齐普夫定律是揭示文献的词频分布规律的基本定律,亦称省力法则。1948 年由美国哈佛大学语言学教授 G. K. 齐普夫提出。

　　该定律指出文章中单词的频次(f)与其排列的序号 (r)之间存在着下述定量的关系,齐普夫认为:如果有一个包含 n 个词的文章,将这些词按其出现的频次递减地排序,那么序号 r 和其出现频次 f 之积 fr,将近似的为一个常数,即 $fr = b$(式中 $r = 1,2,3$……),即词频分布定律最普通而又最典型的表达。

　　在自然语言的语料库里,一个单词出现的频率与它在频率表里的排名成反比。所以,频率最高的单词出现的频率大约是出现频率第二位的单词的 2 倍,而出现频率第二位的单词则是出现频率第四位的单词的 2 倍。

　　词频分布规律是有较为丰富内涵的,学术界认为正态分布是描述自然科学的典型分布,而齐普夫分布将成为揭示社会科学规律的典型分布,所以社会科学界一直很重视这个定律。讨论词频分布何以呈现那种特殊的形状,对其成因提出假说,建立适当的理论模型描绘其分布过程是当前研究工作的热点,目前较重要的假说有两个:一是"省力法则"假说。提出这一假说的是齐普夫。他认为,在语言交流过程中,"省力法则"同时体现在说话人和听话人身上。说话人希望组成语言的词少,而且一词多义,以节省其精力。听话人认为最好是一词一义,使听到的词与其确切含义容易匹配,减少他理解的功夫。这两种节省精力的倾向最后平衡的结果,便是词频的那种双曲线型分布。二是"成功产生成功"假说。这方面以 H. A. 西蒙的研究最为著名。西蒙构造了一个概率模型,他所作的一个重要假说是:在文献中,一词使用的次数越多,则再次使用的可能性越大。

齐普夫定律在信息分析与预测中有重要的应用。例如,计算机信息检索是信息搜集的重要途径,利用齐普夫定律在词表的编制、自动标引、文档的组织等方面的应用,可以有效地帮助建立高性能的计算机信息检索系统。再如,在信息加工整理和分析预测过程中,通过观察关键词或主题词在数量上的变化,可以了解某一学科或专业领域的发展阶段和发展动向。

这种词频分析技术又称内容分析。研究词频分布对编制词表,制定标引规则,进行词汇分析与控制,分析作者著述特征具有一定意义。经验表明,中频词往往是包含大量有检索意义的关键词。而一篇文献全文输入计算机后,计算机是很容易检出中频词的。因此,词频分布也是文献自动分类、自动标引的研究对象。

齐普夫定律还从定量角度描述了目前流行的一个主题:长尾理论(the long tail)。以一个集合中按流行程度排名的物品(如亚马逊网站上销售的图书)为例。表示流行程度的图表会向下倾斜,位于左上角的是几十本最流行的图书。该图会向右下角逐渐下降,那条"长尾巴"会列出每年销量只有一两本的几十万种图书。

从更广义的角度来认识,齐普夫定律还可用于解决信息分析与预测中出现的各种社会分布现象,如城市人口分布、新技术和新产品分布、人力资源分布等。这些分布现象与文献的词频分布现象十分相似。

(4) 引文分析及其应用

科学研究活动本身的继承性和协作性决定了科学文献之间是相互联系而不是彼此孤立的,其突出表现就是文献之间的相互引用(引用和被引用)。

引文分析就是运用数学、统计学和逻辑学的方法,对科技期刊、论文、著者等分析对象的引用和被引用现象进行分析,以揭示其数量特征和内在规律的一种信息计量研究方法。

现代科学论文的一个重要特征是,在"参考文献"标志下依序列出所援引文献的著录事项。参考文献(被引用文献)与正文(引用文献)的简单逻辑关系就是引文分析的基础和背景。普赖斯于 1956 年发表重要著作《科学论文的网络》,为引文分析奠定理论基础,E. 加菲尔德于 1953 年受法律业务工具书《谢泼德引文》的启发,于 1961—1963 年编成《科学引文索引》(SCI),使引文分析具备了实用的工具。

引文分析适于探索科学的微观结构,便于超越时间空间,跨学科组织文献,同传统的分类法和主题法截然不同,使文献有序化,有利于对文献由表及里地深入展开分析,更易于量化。

引文分析中还有一些辅助概念,运用也较普遍。

①文献耦合。一篇参考文献被两篇文献引用便构成一个引文偶,引文偶愈多,说明两篇文献关系愈密切。

②同被引。两篇论文共同被后来的一篇或多篇论文所引用的现象,其量度是同被引强

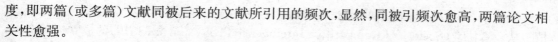

度,即两篇(或多篇)文献同被后来的文献所引用的频次,显然,同被引频次愈高,两篇论文相关性愈强。

③自引。作者引用自己以前发表的独撰与合撰论文的现象,自引还可以扩展到杂志、学科、地区、团体乃至国家对文献的反身自用。

引文分析主要用于指导编制各种新型检索工具,为科学管理提供量化的依据,探讨科学的结构,评价与选择期刊,考察科学著作及科学家的社会影响等。

13.2　竞争情报

13.2.1　竞争情报概述

1. 竞争的含义

古汉语:并逐曰竞,对辩曰争。现代意义的竞争,指的是两方或两方以上的个人、企业或组织在一定范围内为了夺取他们所共同需要的对象而展开较量的过程。竞争是优胜劣汰自然规律的具体体现,也是人与人之间争优劣、比高下、求胜负的较量,广泛存在于政治、经济、文化、科学、体育等各个领域。

竞争三大要素:竞争者(竞争主体,参与竞争的个人、企业或组织)、竞争目标(竞争的客体,双方都需要的利益和资源)、竞争场(竞争者的活动场所)。

2. 竞争情报的概念

竞争情报简称 CI,即 competitive intelligence,竞争情报是关于竞争环境、竞争对手、自身竞争策略的信息产品和研究过程,是为了提高竞争力而进行的合法的专门情报活动。

随着全球经济竞争的不断加剧,传统的信息工作已难以满足社会信息需求。在这种情况下,以"竞争情报"为主题的分析预测活动被推上历史的前台。竞争情报是一种动态的、目的性的情报,涉及竞争对手、竞争环境和竞争战略方面,是 21 世纪信息分析与预测的目标领域。

竞争情报可以广泛地适用个人之间、企业之间、非营利组织之间,乃至于各个国家之间的竞争活动。是一种过程,也是一种产品。过程包括对竞争信息的收集和分析,产品包括由此形成的情报和谋略。

20 世纪 80 年代以来,美国迈克尔·波特教授经过近 20 年的努力,使竞争情报理论渐趋成熟,形成了比较完整的理论体系,为竞争情报研究理论的出现和发展奠定了坚实的基础。经典著作有《竞争战略》《竞争优势》《国家竞争优势》等。

竞争情报带有对抗性,要求在对方不协助,甚至是反对的情况下,去了解、分析对手,目的是最终战胜竞争对手。竞争情报必须是正当的、合法的,强调职业道德,其基础和素材是各式各样的信息。占有、分析、研究各式各样的信息,最终就能发现、找到很有价值的竞争情报。根据统计分析,在企业想要得到的竞争情报中,约有 95% 都可以通过合法的、符合道德规范的途径获得。

竞争情报与以往一般企业情报的不同。除了对抗性、竞争性、合法性等,CI 最大不同在于它更强调谋略性,即竞争情报不仅仅是对传统的文献信息的收藏和管理,而是更突出其"intelligence"特点,更注重在信息的分析过程中融入智慧和知识,以生成对决策有用的情报。

出现于 20 世纪 50 年代,崛起于 20 世纪 80 年代的竞争情报(CI),以 1986 年美国竞争情报从业者协会(Society of Competitive Intelligence Professionals,SCIP)的成立为标志,迄今虽不足 30 年,但其影响已经遍及世界各地,应被视为经济学、管理学与情报学领域中的重大发展,是人类在社会信息化基础上向情报(智能)化发展的重要征兆,将对全球的经济发展与社会进步产生重要的影响。

柯克·W. M. 泰森(Kirk W. M. Tyson)先生在 1998 年指出,人类社会的发展由工业时代经信息时代而将进入情报(智能)时代(intelligence age)。他论述了人类在 20 世纪经历了科学管理、人际关系管理、作业研究、战略规划、日式管理后,20 世纪 90 年代正向认知管理(cognitive management)迈进,强调思考、学习和知识获取、信息和情报管理。20 世纪末我们进入了信息时代,而一些深谋远虑的企业已经预见到下一个浪潮:情报(智能)时代的到来。

根据美国竞争情报专业人员协会(SCIP)的定义,竞争情报是一种过程,在此过程中人们用合乎职业伦理的方式收集、分析、传播有关经营环境、竞争者和组织本身的准确、相关、具体、及时、前瞻性以及可操作的情报。

竞争情报具有四大核心功能:预警系统(监测、跟踪、预期、发现)、决策支持(竞争方式、生产决策、新市场、技术研发)、学习系统(借鉴、比较、管理方法和工具、避免僵化)、信息安全(企业自身的信息安全建设)。

竞争情报工作就是建立一个情报系统,帮助管理者分析对手、供应商和环境,可以降低风险。竞争情报使管理者能够预测商业关系的变化,把握市场机会,抵抗威胁,预测对手的战略,发现新的或潜在的竞争对手,学习他人成功或失败的经验,洞悉对公司产生影响的技术动向,并了解政府政策对竞争产生的影响,规划成功的营销计划。竞争情报已成为组织的长期战略资产。

3. 竞争情报的工作步骤

① 明确需求;

② 确定要连续跟踪的竞争对手;

③ 确定和优化信息搜集指标;

④ 确定可以实施检索的信息源;

⑤ 实施搜集计划;

⑥ 确定简要的分析方法;

⑦ 对信息加以评估;

⑧ 确定竞争情报报告的形式、内容和频率;

⑨ 反馈。

13.2.2 竞争情报源

竞争情报源,指的是竞争情报信息的发送端和生成端的总称,是产生竞争情报信息的源头。它是企业开展竞争活动所需要的情报信息的载体和出处,而非情报信息内容本身。

竞争情报源的载体类型有文献型竞争情报源和非文献型竞争情报源。

文献型竞争情报源是指以书本、磁带、图片和光盘等载体形式,将竞争情报记录下来而形成的情报来源和出处。包括印刷型竞争情报源、缩微型竞争情报源、声像型竞争情报源、数字型竞争情报源。

非文献型竞争情报源是指情报以非记录形式存在的竞争情报源,包括口头竞争情报源和实物竞争情报源。

1. 政府部门情报源

(1)国家政策、法规是企业行为必须遵循的准绳

(2)国家统计部门公布的资料可以提供行业数据

提供竞争者所在行业的总体数据、总销售量以及生产、需求情况和年终库存情况,这些信息都是企业提升竞争力所不可缺少的。

(3)政府行政部门的资料可以提供竞争对手的信息

如所有的食品企业都要向卫生防疫部门提交卫生文件;所有的国际贸易公司都要向外经贸部门注册;所有的餐饮娱乐企业都要向消防部门提交文件;所有具有污染问题的企业都要向环保部门提交文件等。

这些文件中包含有申报企业的名称、营业场所、负责人、申报理由、注册资金、经营范围等重要情报信息。

例如某石化企业通过查阅环保部门的资料,了解到竞争对手的废水排放量,从而计算出对手的作业方法和产量。

2. 证券交易所

需要查找上市公司的信息,可在证券交易所查询。公开上市的企业,必须向监管部门和证交所提交大量文件:年度报告、中期报告等。

年度报告一般有公司概况、财务会计报告、经营状况,董事、监事、经理等高层管理者简介,已发行的股票,公司债券,经营方针和范围的重大变化,重大债务,重要合同,董事会的重大变化,重要诉讼等。

当年的年度报告,了解竞争对手当年的情况;历年的年度报告,了解竞争对手的发展情况,可以发现其具体动向,有什么弱点,是否可以利用;首次上市企业的招股章程和其他文件,可了解新对手。

3. 媒体

报纸、期刊、电视、广播、广告、专利公报、数据库、企业报刊等媒体都蕴藏着大量关于竞争对手和竞争环境的情报。

(1)报纸、期刊

从公开出版的报纸、杂志上可以寻找竞争对手、供应商和经销商的信息。当年,日本炼油设备厂商获取大庆油田的情报全部来自公开报纸和杂志。如加拿大人杨达悟和中国妻子杨炽 1992 年创办北京塞翁信息咨询服务中心,专为在华跨国公司和在华有业务 500 强提供剪报服务,订了 560 份报纸,雇了 40 多人看报,按照客户提出的关键词提供,许多信息是全国性大报上没有的,年利润达 50 多万美元。

(2)行业杂志

竞争对手的工程师在行业杂志上发表的文章是报纸上没有的。这些文章有可能透露对手的动态。

(3)电视、广播

竞争对手企业高层管理者的电视讲话、接受访谈,可能透露他们的动态,是重要信息源。

（4）专利公报

专利公报上蕴藏着大量的有关竞争对手的技术现状和发展动向的信息、企业所在技术领域现状和发展趋势信息。

（5）数据库

数据库是现代情报信息资源的一种主要发展形式，尤其是专业性数据库。数据库可以提供更多的检索入口，情报人员可以用任何一个反映竞争对手特征的有检索意义的词作为检索入口；可以通过把多个字段结合起来检索出一系列满足特定需要的公司。数据库更新速度快，联机数据已达到按小时更新的程度，且更新量大。

数据库的储存容量大，检索效率高。一个有经验的情报人员一次为时 4 小时的联机数据库检索，相当于他花 4 个星期在图书馆里查到的纸质信息。

（6）广告

竞争对手的人才招聘广告往往是他们新行动的征兆。促销广告往往是零售商新行动的征兆。

（7）企业出版物

企业出版物有企业宣传品、企业报纸、产品目录、产品说明书等。

4. 商品展销会

近年来，我国企业越来越重视参加商品展销会，但是仅仅把展销会看成是推销产品的场所。商品展销会提供了直接观察竞争对手、与竞争对手员工直接交谈的机会。这是其他场合所没有的。展销会上，平时不愿意公开的产品信息，这个时候会喋喋不休地向你讲述，且提供资料和实物，信息及时而准确。

商家都把展销会看成是获取竞争对手情报的极好时机。对零售商而言，可了解市场内新的热门产品，并抢先订货。对制造商而言，可了解对手的营销战术、定价、公关情况。对投资商而言，了解和结识合作伙伴的机会。在中国投资的德国中小企业 40％是通过展销会的途径获取市场及对手的信息。

参加商品展销会的经验：一看、二谈、三收集、四比较。

参加商品展销会，注意搜集的信息有：参加展销会的人员名单、所有参展公司的名单、所有交谈和观察的纪录、研讨会（讲座或讲话）目录和文稿、所有参展宣传材料和广告材料、所有参展的新闻发布材料、价格目录、技术资料、散发的杂志文章的重印件、产品照片、样品、包装、标签等

5. 各类协会、情报机构、科研机构

行业协会、商会、大学、图书馆、科研机构，尤其是情报机构，是专门从事情报服务的机构，包括企业内的情报机构、政府部门的情报机构、行业协会的信息中心、公共图书馆、大学图书馆、科技信息中心和情报咨询企业，都可以为企业提供相关信息。

行业协会可以得到所在行业整体情况的信息，诸如行业发展方向、行业市场等。这对于行业内的企业来说是很重要的，行业协会还会提供会员名单等。

6. 人际情报源

又称"人际情报网络"。近年来，有关人际情报源理论研究发展快，也得到企业管理者重视。据 2004 年北京道鹰孚市场研究院调查，使用"人际交流"渠道搜集竞争情报的企业最多，占整个调查样本的 65.1％。

（1）本企业客户、供应商

了解本企业产品消费状况、客户满意度、客户新需求。通过客户了解客户的消费热点、消费心理、购买能力和动机、消费趋向，通过供应商可以了解本企业存在的问题。

如何寻找对手的供应商：通过对手包装箱的底部或侧面可找到包装箱供应商，通过包装箱的购买量可以推算出最近的货运量；通过询问对手的供应商向竞争对手的供货量推算出对手的产量；通过供应商生产能力和计划，结合自己的需求量间接推算出对手的需求量和计划。

（2）本企业的员工、销售员、家属、朋友

本企业管理者和员工的家属、亲戚、朋友，也都是不可忽视的情报源。

（3）竞争对手的现雇员和前雇员

直接向竞争对手询问，直接索要竞争对手的销售宣传品、产品介绍和价格等并无不妥。

7. 竞争对手的产品、行为、建筑物

直接观察分析竞争对手的产品，可采取反求工程法，又称逆向工程分解。它是指对通过正当途径收集到的竞争对手的产品，经过拆卸、测量或化验，来判断该产品的原材料组成、工艺技术和成分构成等经济、技术信息的方法。只要不违反专利法、商标法有关规定，就可以无偿地通过反求工程获得信息，国际惯例认为通过反求工程获取情报的行为是合法的。如集成电路行业，其关键性技术——布线设计就可以通过分析集成电路硅片而一览无余。

现在反求工程方法已扩大到对竞争对手的服务的了解。如了解投资工具，通过购买保险合同以了解对手服务政策、报价等。一些分析人员发现，定期购买同一来源的某种产品，通过产品序列号的抽样分析可以得知对手的生产能力。

通过反求，可以了解自身的不足，还可以了解竞争对手的商业秘密。如一家床垫厂购买几个竞争对手的床垫产品，拆卸分解，研究其部件、材料，计算其产品成本，发现可以在自己的床垫产品中减少 20％的材料，产品质量仍旧会超过竞争对手的产品。日本厂商获取景泰蓝涂料配方的信息使用的就是反求法。

通过空中拍照直接观察竞争对手的建筑物。1969 年，杜邦公司在德州建造一座甲醇工厂，高度保密。一天，发现一架飞机在厂区上空盘旋，担心飞机是在拍照，照片会泄漏保密工艺。于是到摄影公司询问雇用拍照的客户名称。摄影公司拒绝，杜邦公司诉诸法庭，要求公布客户名称。摄影公司再次拒绝并表示没有违法：拍照的天空是公共拥有的，也没有违反飞行标准，更没有违反保密规定。德州法院判决摄影公司没有违法，因为这与反求工程没有区别。杜邦公司也有缺陷，保密措施不够，空中拍照是可预见的。

8. 竞争对手的废弃物

废弃物，主要指作废的办公用纸、过期票据、淘汰的设备以及废弃不用的计算机、硬盘、软盘、优盘。许多人认为这些东西没有用了，可以随便丢弃。尤其是许多人以为计算机硬盘和移动存储设备中的信息已经删除了，或者已经格式化了，就以为安全了。其实不然，现在已经有技术可以进行恢复。所以，废弃不用的纸质文件，应该用粉碎机粉碎；废弃不用的计算机存储设备必须作彻底物理破坏。

雅芳公司连续多年成功挫败竞争对手玫琳凯化妆品公司，其关键点就是获取了对手信息。雅芳公司雇用私人调查员搜集玫琳凯公司的垃圾，从废弃的纸片中寻找工作笔记、报告和备忘录。玫琳凯公司将雅芳公司告上法庭，法庭认为：垃圾桶是放在公共土地上的，表明

你自动地把它放在那里供别人收走,说明那已经是你抛弃的财产了,谁去拿都是不违法的。最后雅芳公司胜诉。

9. 互联网

互联网是一个极大的竞争情报源。在使用频率上,这是仅次于人际情报网络的情报源。竞争情报人员可以定期在网上搜集竞争对手、合作伙伴、客户企业的网站,也可以设置成自动监测。还可以利用搜索引擎、商情数据库等。

情报人员可以借助即时通信软件建立自己的实时通信网络,从专业性论坛获得即时通信用户地址,然后用即时通信软件与其联系,这是目前人们普遍可以接受的联系方式。

注意利用 blog(博客)、wiki(维客,维基)、podcast(播客)等互联网新生事物。

13.2.3 竞争情报搜集

企业竞争情报状况调查表明,竞争信息获取的渠道中,95%来自于公开渠道,4%来自于半公开渠道,1%或更少仅来自于秘密渠道。

1. 竞争情报搜集的一般程序

(1) 确定搜集目标,明确要求

竞争情报活动在大部分情况下是以项目的形式进行的。确定搜集目标就是确定搜集范围和选择搜索方法的依据,是鉴别和筛选已获信息的标准,是检验搜集工作成效的基准。

如"廉价航空市场竞争"(low cost airlines)项目,这是一个有关亚洲低成本航空公司的发展情况的研究,目的是呼吁政府创造适合低成本航空发展的政策环境,在中国发展低成本航空和支线航空。因此,我们想搜集如下资料:亚洲(中国周边国家)的低成本航空公司发展情况,它们的产生背景、运行现状;这些低成本航空公司目前对中国航空业造成的竞争状况;这些国家的政府对于发展低成本航空实行的优惠政策、举措等;欧美低成本航空公司的发展情况。我们希望能搜集到亚航等周边低成本航空公司的尽可能翔实的数据、资料。另外,在高端市场,欧美航空公司乃至日本航空、新加坡航空、国泰航空都对我国航空业造成了竞争,如果能搜集到他们在中国的市场情况的数据(份额、运量、航线、盈利状况……)那就更好了。

从企业的需求出发确定搜集目标。可以从企业的需求出发来分析搜集的目标,分析的重点应该是企业的高层管理者的决策需要。

从企业所处的竞争环境出发确定搜集目标。企业的竞争环境有外部环境和内部环境,搜集目标的确定,应该是外部环境许可的,内部所具备的人、财、物和时间等条件也是许可的。

(2) 制定搜集行动方案

这是指本次搜集工作在一定时期内的具体实施方案。包括以下 5 个方面的内容。

① 根据搜集目标确定搜集范围

以竞争对手、竞争环境的信息为搜集范围,也可以核心信息(关键信息)因素为搜集范围,还可运用竞争情报搜集范围模型确定搜索范围。

如对于"××对手的战略简况"的情报要求,核心信息因素搜集范围包括以下情况:背景/历史,包含主要事件、收购、兼并、剥离、海外投资、名声、公司文化;业务／产品组合,含销售、利润、投资、主要产品市场占有率、增长率;公司主要目标和战略,以及最近的业务发展趋势;财务分析,含资产收益率、经营利润率、负债比率等;战略评估,含优势、劣势、战略方向、管理层假设、期望绩效、反应能力等。

② 确定待用的竞争情报源，并进行评估

根据确定的搜索范围，选择准备使用的竞争情报源。很显然，选择情报源不是越多越好，也不是上面讲到的九大类情报源都要使用。情报源确定后应该对其进行评估，主要是评估通过所选择的情报源能否获得预期的情报信息。如果不能获得预期情报，应该重新选择。

③ 确定获取情报信息的时间，掌握收集时机

一般情况下，搜集范围和情报源确定之后就应该立即进行情报资料的搜集。根据本次课题的时间要求，安排好收集情报信息的时间。注意不能旷日持久，占用情报分析阶段的时间。

此外，搜集中要学会抓住"大变化时刻"。"大变化时刻"是指重大事件发生的时刻。这是竞争情报搜集的最佳时机。常见的"大变化时刻"有政治动荡时期、企业丑闻曝光、法规变动、企业破产、产权改革（收购或剥离）、药品专利到期等。

④ 制定实施搜集的具体方式

竞争情报搜集的方式，包括定向搜集与定题搜集、主动搜集与被动搜集、单向搜集与多向搜集、网上方式和手工方式等内容。

⑤ 组建搜集方案实施的班子

确定本方案由谁（部门和人员）来负责执行，不但对情报搜集的目标和要求要进一步细化，还要对可能出现的问题提前准备应对措施。

（3）实施获取

实施获取通常包括两项工作。一是情报搜集过程的组织工作。包括人员安排，搜集计划的落实，搜集流程的组织和外部的联络工作。要求搜集工作者具有一定的组织协调能力。二是情报搜集过程的日常事务处理工作。

（4）情报搜集结果的整理

竞争情报搜集结果的整理是情报搜集工作不可缺少的一个环节。它包括竞争情报信息的鉴别、竞争情报价值的判断、竞争情报的筛选、竞争情报信息的存储、竞争情报的重组分析等。

（5）情报搜集工作的评价和反馈

情报搜集效果的评价主要是指情报搜集成本的分析。情报信息的反馈，指的是将经过整理和加工的情报提供给决策者之后，要积极收集、研究决策者的反馈，其目的是及时调节和控制情报的获取和传递过程，以求改进搜集工作，改善搜集系统，提高搜集工作效率。

2. 竞争情报搜集的要求

（1）竞争情报搜集的要求是真、快、多、准

真，包括真实、准确、完整。真实，指搜集到的信息必须是真正发生的，或真正可能发生的信息。准确，指对真实信息的表述是准确无误的。完整，指准确表述的真实信息的内容完整无缺。

快，又谓"及时"。表现为三种情形。一是信息自发生到被采集的时间间隔，越短谓之越快；二是急需某一信息时能够很快搜集到该信息，越短谓之越快；三是搜集某一任务所需全部信息的时间，越少谓之越快。

多，指搜集信息的量及其内容和系统、连续。

准,又称针对性。包括适用、相关。

（2）竞争情报搜集中几个值得注意的问题

① 信息≠情报

信息（information）是情报处理的原材料，是一种未予以评估和分析的数据资料；情报（intelligence）是一种信息，或者说是一种特殊的信息，是由信息转化和加工提炼出来的。两者在特性和获取过程方面是有区别的。按竞争情报工作的要求，我们搜集的是信息，产出的是情报。

② 商业秘密不是竞争情报工作的目标

从理论上讲，商业秘密可能仅代表了企业所需竞争对手所有信息的5%。问题不在于这个比例，问题在于公司所需的战术信息和战略信息并不在明确界定的商业秘密文件中，而是隐含在大量其他的信息源中，需要情报人员去挖掘、分析。

获取商业秘密不是成功的保证，正如获取可口可乐配方，仍无法代替了解其销售网络、市场战略、定价策略等。

③ 一定要将需求了解清楚

情报人员要经常与管理人员进行沟通，了解他们到底需要和使用什么情报，并应就情报人员与决策者的沟通方式和方法进行研究培训。

④ 对数据和信息进行分析

情报人员不只负责数据采集，而且应该对数据进行分析。情报人员只有提供分析性的情报，才能与决策者平等地坐在一起讨论问题。不提供建议和可供实施的方案，会导致决策者很少利用这些情报。

⑤ 专门化的情报调查应与企业的发展目标结合在一起

情报不是越多越好，地毯式搜集来的情报对管理人员不适用。企业的情报工作应以特定项目、特定需求为重点，而不是面面俱到。管理人员有时很少使用企业的情报系统，其中一个重要原因是在设计这一系统的过程中，管理人员并没有参与，其情报需求也没有被考虑在内。

⑥ 以用户愿意接受的方式提供情报

要考虑企业用户的习惯或喜好。企业负责人在阅读信息时有不同的嗜好，有的人喜读报告，有的人喜欢私人交流，应针对各个用户的爱好来提供相应的情报。相同的情报要以不同的方式传递出来，以对方能接受的方式对情报进行包装。

⑦ 竞争情报工作者并非"企业007"

情报工作不是神秘的工作，需要知识，更需要耐心。信息搜集是细致的、枯燥的、默默无闻的、充满失败和挫折的过程，它要求情报人员忍受单调重复的查找和不愉快的体验，抑制因查找失败而产生的厌烦、焦躁等不良情绪，克服滋长起来的惰性。

3. 竞争情报的搜集策略

（1）信息搜集的原则：连续性和系统性

连续性——像影子一样盯住你的对手（所谓"影子战略"），要从大量零散的信息中搜集有用的情报，就要完整地、连续地跟踪各种资料，由此得出的信息才有意义。报纸分析法用于竞争情报正是系统性和连续性要求的体现。

系统性——信息"拼图"的重要前提，竞争情报是为高层管理人员提供信息"马赛克"拼

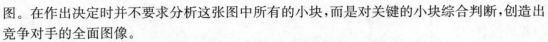

图。在作出决定时并不要求分析这张图中所有的小块,而是对关键的小块综合判断,创造出竞争对手的全面图像。

系统性的要求包括了综合运用各种信息源。情报研究不是单一学科、专业和技术情报的研究,而是集技术、市场、经营管理于一体的信息整合。不仅需要收集信息,更多的是要求投入研究者的智力去把握整体与部分、部分与部分间互相依存、互为因果的密切联系。

(2)思路的重要性

在制订搜集计划前,思路是能否收集到有用信息的关键之一。当一种思维方式侧重于从事物之间的联系、事物内部各部分和各要素之间的联系的角度来把握情报研究客体时,这种思维方式就具有综合性;反之,当一种思维方式侧重于分别认识事物的各个方面、各个部分时,这种思维方式则具有分析性。

情报研究的思维要求深入到事物的"关系"之中,即把握事物之间的联系、事物内部各部分和各要素之间的联系。有时要鼓励多元思维方法:顺向与逆向、集中与发散、类比、综合……提高思维能力。

(3)及时分析信号

信号是由竞争对手过去、当前或未来的状态或行为的数据和信息。信号提供了竞争者的意图、动机、目标或内部环境的直接或间接的指示。

分析信号的 5 个步骤:第一,收集和记录。通过扫描和监控,发现所需的数据和信息(如价格公告,收集数据以确定细节:降价程度、时机、涉及的产品、其他竞争者的反应、销售变动趋势……)。第二,发现。提取有意义的信息(以往的定价变动、环境背景、后果……)。第三,感知。对数据进行组织、整理,没有感知信号会被忽视(如价格变动形成的竞争者未来意图)。第四,解释。联系其他信息(背景),作出判断(降价行为意味着什么——市场渗透? 争夺市场份额的第一步?)。第五,评价。从竞争者和行业影响的角度对信号进行分析(是否拥有持续降价的资源? 取得何种市场份额才被认为降价获得成功? 需要什么行动来维持价格上的主动? 对厂商的影响是什么……)。

信号的来源包括行动、陈述、组织变革。行动,任何行动都具有某种信号的容量(市场行为如新产品导入、改变分销渠道等;组织行为如政策、程序改变、人事变动、原材料采购等;关系行为如有关主体的行动等)。陈述,表达的言论,如预先宣告、事后通告节、解说评述、非正式言论等。组织变革,战略联盟关系、资产、竞争者文化(价值观、规范)等的改变。

要注意从信号中考虑以下问题:信号的变化程度(不确定性和逻辑判断)、信号的影响后果(重要的或微不足道的)、信号的环境背景、信号的意图、揭示了什么、动机是什么、信号的影响意义何在。

任何信号的分析都需要高可信度的信息和符合逻辑的判断。

几种重要的市场信号形式:行动的提前宣告;在既成事实之后宣告行动和结果;竞争对手对产业的公开讨论;竞争对手对自己行动的讨论和解释。

(4)要善于利用检索工具

关于检索工具的利用,我们在前面已经讲述了很多。利用检索工具可以高效率地获取所需信息。

(5)注意信息甄别

应当明确,几乎没有 100%准确的信息。应注意从多个相互独立的信息源搜集信息,并

274 进行对照比较,检验它的准确性。经过长期验证,就可得出较可靠的信息源,同时可筛选出可靠的信息。

可靠竞争信息的实践标准。第一,竞争信息必须来源于可靠信息源,需要广泛利用各种途径来获取竞争信息,以便验证信息源的可靠性。第二,竞争信息与情报人员自身的知识体系和期望之间没有冲突(逻辑判断)。

（6）搜集实物信息

具体可以通过采购、会展、参观搜集实物信息,再对实物进行反求工程,获取更多的信息。

4. 竞争情报搜集中的法律、道德问题

竞争情报活动必须是合法的,正当的。窃取商业秘密属于另一种性质的情报活动,不能扯进竞争情报中来,也不能用竞争情报的概念去覆盖它,更不能借竞争情报为名,行侵犯他人商业秘密之实。

（1）商业秘密

商业秘密,是指不为公众所知悉、能为权利人带来经济利益、具有实用性并经权利人采取保密措施的设计资料、程序、产品配方、制作工艺、制作方法、管理诀窍、客户名单、货源情报、产销策略等技术信息和经营信息。

按照《中华人民共和国反不正当竞争法》第十条第三款的规定,构成商业秘密的四要素是:不为公众所知悉、能为权利人带来经济利益、具有实用性、被保密措施加以保护。

商业秘密是拥有权,具有"准"所有权性质,商业秘密的拥有权与专利、商标、著作、发现相比只是不具有唯一性、排他性,除此之外具有所有权的所有特征。

商业秘密权是未定的:由于商业秘密是当事人自己主观设定的没有经过国家和有关部门的审查、批准,也没有他人对当事人设定的认可,一旦侵权发生,商业秘密是否存在不能由拥有人一方说了算。

我国现在还没有针对商业秘密的保护问题专门立法,对商业秘密的保护主要是通过《中华人民共和国反不正当竞争法》《中华人民共和国合同法》《中华人民共和国劳动法》和《中华人民共和国刑法》的有关规定来实施的。

不构成商业秘密的非公开信息有:该信息不属于生产经营信息(广义);该信息不能构成一个完整的并可以在实践中予以应用的方案;该信息的存在并不能使权利人在竞争中处于领先地位;该信息对于竞业中的公众来说,已经处于公开状态;权利人对其信息未采取过合理的保密措施。

上述5个条件说明:非公开信息并不等同于商业秘密,对于这类信息不需要考虑侵权问题。许多诉讼败诉的原因就在于混淆了这一概念。商业秘密的构成是可以破坏的——能够证明其满足5个条件之一,则就有可能使之由商业秘密变成不受法律保护的普通非公开信息,这在国内外有许多案例。

（2）不正当手段获取信息的形式

不正当手段获取信息的形式:偷窃——窃听、窃视、窃照、窃取、非法截获等;骗取和剽窃;胁迫——威逼、恐吓等;利诱——高额收买、巨资贿赂、色相引诱等;扩散他人商业秘密,使其失去价值;假招聘、假洽谈;擅自披露、使用或允许他人使用商业秘密;非法实施反求工程(如违反"黑箱封闭"条款拆解产品)。

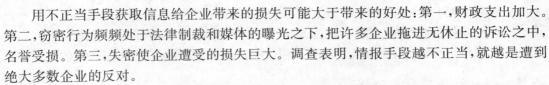

用不正当手段获取信息给企业带来的损失可能大于带来的好处:第一,财政支出加大。第二,窃密行为频频处于法律制裁和媒体的曝光之下,把许多企业拖进无休止的诉讼之中,名誉受损。第三,失密使企业遭受的损失巨大。调查表明,情报手段越不正当,就越是遭到绝大多数企业的反对。

2011 年 7 月,传媒大亨默多克拥有的《世界新闻报》窃听事件引发的丑闻愈演愈烈,最后导致关闭已有 168 年历史的《世界新闻报》。原因在于:采取非法手段获取信息,这冲破了社会公认的道德底线,侵犯了人们最为重视的隐私权。

遵守共同的游戏规则:分析可公开获得的信息。从理论上讲,商业秘密可能仅代表了企业所需竞争对手所有信息的极少部分(5%)。问题在于,公司所需的战术信息和战略信息并不在明确界定的商业秘密文件中,而是隐含在大量其他的信息源中,需要情报人员去挖掘、分析。

（3）竞争情报搜集中的道德控制

法律也许在各个国家不一样,可是它们的界限明确。在道德的领域里,界限则变得模糊不清。竞争情报搜集的正当性的最主要问题不仅在法律,而且在道德控制上。

目前并没有、也难以制定一个非常明确的道德标准,因为过分严格的道德准则反而有可能会阻碍甚至是危害竞争情报工作的正常开展。合法行为不一定都是合乎道德的行为。

不道德行为是指职业者、同行、雇主或其他行为集团的实践活动超出了公认的限度。搜集情报的目标是帮助公司正确地搜集和使用信息,这是一份合法的工作。但是就像销售人员和销售经理会跨越道德的界限一样,搜集情报也是这样。处理不当会给公司带来麻烦。如果在竞争情报活动中采用侵犯商业秘密的行为,你就改变了竞争情报研究工作的性质,违背了作为职业化的专业情报工作的宗旨。

① 有关竞争情报搜集的道德规范——SCIP 的准则

- 不断促进社会各界承认和尊重本地区、州和国家各级竞争情报工作。
- 在保持最高水准的职业作风和避免任何不道德行为的同时,热情积极地履行自己的职责。
- 切实遵守自己公司的制度、目标和准则。
- 按照本国及国际现行法律行事。
- 向所有咨询者准确无误地介绍所有相关信息,包括专业人员及其所属机构的身份。
- 完全尊重对信息保密性的要求。
- 促进并鼓励充分遵守本公司的、与合同第三方有关的及全行业的行为规范。

② 美国的 Fuld & Company 公司的情报搜集十条法律和道德戒律

- 在表达自己身份的时候不要撒谎。
- 要了解由自己公司法律部门发布的法律指导方针。
- 不能对会谈私自录音。
- 不要行贿。
- 不要设置窃听装置。
- 在面谈中不要故意诱导任何人。
- 不要从竞争对手获得或给予他们价格信息。

- 不要交换有误的信息。
- 不要窃取商业秘密(或者不要为了窃取商业秘密而对对方雇员进行挖角)。
- 如果信息可能危害到某人的工作或声誉的话,不要故意强迫他而获取信息。

13.2.4 竞争情报分析方法

我们在上一节中介绍的信息分析的方法,同样适用于竞争情报的分析。竞争情报的分析方法主要有:定标比超法、列表分析法、矩阵分析法、产品市场能力分析法、新产品开发能力分析法、销售能力分析法、市场竞争预测分析法、SWOT 分析法、SPACE 分析法、波特五力分析法、财务报表分析法、关键成功因素分析法、核心能力分析法、专利分析法、顾客满意度分析法、PEST 分析法、决策树法、战略群体分析法等。

下面介绍几种常用的竞争情报分析方法。

1. 定标比超法

(1) 定标比超概述

定标比超是根据英文"benchmarking"及其相关的企业情报活动所采用的概念翻译而来的。也有的译为基准调查、基准管理、标高超越、标杆比较、立杆比超等。

定标比超是通过与所选择的基准目标进行对比,找出差距,并力争赶上和超过基准目标的方法。在企业竞争情报领域,定标比超是指将本企业的状况与竞争对手或行业内外的一流企业进行对照比较,将外部企业的成就业绩作为本企业的内部发展目标,将它们的最佳做法移植到本企业,并力争赶上和超过它们的一种管理方法。

将先进目标确立为基准,进行比较,找出差距,并力争赶上和超过基准目标,在我国的管理实践中也早已有之。如"工业学大庆、农业学大寨""各行业树立标兵,向标兵学习"等。但是,这些活动当时只是一种群众性的运动,没有形成作为一般规律的管理理论,所以不能用来指导其他管理领域的工作。

将定标比超明确作为一种企业管理的方法和工具,目前公认是 20 世纪 70 年代末从美国的施乐公司开始的。当时,施乐的复印机受到日本高质低价复印机的冲击,从而开始了定标比超的活动,施乐公司定标比超工作收到了明显的效果。此后,定标比超方法为许多国际大公司采用。近年来,一些国家的公共服务部门也在使用这一方法。

一方面,企业的定标比超活动为企业战胜竞争对手、赢得竞争优势提供了战略和战术上的指导,从而促进了企业的发展;另一方面,由于定标比超的良好作用,使得越来越多的企业更加重视定标比超工作。正是由于这种良性循环,使得定标比超这种竞争情报分析方法得到了很大的发展。

定标比超的本质在于获取"标杆"信息。由于"标杆"不同,定标比超方法分为:产品定标比超、过程定标比超、管理定标比超和战略定标比超。

(2) 定标比超的内容

定标比超作为一种管理工具,包括 3 个层面的内容:战略层、管理层和操作层。

① 战略层

这是指将本企业的战略与定标企业的战略进行比较,找出对方战略成功的关键因素。比较的内容包括:市场细分、市场占有率、原材料供应、生产能力、利润率、工艺技术等。

② 管理层

这是指将本企业的生产、经营、人员管理等各方面的管理与定标企业的管理进行比较，找出管理成功的关键因素。比较的内容包括日常运行维护、项目管理、生产管理、订货发货、新产品开发、人力资源管理、财务管理、合理化建议、仓储、配销等。

③ 操作层

是指用定量化的指标来比较成本和产品差异性。比较的内容有：竞争性价格，如原材料、劳动力、管理、生产率等；竞争性差异，如产品特性、产品设计、质量、售后服务。

（3）定标比超法的操作程序

定标比超并没有公认的固定程序，设在美国的国际定标比超情报交流所实施的程序包括规划课题、搜集数据、分析数据、修正改进 4 个环节。

① 规划课题

确认公司需要改进的地方。首先要明确这次定标比超的任务是什么，为此，必须充分了解自身企业的工序、职能和经营环节流程和客户要求，才能提出需要改进的环节。

确认比较伙伴。为完成改进目标，应该选择哪个、或者哪几个企业作为比较的伙伴。可以通过编制比较目标公司清单的方法来选择值得借鉴的企业。可利用报刊文章、咨询公司提供的名单、行业协会提供的名单等来编制比较目标公司清单。

在确认比较伙伴时，要注意以下几点：一是不一定选择竞争对手，不一定是同一产业，也不一定完全相似；二是一定要选择一流企业，一定要选择有可比要素的企业；三是如果选择竞争对手企业，对方可能不接待，可能得不到真信息；四是最好不是同产业、不在同一地理位置，避免近亲繁殖。如摩托罗拉公司为快速交货选择的是快餐业多米诺比萨饼公司，第一芝加哥银行为解决排队问题选择的是航空公司，扬州市城管局到四川海底捞餐饮公司南京龙江店学习服务（《扬州晚报》2011 年 8 月 7 日 A4 版）。

建立定标比超课题小组。选择课题小组组长和成员，争取比较环节的相关人员都参加课题小组；小组成员必须清楚定标比超的方法和某些技巧；如果需要，可聘请企业外的专门人员或合作伙伴参加。

设计、规划工作步骤。定义过程的输入输出，选择成功关键因子；确定搜集的方法（电话、信函、面谈、参观）；确定比较的方法，是定性还是定量比较；确定搜集的内容，要准备调查提纲、调查表，访谈时要突出的重点等。

② 搜集数据

搜集数据是定标比超的重要环节。国际定标比超交流中心的经验是，一个定标比超项目在数据搜集上花费的时间占整个项目时间的 50%。

搜集数据的工作，一是搜集内部数据，二是搜集目标企业的第一手数据，三是寻找二手信息源，四是实施访问。

随着定标比超方法的迅速流行，要同理想企业建立比较关系越来越困难。要想让一流公司愿意同你分享它的经验，最关键的办法就是互惠互利。如主动邀请比较对象企业来本企业参观学习、共同分享所学到的东西等。

③ 分析数据

数据分析阶段的关键活动包括分析趋势以及识别推动或阻碍更好的执行绩效的因素。首先汇总采集到的企业内和目标企业的数据，然后对本企业的工作进行业绩分析。对目标企业的最佳方面作进一步的案例分析，提取成功因子，评价借鉴这些因子的可能性。

定标比超小组提出一个最终报告,该报告揭示定标比超过程的关键收获,以及对知识转换的见解和建议。定标比超小组的成员深层次地讨论这些收获,相互之间进行必要的交流和沟通,并提出便于实施这些收获的方案。

④ 修正改进

将定标比超小组的发现和收获,在自身组织中实施,并根据自身的文化特征以及现状等因素进行调整。

2. 专利分析法

(1)专利分析概述

专利是通过法律保护一种发明的独占权。分发明专利、实用新型专利和外观设计专利。

专利情报源由正式的专利情报源和非正式的专利情报源组成。正式的专利情报源有专利申请书、专利说明书、说明书摘要、说明书附图、权利要求书、专利审核文件、专利侵权案件文件、专利分类目录、网上专利数据库。非正式的专利情报源有拒审、撤销、放弃、无效的申请文件、专利局内收藏的专利工作案卷等。

专利情报源的特点:一是专利情报来源稳定,目前世界上已经有 7 000 多万份专利文献,并且以每年 100 万份的速度递增;二是专利情报搜集容易、合法,专利都是公开出版的,费用低廉;三是专利情报内容广泛、具体、情报价值高,通过专利情报可以提取许多具有商业和竞争价值的情报;四是专利情报性质独特,申请在先的制度使得专利信息往往是最先进的技术,专利信息往往是专利申请人不得不公开、而在其他任何场合都不愿公开的关键性信息。

根据世界知识产权组织(WIPO)的统计,有效运用专利信息,可缩短研发时间 60%,节省研发费用 40%;90%~95% 的研发成果可以在专利文献中得到。

专利情报分析是指对来自专利公报中大量的、个别的和零碎的专利信息进行加工及组合,并利用统计方法和技术使这些信息具有总揽全局及预测功能的过程。

专利情报分析的本质,不仅仅在于分析专利技术信息本身,是企业争夺专利权的前提,更重要的是可以发现专利信息所显示的更深层次情报价值,是企业的技术发展策略、评估竞争对手能力的重要情报。

专利情报分析的步骤:一是分析企业需求或用户需求,确定统计因子;二是检索要统计的专利信息(专利文献检索);三是选择专利分析方法,进行统计、汇总、分析;四是将统计分析的结果传给企业负责人或用户。

(2)专利分析方法

专利分析方法,有专利原文分析法、专利引文分析法、专利统计分析法、专利地图分析法。

① 专利原文分析法

这是指通过检索竞争对手的专利说明书,仔细阅读、认真分析,从专利原文出发获取情报的分析方法。

一般有直接使用法、技术超越法和参考借鉴法。

直接使用法,指购买竞争对手的专利技术,直接为本企业利用。

技术超越法,指了解竞争对手专利产品、专利技术的特点,从中寻找本企业可以与其相抗衡的突破口,力求超越竞争对手技术的分析方法。常用的超越方法:寻求空隙法、技术综合法、技术改进法、专利技术原理法。

参考借鉴法，通过专利原文可以了解企业的行业环境，了解行业技术的现状和发展趋势，了解该技术领域占有优势的企业；可以借鉴竞争对手的专利技术，从竞争对手专利技术原文的分析中，可以为本企业技术创新提供启发和帮助；可以了解竞争对手专利发明人的有关情况；可以了解竞争对手专利的法律现状情报，防范竞争对手以法律手段发起进攻。

② 专利引文分析法

专利引文，指的是后继专利基于相似的科学观点而对先前专利的引证。因为高频被引专利的技术具有相对重要性。

专利引文分析（patent citation analysis）是利用各种数学及统计学的方法和比较、归纳、抽象、概括等逻辑方法，对专利文献中的引用与被引用现象进行分析，以便揭示其数量特征和内在规律的专利计量分析方法。

专利引文分析可以提供以下竞争情报信息：确定研究热点和核心技术，揭示行业技术发展轨迹；通过专利引用分析可以确认企业的竞争对手，判断竞争对手的战略；专利引用量的增长是技术领先的反映，以及在科技管理与评估中的应用。

国外专利引文数据库较多，其中最著名的是英国德温特公司 1995 年建立的专利引文数据库（PCI），该公司 1998 年又与美国科学情报社（ISI）结合成立新的集团 Thomson Science and Technology（TST），共同研发德温特创新索引数据库（DII）。

但是，目前我国还没有建立专利引文数据库。

③ 专利统计分析法

这是指对专利检索工具中的大量专利条目，按不同的角度进行统计后进行分析的方法。通过对专利条目，如专利分类号、专利权人、专利申请日（授权公布日）、专利申请国等进行统计分析。

常见的统计分析有历年专利数量、申请人专利分布、企业专利数量、专利排行表、IPC 分析图、专利技术分布、专利技术领域累计、专利申请国别统计等。

3. SWOT 分析法

（1）SWOT 分析概述

SWOT 分析是一种将与研究对象密切相关的各种内部优势（strengths）、劣势（weaknesses）、外部机会（opportunities）、威胁（threats）等要素，通过调查分析并依照一定的顺序按矩阵形式排列起来，然后运用系统分析的思想进行分析，得出相应对策方案的方法。又称为态势分析法。

SWOT 方法可以作为竞争对手分析的参考工具，进行简单的初步分析，定性地快速了解竞争对手的总体概况，也可在广泛调查的基础上，进行全面、复杂、深入的分析，成为企业战略管理的重要工具。

SWOT 分析方法不仅在企业竞争情报实践中得到广泛使用，还可用以政府决策部门评估某些特定行业的竞争力，以及在此基础上制定具有较强竞争力的发展战略和应采取的具体措施

企业的优势是相对于竞争对手而言所具有的良好的企业形象、完善的服务系统、先进的工艺设备、独特的经营技巧、稳定的市场地位，与买方、供方和企业员工之间诚信的协作关系，以及企业所拥有的优势资源、技术、产品以及其他特别的核心竞争力。

企业的劣势是指相对于竞争对手而言影响该企业经营效果和效率的不利因素和特征，诸如公司形象较差、内部管理混乱、缺乏明确的企业战略、缺少某些关键技能或能力、研究与开发工作滞后、设备陈旧、产品质量不高、成本过高、销售渠道不畅、营销技巧较差等，使企业在竞争中处于劣势地位。

企业的机会是指环境中对企业有利的因素，诸如出现新的细分市场、获得较快的市场增长、出现较多的新增顾客、竞争对手出现重大决策失误或因骄傲自满而停滞不前、绕过有吸引力的外国市场的关税壁垒以及政府调控的变化、企业经营环境的变化、竞争格局的变化、技术的变化、客户和供应商关系的改善、政府支持等因素，都是企业机会。

企业的威胁是指环境中对企业不利的因素，构成了企业发展的约束和障碍。诸如新的竞争对手的加入、市场发展速度的放缓、产业中买方或供应方的竞争地位的加强、政府政策的变化、关键技术的改变等都可以成为企业未来成功的威胁。这是影响企业当前竞争地位或未来竞争地位的主要障碍。

（2）SWOT 分析的步骤

① 分析环境因素

运用各种调查研究方法，分析出公司所处的各种环境因素，即外部环境因素和内部能力因素。外部环境因素包括机会因素和威胁因素，它们是外部环境对公司的发展直接有影响的有利和不利因素，属于客观因素，内部环境因素包括优势因素和弱点因素，它们是公司在其发展中自身存在的积极和消极因素，属主动因素，在调查分析这些因素时，不仅要考虑到历史与现状，而且更要考虑未来发展问题。

SWOT 分析的基本目标是利用企业搜集的竞争情报对企业的优劣势、机会、威胁进行分析，从而做到知己知彼，把握市场机会，规避风险，以达到立足市场、巩固市场地位的目的。SWOT 分析的具体目标则与企业竞争情报研究的目的有关。

竞争对手的确认是竞争情报研究的先决条件。一般认为竞争者是指那些与本企业提供的产品或服务相类似，而且所服务的目标客户相类似。随着行业竞争的加剧，随着全球经济一体化的大趋势，正确地确认并识别竞争对手尤其关键。若竞争对手范围过大，就会加大企业监测环境的信息成本；若竞争对手范围过小，则可能会使企业无法应付来自未监测到的竞争对手的攻击。

许多企业在确认竞争者时往往只注重品牌竞争者，而忽视其他层次的竞争者。其实只要在同一个市场争夺同一消费者的购买力的企业都互为竞争者，如房地产开发公司与小汽车制造商，分属不同的行业，其产品也完全不同，但在我国的许多市场，对于住房和汽车，由于购买力的限制，消费者往往只能选择其一，房地产开发公司与小汽车制造商如果在同一个市场争夺同一消费者的购买力，则他们也互为竞争者。在更大范围识别自己的竞争对手对企业来说是非常必要的，企业的竞争威胁往往来自于潜在竞争者和新技术的出现，而非现实的、已被识别的竞争者。

② 构造 SWOT 矩阵

识别了自己的竞争对手后，企业应对竞争双方的竞争情报信息进行收集和分析。将收集到的竞争情报区别内外环境因素，将调查得出的各种因素根据轻重缓急或影响程度等排序方式，构造 SWOT 矩阵。在此过程中，将那些对公司发展有直接的、重要的、大量的、迫切的、久远的影响因素优先排列出来，而将那些间接的、次要的、少许的、不急的、短暂的影响因素排列在后面。

③ 制订行动计划

在 SWOT 分析之后进而需用 USED 技巧来产出解决方案,USED 是下列四个方向的重点缩写,如用中文的四个关键字,会是"用、停、成、御"。USED 分别是如何善用每个优势? How can we **use** each **strength**? 如何停止每个劣势? How can we stop each **weakness**? 如何成就每个机会? How can we **exploit** each **opportunity**? 如何抵御每个威胁? How can we **defend** against each **threat**?

根据对 SWOT 矩阵的评估分析,可了解企业内部的优劣势所在以及外部环境中所存在的机会和威胁,由此判断出企业的竞争地位。科特勒根据不同企业的规模、在行业中的地位和行为特征,从战略上将企业分为 4 种类型市场领导者、市场挑战者、市场跟随者和市场补缺者。企业可以根据 SWOT 矩阵企业与竞争对手的优劣势比较及环境机会与威胁的分析,确定自己在市场中的竞争地位,即在竞争中担当的角色 并在此基础上,选择、制定竞争战略和行动方案。

在完成内外因素分析和 SWOT 矩阵的构造后,便可以制定出相应的策略。制订计划的基本思路是:发挥优势因素,克服弱点因素,利用机会因素,化解威胁因素;考虑过去,立足当前,着眼未来。运用系统分析的综合分析方法,将排列的各种环境因素相互匹配起来加以组合,得出一系列适合自己的可选择对策。

(3) SWOT 不同类型的组合

SWOT 分析有 4 种不同类型的组合:优势-机会(SO)组合、弱点-机会(WO)组合、优势-威胁(ST)组合和弱点-威胁(WT)组合。

优势-机会(SO)战略是一种发展企业内部优势与利用外部机会的战略,是一种理想的战略模式。当企业具有特定方面的优势,而外部环境又为发挥这种优势提供有利机会时,可以采取该战略。例如良好的产品市场前景、供应商规模扩大和竞争对手有财务危机等外部条件,配以企业市场份额提高等内在优势可成为企业收购竞争对手、扩大生产规模的有利条件。这应该是四大策略中最重要的,因为很多劣势是难以弥补的,与其着重于加长短板,还不如突出优势。

弱点-机会(WO)战略是利用外部机会来弥补内部弱点,使企业改劣势而获取优势的战略。存在外部机会,但由于企业存在一些内部弱点而妨碍其利用机会,可采取措施先克服这些弱点。例如,若企业弱点是原材料供应不足和生产能力不够,从成本角度看,前者会导致开工不足、生产能力闲置、单位成本上升,而加班加点会导致一些附加费用。在产品市场前景看好的前提下,企业可利用供应商扩大规模、新技术设备降价、竞争对手财务危机等机会,实现纵向整合战略,重构企业价值链,以保证原材料供应,同时可考虑购置生产线来克服生产能力不足及设备老化等缺点。通过克服这些弱点,企业可能进一步利用各种外部机会,降低成本,取得成本优势,最终赢得竞争优势。

优势-威胁(ST)战略是指企业利用自身优势,回避或减轻外部威胁所造成的影响。如竞争对手利用新技术大幅度降低成本,给企业很大成本压力;同时材料供应紧张,其价格可能上涨;消费者要求大幅度提高产品质量;企业还要支付高额环保成本等等,这些都会导致企业成本状况进一步恶化,使之在竞争中处于非常不利的地位,但若企业拥有充足的现金、熟练的技术工人和较强的产品开发能力,便可利用这些优势开发新工艺,简化生产工艺过程,提高原材料利用率,从而降低材料消耗和生产成本。另外,开发新技术产品也是企业可选择的战略。新技术、新材料和新工艺的开发与应用是最具潜力的成本降低措施,同时它可提高产品质量,从而回避外部威胁影响。

弱点-威胁(WT)战略是一种旨在减少内部弱点,回避外部环境威胁的防御性技术。当企业存在内忧外患时,往往面临生存危机,降低成本也许成为改变劣势的主要措施。当企业成本状况恶化,原材料供应不足,生产能力不够,无法实现规模效益,且设备老化,使企业在成本方面难以有大作为,这时将迫使企业采取目标聚集战略或差异化战略,以回避成本方面的劣势,并回避成本原因带来的威胁。

(4) SWOT 分析举例

下面我们将使用 SWOT 模型对自己(在校大学生)做进一步分析。在此基础上,你将得到一个关于自我的系统认识,从而为你准确的定位和进行正确地选择奠定坚实的基础。

在大学时代如何进行选择关系到你以后的职业道路和人生走向,更加应该慎重对待。我们并不提倡你做一次 SWOT 分析就决定你的未来选择,事实上随着环境和你自身情况的变化,你的选择应该时时调整。这里提供的只是一种分析工具,你可以每隔一段时间(比如说一个学期)做一次 SWOT 分析,看看你的优势和劣势,机遇和威胁发生了什么变化,从而对你的定位和目标做一次调整。在学习本课程后先做一次分析以明晰自己的定位,树立努力的目标:毕业后出国、读研还是直接工作? 然后有针对性地努力,到大四面临抉择的时候,再做一次分析,以确定自己最终要走的道路。

现在先来看一下对某个同学是如何进行 SWOT 分析的。

① 优势及其使用

• 优势(strength):

专业背景好,凡是专业课,没有低于 85 分的;

英语能力突出,在同龄人中出众;

有多次实习工作经历,比较会与成年人打交道,语言表达能力优秀。

• 优势的使用:

申请工程技术类工作时,占优势;

申请工作时和面试时,非常显眼(现在英语好又专业好的人才稀缺);

在交流沟通时更为专业,在面试中占有先机。

② 劣势及其弥补

• 劣势(weakness):

一些基础课和文科课成绩一般;

性格中有些暴躁的地方。

• 劣势的弥补:

面试时强调专业技能;

尽量将心态放平和。

③ 机遇及其把握

• 机遇(opportunities):

偶然得知某知名公司要招收兼职实习;

毕业前的各种招聘面试;

TOEFL、GRE 学习考试。

·机遇的把握：

立即申请，通过几轮面试，并在其后的大半年里兢兢业业，受到公司领导的一致表扬与欣赏；认真对待每一次面试，尽量多地抓住资源，得到工作岗位很多。

努力提高自己英语实力，考一次就考好一次，用考试驱策自己的学习。

④ 挑战及其排除

·挑战(threat)：

在公司实习中，先要学习很多东西，并且还要有几次上岗前的评测，并且上岗面对的是二三十个工程师组成的班，压力很大；

GRE 笔试总分 1 600(语文 800，数学 800)、作文满分 6.0、托福总分 120；

面试时要面对各种刁难与挑战。

·挑战的排除：

在寒假里几乎天天泡在公司学习、实践，回家后也是如此，长达半年的时间里每天工作、学习十几个小时，在评测和上岗前进行心理暗示。

在随后的暑假，每天学习 12 小时以上，练习作文，分析题形，积累写作材料。同时不忘记每天锻炼，在大劳动量的情况下保持精力旺盛，不生病。

同专业人士聊天，吸取经验；在兼职过程中积累和职业人士打交道的方法，拓宽眼界；对每一个面试公司作调研，分析需求与特点；面试之前准备材料，应变策略，面试之中发挥表达能力强，感染力强的特点。

点评:这是一个全面发展的典型，说明该同学对于自身和环境确实有着深刻的理解；仅做分析是没有用的，关键是分析之后的行动。该同学就有一股这样的狠劲，花几个月的时间专门每天学习 12 小时以上，练习作文，分析题形，积累写作材料。这不是一般人所能做到的。

努力的方面要综合。大学是我们提高自己综合素质的一个极好时期，该同学就很好地做到了这一点，既有好的学习成绩，又抓住了许多实习和实践的机会。实际上，这两者是相辅相成的。

4. 波特五力分析法

五力分析法是哈佛大学商学院著名教授迈克尔·波特(Michael Porter)于 20 世纪 80 年代初提出，他是当今世界上少数最有影响的管理学家之一，是当今世界上竞争战略和竞争力方面公认的第一权威。最有影响的著作有《品牌间选择、战略及双边市场力量》(1976)、《竞争战略》(1980)、《竞争优势》(1985)、《国家竞争力》(1990)等。迈克尔·波特博士获得的崇高地位源于他所提出的"五种竞争力量"和"三种竞争战略"的理论观点。

波特五力分析属于外部环境分析中的微观环境分析，主要用来分析本行业的企业竞争格局以及本行业与其他行业之间的关系。五力分别是：供应商的讨价还价能力、购买者的讨价还价能力、潜在竞争者进入的能力、替代品的替代能力、行业内竞争者现在的竞争能力。

一种可行战略的提出首先应该包括确认并评价这五种力量，不同力量的特性和重要性因行业和公司的不同而变化。

(1) 供应商的讨价还价能力(suppliers bargaining power)

供方主要通过其提高投入要素价格与降低单位价值质量的能力，来影响行业中现有企业的盈利能力与产品竞争力。供方力量的强弱主要取决于他们所提供给买主的是什么投入要素,当供方所提供的投入要素其价值构成了买主产品总成本的较大比例、对买主产品生产过程非常重要、或者严重影响买主产品的质量时,供方对于买主的潜在讨价还价力量就大大增强。

一般来说,满足如下条件的供方集团会具有比较强大的讨价还价力量:供方行业为一些具有比较稳固市场地位而不受市场激烈竞争困扰的企业所控制,其产品的买主很多,以至于每一单个买主都不可能成为供方的重要客户。供方各企业的产品各具有一定特色,以至于买主难以转换或转换成本太高,或者很难找到可与供方企业产品相竞争的替代品。供方能够方便地实行前向联合或一体化,而买主难以进行后向联合或一体化。

(2) 购买者的讨价还价能力(buyer bargaining power)

购买者主要通过其压价与要求提供较高的产品或服务质量的能力,来影响行业中现有企业的盈利能力。

一般来说,满足如下条件的购买者可能具有较强的讨价还价力量:购买者的总数较少,而每个购买者的购买量较大,占了卖方销售量的很大比例。卖方行业由大量相对来说规模较小的企业所组成。购买者所购买的基本上是一种标准化产品,同时向多个卖主购买产品在经济上也完全可行。购买者有能力实现后向一体化,而卖主不可能前向一体化。

(3) 新进入者的威胁(potential new entrants)

新进入者在给行业带来新生产能力、新资源的同时,将希望在已被现有企业瓜分完毕的市场中赢得一席之地,这就有可能会与现有企业发生原材料与市场份额的竞争,最终导致行业中现有企业盈利水平降低,严重的话还有可能危及这些企业的生存。竞争性进入威胁的严重程度取决于两方面的因素,这就是进入新领域的障碍大小与预期现有企业对于进入者的反应情况。

进入障碍主要包括规模经济、产品差异、资本需要、转换成本、销售渠道开拓、政府行为与政策(如国家综合平衡统一建设的石化企业)、不受规模支配的成本劣势(如商业秘密、产供销关系、学习与经验曲线效应等)、自然资源(如冶金业对矿产的拥有)、地理环境(如造船厂只能建在海滨城市)等方面,这其中有些障碍是很难借助复制或仿造的方式来突破的。预期现有企业对进入者的反应情况,主要是采取报复行动的可能性大小,则取决于有关厂商的财力情况、报复记录、固定资产规模、行业增长速度等。总之,新企业进入一个行业的可能性大小,取决于进入者主观估计进入所能带来的潜在利益、所需花费的代价与所要承担的风险这三者的相对大小情况。

(4) 替代品的威胁(threat of substitute product)

两个处于同行业或不同行业中的企业,可能会由于所生产的产品是互为替代品,从而在它们之间产生相互竞争行为,这种源自于替代品的竞争会以各种形式影响行业中现有企业的竞争战略。首先,现有企业产品售价以及获利潜力的提高,将由于存在着能被用户方便接受的替代品而受到限制;第二,由于替代品生产者的侵入,使得现有企业必须提高产品质量,或者通过降低成本来降低售价,或者使其产品具有特色,否则其销量与利润增长的目标就有可能受挫;第三,源自替代品生产者的竞争强度,受产品买主转换成本高低的影响。总之,替代品价格越低、质量越好、用户转换成本越低,其所能产生的竞争压力就强;而这种来自替代品生产者的竞争压力的强度,可以具体通过考察替代品销售增长率、替代品厂家生产能力与

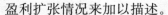
盈利扩张情况来加以描述。

（5）同业竞争者的竞争程度（the rivalry among competing sellers）

大部分行业中的企业，相互之间的利益都是紧密联系在一起的，作为企业整体战略一部分的各企业竞争战略，其目标都在于使得自己的企业获得相对于竞争对手的优势，所以，在实施中就必然会产生冲突与对抗现象，这些冲突与对抗就构成了现有企业之间的竞争。现有企业之间的竞争常常表现在价格、广告、产品介绍、售后服务等方面，其竞争强度与许多因素有关。

一般来说，出现下述情况将意味着行业中现有企业之间竞争的加剧，这就是：行业进入障碍较低，势均力敌竞争对手较多，竞争参与者范围广泛；市场趋于成熟，产品需求增长缓慢；竞争者企图采用降价等手段促销；竞争者提供几乎相同的产品或服务，用户转换成本很低；一个战略行动如果取得成功，其收入相当可观；行业外部实力强大的公司在接收了行业中实力薄弱企业后，发起进攻性行动，结果使得刚被接收的企业成为市场的主要竞争者；退出障碍较高，即退出竞争要比继续参与竞争代价更高。在这里，退出障碍主要受经济、战略、感情以及社会政治关系等方面考虑的影响，具体包括资产的专用性、退出的固定费用、战略上的相互牵制、情绪上的难以接受、政府和社会的各种限制等。

行业中的每一个企业或多或少都必须应付以上各种力量构成的威胁，而且客户必然面对行业中的每一个竞争者的举动。除非认为正面交锋有必要而且有益处，例如要求得到很大的市场份额，否则客户可以通过设置进入壁垒，包括差异化和转换成本来保护自己。当一个客户确定了其优势和劣势时，客户必须进行定位，以便因势利导，而不是被预料到的环境因素变化所损害，如产品生命周期、行业增长速度等等，然后保护自己并做好准备，以有效地对其他企业的举动做出反应。

根据上面对于五种竞争力量的讨论，企业可以采取尽可能地将自身的经营与竞争力量隔绝开来、努力从自身利益需要出发影响行业竞争规则、先占领有利的市场地位再发起进攻性竞争行动等手段来对付这五种竞争力量，以增强自己的市场地位与竞争实力。

实际上，关于五力分析模型的实践运用一直存在许多争论。目前较为一致的看法是：该模型更多的是一种理论思考工具，而非可以实际操作的战略工具。

该模型的理论是建立在以下 3 个假设基础之上的：制定战略者可以了解整个行业的信息，显然现实中是难于做到的；同行业之间只有竞争关系，没有合作关系，但现实中企业之间存在多种合作关系，不一定是你死我活的竞争关系；行业的规模是固定的，因此，只有通过夺取对手的份额来占有更大的资源和市场，但现实中企业之间往往不是通过吃掉对手而是与对手共同做大行业的蛋糕来获取更大的资源和市场，同时市场可以通过不断的开发和创新来增大容量。

因此，要将波特的竞争力模型有效地用于实践操作，以上在现实中并不存在的 3 个假设就会使操作者要么束手无策，要么头绪万千。研究分析这五种力，可以帮助企业正确选择拟进入的行业，或者阻止新企业进入本企业所在行业。这既是竞争战略的核心，也是企业通过自身战略对这五种力施加影响，以求改变竞争态势的方法。

波特的竞争力模型的意义在于，五种竞争力量的抗争中蕴含着三类成功的战略思想，那就是大家熟知的总成本领先战略、差异化战略、专一化战略。

思考与练习

1. 信息分析的定义与类型。
2. 信息分析的方法有哪些？（列举 5 个）
3. 运用头脑风暴法的五条原则。
4. 竞争情报的概念。
5. 竞争情报的工作步骤。
6. 竞争情报源有哪些？
7. 竞争情报的搜集策略。
8. 不正当手段获取信息的形式及其危害？
9. SWOT 分析有几种不同类型的组合？
10. 波特五力分析法的五力是哪些？

附录　信息检索实例分析

　　信息检索的目的是为了充分利用已有信息以解决特定的问题,不同的信息需求所采用的检索策略各不相同,有的检索课题相对简单,本书前面章节介绍了各种类型信息源及其检索方法,如查找某本图书、某篇论文、某项专利、某件标准等目标明确的信息需求,只要选择相应的检索工具或数据库,按照正确的检索途径进行检索即可。而对于某些特定课题的信息需求,往往比较复杂,需要利用各类信息源检索出相关的信息,并对检索出的信息进行阅读、分析,根据特定课题的特定需求,从检索出的大量信息中筛选出与研究课题有较密切关系的信息加以利用。以下实例就是针对特定课题的特定需求,根据信息检索的步骤进行检索并对检索结果进行分析、对比,从中筛选出有价值的信息的过程。

课题名称 饮用水源不明毒物污染报警系统

1. 课题分析

　　人类在生活和生产活动中都离不开水,生活饮用水水质的优劣与人类健康密切相关。随着社会经济发展、科学进步和人民生活水平的提高,人们对生活饮用水的水质要求不断提高。如何监测饮用水源的水质变化,及时处理水源污染事件,保障人民群众的饮用水安全,一直受到各级政府的重视,也是科研人员的重点研究课题。

　　本课题的研究内容是通过水中毒物对鱼类呼吸行为的影响,收集鱼类呼吸的异常反应信号判断水质的及时变化来监测饮用水源污染。研究思路:用水声传感器提取鱼类呼吸信号;用小波分析和相关分析等软件处理呼吸信号;当鱼类呼吸行为发生异常反应时,提示水中可能有毒物污染;计算机通过有线或无线通讯手段及时报警。

　　检索目的:了解国内外研究饮用水源不明毒物污染在线监测报警系统的研究现状,并判断本课题研究方法的创新性。

2. 制定检索策略

（1）选择检索手段

　　该课题涉及的技术内容比较广,涉及环境科学、生物学、传感器技术、计算机控制等诸多学科领域,可能的信息源包括期刊论文、学位论文、会议文献、专利文献、科技报告等类型。从文献分布规律及检索技术考虑,选择使用计算机检索。

（2）选择检索工具

　　全球各类文献数据库数以千计,不同的数据库收录的文献信息源千差万别,选择确当的数据库才能保证较高的查全率和查准率。根据该课题的检索要求,需要选择国内外综合数据库和专业数据库。具体数据库选择如下。

　　中文数据库:维普期刊资源整合服务平台、中国学术期刊全文数据库、万方数字化期刊

全文数据库、中国学术会议论文全文数据库、中国优秀硕士学位论文全文数据库、中国博士学位论文全文数据库、中国科技成果数据库、中国专利数据库。

外文数据库:Engineering Index、Web of Science、NTIS、BIOSIS Previews、Elsevier、Sprige、CA、ENVIRONLINE、USPATENT、ESP@CENET。

（3）选择检索词

数据库的检索途径主要是主题途径,计算机检索遵循"字面匹配"的原理,检索词是否准确界定了检索效果。因此,在检索课题时,检索词的选择是关系到检索查全率和查准率的关键因素。

该课题的主要研究内容是建立一个饮用水的不明毒物预警系统,技术路线是通过鱼对水质污染的生理反应变化来判断水质是否受到污染。所以其主要技术领域是建立水污染生物在线预警系统。

检索词的选择不是往往需要多次反复筛选,需要根据检索结果的分析不断调整。检索词应选用最基本的概念词通过逻辑组配来表达复杂概念。根据课题内容与研究范围,先选择以下检索词进行试检以了解生物在线预警方面的研究内容与现状。检索词如下:

饮用水	water
生物	biological
在线	online
预警	warning
监测	monitor

（4）构造检索式

根据课题分析,明确各检索词之间的逻辑关系,确定以下检索式"饮用水 and 生物在线 and（预警 or 监测）"。

3. 试验性检索

选择中国学术期刊全文数据库进行试验性检索。进入中国学术期刊全文数据库,选择"高级检索"界面,选择"篇名"字段,按照上述检索策略进行检索。得到 2 篇检索结果。检索结果具体如下:

［1］王孟其. 在线生物监测技术在饮用水安全中应用研究［J］. 硅谷,2010(4).

［2］任宗明,马梅,王子健. 饮用水生产中突发性有机磷农药污染事故的在线生物监测［J］. 给水排水,2006(2).

由于检索出的文献比较少,将检索字段从"篇名"调整为"主题"以扩大检索范围。选择"主题"检索字段,则得到 8 篇命中文献。

［1］郑新梅,冯政,丁亮,刘红玲,于红霞. 大型蚤在线生物监测系统研究［J］. 环境监控与预警,2011(2).

［2］朱勇,谭海玲,王璇,祖士明. 在线水质安全预警系统——在线水质毒性监测［J］. 中国仪器仪表,2010(5).

［3］王孟其. 在线生物监测技术在饮用水安全中应用研究［J］. 硅谷,2010(4).

［4］朱勇,谭海玲,王璇,祖士明. 在线水质安全预警系统:在线水质毒性监测［J］. 中国仪器仪表,2009(6).

［5］德勤. 2008 年科技产业发展趋势预测［J］. 商务周刊,2008(9).

［6］任宗明,马梅,王子健.饮用水生产中突发性有机磷农药污染事故的在线生物监测[J].给水排水,2006(2).

［7］任宗明,付荣恕,王子健,马梅,刘丽君.饮用水中余氯对大型蚤的急性和慢性毒性[J].给水排水,2005(4).

［8］王琳,王宝贞,王欣泽.新型膜在饮用水深度净化中的应用[J].哈尔滨建筑大学学报,1999(6).

从以上过程可以看出,在检索时限定不同检索字段对检索结果有明显的影响。

点击命中文献题名,阅览文献详细信息及全文。以下为第二篇论文的详细信息:

【中文篇名】在线水质安全预警系统——在线水质毒性监测

【英文篇名】Water security online alarm system——toxicity online monitoring

【作者中文名】朱勇;谭海玲;王璇;祖士明

【作者单位】上海恩德斯豪斯自动化设备有限公司

【文献出处】中国仪器仪表,China Instrumentation,编辑部邮箱 2010 年 05 期

【关键词】污染;泄漏;毒性监测;STIP-tox 微生物

【英文关键词】Pollution Leakage Toxicity monitoring STIP-tox Microorganism

【摘要】环境污染对人民群众的生活饮用水带来了很大的威胁,及时有效地发现有毒污染物的泄漏或排放有着十分重要的意义。生物毒性的分析方法中,微生物法更适合于实时在线的毒性监测。Endress＋Hauser 的 STIPtox 系列在线水质预警仪是通过连续监测生物反应器中的微生物的呼吸状态来监测水体水质突发变化。

【英文摘要】Environment pollution caused big threat to the drinking water of our people. It means a lot for us to recognize the pollution as soon as possible. In the method of Toxicity analysis, microorganism method is more suitable for online monitoring. STIP-tox from Endress＋Hauser can monitoring microorganism breath situation to detect the Toxicity.

点击全文链接即可打开全文阅览。

通过检索出的文献内容的分析,饮用水的生物在线预警系统的文献比较少,要想获取更多的信息,可以将检索词"饮用水"扩大范围,即用其上位概念"水"代替"饮用水"。按照上面的检索步骤再次进行检索,获得了96篇文献。经过对命中文献的分析,除上次检索出的文献外,又筛选出16篇相关文献题录如下:

［1］于春来,卢振兰,王洪平,李明明,寇世伟.生物监测及其在线监测在水环境污染中的应用[J].北方环境,2011(Z1).

［2］李嗣新,汪红军,周连凤,胡俊,梁友光.流域水体污染的生态学效应及监测预警[J].应用与环境生物学报,2011(2).

［3］郑新梅,冯政,丁亮,刘红玲,于红霞.大型蚤在线生物监测系统研究[J].环境监控与预警,2011(2).

［4］戴彩凤.水污染生物监测方法及应用[J].资源与人居环境,2010(16).

［5］陈宇.水污染应急与水生生物毒性监测[J].污染防治技术,2010(5).

［6］任宗明,王涛,白云岭,赵立庭.水质在线安全生物预警系统模拟预警及应用[J].供水技术,2009(2).

［7］任宗明,李志良,王子健.大型溞和日本青鳉在水质在线生物安全预警应用中的比较[J].给水排水,2009(5).

［8］彭强辉,陈明强,蔡强,刘辉,何苗,陈明功.水质生物毒性在线监测技术研究进展[J].环境监测管理与技术,2009(4).

［9］邓涛,申一尘,王绍祥,王国峰,陈国光,江文华.黄浦江原水中阿特拉津农药类微污染预警研究[J].给水排水,2009(11).

［10］陈久军,肖刚,应晓芳,周鸿斌.鱼体尾频运动模型研究[J].中国图像图形学报,2009(10).

［11］汤一平,尤思思,叶永杰,金顺敬.基于机器视觉的生物式水质监测仪的开发[J].工业控制计算机,2006(6).

［12］任宗明,马梅,查金苗,王子健.在线生物监测技术用于典型农药突发性污染的研究[J].给水排水,2007(3).

［13］李志良,任宗明,马梅,查金苗,王子健,付荣恕.利用大型蚤运动行为变化预警突发性有机磷水污染[J].给水排水,2007(12).

［14］汤一平,尤思思,朱艺华.基于动态图像理解的生物式水质检测传感器[J].高技术通讯,2008(3).

［15］张雅,杨晓明.生物类水质在线自动分析仪的标定[J].中国环境管理干部学院学报,2005(3).

［16］吴永贵,黄建国,袁玲.利用水溞的趋光行为监测水质[J].中国环境科学,2004(3).

从以上试验性检索过程可以看出,信息检索需要灵活地调整检索策略才能保证较高的查全率和查准率。

4. 正式检索

通过中国学术期刊全文数据库的试验性检索,确定检索试:"水 and 生物 and 在线 and (预警 or 监测)"。按照以上检索式,逐一进入所选数据库进行检索。不同数据库提供检索字段不同,要根据具体数据库的检索字段选择相适应的检索字段进行检索。

中文数据库的检索参照中国学术期刊全文数据库试验性检索步骤。

外文数据库的检索以 Engineering Village 2 数据库为例。

打开 Engineering Village 2 数据库,以检索式((online biological monitor) wn ky) and ((water quality) wn ky))在数据库中进行检索,得到 22 篇命中文献。以下为其中一篇文献的著录格式:

**Adaptive monitoring to enhance water sensor capabilities for chemical
and biological contaminant detection in drinking water systemsr**

Yang, Y. Jeffrey1;Haught, Roy C. 1;Hall, John 2;Goodrich, James A. 1;Hasan, Jafrul 3;Source:Proceedings of SPIE-The International Society for Optical Engineering, v 6203, 2006, Optics and Photonics in Global Homeland Security II;ISSN:0277786X;ISBN - 10:0819462594, ISBN - 13:9780819462596;DOI: 10. 1117/

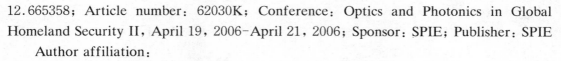

12.665358；Article number：62030K；Conference：Optics and Photonics in Global Homeland Security II，April 19，2006–April 21，2006；Sponsor：SPIE；Publisher：SPIE

Author affiliation：

1　U.S. EPA，National Risk Management Research Laboratory，Water Supply and Water Resources Division，26 W. Martin Luther King Dr.，Cincinnati，OH 45268，United States

2　U.S. EPA，National Homeland Security Research Center，26 W. Martin Luther King Dr.，Cincinnati，OH 45268，United States

3　U.S. EPA Headquarter，Office of Water，Office of Science and Technology，1200 Pennsylvania Avenue，Washington，DC 20460，United States

Abstract：Optoelectronic and other conventional water quality sensors offer a potential for real-time online detection of chemical and biological contaminants in a drinking water supply and distribution system. The nature of the application requires sensors of detection capabilities at low contaminant concentrations，for continuous data acquisition and management，and with reduced background noise and low false detection rates for a wide spectrum of contaminants. To meet these application requirements，feasibilities of software – based methods were examined and a novel technique was developed using adaptive monitoring and contaminant detection methodologies. This new monitoring and early detection framework relies on the local adaptive and network adaptive sensors in order to reduce background noise interference and enhance contaminant peak identifications. After "noise" reduction，the sensor measurements can be assembled and analyzed for temporal，spatial and inter-parameter relationships. Further detection reliability improvement is accomplished through signal interpretation in term of chemical signatures and in consideration of contaminant fate and transport in pipe flows. Based on this integrated adaptive approach，a data statistical compression technique can be used to process and reduce the sensor onboard data for background variations，which frequently represent a bulk of inflowing data stream. The adaptive principles and methodology were examined using a pilot-scale distribution simulator at the U.S. EPA Test & Evaluation facility. Preliminary results indicate the research and development activities on adaptive monitoring may lead to the emergence of a practical drinking water online detection system. （42 refs.）

该文报道了美国环保局研制的利用传感器采集饮用水中化学和生物污染物数据的自适应在线监测系统。对课题的研究内容具有参考价值。

该课题的检索以中国期刊全文数据库和美国工程索引数据库为例来说明课题的检索过程。其他所选择数据库的检索过程参照以上数据库的检索。

5. 检索结果分析

通过所选数据库的检索，获得一批相关文献，通过对检索出的相关文献的阅读、筛选，最终筛选出密切相关文献 15 篇：

［1］任宗明，等.水质在线安全生物预警系统模拟预警及应用［J］.供水技术，2009,3

(02):1-3.

［2］横田陆郎,等. 毒性物质的快速生物监测方法与应用［J］.沈阳化工大学学报,2010,24(03):83-88.

［3］任宗明,饶凯锋,王子健.水质安全在线生物预警技术及研究进展［J］.供水技术,2008,2(01):5-7.

［4］任宗明,马梅,王子健.饮用水生产中突发性有机磷农药污染事故的在线生物监测［J］.给水排水,2006,32(02):17-20.

［5］刘勇,等.Cd～(2+)与2,4,6-TCP联合胁迫下日本青鳉的逐级行为响应［J］.供水技术,2010,4(02):1-4.

［6］王孟其.在线生物监测技术在饮用水安全中应用研究［J］.硅谷,2010,4:114.

［7］清华大学.在线水质毒性监测仪［R］.2006.

［8］清华大学深圳研究生院.水质安全预警技术［R］.2006.

［9］Fukuda, S; Kang, I J; Moroishi, J, et al. The application of entropy for detecting behavioral responses in japanese medaka (oryzias latipes) exposed to different toxicants［J］. environmental toxicology 2010,25(05):446-455.

［10］Evans, G P; Briers, M G; Rawson, DM. Can biosensors help to protect drinking water? ［J］BIOSENSORS 1986,2(05)：287-300.

［11］Borcherding, J; Volpers, M. Dreissena-Monitor'-First results on the application of this biological early warning system in the continuous monitoring of water quality［J］. Water Science and Technology, 1994,29(03):199-201.

［12］Adams, John A; Mccarty, David. Real-time, on-line monitoring of drinking water for waterborne pathogen contamination warning ［J］. International Journal of High Speed Electronics and Systems. 2007,17(04):643-659.

［13］Yang, Y Jeffrey. Adaptive monitoring to enhance water sensor capabilities for chemical and biological contaminant detection in drinking water systems ［C］. Proceedings of SPIE-The International Society for Optical Engineering, v 6203, 2006.

［14］Van der Schalie, William H; Shedd, Tommy R. Using higher organisms in biological early warning systems for real-time toxicity detection［J］. Biosensors and Bioelectronics, 2001,16(7-8):457-465.

［15］Greenwood, R; Mills, G A; Roig, B. Introduction to emerging tools and their use in water monitoring. ［J］. TrAC-Trends in Analytical Chemistry, 2007,26(04):263-267.

根据该课题的研究内容,与以上密切相关文献进行对比分析如下:

文献[1][3]报道通过低压电信号采集日本青鳉的行为变化,并通过信号分析系统,结合行为变化阈值的设定,对水质状况进行综合分析,实现对污染水体的水质变化报警。

文献[2]报道利用青鳉鱼,采用生物监测仪对家庭污水、工业排水以及河流水质进行监测。该方法可快速、灵敏、高效地检测水中的有毒物质,能够进行水环境生物早期报警,确保水体的污染事件预警。

文献[4]的研究利用大型蚤暴露于有机磷农药时运动行为的变化在线预警突发性有机磷农药污染事故。

文献[5]的研究采用水质安全在线生物预警系统记录行为强度数据,探讨了2种环境污染物 Cd2+和 2,4,6-TCP 联合胁迫下,不同暴露浓度、不同暴露时间日本青鳉的行为响应。

文献[6]介绍了在线生物监测技术,分析多物种生物监测仪及在可饮用水生产中的应用。

文献[7]的成果是一种基于生物传感技术的毒性检测仪器,它利用发光细菌为生物检测器,通过测定光损失来判断水中污染物的毒性大小。

文献[8]利用聚类分析方法,筛选确定了针对性的水质指标,在现代水质在线监测技术和数据通讯技术基础上,研究开发了在线检测预警系统,建立了针对水厂水质的综合调控方法。

文献[9]研究了日本青鳉暴露于不同毒物的行为反应。

文献[10]报道利用生物传感器对水中生物行为的监测建立水质毒性预警系统。

文献[11]通过低压电信号采集贻贝的行为变化,并通过信号分析系统,结合行为变化阈值的设定,对水质状况进行综合分析,实现对污染水体的水质变化报警。

文献[12]报道利用激光束监测水中微生物产生的散射光聚焦变化的模式,建立在线生物监测在线预警系统。

文献[13]报道利用自适应监测和生物传感器污染物检测方法,建立在线生物监测在线预警系统。

文献[14]报道用生物传感器采集鱼的呼吸电信号数据进行分析,建立地下水在线生物监测在线预警系统。

文献[15]介绍了近30年各种水质监测工具和技术的发展。

以上文献均报道了采用低压电信号采集生物体行为信息,建立在线生物预警系统进行水质毒性或污染监测,但均未涉及采用水听器,提取鱼类呼吸信号,采用小波分析和相关分析处理鱼类呼吸信号。

6. 结论

关于该研究课题"饮用水源不明毒物污染报警系统"的研究,国内外的研究状况如下:国内外已有关于水质安全在线生物预警系统的研究,以及关于利用生物传感器,通过低压电信号采集日本青鳉、大型蚤、贻贝等的行为变化,并通过信号分析系统,结合行为变化阈值的设定,对水质状况进行综合分析,实现对污染水体的水质变化报警的研究,但是,采用水听器提取鱼类呼吸信号,采用小波分析和相关分析处理鱼类呼吸信号,建立饮用水中不明毒物在线监测系统的研究,在国内外文献中尚未有相同的研究报道,因此。该课题的研究具有一定的创新性。

通过信息检索,获得了该课题研究领域的国内外动态信息,从中可以得到大量有参考价值的信息,并对该课题研究方法的创新性进行了判断,取得了期望的检索效果。

参考文献

［1］戴维民. 信息组织[M]. 北京:高等教育出版社,2009.

［2］潘燕桃. 信息检索通用教材[M]. 北京:高等教育出版社,2009.

［3］陈庄,刘加伶,成卫. 信息资源组织与管理. 第2版[M]. 北京:清华大学出版社,2011.

［4］刘霞,李漠. 网络信息检索[M]. 北京:清华大学出版社,2010.

［5］袁曦临. 信息检索——从学习到研究. 第5版[M]. 南京:东南大学出版社,2011.

［6］秦殿启. 文献检索与信息素养教育[M]. 南京:南京大学出版社,2008.

［7］赵静. 现代信息查询与利用. 第2版[M]. 北京:科学出版社,2008.

［8］刘二稳,阎维兰. 信息检索. 第2版[M]. 北京:北京邮电大学出版社,2007.

［9］夏立新,金燕,方志. 信息检索原理与技术[M]. 北京:科学出版社,2009.

［10］李国辉,汤大权,武德峰. 信息组织与检索[M]. 北京:科学出版社,2003.

［11］马文峰. 信息检索教程[M]. 北京:国家图书馆出版社,2009.

［12］龚斌,宋茜. 信息检索[M]. 天津:天津大学出版社,2010.

［13］沈固朝. 信息检索(多媒体)教程[M]. 北京:高等教育出版社,2002.

［14］沈固朝. 竞争情报的理论与实践[M]. 北京:科学出版社,2008.

［15］花芳. 文献检索与利用[M]. 北京:清华大学出版社,2009.

［16］王立诚. 社会科学文献检索与利用. 第2版[M]. 南京:东南大学出版社,2007.

［17］王立诚. 科技文献检索与利用. 第4版[M]. 南京:东南大学出版社,2010.

［18］周毅华. 网络信息资源检索与利用[M]. 南京:南京大学出版社,2011.

［19］谢德体,于淑惠,陈蔚杰,等. 信息检索与分析利用[M]. 北京:清华大学出版社,2009.

［20］赵乃瑄. 实用信息检索方法与利用[M]. 北京:化学工业出版社,2008.

［21］沙振江,张晓阳. 人文社科信息检索与利用教程[M]. 镇江:江苏大学出版社,2007.

［22］黄秀子,房宪鹏. 经济法律文献信息检索与论文写作[M]. 北京:经济管理出版社,2011.

［23］王胜利,袁锡宏. 经济信息检索与利用[M]. 北京:海军出版社,2008.

［24］包平. 农业信息检索[M]. 南京:东南大学出版社,2003.

［25］林美惠,薛华. 农林信息检索利用[M]. 北京:人民出版社,2011.

［26］查先进. 信息分析与预测[M]. 武汉:武汉大学出版社,2000.

［27］司有和. 竞争情报理论与方法[M]. 北京:清华大学出版社,2009.

［28］王知津. 竞争情报[M]. 北京:科学技术文献出版社,2005.

［29］孙振誉. 信息分析导论[M]. 北京:清华大学出版社,2007.

［30］隋丽萍. 网络信息检索与利用[M]. 北京:清华大学出版社,2008.

［31］曹志梅,范亚芳,蒲筱哥. 信息检索问题集萃与实用案例[M]. 北京:北京图书馆出版

社,2008.

[32] 赵玉东.信息资源检索与利用[M].广州:中山大学出版社,2009.

[33] 余致力.医药信息检索技术与资源应用[M].南京:南京大学出版社,2009.

[34] 孟连生.科技文献信息溯源——科技文献信息检索教程与学科资源实用指南[M].北京:高等教育出版社,2006.

[35] 刘英华,赵哨军,汪琼.信息资源检索与利用[M].北京:化学工业出版社,2007.

[36] 刘阿多.科技网络信息资源检索与利用[M].南京:东南大学出版社,2005.

[37] 李爱国.工程信息检索[M].南京:东南大学出版社,2005.

[38] 孙建军,成颖.信息检索技术[M].北京:科学出版社,2004.

[39] 柯平.信息素养与信息检索概论[M].天津:南开大学出版社,2005.

[40] 严大香.社会科学信息检索[M].南京:东南大学出版社,2006.

[41] 蔡洪涛.农业电子资源的分布及其检索策略[J].青海大学学报(自然科学版),2008,26(6):101-104.

[42] 胡春芳.国内中文农业数据库[J].河北农业科学,2008,12(3):163-164.

[43] 曹燕.世界三大农业数据库检索新平台 OvidSP 的特点和使用方法[J].农业图书情报学刊,2008,20(6):95-98.

[44] 周艳,熊建平.Ovid 系统生物、农业数据库使用探讨[J].农业图书情报学刊,2004,16(10):131-133.

[45] 周晓兰,谢红.理工科高校文献信息检索与利用课教材编写的分析与探索[J].河北科技图苑,2009,22(1):86-88.

[46] 谢桂苹.MathSciNet 数据库及其检索[J].现代情报,2009,29(12):132-134,138.